U0738706

C语言强训实战教程

刘秉毅　田立强　齐继东　刘　伟　编

科学出版社

北　京

内 容 简 介

　　本书是编者在 30 余年 C 语言编程实战和教学实践的基础上编写而成的，始终以逻辑设计、方案制订和编程思路为主线，以言而不空，言而有例，言而有用为指导思想，使学生重思路、能设计、会编程及敢实战的能力。全书共 14 章，内容包括 C 语言编程入门及二级考试必读，C 语言概述，算法，C 语言中的数据，顺序程序设计，选择结构，循环结构，数组，函数，编译预处理，指针，结构体、共同体及枚举类型，位运算及文件。

　　本书适合计算机（包括网络）应用专业及其他工程技术专业的学生学习 C 语言编程，也可作为计算机等级考试的实训教材，还可供广大计算机编程爱好者阅读参考。

图书在版编目（CIP）数据

C 语言强训实战教程/刘秉毅等编. —北京：科学出版社，2013

ISBN 978-7-03-038597-0

Ⅰ.①C… Ⅱ.①刘… Ⅲ.①C 语言-程序设计-教材 Ⅳ.①TP312

中国版本图书馆 CIP 数据核字（2013）第 216091 号

责任编辑：相 凌 / 责任校对：邹慧卿
责任印制：阎 磊 / 封面设计：华路天然工作室

科 学 出 版 社 出版

北京东黄城根北街 16 号
邮政编码：100717
http://www.sciencep.com

骏 圭 印 刷 厂 印刷
科学出版社发行 各地新华书店经销

*

2014 年 6 月第 一 版　　开本：787×1092 1/16
2014 年 6 月第一次印刷　　印张：26 3/4
字数：698 000

定价：**49.00 元**
（如有印装质量问题，我社负责调换）

前　言

集简洁、紧凑、灵活、实用、高效、可移植性好及中级语言特点等优点于一身的 C 语言是深受各层次用户欢迎的通用程序设计语言之一。由它衍生的 Java、C♯等语言同样备受垂青；在算法设计、编译系统实现中，它具有其他语言根本无法替代的统治地位；它超强的语义语句等已被多种语言广泛引入（如 PowerBuilder 等）；嵌入控制、消费/教育类多媒体、DSP 和移动式应用等方面的智能芯片生产企业，几乎不约而同地提供了 C 语言的二次研发平台。

本书是编者多年从事 C 语言编程实战和教学实践的产物，对于 C 语言的各种语句、程序结构及运行机制等，书中侧重讨论编程的需求、引入的作用以及实战的应用。对于编者多年教学实践中发现的学生常犯错误、容易混淆的概念以及上机操作困惑等，均以"新手上路"方式表述。从 Turboc C 1.0 到 Visual Station 2012，编者都是 C 语言编程的亲历者，在为新语言进步拍案叫绝的同时，对于瑕疵也进行了客观评介。本书始终以逻辑设计、方案制订以及编程思路为主线，培养学生重思路、能设计、会编程及敢实战。

本书从工程实践取例，以编程思路培养为主，以使学生会编程、敢实战为教学目标。书中的主要范例，均以编者实际研发的 C 语言程序模块为基础。基本指导思想为：言而不空，言而有例，言而有用。书中所有 C 语言源程序、由程序片段构成的题目（选择题、填空题及判断题），均通过 VC++6.0 调试，并给出了基于 VC++6.0 的参考答案。

本书以"实战锦囊"涵盖考试知识点，通过大量练习实现强训目标。考虑到许多高校 C 语言课程可能在新生入校后立即开设，且有许多非计算机专业学生热衷于报考 C 语言二级等级证，本书特别安排了面向零基础学生的第 0 章：C 语言编程入门及二级考试必读。学生借助于每章的"实战锦囊"作为知识卡片可以打牢基础，通过完成等级考试题达到强训的目标。

本书适合计算机（包括网络）应用专业或者其他工程技术专业的学生（或者用户）学习 C 语言编程（第 0 章为零基础的学生必学内容），或者作为计算机等级考试的实训教材。使用本书时，根据需要可以选择不同章节组合，可以选择 48、60、70 三种不同学时。

本书由刘秉毅、田立强总策划。田立强负责第 0 章、第 2 章及第 9 章的编写工作。齐继东编写了第 5 章、第 7 章和第 11 章。刘伟编写了第 1 章、第 8 章及第 10 章。其余章节、全书各章引言、例题以及统稿等工作均由刘秉毅完成。苑颖、杨勃、葛学锋及闫培婧参与了各章知识点、考点及实训题的选编工作。

C 语言本身的进展非常快，编者水平和学识有限，对于书中的疏漏之处，敬请广大读者朋友指正，并多提宝贵意见。

编　者

2014 年 1 月

目　　录

第0章　C语言编程入门及二级考试必读

当计算机网络伴随你进入了现代科技构建的"地球村",与全世界的网友成为"e家人",度过了充满金色梦想的小学、紧张而收获颇丰的中学,进入青春与理想起飞的大学,你总会有这样的愿望或者期许:练就一身科研本领,昨日玩别人游戏消费,明天用自己游戏产品获益,或者把自己的爱好转化为自己被高薪聘请的职业,或者在自主创业队伍中有自己的排位。毫不讳言,把这样的美好期许变成现实,你还有许多路要走,许多事要做。但有一点可以肯定,学好了C语言程序设计这门课,你就有了这种潜质。

嫦娥三号登月,普天同庆,而嫦娥三号团队中的80后、90后科研工作者可能更会激起你的热捧,一种崇敬和好奇之心油然而生:这些年轻的航天人,究竟掌握了何种科研秘籍呢? 该问题的答案涉及多个方面,但有一点是肯定的,他们中的许多人都是C语言程序设计的高手。

从事诸如油田的集散控制系统、工厂流水线、计算机数字控制机床、手机移动播放器等嵌入式系统的设计和研制,打牢专业基础必不可少,但掌握C语言是必备的基本技能。

0.1　计算机

计算机(computer)全称是电子计算机,俗称电脑,是20世纪最伟大的科学技术发明之一。从1946年2月15日,世界上第一台电子计算机诞生到今天,这位年近七旬的"新人类"成就了许多令人赞叹的奇迹和青史留名的人杰。随着科技的进步,计算机的外表越来越美、体积越来越小、功能越来越强且应用领域越来越广。一般认为,计算机的发展经历了4个阶段(或称为4代):第一代计算机(1946～1957年),使用电子管(electronic tube)作为主要元件;第二代计算机(1957～1964年),以晶体管(transistor)为主要元件,这时,计算机体积开始逐步减小,功能大幅度提升,还出现了打印机、磁带、磁盘、内存等以计算机硬件为核心的专用设备,诞生了面向计算机硬件和软件研发、维护以及应用的新职业,如程序员、分析员和计算机系统专家等;第三代计算机(1964～1972年),由于大量采用了集成电路,体积变得更小,功耗更低,速度更快,软件方面出现了操作系统,使得计算机在中心程序的控制协调下,可以同时运行多个不同的程序,承担多个不同的业务;第四代计算机(1972年至今),由于采用了大规模集成电路(LSI)及超大规模集成电路(VLSI),使得计算机的体积和价格不断下降,功能和可靠性不断增强。

计算机的特点可简单归纳为三个功能。记忆功能:计算机中的存储器(memory)能长期保存大量的数据和程序。逻辑判断功能:计算机可以对文字或符号进行判断和比较,并且进行逻辑推理和证明,从而模拟人的思维过程。自动运行功能:由于计算机能够按照人们事先编制的程序自动运行,因此不需要人工干预就能长时间自动运转。

计算机有很多种,按照性能指标(图0.1)可分为:巨型机(supercomputer),高速度、大容量,主要应用于军事技术和科研领域;大型机(mainframe),速度快,应用于科研领域;小型机

（minicomputer），具有高可靠性、高可用性、高服务性，主要用于企业；微型机（microcomputer），体积小、重量轻、价格低，目前常用的台式机和笔记本电脑都是微型机；单片微型计算机，又称单片微控制器，简称单片机（single-chip computer），是集成在一块芯片上的完整计算机系统。单片机价格便宜，是组成嵌入式系统的主要部件。

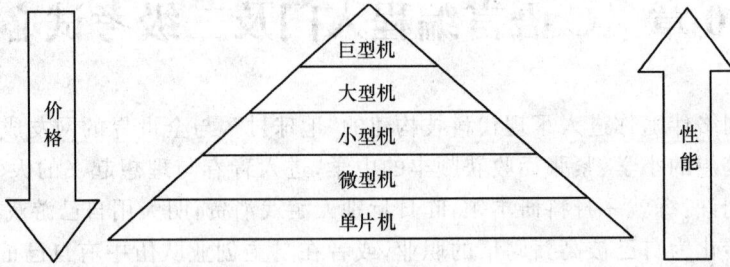

图 0.1　按性能分类

如今，计算机已渗透到社会的各行各业，主要应用领域为：科学计算（或数值计算），利用计算机可以解决人工无法（或者很难）解决的各种科学计算问题；数据处理（或信息处理），即对于各种数据进行收集、存储、整理、分类、统计、加工、利用和传播等一系列活动的支持；辅助技术（或计算机辅助设计与制造），包括计算机辅助设计（CAD）、计算机辅助制造（CAM）和计算机辅助教学（CAI）等；过程控制（或实时控制），是利用计算机及时采集检测数据，按最优值迅速地对控制对象进行自动调节或自动控制，从而改善劳动条件和提高产品质量及合格率；人工智能（或智能模拟），是指计算机模拟人类的智能活动，如感知、判断、理解、学习、问题求解和图像识别等；网络应用，计算机技术与现代通信技术的结合构成了计算机网络。

计算机承载着人类对于未来更为美好的期许，光计算机、生物计算机、量子计算机，以及信息存储器等将成为新世纪计算机的新一代。

0.2　硬件

一个计算机系统包括硬件系统和软件系统两大部分。硬件系统也称为硬件，看得见、摸得着，是由机械、电子器件构成的具有输入、存储、计算、控制和输出功能的实体部件。

从构造来看，计算机硬件主要由以下 5 个部件组成，即控制器、运算器、存储器、输入设备和输出设备，如图 0.2 所示。

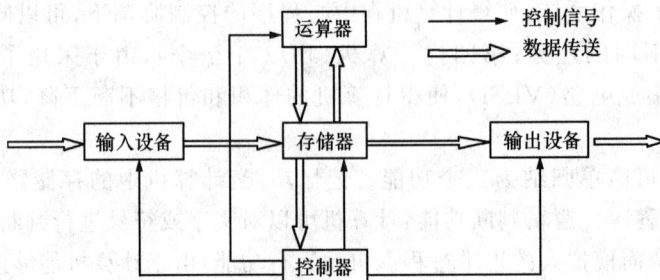

图 0.2　计算机硬件系统的组成

1. 中央处理器

运算器和控制器合称为中央处理器(CPU)(图 0.3),又称微处理器,是指挥全机各部件协调动作的核心部分,而 CPU 的主频是表征计算机运算速度的主要指标。

运算器又称算术逻辑单元(ALU),是计算机对数据进行加工处理的部件,功能包括:对二进制数码进行加、减、乘、除等算术运算,以及实现与、或、非等基本逻辑运算。

图 0.3　计算机 CPU

图 0.4　计算机内存储器

2. 存储器

存储器是有记忆能力的部件,用来存储程序和数据。存储器分为内存储器和外存储器。

内存储器直接和 CPU 相连,存放当前要运行的程序和数据,故也称主存储器。内存储器(图 0.4)又分为随机存储器(RAM)和只读存储器(ROM)。RAM 中的信息在计算机断电后会立即消失,而存储在 ROM 中的信息可以永久保存。存储容量是存储器的主要性能指标。表示存储容量的主要单位有字节(Byte)、千字节(KB)、兆字节(MB)、吉字节(GB)、万亿字节(TB)等。内存储器处理速度快,但价格昂贵。

外存储器又称辅助存储器,主要用于保存暂时不用但又需长期保留的程序或数据,存储容量大。外存储器主要有磁盘存储器、磁带存储器和光盘存储器。磁盘是最常用的外存储器,通常它分为软磁盘和硬磁盘两类。存放在外存储器的程序必须调入内存储器才能运行。

3. 输入设备

输入设备用于将用户输入的程序、数据和命令转化为电信号保存到计算机内,以便计算机处理。计算机常用的输入设备有键盘、鼠标、光笔、图形扫描仪、条码扫描仪、触摸屏等。

4. 输出设备

输出设备用于将计算机中的数据和计算机处理的结果转换成人们可以识别的字符、图形、图像等形式的电子单元。计算机常用的输出设备有显示器、打印机、绘图仪等。

5. 微型计算机的工作原理

图 0.5 为微型计算机的工作原理示意图。计算机主要由程序可控制的芯片组成。人们事先把计算机如何工作的程序和原始数据通过输入设备送到计算机的存储器中,当计算机运行时,控制器就可以把这些指令一一从存储器中取出来,加以翻译,并按指令的要求进行相应的操作,直到结束。这就是实现计算机程序控制的基本工作原理。

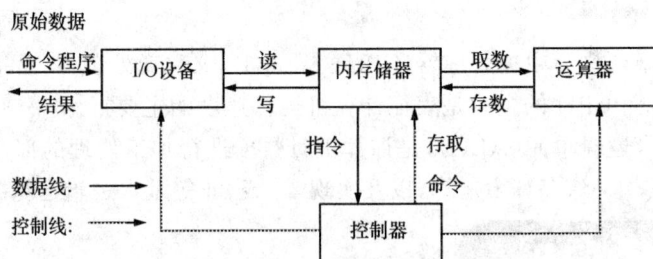

图 0.5　微型计算机的工作原理示意图

0.3　信息及数据

1. 信息

信息就是指以声音、语言、文字、图像、动画、气味等方式所表示的实际内容。信息促进社会的发展,信息社会以信息为中心

信息技术(IT)是主要用于管理和处理信息所采用的各种技术的总称。信息技术是人们用来获取信息、传输信息、保存信息、处理信息和应用信息的技术。

电子计算机是处理信息的工具。它能帮助人们更好地存储信息、检索信息、加工信息和利用信息。随着计算机和互联网的普及,信息的产生、处理、交换和传播都通过计算机来实现。

2. 数据

数据(data)在计算机科学中是指所有能输入到计算机并被计算机程序处理的符号的总称,如图形符号、数字、字母等。数据是对客观事物的符号表示,这种特殊的表达形式可以用人工的方式或者自动化的装置进行通信、翻译转换或者加工处理。

3. 进位计数制及其表示方法

进位计数制是一种数的表示方法,它按进位的原则进行计数。在采用进位计数的数字系统中,如果只用 r 个基本符号(例如,0,1,2,…,r-1)表示数值,则称其为基 r 数制,r 称为该数制的基。

进位计数制有三个特点:表示数值大小的数码与它在数中所处的位置有关;每一种计数制都有一个固定的基数 r;进位方式为逢 r 进一,如十进制为逢十(r=10)进一。

4. 常用进制

二进制:是计算技术中广泛采用的一种数制。二进制数的特点:最多只有两个不同的数字符号,即 0 和 1,基数为 2,进位规则是"逢二进一",借位规则是"借一当二"。二进制优点:0 和 1 两个状态易物理实现;运算规则简单,算术运算与逻辑运算容易沟通;机器可靠性高,通用性强。

十进制:是日常算术普遍采用、全世界通用的一种进制。十进制数的特点:逢十进一,即每相邻的两个计数单位之间的进率都为十。

八进制:是进位采用"逢八进一"的计数方法。计数基数是 8。由于可以使用 3 位二进制数方便地表示,八进制常应用在电子计算机的计算中。

十六进制:是一种"逢十六进一"的进位制,一般用数字 0～9 和字母 A～F 表示(A～F 即10～15)。由于可以使用 4 位二进制数方便地表示,十六进制普遍应用在计算机领域。常用进制之间的对照关系见表 0.1。

二进制	十进制	八进制	十六进制
0000	0	0	0
0001	1	1	1
0010	2	2	2
0011	3	3	3
0100	4	4	4
0101	5	5	5
0110	6	6	6
0111	7	7	7
1000	8	10	8
1001	9	11	9
1010	10	12	A
1011	11	13	B
1100	12	14	C
1101	13	15	D
1110	14	16	E
1111	15	17	F
10000	16	20	10

5. 数据单位

位(bit):计算机中所有的数据都是以二进制来表示的,一个二进制代码称为一位,记为 1bit。位是计算机存储数据的最小单位。

字节(byte):在对二进制数据进行存储时,以 8 位二进制代码为一个单元存放在一起,称为一个字节,记为 1B。字节(B)是计算机最常用的基本单位,1B 可以表示成 2 个连续的十六进制数字。

字(word):计算机处理数据时,CPU 通过数据总线一次能存取、加工和传送的数据长度称为"字",一个"字"包含的二进制位数称为"字长"。字长是计算机一次所能处理的实际位数长度,所以字长是衡量计算机性能的一个重要指标。

6. 计算机中的编码

计算机要处理的数据除了数值数据以外,还有各类符号、图形、图像和声音等非数值数据,而计算机只能识别两个数字。要使计算机能处理这些信息,首先必须将各类信息转换成"0"和"1"表示的代码,这一过程称为编码。

目前,计算机中普遍采用的是 ASCII 码,即美国信息交换标准代码。ASCII 码有 128($2^7=128$)个元素,其中控制字符 34 个,阿拉伯数字 10 个,大小写英文字母 52 个,各种标点符号和运算符号 32 个。

汉字编码:我国通行的汉字编码标准称为"国家标准信息交换用汉字编码"(GB2312 - 80 标准),简称国标码,也称为 GB 码,规定每个汉字占两个字节。

0.4 软件

图 0.6 和图 0.7 为 Red Hat 网络登录界面及网络聊天漫画。其中,能够让计算机准确地按照指令运行、接收用户输入信息、实现网络数据传输等功能的主要角色称为计算机软件(computer software)。计算机软件是相对于硬件而言的,是一系列按照特定顺序组织的计算机数据和指令的集合,是使用计算机和发挥计算机效能的各种程序的总称。

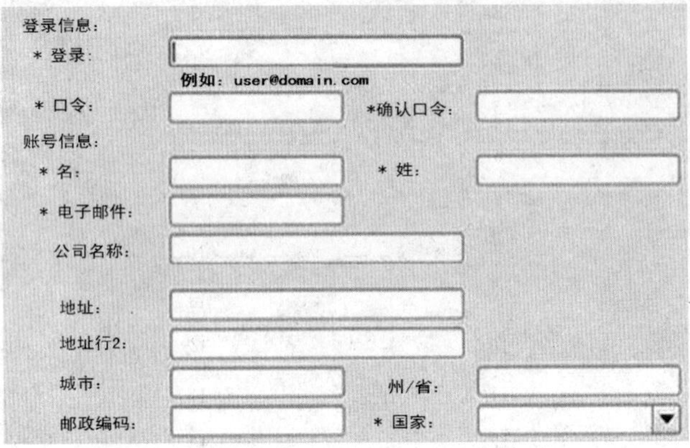

图 0.6　Red Hat 网络登录

图 0.7　网络聊天漫画

通常,软件还包括便于用户了解程序所需的阐明性资料,即文档。软件是用户与硬件之间的接口,是计算机系统设计的重要依据。用户主要是通过软件与计算机进行交流。为了方便用户,并使计算机系统具有较高的总体效用,在设计计算机系统时,必须通盘考虑软件与硬件的结合,以及用户和软件的要求。

软件具有与硬件不同的特点:硬件是实实在在的器件,而软件无形无色,是人类智力的高度发挥。

计算机软件分为系统软件和应用软件两大类。

1. 系统软件

系统软件指各类操作系统,如 Windows、Linux、UNIX 等,是一种管理计算机硬件与软件资源的程序,同时也是计算机系统的内核与基石。操作系统肩负诸如管理与配置内存、决定系统资源供需的优先次序、控制输入与输出设备、操作网络与管理文件系统等基本责任。

2. 应用软件

系统软件并不针对某一特定应用领域,而应用软件则相反。不同的应用软件根据用户和所服务的领域,提供不同的功能。应用软件是为了某种特定的用途而开发的软件。它可以是一个特定的程序,如一个图像浏览器;也可以是一组功能联系紧密、可以互相协作的程序的集合,如微软的 Office 软件;还可以是一个由众多独立程序组成的庞大的软件系统,如数据库管理系统。

根据需求编写软件程序的过程称为软件开发,软件开发所使用的计算机语言称为软件开发平台,C 语言是系统软件及应用软件开发最常用的平台之一。

0.5 程序及程序设计

程序(计算机程序或者软件程序)是指为了实现特定目标或解决特定问题,由科技工作者使用某种计算机语言编写的一组能够由计算机 CPU 执行的、由基本指令组成的序列集合,每一条指令规定了计算机应进行的操作(如加、减、乘、判断等)及操作所需要的有关数据。例如,从存储器读一个数送到运算器就是一条指令,从存储器读出一个数并和运算器中原有的数相加也是一条指令。日常生活中,与程序相提并论最多者莫过于软件一词,如程序设计、程序研发,往往毫无区分地称之为软件设计、软件研发。实际上,两者是有差异,软件通常由以下公式描述:

软件＝程序+文档

可见,软件是包含程序的有机集合体,程序是软件的必要元素。任何软件都有可运行的程序,至少一个。比如,操作系统给的工具软件,很多都只有一个可运行程序。而 Office 是一个办公软件,却包含了很多可运行程序,软件是程序和相关文档的总称,而程序是软件的一部分。

通常,简单任务可以由一个独立的程序完成,如计算机屏幕保护程序,而复杂的任务或者过程,往往由多个程序共同承担或者配合完成。图 0.8 为邮件传送及接收过程的逻辑示意图,这一复杂过程是由计算机系统、网络设备、通信线路、网络软件及相关协议等共同完成,过程的精准、精确是由整个互联网系统的多个程序的正确执行和准确控制实现的。图 0.8 中,邮件收发程序支持邮件的内容编写、网址设置、发送、接收及阅读,互联网系统程序承担着由发送到接收过程的邮件传送任务。为了解决特定问题或者精确地完成某一任务,由科技工作者编写一

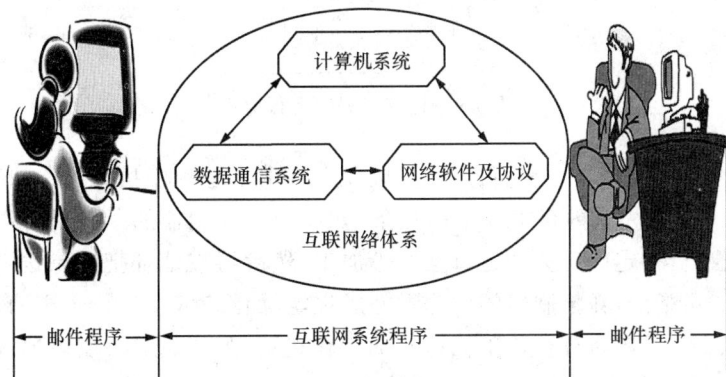

图 0.8　邮件传送及接收过程的程序路线图

个或者一组程序的过程称之为程序设计。程序设计往往以某种程序设计语言为工具,由某种计算机语言编写的程序代码需要由相应的计算机语言进一步编译、调试、链接等综合处理,即可成为计算机能连续执行的一组命令序列。能承担程序研发任务的计算机语言的种类非常多(至少数百种),C语言仅为其中之一。

程序设计根据用户对产品的功能需求,以计算机作为控制对象进行编程、调试、测试、试运行、程序修改、重调试等组成的一个复杂过程。当软件可以稳定、可靠运行后,专业机构对于软件提出了更为严密、更加科学的测试标准,并配有精确的测试软件,从软件占有系统资源情况的角度来评价软件的性能,也就是测试软件完成具体业务时,占用计算机系统的物理内存(或者虚拟内存,以内存占用为参数)及独立占有CPU的时间。不同于其他高级语言,C语言具有在程序内申请内存、使用内存及释放内存的灵活机制,换句话说,在占用资源方面,C语言具有可以作为、能够作为的潜能。为了设计出占用尽可能少的资源、可提供更高效服务的程序,作为C语言程序设计者必须对于计算机程序运行原理有所了解,借此加深理解用C语言编写程序与运行时资源占有情况之间的联系。

计算机是由程序指挥和控制的(图0.9)。程序的每一条指令中会明确规定计算机从哪个地址取数,进行什么操作,然后送到什么地址去等步骤。计算机能直接启动并且可运行的程序(软件)通常以可执行文件(后缀为.exe的文件)形式存储在外部存储器中,当接到用户操作命令或者其他程序启动指令时,CPU按照指定的可执行文件将其由外部存储器调入到内存,程序开始工作。这些运行中的程序,通过指令实施对于内存和外存相关的多个数据对象(或者数据集合)的操作和管理。

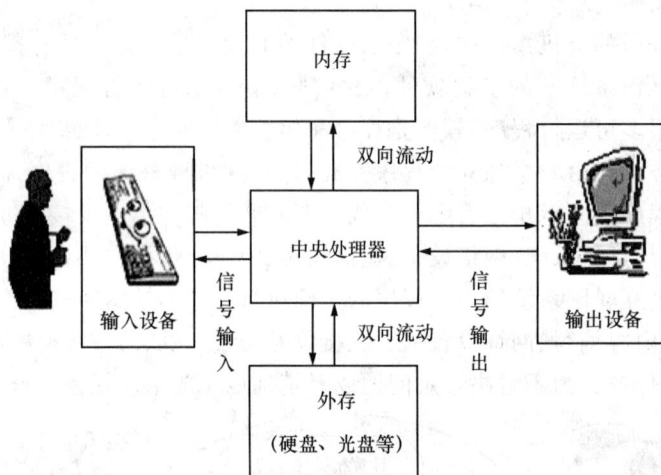

图0.9 计算机程序运行原理

(1)指令序列执行过程。一般而言,计算机程序基本上是顺序执行的(冯·诺依曼原理)。计算机在运行时,CPU先从内存中取出第一条指令,通过控制器的译码,按指令的要求,从存储器中取出数据进行指定的运算和逻辑操作等加工,然后再按地址把结果送到内存中去。接下来,再取出第二条指令,在控制器的指挥下完成规定操作。依此进行下去,直至遇到停止指令。现代计算机1秒钟内将进行数十亿这样的操作过程,所以,CPU能以惊人的速度从事着极其枯燥的工作,而且特别擅长进行某一条件控制下的、过程基本雷同的、无休止的循环操作。

(2)CPU的工作团队。CPU作为计算机的智能核心,具有一个分工明确、各司其职的工作团队。其主要成员是多个寄存器,如数据寄存器、变址和指针寄存器、段寄存器、指令指针寄存器等。这些寄存器协调工作、优势互补,实施数据保存、运算;程序指令的逐条顺序读取;执行数据地址快速定位、访问及位置移动等。CPU 只能理解有限的指令(指令集),而且要求所有指令具体明了及准确。计算机装载到寄存器的指令是以数字形式存储的,指令集中的每条指令具有一个数字代码。计算机程序最终必须以这种数字指令代码(或称为机器语言)来表示,是由 0 和 1 组成的 CPU 能够理解并且能够执行的机器码。

(3)数据操作。CPU 对于程序中所涉及的数据操作,同样也是在内存中进行。内存中动态存储着需要计算机处理的数据集合,按照程序指令,可以执行多种数据操作:把内存数据读入寄存器进行相关操作(如运算);把寄存器的数据写入(或者重新写回)内存;控制相关单元从外存把数据读入到内存,或者把修改后的数据写入(或者重新写回)外存。值得一提的是,对于内存存储空间的单元 CPU 是直接寻址的,即知道了数据地址,访问过程是十分高效的。特别是对于内存中一片物理毗邻的大体积数据处理,速度一般更快。

以上讨论了程序控制计算机运行的原理,我们可能会有以下体会:

(1)计算机运行中的一举一动均由程序控制。只要能够掌握一种计算机语言,就可以把希望计算机实现的某种功能由编程来实现。

(2)计算机程序顺序执行的原理,与人类思维相一致。冯·诺依曼原理为我们程序设计指明了方向,按照所解决问题的思路、所处理业务的流程建立程序框架、设计程序,不仅简单,而且高效。只要思维创新,一定能够进行程序设计创新。

(3)计算机中所运行的程序均需经由内存执行,若执行的程序占用内存很大或很多,则会导致内存消耗殆尽。程序设计中,一定要注重资源(内存是最常用的资源之一)的利用和使用,注意养成资源节俭的编程好习惯。

(4)计算机以每秒数十亿条指令运行,而且速度还在大幅度提升;计算机处理的数据对象的体积日益海量化,还在不断增加;而人类能提供的优质代码数量相对有限。从长远看,人类将永远面临着这样的境况:以有限的程序代码,控制着高速运行的计算机,处理着海量化的数据。作为程序开发者,应具有设计新算法、能充分发挥计算机擅长于循环的特长的能力,研制出体积较小、数据处理能力超强的高质量软件。

(5)C 语言是目前公认的、唯一的中级语言。它具有自主内存使用、管理机制,可以充分利用内存资源;它提供了基于数据地址的指针机制,能够充分发挥计算机硬件高速寻址的特长,直接操作内存数据,指针在大体积数据处理中尤其高效;C 语言允许程序中直接指定使用计算机的寄存器,借助于寄存器的满负荷,可全面提高程序运行的速度。

0.6 操作系统

操作系统是一个大型的系统软件,它对整个计算机系统实施控制和管理,为用户提供灵活、方便的接口。操作系统是软件系统的核心,其他软件只有在操作系统的支持下才能工作。

(1)DOS 系统。DOS 系统包括 Microsoft 的 MS DOS 和 IBM 的 PC-DOS。DOS 是一种字符界面的操作系统,主要用于单个计算机,如个人计算机(PC)。

(2)Windows 系统。Windows 系统是一种多任务的操作系统,具有图形用户界面(GUI)。

(3)UNIX 系统。UNIX 系统可运行于从高档 PC 到大型机各种不同处理能力的机器上,是一种很流行的网络操作系统。

(4)Netware 系统。Netware 系统是美国 Novell 公司的网络操作系统,曾广泛应用在局域网中。

（5）Linux系统。Linux系统是一种开放源代码的操作系统，近几年发展势头迅猛，国内外有多种版本，著名的如美国的RedHat Linux，中国科学院的红旗Linux，蓝点Linux等。Linux系统越来越多地应用在网络服务器上，PC机上也有使用。

0.7 Windows操作系统

Windows原意是"窗户，视窗"。Windows操作系统是一款由美国微软公司开发的窗口化操作系统，是目前世界上使用最广泛的操作系统。在Windows操作系统出来之前，电脑上看到的只是枯燥的字母、数字（如DOS），微软公司开发的"视窗"系统，采用了GUI（Graphical User Interface）图形化操作模式，旨在让人们的日常计算机操作更加简单和快捷，使我们对电脑的应用更直接、更亲密、更易用。

微软公司从1983年开始研制Windows系统，第一个版本Windows 1.0于1985年问世，它是一个具有图形用户界面的系统软件。在1990年推出Windows 3.0之前，Windows一直备受非议，基本没有引起人们的关注。Windows 3.0是一个重要的里程碑，它以压倒性的商业成功确定了Windows系统在PC领域的垄断地位。Windows 3.0支持Intel 386处理器、虚拟设备驱动并提供了更好的内存管理技术，首次出现了程序管理器、文件管理器、打印管理器等重要程序和纸牌、扫雷、红心大战等经典游戏。

1995年，微软发布Windows 95，这是一款混合的16／32位操作系统，首次包含桌面、任务栏、开始菜单、资源管理器等诸多元素，是一个非常具有前瞻性的设计，它的精华至今仍被广泛使用。1999年微软发布Windows 2000，这是一款纯32位的操作系统，以成熟的Windows NT Workstation 4.0基本代码为基础而构建，在可靠性、易用性、Internet兼容性和移动计算支持等方面作了重大改进。2001年秋，微软发布Windows XP，这是至今仍被广泛使用的操作系统。它提供了新的界面，系统变得更加稳定，完成了Windows 9X及Windows NT两种路线的最终统一，而且集成众多软件，是个人操作系统史上的伟大变革。2006年年末，微软发布Windows Vista，这款操作系统包含众多令人兴奋的新功能或技术，如游戏中心、体验指数、家长控制、虚拟文件夹（库）、用户账户控制、增强的语音识别、基于索引的搜索等，相比之前版本增进了安全性，增强了多方面的功能，为之后的Windows 7/8打下了坚实基础。

2009年秋，微软发布Windows 7，这款操作系统继承了Windows Vista的优秀特性，针对各种性能问题进行优化，包含各项新的功能，如DirectX 11、库、家庭组、操作中心、移动中心等，相比之前版本提升了兼容性，是至今为止销售最快的操作系统。

0.8 计算机网络

计算机网络，是将分散在不同物理位置具有独立功能的计算机系统，利用通信设备和线路相互连接起来，在网络协议和软件的支持下进行数据通信，实现资源共享的计算机系统的集合。

对于每个用户而言，计算机网络就是自己眼前连入因特网（Internet）的多媒体计算机，可以听音乐、玩游戏、看电影、看新闻、聊天、发电子邮件、传输文件、查资料、远程教学及炒股等。因特网目前已经联系着超过160个国家和地区，数万多个子网，数百万台电脑主机，直接的用户超过数亿，成为世界上信息资源最丰富的电脑公共网络。因特网被认为是未来全球信息高速公路的雏形。

实现网络的四个要素为：通信线路和通信设备、有独立功能的计算机、网络软件支持及实现数据通信与资源共享。在不远的未来，网络就是生活，生活就是网络，这将会成为一个不可逆转的事实。现在的人们已离不开因特网了。确实，因特网在生活中起到了非凡的作用，但我们应该真正充分利用互联网的作用，让互联网帮助我们提高学习和工作效率、提高个人素质能力、优化方便个人生活，而不只是将其限于娱乐。

0.9 计算机语言

计算机语言是指一台计算机语言。计算机使用的是由"0"和"1"组成的二进制数，二进制编码方式是计算机语言的基础。计算机发明之初，科学家只能用二进制数编制的指令控制计算机运行。每一条计算机指令均由一组"0"、"1"数字，按一定的规则排列组成。这种有规则的二进制数组成的指令集，称为机器语言（也称为指令系统），机器语言是计算机语言（也称为指令系统）。计算机语言是计算机唯一能识别并直接执行的语言，与汇编语言或高级语言相比，其执行效率高，但可读性差，不易记忆；编写程序既难又繁，容易出错；程序调试和修改难度巨大，不容易掌握和使用。

为了减轻使用机器语言编程的痛苦，20世纪50年代初，出现了汇编语言。汇编语言用比较容易识别、记忆的助记符替代特定的二进制串。汇编语言是符号化的机器语言，执行效率仍接近于机器语言，但符号化的助记符计算机无法识别，需要一个专门的程序将其翻译成机器语言，这种翻译程序被称为汇编程序。汇编语言的一条汇编指令对应一条机器指令，与机器语言性质上是一样的，只是表示方式做了改进，其可移植性与机器语言一样不好。

计算机语言具有高级语言和低级语言之分。高级语言主要是相对于汇编语言而言的，它是较接近自然语言和数学公式的编程，基本脱离了机器的硬件系统，用人们更易理解的方式编写程序。高级语言与计算机的硬件结构及指令系统无关，它有更强的表达能力，可方便地表示数据的运算和程序的控制结构，能更好地描述各种算法，而且容易学习掌握。但高级语言编译生成的程序代码一般比用汇编程序语言设计的程序代码要长，执行的速度也慢。高级语言种类很多，下面介绍五种特色鲜明的语言。

（1）FORTRAN。FORTRAN语言是世界上第一个被正式推广使用的高级语言。它是1954年被提出来的，1956年开始正式使用，至今已有50多年的历史，但仍历久不衰，始终是数值计算领域所使用的主要语言。

（2）Algol 60。图灵奖获得者艾伦·佩利在巴黎举行的有全世界一流软件专家参加的讨论会上，发表了《算法语言 Algol 60 报告》，确定了程序设计语言 Algol 60。Algol 60 是程序设计语言发展史上的一个里程碑，它标志着程序设计语言成为一门独立的科学学科，并为后来软件自动化及软件可靠性的发展奠定了基础。

（3）Pascal。Pascal 是一种计算机通用的高级程序设计语言，具有严格的结构化形式、丰富完备的数据类型、具有简洁的语法及结构化的程序结构，广泛地应用于算法、数据结构、数值问题等的描述。

（4）Java。Java 是一种可以撰写跨平台应用软件的面向对象的程序设计语言，具有卓越的通用性、高效性、平台移植性和安全性，广泛应用于游戏控制台、科学超级计算机、移动电话和互联网，同时拥有全球最大的开发者专业社群。在全球云计算和移动互联网的产业环境下，Java 更具备了显著优势和广阔前景。

(5)C♯。C♯是在 Java 流行起来后所诞生的一种新的程序开发语言,是一种精确、简单、类型安全、面向对象的语言,是 . net 的代表性语言。什么是 . net 呢? 微软总裁 Steve Ballmer 把它定义为:. net 代表一个集合,一个环境,它可以作为平台支持下一代互联网的可编程结构。

0.10 计算机二级公共基础知识

计算机二级公共基础知识是有关计算机的综合性知识,在计算机二级考试中占 30 分,包含科目有数据结构、程序设计、软件工程、数据库等。而这些科目都属于计算机专业必修课,也是一个程序员必备的理论基础。由于计算机二级考试的目标定位就是程序员的水平,所以这些科目都是必考内容,但对于考生要求不高,停留在概念的阶段。

0.10.1 数据结构

数据结构是一门研究数值或非数值性程序设计中计算机操作的对象及它们之间的关系和运算的一门学科。它是设计和实现编译程序、操作系统、数据库系统及其他程序系统的重要基础。

(一)算法

算法(algorithm)是对特定问题求解步骤的一种描述,是由若干条指令组成的有限序列,它必须满足以下性质。

(1)输入性:具有零个或多个输入量,即算法开始前对算法给出的初始量。

(2)输出性:至少产生一个输出。

(3)有穷性:每条指令的执行次数必须是有限的。

(4)确定性:每条指令的含义必须明确,无二义性。

(5)可行性:每条指令都应在有限的时间内完成。

1. 算法基本特征

可行性:在设计一个算法时,必须考虑它的可行性。

确定性:算法中的每个步骤必须是明确定义的,不允许模棱两可。

有穷性:算法必须在有限的时间内做完,执行有限个步骤后终止。

足够的情报:是指算法要有一定的输入数据和必须要有输出结果。

2. 时间和空间复杂度

算法的时间复杂度是指执行算法所需要的计算工作量,可以用算法所执行的基本运算次数度量。工作量=f(n),n 是问题的规模。

算法的空间复杂度是指执行算法所需要的内存空间,包括算法程序、输入的初始数据及算法执行过程中需要的额外空间。

(二)数据结构的概念

数据结构是指相互有关联的数据元素的集合,主要包括逻辑结构与存储结构。数据结构的研究目的是节省时间、空间。

数据的逻辑结构包括线性结构和非线性结构。线性结构包括线性表、栈、队列等;非线性结构包括树、图。数据的逻辑结构包含两个要素:①数据元素的集合,记为 D;②D 中各数据元素之间的前后件关系,记为 R。见图 0.10 和图 0.11。数据结构表示为:B＝(D,R),其中 B 表示数据结构。

$$D=\{d_i\,|\,1<=i<=6\}$$
$$=\{d_1,d_2,d_3,d_4,d_5,d_6\}$$
$$R=\{(d_1,d_2),(d_1,d_3),$$
$$(d_3,d_4),(d_5,d_4),$$
$$(d_5,d_6)\}$$

图 0.10　数据元素的集合　　　　　图 0.11　数据元素之间的关系

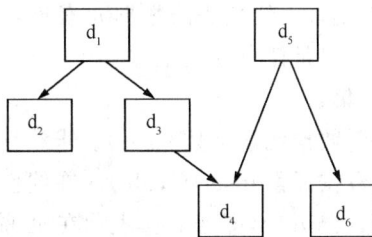

数据的存储结构是指数据的逻辑结构在计算机存储空间中的存放形式,包括运算、插入、删除、查找、排序等。一种数据的逻辑结构根据需要可以表示成多种存储结构。采用不同的存储结构,其数据处理的效率是不同的。顺序存储和链式存储是数据的两种最基本的存储结构。

在顺序存储中,每个存储空间含有所存元素本身的信息,元素之间的逻辑关系是通过数组下标位置简单计算出来的线性表的顺序存储。

在链式存储结构中,存储结点不仅含有所存元素本身的信息,而且含有元素之间逻辑关系的信息。data 表示值域,用来存储结点的数值部分,另一部分用于存放指针,称为指针域,例如,p1,p2,…,pn 均为指针域(又称为链域),每个指针域为其对应的后继元素或前驱元素所在结点(以后简称为后继结点或前驱结点)的存储位置。通过结点的指针域可以访问到对应的后继结点或前驱结点,若一个结点中的某个指针域不需要指向其他结点,则令它的值为空(NULL)。

在数据的顺序存储中,由于每个元素的存储位置都可以通过简单计算得到,所以访问元素的时间都相同;而在数据的链式存储中,由于每个元素的存储位置保存在它的前驱或后继结点中,所以只有当访问到其前驱结点或后继结点后才能够按指针访问到,访问任一元素的时间与该元素结点在链式存储结构中的位置有关。

(三)线性与非线性结构

1. 线性结构

如果一个数据元素序列满足三个条件:①除第一个和最后一个数据元素外,每个数据元素只有一个前驱数据元素和一个后继数据元素;②第一个数据元素没有前驱数据元素;③最后一个数据元素没有后继数据元素,则称这样的数据结构为线性结构。线性表、栈、队列、串和数组都属于线性结构,下面主要介绍线性表、栈和队列。

1)线性表

线性表是一种最简单、最常用的线性结构,是可以在任意位置进行插入和删除数据元素操作的,由 $n(n \geqslant 0)$ 个相同类型数据元素 $a_0,a_1,a_2,\cdots,a_{n-1}$ 组成的线性结构。线性表的主要操作特点是:可以在任意位置插入一个数据元素或删除一个数据元素。线性表可以用顺序存储结构或链式存储结构实现。用顺序存储结构实现的线性表称为顺序表,用链式存储结构实现的线性表称为链表。链表主要有单链表、循环单链表和循环双链表三种。

一个有 n 个数据元素的线性表通常用符号 $(a_0,a_1,a_2,\cdots,a_{n-1})$ 表示,其中符号 $a_i(0 \leqslant i \leqslant n-1)$ 表示第 i 个抽象数据元素。

线性表的抽象数据类型是指一个逻辑概念上的类型和这个类型上的操作集合,而类型是一组值的集合。因此线性表的抽象数据类型主要包括两个方面,即数据集合和该数据集合上的操作。

(1)数据集合。线性表的数据元素集合可以表示为序列 $a_0, a_1, a_2, \cdots, a_{n-1}$,每个数据元素的数据类型可以是任意的类型。

(2)操作集合。

①求当前数据元素个数 size()。求线性表的当前数据元素个数并由函数返回。

②插入数据元素 insert(i,obj)。在线性表的第 i 个数据元素前插入数据元素 obj。其约束条件为:$0 \leqslant i \leqslant size()$,即若 i=0 表示在 a_0 前插入数据元素 obj,若 i=size()-1 表示在 a_{n-1} 前插入数据元素 obj,若 i=size() 表示在 a_{n-1} 后插入数据元素 obj。

③删除数据元素 delete(i)。删除线性表的第 i 个数据元素,所删除的数据元素由函数返回。其约束条件为:$0 \leqslant i \leqslant size()-1$,即若 i=0 表示删除数据元素 a_0,若 i=size()-1 表示删除数据元素 a_{n-1}。

④取数据元素 getData(i)。取线性表的第 i 个数据元素,所取的数据元素由函数返回。其约束条件为:$0 \leqslant i \leqslant size()-1$,即若 i=0 表示取数据元素 a_0,若 i=size()-1 表示取数据元素 a_{n-1}。

⑤判断线性表是否为空 isEmpty()。线性表的当前元素个数 size() 是否为 0。若 size()=0 函数返回 true,否则返回 false。

(3)顺序查找:对于长度为 n 的线性表,平均要进行 n/2 次比较,在最坏情况下进行 n 次比较。

(4)求极值:对于长度为 n 的线性表,要比较 n-1 次。

(5)二分查找:适用于顺序存储的有序表,对长度为 n 的线性表,在最坏情况下进行 $\log_2 n$ 次比较。

注意:即使是有序线性表,如果采用链式存储结构,也只能用顺序查找。

(6)线性链表:即线性表的链式存储结构。在线性链表中,各数据结点的存储空间可以不连续,各数据元素的存储顺序与逻辑顺序可以不一致。

(7)线性链表的操作:在线性链表中进行插入与删除,不需要移动链表中的元素。

(8)排序:就是使一串记录,按照其中的某个或某些关键字的大小,递增或递减的排列起来的操作(表 0.2)。

表 0.2 排序

排序		平均时间	最坏情况
交换类	冒泡排序	$n(n-1)/2$	$n(n-1)/2$
	快速排序	$n(n-1)/2$	$n(n-1)/2$
插入类	插入排序	$n(n-1)/2$	$n(n-1)/2$
	希尔排序	$n\log_2 n$	$n^{1.5}$
选择类	选择排序	$n(n-1)/2$	$n(n-1)/2$
	堆排序	$n\log_2 n$	$n\log_2 n$

2)栈

栈是限定在一端进行插入和删除的线性表。原则是先进后出(或后进先出)。栈具有记忆功能。

3）队列

队列是指允许在一端进行插入,而在另一端进行删除的线性表。原则是先进先出(或后进后出)。将队列存储空间的最后一个位置绕到第一个位置,形成逻辑上的环状空间就是循环队列。

2. 非线性结构——树形结构

在计算机科学中,树是非常有用的抽象概念。我们形象的去描述一棵树:一个父亲可能有两个儿子,这两个儿子一个有一个儿子,另一个有三个儿子,像这样发展下去的一个族谱,就是一个树,如图0.12所示。

树形结构是一类非常重要的非线性结构,它可以很好地描述客观世界中广泛存在的具有分支关系或层次特性的对象。因此在计算机领域里有着广泛应用,如操作系统中的文件管理,编译程序中的语法结构,数据库系统信息组织形式。

树是 n(n＞0)个元素的有限集合。它有且仅有一个称为根的元素,其余元素是互不相交的子树。二叉树是每个结点最多有两棵子树的有序树,分别称为左子树和右子树,见图0.13。二叉树的特点是:①二叉树的第 k 层上,最多有 2^{k-1} 个结点;②深度为 m 的二叉树最多有 2^{m-1} 个结点;③深度为 0 的结点(叶子)比深度为 2 的多一个;④有 n 个结点的二叉树深度至少为 $[\log_2 n]+1$。

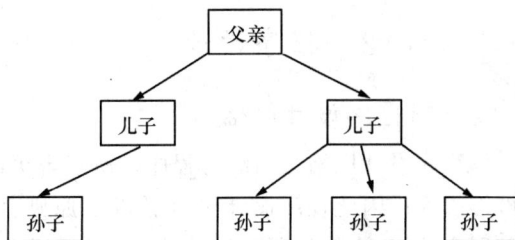

图 0.12　家族树

满二叉树:每一层上的结点数均达到最大值(图0.14)。

满二叉树的特点:①对给定的深度,它是具有最多结点数的二叉树。②满二叉树中不存在度数为 1 的结点,每个分支结点均有两棵高度相同的子树,且树叶都在最下一层上。

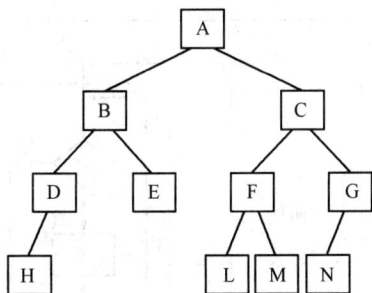

图 0.13　二叉树

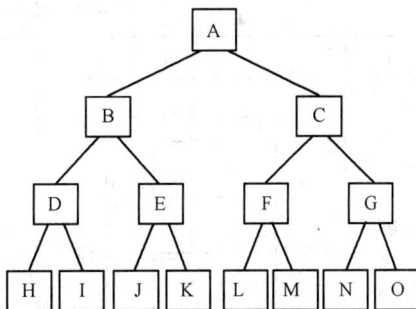

图 0.14　满二叉树

完全二叉树:只缺少最后一层右边的若干结点。

完全二叉树的特点:①满二叉树是完全二叉树,完全二叉树不一定是满二叉树。②在满二叉树的最下一层上,从最右边开始连续删去若干结点后得到的二叉树就是一棵完全二叉树。③在完全二叉树中,若某个结点没有左子结点,则它一定没有右子结点,即该结点必是叶结点。

二叉树存储结构。结点都有数据域(存储结点的自身值),还有两个指针域,分别指向结点的左子结点和右子结点(图0.15)。

二叉树的遍历指的是沿某条搜索路径访问二叉树,对二叉树中的每个结点访问一次且仅一次。这里的"访问"实际上指的是对结点进行某种操作(图0.16)。

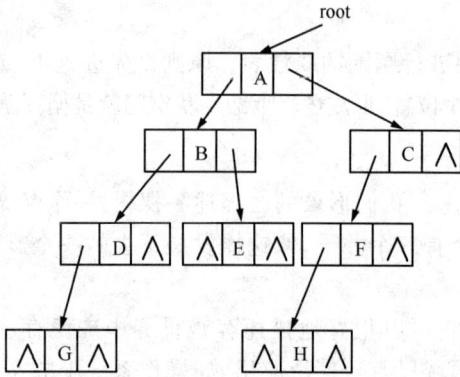

图 0.15 二叉树存储结构

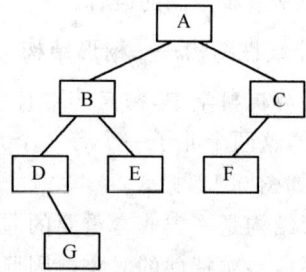

图 0.16 遍历举例

0.10.2 程序设计

(一)程序设计风格

程序设计风格是指编写程序时所表现出的特点和逻辑思想。它会深刻影响软件的质量和可维护性。因此程序设计要遵循以下原则：①效率第二，清晰第一；②符号命名，要有含义；③语言功能，应加注释；④空格缩进，容易分析；⑤数据说明，规范次序；⑥保证正确，提高效率；⑦限用 goto，模块独立；⑧功能单一，信息隐蔽；⑨输入数据，给出提示；⑩合法检查，结束标志。

(二)结构化程序设计

结构化程序设计常采用顺序、选择(分支)和循环三种基本结构(表 0.3)。要求自顶向下、逐步求精、模块化和限用 goto。

表 0.3 结构化程序设计基本结构

结构名称	示意图	结构名称	示意图
顺序结构		循环结构 — 当型循环	
选择结构		循环结构 — 直到型循环	

16

(三)面向对象的程序设计

在考试中关于本部分会出现约 1 个题目,所占分值大约占 2 分。

1. 关于面向对象方法

面向对象方法的本质,是主张从客观世界固有的事物出发来构造系统,提倡用人类在现实生活中常用的思维方法来认识、理解和描述客观事物,强调最终建立的系统能够反映问题域,即系统中的对象以及对象之间的关系能够如实地反映问题域中固有事物及其关系。

面向对象有以下五个优点。

1)与人类习惯的思维方法一致

传统的程序设计方法是以算法作为核心,将程序与过程相互独立。

面向对象方法和技术是以对象为核心,对象是由数据和容许的操作组成的封装体,与客观实体有直接的对应关系。对象之间通过传递消息互相联系,以实现模拟世界中不同事物之间的联系。

2)稳定性好

面向对象方法基于构造问题领域的对象模型,以对象为中心构造软件系统。它的基本方法是用对象模拟问题领域中的实体,以对象间的联系刻画实体间的联系。

3)可重用性好

软件的重用性是指在不同的软件开发过程中重复使用相同或相似的软件元素的过程。

4)易于开发大型软件产品

在使用面向对象进行软件开发时,可以把大型产品看做是一系列本质上相互独立的小产品来处理,降低了技术难度,也使软件开发的管理变得容易。

5)可维护性好

(1)利用面向对象的方法开发的软件稳定性比较好。

(2)用面向对象的方法开发的软件比较容易修改。

(3)用面向对象的方法开发的软件比较容易理解。

(4)易于测试和调试。

2. 面向对象方法的基本概念

1)对象

在面向对象程序设计方法中,对象是系统中用来描述客观事物的一个实体,是构成系统的一个基本单位,它由一组表示其静态特征的属性和它执行的一组操作组成。

对象的基本特点有以下五点。

(1)标识的唯一性。对象是可区分的,并且由对象的内在本质来区分,而不是通过描述来区分。

(2)分类性,指可以将具有相同属性和操作的对象抽象成类。

(3)多态性,指同一个操作可以是不同对象的行为。

(4)封装性,从外面看只能看到对象的外部特征,即只需知道数据的取值范围和可以对该数据施加的操作,根本无需知道数据的具体结构以及实现操作的算法。

(5)模块独立性好。对象是面向对象的软件的基本模块,它是由数据及可以对这些数据施加的操作所组成的统一体,而且对象是以数据为中心的,操作围绕对其数据所需做的处理来设置,没有无关的操作。从模块的独立性考虑,对象内容各种元素彼此相结合得很紧密,内聚性强。

2)类和实例

将属性、操作相似的对象归为类。具有共同的属性、共同的方法的对象的集合,即是类。类是对象的抽象,它描述了属于该对象的所有对象性质,而一个对象则是其对应类的一个实例。

3)消息

消息是一个实例与另一个实例之间传递的信息,它请求对象执行某一处理或回答某一个要求的信息,它统一了数据流和控制流。消息只包含传递者的要求,它告诉接受者需要做哪些处理,并不指示接受者怎样去完成这些处理。

4)继承

继承是使用已有的类定义作为基础建立新类的定义技术。已有的类可当做基类来引用,则新类相应地可作为派生类来引用。继承即是指能够直接获得已有的性质和特征,而不必重复定义它们。

5)多态性

对象根据所接受的消息而做出动作,同样的消息被不同的对象接受时可导致完全不同的行动,该现象称为多态性。

在面向对象技术中,多态性是指子类对象可以像父类对象那样使用,同样的消息可以发送给父类对象也可以发送给子类对象。

多态性机制增加了面向对象软件系统的灵活性,减少了信息冗余,而且显著提高了软件的可重用性和可扩充性。

0.10.3 软件工程

(一)软件工程的基本概念

计算机软件是包括程序、数据及相关文档的完整集合,按功能分为应用软件、系统软件、支撑软件(或工具软件)。

软件的特点包括:①软件是一种逻辑实体;②软件的生产与硬件不同,它没有明显的制作过程;③软件在运行、使用期间不存在磨损、老化问题;④软件的开发、运行对计算机系统具有依赖性,受计算机系统的限制,这导致了软件移植的问题;⑤软件复杂性高,成本昂贵;⑥软件开发涉及诸多的社会因素。

软件工程是应用于计算机软件的定义、开发和维护的一整套方法、工具、文档、实践标准和工序。软件工程包括3个要素:方法、工具和过程。

软件工程过程是把软件转化为输出的一组彼此相关的资源和活动,主要包含4种基本活动:P——软件规格说明;D——软件开发;C——软件确认;A——软件演进。

软件周期是软件产品从提出、实现、使用维护到停止使用退役的过程。

软件生命周期有三个阶段:软件定义、软件开发、运行维护,其主要活动阶段是:可行性研究与计划制定、需求分析、软件设计、软件实现、软件测试、运行和维护。

软件工程的目标:在给定成本、进度的前提下,开发出具有有效性、可靠性、可理解性、可维护性、可重用性、可适应性、可移植性、可追踪性和可互操作性且满足用户需求的产品。

软件工程的基本目标:付出较低的开发成本;达到要求的软件功能;取得较好的软件性能;开发软件易于移植;需要较低的费用;能按时完成开发,及时交付使用。

软件工程的基本原则：抽象、信息隐蔽、模块化、局部化、确定性、一致性、完备性和可验证性。

软件工程的理论和技术性研究的内容主要包括：软件开发技术和软件工程管理。

软件开发技术包括：软件开发方法学、开发过程、开发工具和软件工程环境。

软件工程管理包括：软件管理学、软件工程经济学、软件心理学等内容。

软件管理学包括：人员组织、进度安排、质量保证、配置管理、项目计划等。

软件工程原则包括：抽象、信息隐蔽、模块化、局部化、确定性、一致性、完备性和可验证性。

（二）结构化分析方法

结构化分析方法的核心和基础是结构化程序设计理论。

需求分析方法有：结构化需求分析方法和面向对象的分析方法。

从需求分析建立的模型的特性来分：静态分析和动态分析。

结构化分析方法的实质：着眼于数据流，自顶向下，逐层分解，建立系统的处理流程，以数据流图和数据字典为主要工具，建立系统的逻辑模型。

结构化分析的常用工具有：数据流图，数据字典，判定树，判定表。

数据流图：描述数据处理过程的工具，是需求理解的逻辑模型的图形表示，它直接支持系统功能建模。

数据字典：对所有与系统相关的数据元素的一个有组织的列表，以及精确的、严格的定义，使得用户和系统分析员对于输入、输出、存储成分和中间计算结果有共同的理解。

判定树：从问题定义的文字描述中分清哪些是判定的条件，哪些是判定的结论，根据描述材料中的连接词找出判定条件之间的从属关系、并列关系、选择关系，根据它们构造判定树。

判定表：与判定树相似，当数据流图中的加工要依赖于多个逻辑条件的取值，即完成该加工的一组动作是由于某一组条件取值的组合而引发的，使用判定表描述比较适宜。

数据字典是结构化分析的核心。

软件需求规格说明书的特点：正确性、无歧义性、完整性、可验证性、一致性、可理解性、可追踪性。

（三）结构化设计方法

软件设计的基本目标是用比较抽象概括的方式确定目标系统如何完成预定的任务，软件设计是确定系统的物理模型。

软件设计是开发阶段最重要的步骤，是将需求准确地转化为完整的软件产品或系统的唯一途径。

从技术观点来看，软件设计包括软件结构设计、数据设计、接口设计、过程设计。

结构设计：定义软件系统各主要部件之间的关系。

数据设计：将分析时创建的模型转化为数据结构的定义。

接口设计：描述软件内部、软件和协作系统之间以及软件与人之间如何通信。

过程设计：把系统结构部件转换成软件的过程描述。

从工程管理角度来看：概要设计和详细设计。

软件设计的一般过程：软件设计是一个迭代的过程；先进行高层次的结构设计；后进行低层次的过程设计；穿插进行数据设计和接口设计。

衡量软件模块独立性使用耦合性和内聚性两个定性的度量标准。

在程序结构中各模块的内聚性越强,则耦合性越弱。优秀软件应高内聚,低耦合。

软件概要设计的基本任务是:设计软件系统结构;数据结构及数据库设计;编写概要设计文档;概要设计文档评审。

模块用一个矩形表示,箭头表示模块间的调用关系。

在结构图中还可以用带注释的箭头表示模块调用过程中来回传递的信息。还可用带实心圆的箭头表示传递的是控制信息,空心圆箭心表示传递的是数据。

结构图的基本形式:基本形式、顺序形式、重复形式、选择形式。

结构图有四种模块类型:传入模块、传出模块、变换模块和协调模块。

典型的数据流类型有两种:变换型和事务型。

变换型系统结构图由输入、中心变换、输出三部分组成。

事务型数据流的特点是:接受一项事务,根据事务处理的特点和性质,选择分派一个适当的处理单元,然后给出结果。

详细设计:是为软件结构图中的每一个模块确定实现算法和局部数据结构,用某种选定的表达工具表示算法和数据结构的细节。

常见的过程设计工具有:图形工具(程序流程图)、表格工具(判定表)、语言工具(PDL)。

(四)软件测试

软件测试定义:使用人工或自动手段来运行或测定某个系统的过程,其目的在于检验它是否满足规定的需求或是弄清预期结果与实际结果之间的差别。

软件测试的目的:发现错误而执行程序的过程。

软件测试方法有静态测试和动态测试两种。

(1)静态测试包括代码检查、静态结构分析、代码质量度量,不实际运行软件,主要通过人工进行。

(2)动态测试是基本计算机的测试,主要包括白盒测试方法和黑盒测试方法。①白盒测试:在程序内部进行,主要用于完成软件内部操作的验证。主要方法有逻辑覆盖、基本路径测试。②黑盒测试:主要诊断功能不对或遗漏、界面错误、数据结构或外部数据库访问错误、性能错误、初始化和终止条件错误,用于软件确认。主要方法有等价类划分法、边界值分析法、错误推测法、因果图等。

软件测试过程一般按 4 个步骤进行:单元测试、集成测试、验收测试(确认测试)和系统测试。

(五)程序的调试

程序调试的任务是诊断和改正程序中的错误,主要在开发阶段进行。

程序调试的基本步骤:错误定位;修改设计和代码,以排除错误;进行回归测试,防止引进新的错误。

软件调试可分为静态调试和动态调试。静态调试主要是指通过人的思维来分析源程序代码和排错,是主要的设计手段,而动态调试是辅助静态调试。主要调试方法有:强行排错法;回溯法;原因排除法。

0.10.4 数据库

(一)数据库系统的基本概念

数据:实际上就是描述事物的符号记录。

数据的特点:有一定的结构,有型与值之分,如整型、实型、字符型等。而数据的值给出了符合定型的值,如整型值15。

数据库:是数据的集合,具有统一的结构形式并存放于统一的存储介质内,是多种应用数据的集成,并可被各个应用程序共享。

数据库存放数据是按数据所提供的数据模式存放的,具有集成与共享的特点。

数据库管理系统是数据库的核心。负责数据库中的数据组织、数据操纵、数据维护、控制及保护和数据服务等。

数据库管理系统功能如下。

(1)数据模式定义:即为数据库构建其数据框架;

(2)数据存取的物理构建:为数据模式的物理存取与构建提供有效的存取方法与手段;

(3)数据操纵:为用户使用数据库的数据提供方便,如查询、插入、修改、删除等以及简单的算术运算及统计;

(4)数据的完整性、安全性定义与检查;

(5)数据库的并发控制与故障恢复;

(6)数据的服务:如拷贝、转存、重组、性能监测、分析等。

为完成以上六个功能,数据库管理系统提供以下的数据语言。

(1)数据定义语言:负责数据的模式定义与数据的物理存取构建;

(2)数据操纵语言:负责数据的操纵,如查询与增、删、改等;

(3)数据控制语言:负责数据完整性、安全性的定义与检查及并发控制、故障恢复等。

数据语言按其使用方式具有两种结构形式:交互式命令(又称自含型或自主型语言),宿主型语言(一般可嵌入某些宿主语言中)。

数据库管理员:对数据库进行规划、设计、维护、监视等的专业管理人员。

数据库系统:由数据库(数据)、数据库管理系统(软件)、数据库管理员(人员)、硬件平台(硬件)、软件平台(软件)五个部分构成的运行实体。

数据库应用系统:由数据库系统、应用软件及应用界面三者组成。文件系统阶段:提供了简单的数据共享与数据管理能力,但是它无法提供完整的、统一的、管理和数据共享的能力。层次数据库与网状数据库系统阶段:为统一与共享数据提供了有力支撑。

关系数据库系统阶段:数据库系统的基本特点是数据的集成性、数据的高共享性与低冗余性、数据独立性(物理独立性与逻辑独立性)、数据统一管理与控制。

数据库系统的三级模式。

(1)概念模式:数据库系统中全局数据逻辑结构的描述,全体用户公共数据视图;

(2)外模式:也称子模式与用户模式,是用户的数据视图,也就是用户所见到的数据模式;

(3)内模式:又称物理模式,它给出了数据库物理存储结构与物理存取方法。

数据库系统的两级映射:概念模式到内模式的映射;外模式到概念模式的映射。

(二)数据模型

数据模型的概念:是数据特征的抽象,从抽象层次上描述了系统的静态特征、动态行为和约束条件,为数据库系统的信息表与操作提供一个抽象的框架。描述了数据结构、数据操作及数据约束。

E-R模型的基本概念有三个。实体:现实世界中的事物;属性:事物的特性;联系:现实世界中事物间的关系。实体集的关系有一对一、一对多、多对多的联系。实体是概念世界中的基本单位,属性有属性域,每个实体可取属性域内的值。一个实体的所有属性值叫元组。

E-R模型的图示法:实体集表示法、属性表示法、联系表示法。

层次模型的基本结构是树形结构,其特点是:①每棵树有且仅有一个无双亲结点,称为根;②树中除根外所有结点有且仅有一个双亲。

从图论上看,网状模型是一个不加任何条件限制的无向图。关系模型采用二维表来表示,简称表,由表框架及表的元组组成。一个二维表就是一个关系。

在二维表中凡能唯一标识元组的最小属性称为键或码。从所有候选键中选取一个作为用户使用的键称主键。如果表A中的某属性是某表B的键,则称该属性集为A的外键或外码。

关系中的数据约束包含以下内容。

(1)实体完整性约束:约束关系的主键中属性值不能为空值;

(2)参照完全性约束:是关系之间的基本约束;

(3)用户定义的完整性约束:它反映了具体应用中数据的语义要求。

(三)关系代数

关系数据库系统的特点之一是它建立在数据理论的基础之上,有很多数据理论可以表示关系模型的数据操作,其中最为著名的是关系代数与关系演算。

关系模型的基本运算:插入、删除、修改、查询(包括投影、选择、笛卡尔积运算)。

(四)数据库设计与管理

数据库设计是数据应用的核心。

数据库设计的两种方法是:面向数据,以信息需求为主,兼顾处理需求;面向过程,以处理需求为主,兼顾信息需求。

数据库的生命周期:需求分析阶段、概念设计阶段、逻辑设计阶段、物理设计阶段、编码阶段、测试阶段、运行阶段、进一步修改阶段。

需求分析。常用结构析方法和面向对象的方法。

结构化分析(简称SA)方法用自顶向下、逐层分解的方式分析系统。

用数据流图表达数据和处理过程的关系。

对数据库设计来讲,数据字典是进行详细的数据收集和数据分析所获得的主要结果。数据字典是各类数据描述的集合,包括5个部分:数据项、数据结构、数据流(可以是数据项,也可以是数据结构)、数据存储、处理过程。

数据库概念设计的目的是分析数据内在语义关系。设计的方法有两种:

(1)集中式模式设计法(适用于小型或并不复杂的单位或部门);

(2)视图集成设计法。

设计方法:E-R模型与视图集成。

视图设计一般有三种设计次序:自顶向下、由底向上、由内向外。

视图集成的四种冲突:命名冲突、概念冲突、域冲突、约束冲突。

关系视图设计:关系视图的设计又称外模式设计。

关系视图的主要作用有:提供数据逻辑独立性;能适应用户对数据的不同需求;有一定数据保密功能。数据库的物理设计主要目标是对数据内部物理结构作调整并选择合理的存取路径,以提高数据库访问速度有效利用存储空间。

一般 RDBMS(关系数据库管理系统)中留给用户参与物理设计的内容大致有索引设计、集成簇设计和分区设计。

数据库管理的内容有:数据库的建立、数据库的调整、数据库的重组、数据库安全性与完整性控制、数据库的故障恢复、数据库监控。

等级考试实训

一、分数分配比例

公共基础知识部分 30 分,专业语言部分 70 分

二、公共基础知识

(一)基本要求

(1)掌握算法的基本概念。

(2)掌握基本数据结构及其操作。

(3)掌握基本排序和查找算法。

(4)掌握逐步求精的结构化程序设计方法。

(5)掌握软件工程的基本方法,具有初步应用相关技术进行软件开发的能力。

(6)掌握数据库的基本知识,了解关系数据库的设计。

(二)主要知识点及考点

数据结构的基本概念、线性表及其顺序存储结构、栈和队列、线性链表、树与二叉树、程序设计方法和风格、面向对象的程序设计、软件工程基本概念、结构化分析方法、结构化设计方法、软件测试、程序的调试、数据库系统的基本概念、数据模型、关系代数、数据库设计与管理。

(三)考试内容

1. 基本数据结构与算法

(1)算法的基本概念;算法复杂度的概念和意义(时间复杂度与空间复杂度)。

(2)数据结构的定义;数据的逻辑结构与存储结构;数据结构的图形表示;线性结构与非线性结构的概念。

(3)线性表的定义;线性表的顺序存储结构及其插入与删除运算。

(4)栈和队列的定义;栈和队列的顺序存储结构及其基本运算。

(5)线性单链表、双向链表与循环链表的结构及其基本运算。

(6)树的基本概念;二叉树的定义及其存储结构;二叉树的前序、中序和后序遍历。

(7)顺序查找与二分法查找算法;基本排序算法(交换类排序,选择类排序,插入类排序)。

2. 程序设计基础

(1)程序设计方法与风格。

(2)结构化程序设计。

(3)面向对象的程序设计方法,对象,方法,属性及继承与多态性。

3. 软件工程基础

(1)软件工程基本概念,软件生命周期概念,软件工具与软件开发环境。

(2)结构化分析方法,数据流图,数据字典,软件需求规格说明书。

(3)结构化设计方法,总体设计与详细设计。

(4)软件测试的方法,白盒测试与黑盒测试,测试用例设计,软件测试的实施,单元测试、集成测试和系统测试。

(5)程序的调试,静态调试与动态调试。

4. 数据库设计基础

(1)数据库的基本概念:数据库,数据库管理系统,数据库系统。

(2)数据模型,实体联系模型及 E-R 图,从 E-R 图导出关系数据模型。

(3)关系代数运算,包括集合运算及选择、投影、连接运算,数据库规范化理论。

(4)数据库设计方法和步骤:需求分析、概念设计、逻辑设计和物理设计的相关策略。

习题

一、选择题

1. 下面叙述正确的是( )。

    A. 算法的执行效率与数据的存储结构无关

    B. 算法的空间复杂度是指算法程序中指令(或语句)的条数

    C. 算法的有穷性是指算法必须能在执行有限个步骤之后终止

    D. 算法的时间复杂度是指执行算法程序所需要的时间

2. 以下数据结构属于非线性数据结构的是( )。

    A. 队列　　　　　　　B. 线性表　　　　　　　C. 二叉树　　　　　　　D. 栈

3. 在一棵二叉树上第 8 层的结点数最多是( )。

    A. 8　　　　　　　　　B. 16　　　　　　　　　C. 128　　　　　　　　D. 256

4. 下面描述中,不符合结构化程序设计风格的是( )。

    A. 使用顺序、选择和重复(循环)三种基本控制结构表示程序的控制逻辑

    B. 自顶向下

    C. 注重提高程序的执行效率

    D. 限制使用 goto 语句

5. 下面概念中,不属于面向对象方法的是( )。

    A. 对象、消息　　　　B. 继承、多态　　　　　C. 类、封装　　　　　　D. 过程调用

6. 在结构化方法中,用数据流程图(DFD)作为描述工具的软件开发阶段是( )。

    A. 可行性分析　　　　B. 需求分析　　　　　　C. 详细设计　　　　　　D. 程序编码

7. 软件生命周期中所花费用最多的阶段是( )。

    A. 详细设计　　　　　B. 软件编码　　　　　　C. 软件测试　　　　　　D. 软件维护

8. 数据库系统的核心是( )。

    A. 数据模型　　　　　B. DBMS　　　　　　　C. 软件工具　　　　　　D. 数据库

9. 下列模式中,( )是用户模式。

    A. 内模式　　　　　　B. 外模式　　　　　　　C. 概念模式　　　　　　D. 逻辑模式

10. 算法的时间复杂度是指( )。

    A. 算法的执行时间　　　　　　　　　　　　B. 算法所处理的数据量

    C. 算法程序中的语句或指令条数　　　　　　D. 算法在执行过程中所需要的基本运算次数

11. 算法的空间复杂度是指( )。

    A. 算法在执行过程中所需要的计算机存储空间　　B. 算法在执行过程中所需要的临时工作单元数

    C. 算法所处理的数据量　　　　　　　　　　D. 算法程序中的语句或指令条数

12. 数据的存储结构是指( )。

    A. 存储在外存中的数据　　　　　　　　　　B. 数据所占的存储空间量

    C. 数据在计算机中的顺序存储方式　　　　　D. 数据的逻辑结构在计算机中的表示

13. 下列叙述中正确的是( )。

    A. 程序执行的效率与数据的存储结构密切相关　　B. 程序执行的效率只取决于程序的控制结构

    C. 程序执行的效率只取决于所处理的数据量　　　D. 以上三种说法都不对

14. 在长度为 64 的有序线性表中进行顺序查找,最坏情况下需要比较的次数为(   )。

A. 63　　　　　　　　B. 64　　　　　　　　C. 6　　　　　　　　D. 7

15. 在长度为 n 的有序线性表中进行二分查找,最坏情况下需要比较的次数是(   )。

A. O(n)　　　　　　B. O(n²)　　　　　　C. O(log₂ n)　　　　D. O(n log₂ n)

16. 下列叙述中正确的是(   )。

A. 线性表的链式存储结构与顺序存储结构所需要的存储空间是相同的

B. 线性表的链式存储结构所需要的存储空间一般要多于顺序存储结构

C. 线性表的链式存储结构所需要的存储空间一般要少于顺序存储结构

D. 上述三种说法都不对

17. 下列排序中最坏情况下比较次数最少的是(   )。

A. 冒泡排序　　　　B. 简单选择排序　　　C. 直接插入排序　　　D. 堆排序

18. 下列关于栈叙述正确的是(   )。

A. 栈顶元素最先能被删除　　　　　　　　　B. 栈顶元素最后才能被删除

C. 栈底元素永远不能被删除　　　　　　　　D. 以上三种说法都不对

19. 下列对队列的叙述正确的是(   )。

A. 队列属于非线性表　　　　　　　　　　　B. 队列按"先进后出"原则组织数据

C. 队列在队尾删除数据　　　　　　　　　　D. 队列按"先进先出"原则组织数据

20. 对于循环队列,叙述正确的是(   )。

A. 队头指针是固定不变的　　　　　　　　　B. 队头指针一定大于队尾指针

C. 队头指针一定小于队尾指针　　　　　　　D. 队头指针可以大于,也可以小于队尾指针

21. 下列叙述中正确的是(   )。

A. 线性链表是线性表的链式存储结构　　　　B. 栈与队列是非线性结构

C. 双向链表是非线性结构　　　　　　　　　D. 只有根结点的二叉树是线性结构

22. 下列不符合良好程序设计风格的是(   )。

A. 程序的效率第一,清晰第二　　　　　　　B. 程序的可读性好

C. 程序中要有必要的注释　　　　　　　　　D. 输入数据前要有提示信息

23. 下列选项中不属于结构化程序设计原则的是(   )。

A. 可封装　　　　　B. 自顶向下　　　　　C. 模块化　　　　　D. 逐步求精

24. 下面选项中不属于面向对象基本特点的是(   )。

A. 继承性　　　　　B. 多态性　　　　　　C. 类比性　　　　　D. 封装性

25. 在面向对象方法中,实现信息隐蔽是依靠(   )。

A. 对象的继承　　　B. 对象的多态　　　　C. 对象的封装　　　D. 对象的分类

26. 下列属于面向对象设计方法主要特征的是(   )。

A. 继承　　　　　　B. 自顶向下　　　　　C. 模块化　　　　　D. 逐步求精

27. 软件是指(   )。

A. 程序、数据和文档　　　　　　　　　　　B. 程序

C. 算法加数据结构　　　　　　　　　　　　D. 程序和文档

28. 软件按功能可以分为应用软件、系统软件和支撑软件(或工具软件),下面属于应用软件的是(   )。

A. 学籍管理系统　　　　　　　　　　　　　B. C 语言编译程序

C. UNIX 操作系统　　　　　　　　　　　　D. 数据库管理系统

29. 以下不属于软件危机表现的是(   )。

A. 软件过程不规范　　　　　　　　　　　　B. 软件开发生产率低

C. 软件质量难以控制　　　　　　　　　　　D. 软件成本不断提高

30. 软件生命周期可分为定义阶段,开发阶段和维护阶段。其中,详细设计属于( )。
    A. 定义阶段   B. 开发阶段   C. 维护阶段   D. 上述三个阶段

31. 从工程管理角度,软件设计一般分为两步完成,它们是( )。
    A. 概要设计与详细设计   B. 数据设计与接口设计
    C. 软件结构设计与数据设计   D. 过程设计与数据设计

32. 软件设计中划分模块的一个准则是( )。
    A. 低内聚低耦合   B. 高内聚低耦合
    C. 低内聚高耦合   D. 高内聚高耦合

33. 软件测试的目的是( )。
    A. 评估软件可靠性   B. 发现并改正程序的错误
    C. 发现程序的错误   D. 改正程序的错误

34. 在黑盒测试方法中,设计测试用例的主要根据是( )。
    A. 程序外部功能   B. 程序内部逻辑
    C. 程序数据结构   D. 程序流程图

35. 程序调试的任务是( )。
    A. 尽可能多地发现程序中的错误   B. 确定程序中错误的性质
    C. 诊断和改正程序中的错误   D. 发现并改正程序中的所有错误

36. 数据库管理系统是( )。
    A. 一种编译系统   B. 操作系统支持下的系统软件
    C. 一种操作系统   D. 操作系统的一部分

37. 负责数据库中数据的查询操作的数据库语言是( )。
    A. 数据定义语言   B. 数据管理语言
    C. 数据操纵语言   D. 数据控制语言

38. 数据库技术的根本目标是要解决数据的( )。
    A. 存储问题   B. 共享问题   C. 安全问题   D. 保护问题

39. 用树形结构表示实体之间联系的模型是( )。
    A. 关系模型   B. 网状模型   C. 层次模型   D. 以上三个都是

40. 在满足实体完整性约束的条件下,一个关系中( )。
    A. 可以没有候选关键字   B. 只能有一个候选关键字
    C. 必须有多个候选关键字   D. 应该有一个或多个候选关键字

二、填空题

1. 在长度为 n 的顺序存储的线性表中删除一个元素,最坏情况下需要移动表中的元素个数为 ＿＿＿＿＿＿＿＿＿＿＿＿＿＿。

2. 有序线性表能进行二分查找的前提是该线性表必须是 ＿＿＿＿＿＿＿＿ 存储的。

3. 一个栈的初始状态为空。首先将元素 1、2、3、A、B、C 依次入栈,然后再依次出栈,则元素出栈的顺序为:＿＿＿＿＿＿＿＿＿。

4. 一个队列的初始状态为空。现将 A、B、C、3、2、1 依次入队,然后依次退队,则元素退队的顺序为:＿＿＿＿＿＿＿＿＿。

5. 某二叉树有 5 个深度为 2 的结点,则该二叉树中的叶子结点数为 ＿＿＿＿＿＿＿。

6. 深度为 5 的满二叉树叶子结点个数为 ＿＿＿＿＿＿＿。

7. 二叉树的中序遍历结果为 DBEAFC,前序遍历结果为 ABDECF,则后序遍历结果为 ＿＿＿＿＿＿＿＿＿。

8. 数据结构分为线性结构与非线性结构,带链的栈属于 ＿＿＿＿＿＿＿＿＿。

9. 仅由顺序、选择(分支)和循环结构构成的程序是 ＿＿＿＿＿＿＿＿ 程序。

10. 在面向对象方法中，_____描述的是具有相似属性与操作的一组对象。

11. 在面向对象的方法中，类的实例称为_____。

12. 常见的软件开发方法有结构化方法和面向对象方法。对某应用系统经过需求分析建立数据流图，则应采用_____方法。

13. 软件需求规格说明书应具有完整性、无歧义性、正确性、可验证性、可修改性等特性，其中最重要的是_____。

14. 软件测试可分为白盒测试和黑盒测试。基本路径测试属于_____测试。

15. 软件测试可分为白盒测试和黑盒测试。等价类划分属于_____测试。

16. 数据库系统核心是_____。

17. 在E-R图中，用来表示实体的图形是_____。

18. 一个关系表的行称为_____。

19. 人员基本信息包括：身份证号，姓名，性别，年龄等。其中可以作为主关键字的是_____。

20. 实体完整性约束要求关系数据库中元组的_____属性值不能为空。

◆本章小结

　　以简洁、高效、灵活等独特魅力独享中级语言美称的C语言程序设计语言，由于兼有汇编语言和高级语言两者的特性，借助于位操作，C语言支持对于硬件、接口及网络环境的高效操作，以字节为单位的字符处理及递归机制是其成为理想的操作系统、系统软件以及计算机语言的研制平台。

　　一般而言，对于计算机以及智能网络资源环境掌握得越多、理解得越深刻，其C语言程序设计的水平就越高。本章首先引入了程序的概念，介绍了计算机发展的历史以及相关的硬件结构。计算机网络最主要的贡献在于提供对于信息的高效利用和充分共享，因此，本章着重讨论信息(数据)、软件以及操作系统的基本概念和功能，其中，包括Windows操作系统、计算机网络以及计算机语言发展等方面的知识。

　　计算机二级C语言考试包括30分左右的计算机二级公共基础知识，本章进行了概括性介绍，并精选了部分强训题，一方面为参加二级考试作准备；另一方面，可以拓宽学生学习C语言这门课的眼界。

第1章 C语言概述

计算机语言基本可以分为机器语言、汇编语言、高级语言三大类。作为高级语言的C语言是一种用于研制操作系统、系统软件及计算机语言的语言。

常用的计算机高级语言一般均侧重于某一应用领域。在应用软件的研制中,单一的计算机语言通常无法满足用户对于操作界面、多媒体处理及网络功能集成等方面的基本需求,借助于C语言混合编程是一种十分普遍而且行之有效的解决方案。在这种混合研发方案中,C语言主要用于解决瓶颈问题,通常具有更高的效率、更强大的功能,C语言研制的程序均是整个应用系统的核心或者亮点。

1.1 ";"(最短的挽联,最美的赞歌)

计算机及网络历经了近70个春秋,彻底改变了人类的生活,其中,计算机语言进步的贡献尤为重大。计算机与程序(program)是一对孪生兄弟,程序是为实现特定目标或解决特定问题而用计算机语言编写的命令序列的集合。在具有创新思维、创新能力的科技人员辛勤耕耘中,计算机语言每时每刻都在生产着程序(或者称为应用软件),程序正在使世界变得越来越小、生活变得越来越丰富、获取信息变得越来越智能。同时,计算机语言也在不断升级、提高。计算机语言的发展是一个不断演化的过程,其根本的推动力就是对于抽象机制更高的要求,以及对程序设计思想的更好的支持。具体地说,就是把机器能够理解的语言提升到能够很好地模仿人类思考问题的形式。计算机语言的演化从最开始的机器语言到汇编语言到各种结构化高级语言,最后到支持面向对象技术的面向对象语言。同世间所有事物一样,"优胜劣汰、适者生存"这种生物进化规律在计算机语言发展中体现得尤为明显。从1954年FORTRAN开启计算机高级语言成功研制的先河起,近60年来,数百种高级语言相继问世,软件编程语言或者研发平台的用户、市场、份额的竞争不断,用户是上帝,程序设计者都有一双慧眼,在无情的竞争中,目前市场占有率较高、受到用户欢迎的语言只有数十种,其中,C语言表现尤为突出。

1.1.1 独一无二的计算机中级语言

1. ";"挽联

北京时间2011年10月13日上午,在众多国际互动论坛上,计算机爱好者们以特有的方式纪念一位编程语言的重要奠基人。许多网友的发帖中没有片言只字,仅仅留下一个分号";"。在C语言中,分号标志着一行指令语句的结束。网友们以此来悼念"C语言之父"——美国著名计算机专家丹尼斯·里奇。

2. 计算机中级语言

众所周知,计算机语言基本可以分为机器语言、汇编语言、高级语言三大类。而丹尼斯·里奇创造的C语言,是一种用于研制操作系统、系统软件以及计算机语言的语言,它既具有高级语言抽象的特点,又具有汇编语言的特点,在日益纷繁复杂的程序设计语言王国中,它是唯一公认的、独一无二的计算机中级语言。C语言集简洁、紧凑、灵活、实用、高效、可移植性好等优点于一身,一直是深受各层次用户欢迎的通用程序设计语言之一。

3. Delphi 语言的赞许

计算机语言发展中,有许多具有深刻影响的里程碑。Pascal 语法严谨,层次分明,程序易写,具有很强的可读性,是第一个结构化的编程语言。为了使 Pascal 光环更耀眼,Borland 公司专门为其开发了一种方便、快捷的 Windows 应用程序开发工具,即 Delphi 语言。Delphi 语言有一个令人耳目一新的广告语:聪明的程序员学 Delphi,真正的程序员学 C++。一个环绕在父辈光环中的计算机语言,在广告中无意于炫耀辉煌的家世,而情有独钟于拉 C++ 语言作虎皮。可见在 Delphi 心目中,C(C++)语言的地位更重要。

4. 一句赞美语,似乎意在将人类拖回到蛮荒时代

对 C 语言推崇莫过于计算机界有句流行语:不懂 C 语言就不懂计算机。联合国重新定义新世纪文盲标准,将文盲分为三类:第一类,不能读书识字的人,这是传统意义上的文盲;第二类,不能识别现代社会符号(即地图、曲线图等常用图表)的人;第三类,不能使用计算机进行学习、交流和管理的人。能使用计算机就应该算懂计算机的人,按照流行语推理,全世界懂 C 语言者充其量只可能占百分之几,这样世界 90% 以上的人必然成为新世纪的文盲。

5. 巨人的肩膀

有两个有名的苹果,一个"玩"了牛顿,"砸"出了万有引力定律;一个被乔布斯"玩"得魅力四射:一部成本数百元的手机,售价到数千元,把一趟趟满载真金白银的列车"玩"进了苹果王国。2011 年 10 月 6 号,乔布斯去世,世界媒体一片哗然,不管是报纸还是各大网站首页都是头版头条刊登。苹果公司网站发布的消息说:"苹果失去了一位富有远见和创造力的天才,世界失去了一个不可思议之人。"美国总统奥巴马称赞乔布斯是美国最伟大的创新领袖之一,他的卓越天赋也让他成为了这个能够改变世界的人。2011 年 10 月 12 号,C 语言之父丹尼斯·里奇去世了,世界没有哗然,没有轰动,人们只能在某些网站或者报纸的小角落里发现这条信息。乔布斯去世时,网络上铺天盖地诸多赞誉与哀思,其产品风靡所带来的全球性用户崇拜史无前例。然而,里奇带给人类的是对于计算机科技进步的"真金白银"。在乔布斯和里奇两人相继离世后,世界公论不断诉诸报道:称赞乔布斯是台前之王,里奇是幕后之王;里奇是乔布斯脚下的巨人肩膀。

6. 假若世界没有 C 语言

伟人往往站得高看得远,善于创造名人名句。而普通老百姓,需要油盐酱醋茶,只能讲实际,说实话。因此,我们还是摘一些普通用户的评语吧。

(1)我们觉得丹尼斯的贡献要高于乔布斯,可能你现在手里并没有苹果产品,但你电脑里肯定装了"操作系统"这个软件。

(2)如果没有 C 语言,我们只能等待下一种可以用来与汇编语言匹配的语言,一种可以编写操作系统底层的语言,而这种语言诞生之前,我们不可能使用 PC 机,智能电冰箱、洗衣机、空调、微波炉等一定没有问世,因为 C 语言在嵌入式开发中担当着非常重要的角色;微软、Sun、IBM 的多数软件系统可能不会再升级了,因为构筑它们的底层协议和标准消失了。

(3)如果没有 C 语言,安卓(Android,是一个以 Linux 为基础的半开放原始码作业系统,主要用于移动设备)和苹果都不会出现。安卓基于 Linux 平台,Linux 平台的底层是 C 语言。

LOS(苹果公司开发的手持设备操作系统)基于 UNIX 平台,编写 UNIX 的底层语言还是 C 语言!

1.1.2　高起点研制 UNIX,C 语言横空出世

1. B 语言、UNIX、C 语言及图灵奖

1963 年,英国剑桥大学推出了 CPL 语言,后来经简化为 BCPL 语言。1970 年,美国贝尔(Bell)实验室的肯·汤普逊以 BCPL 语言为基础,设计了一种类似于 BCPL 的语言,取其第一字母 B,称为 B 语言。在 C 语言诞生以前,系统软件主要是用汇编语言编写的,由于汇编语言程序依赖于计算机硬件,其可读性、可移植性差;但高级语言又难以实现对计算机硬件的直接操作,人们盼望着有一种兼有汇编语言和高级语言特性的新语言。1972 年,美国贝尔实验室的丹尼斯·里奇为克服 B 语言的诸多不足,在 B 语言的基础上重新设计了一种语言,取其第二字母 C,故称为 C 语言。C 语言是在研制 UNIX 操作系统过程中诞生的一种语言,C 语言的诞生被计算机界认为是一个划时代的大事,C 语言让 UNIX 能够轻易地被移植到各种不同的机器上,为 UNIX 的迅速普及立下了汗马功劳。

1973 年,肯·汤普逊与丹尼斯·里奇成功地用 C 语言重写了 UNIX 的第三版内核。UNIX 和 C 语言完美地结合成为一个统一体,很快成为计算机界的主导。

由于 C 语言和 UNIX 两项成就,丹尼斯·里奇成为许多编程爱好者膜拜的对象,他在 1978 年出版的《C 程序设计语言》被程序员们称为"白皮书",获得了狂热拥戴。

图灵奖(A. M. Turing Award),由美国计算机协会(ACM)于 1966 年设立,它是计算机界最负盛名、最崇高的一个奖项,有"计算机界的诺贝尔奖"之称。

1983 年,丹尼斯·里奇因实现了 UNIX 操作系统获得了美国计算机协会图灵奖;1999 年,丹尼斯·里奇因研发 C 语言和 UNIX 操作系统获得了美国国家技术奖章。

2. 前世高贵

UNIX 系统是一个多用户、多任务的分时操作系统,具有良好的稳定性、安全性、保密性和可维护性,能提供多种通信机制,如管道通信、软中断通信、消息通信、共享存储器通信及信号灯通信。对于每个从业与 IT 领域相关的专业人员而言,UNIX 往往备受崇敬,数十年应用中,以安全稳定、保密可靠、能堪大任等著称,是大型信息系统、数据库系统、专业网站等首选的操作系统。UNIX 总给人一种大器天成、气度不凡的感觉,是操作系统中名符其实的贵族。UNIX 系统大部分是由 C 语言编写的,C 语言设计了 UNIX,UNIX 成就了 C 语言的美名。所以,C 语言因 UNIX 而前世高贵。

3. 今世辉煌及桃李芬芳

1978 年以后,C 语言已先后移植到大、中、小、微型机上,已独立于 UNIX,得以广泛应用;1987 年,美国标准化协会制定了 C 语言标准"ANSI C",即现在流行的 C 语言(1989 年再次做了修订)。目前,在计算机上广泛使用的 C 语言编译系统有 Microsoft C、Turbo C 、Borland C 等。虽然它们的基本部分都是相同的,但还是有一些差异,使用时要注意每个版本 C 系统的特点和规定。1995 年,WG14 小组对 C 语言进行了一些修改,成为后来的 1999 年发布的 ISO/IEC 9899:1999 标准,通常被称为 C99。

4. 后代优秀

很多编程语言都深受 C 语言的影响。比如 C++(原先是 C 语言的一个扩展)、Java、C#、

PHP、Javascript、Perl、LPC 和 UNIX 的 C Shell。C++也是 Bell 实验室发明,是在 C 上增加了面向对象特性,是现在使用最广泛的程序设计语言。Java 最新的面向对象程序设计语言,面向 Internet,由 Sun 公司发明,可以一次编程,到处运行。C♯是一种安全的、稳定的、简单的、优雅的,由 C 和 C++衍生出来的面向对象的编程语言。它在继承 C 和 C++强大功能的同时去掉了一些它们的复杂特性。C♯综合了 Visual Basic(VB)简单的可视化操作和 C++的高运行效率,以其强大的操作能力、优雅的语法风格、创新的语言特性和便捷的面向组件编程的支持,成为 .net 开发的首选语言。

1.1.3 C 语言在实战中的地位

1. 自主创新的首选平台

C 语言是设计研制操作系统、计算机语言的语言。目前,国内使用 C 语言实现自主创新研究,已经形成一种趋势,可以作为产品、成品以及可预期的产品正大量问世或者将要问世,如自主研制国产计算机操作系统、网络协议体系、国产 WEB、自主研制新的面向中文的计算机语言、系统控制和管理软件等。

2. 无所不能

在应用系统研发中,C 语言就是消防队或者救火队。应用系统研制的关键时刻可能需要 C 语言帮忙,解决核心问题,解决其他语言所不能解决的问题,或者其他语言能解决,但用户对于解决的结果不满意的问题。这种其他语言与 C 语言混合编程的模式,是目前软件研发中最为流行的一种编程模式。

3. 解决中文报表问题

中文报表具有设计美观、特色多样、自动折行、栏目级别多、表头复杂多变(比如值相关)等特点,是 DBMS 研制的重点和难点,Excel 几乎很难有所作为,而所有较为复杂的中外报表均需使用 C(VC++)语言编程实现。在 2002 年出台的《振兴软件产业行动纲要》中,"核心电子器件、高端通用芯片及基础软件产品"被确定为《国家中长期科学和技术发展规划纲要(2006—2020 年)》的第一个重大专项;2011 年,出台了《进一步鼓励软件产业和集成电路产业发展若干政策》(国发〔2011〕4 号)。政府政策扶持 20 余年,国产软件积贫积弱的现状基本未改变:一方面,国际软件巨头拥有 90%以上的国内软件市场份额;操作系统、数据库及语言平台等信息化核心软件的源代码受控于他人,其行政、经济、国防等安全受到严重威胁。另一方面,中国的财务软件稳居 90%的市场占有率,成就了用友、金蝶等一批知名民企。国产软件使用 C 语言研制报表工具,满足中文信息管理需求的成绩功不可没。

4. 功能强大是硬道理

在算法设计、编译系统实现中,C 语言具有其他语言根本无法替代的统治地位。C 语言超强的语义语句等已被多种语言广泛引入(如 PowerBuilder 等)。

1.1.4 C 语言在进步

1. 面向对象技术

新兴的面向对象技术是对原有的面向结构的软件开发技术的发展,它适合于开发较大型的软件系统,如面向对象语言 Visual C++、面向对象数据库语言等。面向对象技术的基本思路：对象的行为是定义在对象属性上的一组操作方法(method)的集合。方法是响应消息而完成的算法,体现了对象的行为能力。

2. 消息机制

C 语言是程序控制的,而 VC++是对象之间以消息传递的方式进行通信、进行协调控制的。C++有多个版本:Visual C++、C++ Builder、Turbo C++等。

3. C 语言与 C++的关系

C++保持了 C 语言的实质和核心,同时支持面向对象的新特性,是 C 语言的新发展。

1.2 "{[()]}"(从 C 语言标点符号的各司其职谈起)

在所有计算机语言中,C 语言是对于键盘上的标点符号使用最精细、最科学的语言,大、中、小括号各司其职,双单引号分工明确。

1.2.1 不识庐山真面目

下面给出一个完整的程序,其主要功能是:

(1)在计算机屏幕上以比较美观的方式显示苏轼的一首诗;

(2)以计算方式,通过循环输出英语 26 个字母。

【例 1.1】 显示苏轼的诗及英语字母表。

【程序实现】

```
# include "stdafx.h"
# include < stdio.h >
/*   输出苏轼的诗 */
void SushiPrintf()
{
    /* 定义一个整型变量,用于控制程序循环 */
  int ino;
    /* 定义数组变量,注意:数组使用中括号:［和］*/
    /* 数组的内容,用大括号,包含了多个字符串:{和}*/
    /* 注意双引号:包含了一个字符串:"和"*/
  char str[4][32]={"横看成岭侧成峰,","远近高低各不同。","不识庐山真面目,","只缘身在此
山中。"};
    /* 输出字符串,字符串最后:"\n",表示输出字符串后,*/换一行,即光标走到下一行的开始处．*/
  printf("  题  西  林  壁 \n");
  printf("  宋  苏轼 \n");
    /* 这是 C 语言最常用的循环语句,循环过程为:*/
    /* (1)首先,为 ino 赋值为 0;ino=0        */
    /* (2)然后检查 ino 是否小于 4:(ino< 4),如果,ino 不小于 4,停止循环;否则,执行(3)*/
    /* (3)执行循环操作,输出一个字符串:*/
    /*        printf("%s\n",str[ino]); */
    /*        printf 内"%s\n"的含义是:把 str[ino]指定的字符串,替换了语句中的"%s"(控制 */
    /* 格式),"\n"含义与上面相同,控制光标换行 */
```

```c
    /*    (4)变量 ino 增加 1:ino++等于 ino=ino+1; */
    /*           转向(2)继续循环。 */
    for (ino=0;ino<4;ino++)
      printf("%s\n",str[ino]);
    /* 从函数返回到调用该函数的函数的调用处的下一句 */
    return;
}


/*    输出英文字母表 */
/*    注意,函数名后面必须加小括号:( 和 )*/
void EnglishPrintf()
{
  int ino;
  printf("             英文字母表:\n");
  /* C 语言的循环语句 */
  /* 注意,一个字符用单引号:' 和'*/
  for (ino=0;ino<26;ino++)
    {
      /* 为了美观,在字母输出 13 个后,执行一次换行操作,使字母表分两行输出 */
      if ((ino>0)&&(ino%13==0))
          printf("\n");
      /* printf 内"%c"的含义是:把('A'+ino)指定的字符,替换语句中的"%c"(控制格式) */
      printf(" %c ",'A'+ino);
    }
  return;
}


void main()
{
    /* 显示苏轼的诗 */
  SushiPrintf();
    /* 调用函数输出两个空行 */
  printf("\n\n");
    /* 函数调用,显示英文字母表*/
EnglishPrintf();
    /* 调用函数 getchar,接收一个键盘输入字母 */
    /* 这里的作用是:让程序暂停一下,看清屏幕的内容 */
  getchar();
    /* 函数返回 */
  return;
}
```

【输出结果】

```
    题 西 林 壁
    宋 苏轼
  横看成岭侧成峰,
  远近高低各不同。
  不识庐山真面目,
  只缘身在此山中。


           英文字母表:
A B C D E F G H I J K L M
N O P Q R S T U V W X Y Z
```

对于例 1.1 编写的程序,应选择一个 C 语言程序开发平台(称为集成开发环境,简写为 IDE)进行编辑、编译、链接、调试及运行等多个环节,才能完成。本书推荐使用的程序开发平台为 Microsoft Visual C++6.0,简称 VC++6.0。

例 1.1 程序如何运行,生成输出结果的过程,下一节讨论。现在,只好"不识庐山真面目"。首先分析例 1.1 程序的基本构成。这样做的原因很简单,因为学习计算机语言调试过程是一个像开车一样的基本技能,学习起来并不复杂,学会后将终身受益,而且不会轻易忘掉。例 1.1 类程序设计是本课程的重点。

1.2.2 "{[()]}"各司其职,",、;、""恪尽职守

1. 走马观花看程序

对于例 1.1 粗略分析如下。

C 语言每一个由";"结束的一行或者一行中的一个单元称为语句,其中:

```
printf("\n\n");
```

是一个屏幕输出语句,在程序中起作用。而语句:

```
/* 函数调用,显示英文字母表*/
```

或者:

```
// 函数调用,显示英文字母表
```

是程序中常用的、任何地方都可以出现的注释语句。该语句的作用是程序编写者对于所编写的程序进行说明,C 语言系统对注释不进行任何操作,编译、运行时,全部忽略掉,只编译及运行非注释语句。注释主要作用有两种:自己注释自己用,帮助自己理清现在编写程序的思路和将来读懂自己编写的程序;帮助同行读懂或者理解自己编写的程序。为程序加入适当的注释是一种好习惯,与己方便的同时与人方便。

C 语言是由函数组成的,函数是程序的基本单元。函数是一个独立的逻辑单元。对于函数概括描述由函数类型、函数名以及紧跟其后的()构成的单元承担。如:

```
void SushiPrintf()
```

其中,void 为函数类型,与程序中的 return(从函数返回的语句有关),当函数类型为 void 时,表示函数不返回任何值,只使用语句:

```
return;
```

SushiPrintf 为函数,后面必须跟一对小括号。函数描述单元后即为函数的代码集合,称为函数体。由"{"开始,遇"}"结束。函数体内由多个程序语句构成,如:

```
printf("              英文字母表:\n");
```

34

每个语句都有自己的作用,使用什么语句、为什么使用这种语句、如何选择使用语句等,是C语言程序设计者根据程序功能的要求自行设计完成的。本课程的目的是进行C语言程序设计技术的全面训练,达到能编写程序、会编写程序以及能编写高质量的C语言程序。

例1.1包含了三个程序单元,分别是:SushiPrintf、EnglishPrintf及main。编写函数为了解决具体问题。其中,SushiPrintf、EnglishPrintf在屏幕输出苏轼的诗、输出英文26个字母。虽然SushiPrintf、EnglishPrintf两个单元具备了设计的功能,但是否能运行,由函数main决定。当函数main的函数体调用了SushiPrintf时,语句形式为:

```
SushiPrintf();
```

屏幕就输出了苏轼的诗,否则,虽然SushiPrintf具有功能,但并不等于就使用了SushiPrintf的功能。因此,C语言初学者应该明白,自己设计的函数,只要专门使用,才发挥作用,不专门使用,函数就不运行。C语言提供了数以千计的函数(称为C语言库函数),如printf、getchar等,只要我们需要,就可以在自己编写的程序中调用这些库函数。实际上,C语言大量的库函数,我们的程序都没有使用,这些函数在我们编写的程序中,不可能运行,所以,也不发挥任何作用。函数编写是一回事,是否使用、如何使用、是否现在使用又是另一回事。

main表示"主函数",每一个C程序都必须有main函数及函数,C语言中,main具有特殊地位:程序必须(而且必然)从main函数开始运行。函数体内程序执行过程是严格按照语句的先后顺序进行的,写在前面的语句先执行,写在后面的语句后执行。例1.1中main函数的整个执行过程为:

(1)调用SushiPrintf函数,显示苏轼的诗;

(2)调用C语言库函数printf:

```
printf("\n\n");
```

输出两个空行,以分别显示两个部分的内容。

(3)调用EnglishPrintf,显示英文字母表;

(4)调用函数getchar,让程序暂停一下,看清屏幕的内容;

(5)main函数返回,结束程序运行。

2."{[( )]}"大中小括号的作用

(1)大括号{}必须配对使用,主要作用:①由多个语句组成一个函数体,或者使多个语句复合化组成复合语句,一个复合语句逻辑上当成一个语句看。②指定一个大体积的数组集合,如SushiPrintf函数中的char str[4][32]语句,包含了苏轼整个诗的内容。大括号基本作用具有"大"的函数,可以包含一个大语句集合或者大体积数据集合,当然,这种大是相对而言的。比如,一个语句也可以由大括号包含起来,构成一个函数体或者一个复合语句。

(2)中括号[]在C语言中必须配对使用,其用途基本很单一,定义数组和使用数组。数组在C语言是由一个数组名称代替的一个集合单元,该单元由系统分配给一个连续的内存进行存取。语句:

```
char str[4][32];
```

定义了一个数组。而语句:

```
printf("%s\n",str[ino]);
```

中,str[ino]是使用数组。中括号基本作用主要是数组,在基本C语言中,只要是数组,一定要用中括号;只要用中括号的地方有可能就有数组存在。

(3)小括号()在C语言中必须配对使用,其主要用途是函数。函数定义和函数使用必须

使用小括号,如:

```
void SushiPrintf()
```

函数定义。而:

```
SushiPrintf();
printf("\n\n");
EnglishPrintf();
```

为函数使用或者调用。小括号基本作用主要是函数,在 C 语言中,只要是函数,一定要用小括号。

3. 单双引号的作用

(1)单引号在 C 语言中必须配对使用。单引号在基本 C 语言中含义和使用比较单一,指定一个字符,别无他用。如:'A'、'\n'、'\0'、'\r'等,分别指字符 A、换行符、字符 0 和回车符。

单引号的基本作用是指定一个字符常量。在基本 C 语言中,只要是指定单个字符常量,可以选择单引号;使用单引号包含的字符一定是字符常量。

(2)双引号在 C 语言中必须配对使用。双引号在基本 C 语言中含义和使用比较单一,指定一个字符串,几乎别无他用。如:

```
char str[4][32]={"横看成岭侧成峰,","远近高低各不同。","不识庐山真面目,","只缘身在此山中。"};
```

双引号内指定了四个字符串。在基本 C 语言中,只要是指定字符串常量,均选择双引号;使用双引号包含的字符或者字符串一定是字符串常量。对于双引号包含的字符串常量,系统为其分配的内存空间长度一定比字符串的实际长度多一个字节,用于存储字符串结束符'\0'。

4. 其他常用标点符号功能

♯主要用于宏定义和编译预处理;%在字符串内为输入输出格式,%作为算术运算是为取余;& 主要用于取变量地址、位运算等;++、−−、＝＝、+=、−=、* ＝、/＝、%＝等均有明显的、概念清晰的区分。

1.2.3　C 语言的特点、应用领域及计算机语言规范化

C 语言简洁、高效、灵活的特性令其具有独特魅力,同时具有汇编语言和高级语言的优势。主要特点可以概括为以下三方面。

(1)语言简洁、紧凑,使用方便、灵活;关键字一共只有 36 个;运算符极其丰富,有 34 种运算符;结构丰富,能实现各种各样的数据结构;具有结构化的控制语句:选择、循环语句;语法限制不太严格:多个语句可以在同一行书写,而一个语句可以在不同行书写,不检查数组下标是否越界等;可以直接访问物理地址,能进行位操作,能实现汇编语言的大部分功能;生成的目标代码质量高,程序执行效率高;可移植性好(较之汇编语言);能在很多操作系统中应用,如 UNIX、DOS、Windows、Mac OS 等。

(2)利用 C 语言作为智能器件、芯片及设备等的二次研发平台。今天 C 语言依旧在系统编程、嵌入式编程等领域占据着统治地位。使用 C 语言作为研发平台的智能器件举例如下:51 芯片,便携设备(如 GPS)、智能手机等一些设备,ARM 平台,WINCE,机械控制及数控机床等。

(3)计算机语句标准化。计算机语言的种类繁多,各种语言的保留关键字、语句、语义、注

释等均有差别。C 语言出现后,除直接衍生了 C++、Java 和 C♯ 外,而 C 语言的注释、++、--、问号表达式等已作为一种标准,被许多语言引入,如 PowerBuider 等。

1.3 利用资源

学习 C 语言,在掌握语言、语法、程序编写、调试等基本技能后,能否编写满足用户需求的系统软件或者应用软件,很大程度上取决于研发者对于计算机资源的了解、掌握及利用的水平。从原理上讲,只要计算机资源管理器中所有罗列的资源,C 语言编程均可以实施对其有效的管理、控制和使用。C 语言程序员实际开发中应该学会或者利用的资源有:C 语言库函数,专门有库函数使用手册,如 printf、scanf、getchar 等;Windows API(应用接口)函数;计算机接口操作的基本方法;C 语言常用对话框以及控件的概念及使用;图像、位图、图标的概念及使用;数据库编程的 ADO、ODBC 及 OLEDB 的概念及使用;Windows 编程的 MFC(微软 C 语言函数类库);网络编程的套接字的概念及使用;网络通信的 TCP/IP、FTP 等协议的概念及使用。

1.4 C 语言简单程序

程序设计是本门课程的主要任务,所谓程序设计就是根据需求,利用 C 语言的语句、环境及可利用的计算机资源,编写程序代码,通过编辑、编译及调试等多个环节实现的整个过程。下面编写一个简单程序,在计算机屏幕显示"您好!",然后,进行分析,达到对于 C 语言有个初步了解的目的。

【例 1.2】 输出"您好!",输完后换行。

【程序实现】

```
# include "stdafx.h"
# include <stdio.h>
void main( )
{
    printf ("您好! \n");
    getchar();
    return;
}
```

【输出结果】

您好!

【编程思想】

C 语言运行在 DOS(Disk Operating System)操作系统环境。与目前流行的 Windows 操作系统有所不同,DOS 操作系统是单用户、单任务、字符界面的操作系统,操作界面如图 1.1 所示。DOS 有许多种类,如 PC-DOS、MS-DOS 等。DOS 使用一个短短的小横线作为光标,指示当前屏幕操作位置。当用户输入文字时,操作总是从当前光标的位置开始,显示将要输入文字的位置。光标的位置既可以通过回车、鼠标、空格等键盘操作改变,也可以利用 C 语言程序改变(图 1.1)。

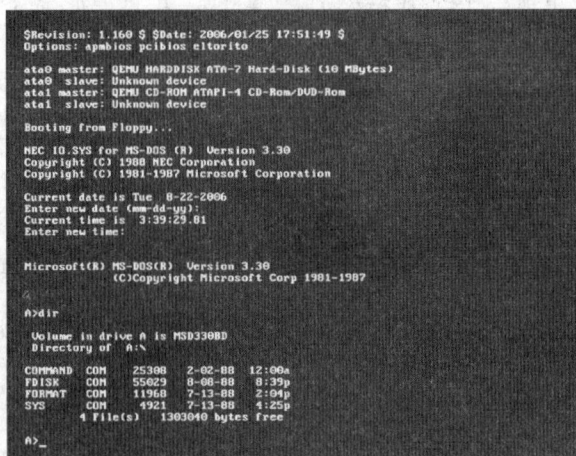

图 1.1　DOS 操作界面

函数 printf（"您好！\n"）的作用是在屏幕光标的位置显示一个字符串"您好！"，而引号内的"\n"的作用是显示"您好！"后，光标换到下一行。

通常，C 语言课程使用的调试环境是 VC++6.0，VC++6.0 由 Microsoft 开发，它不仅是一个 C++编译器，而且是一个基于 Windows 操作系统的可视化集成开发环境（IDE）。VC++6.0 工作在 Windows 可视化界面。当运行 DOS 程序后，将立即从 DOS 界面返回到 Windows 界面。如果要保持 DOS 界面不立即消失，必须编程实现。

函数 getchar()的作用是在当前光标处接收一个字符，即需要用户输入一个字符（按任意键即可），然后返回。

【程序分析】

C 程序由函数组成，每个程序都必须有一个名为 main 的主函数，且主函数只能有一个。函数由名字和()构成，如 main()。函数后由大括号{}括起来的部分，是程序设计的主要部分，称为函数体。

函数体由多个语句构成，每个语句以";"结束。

/* …… */

注释部分：注释可以为汉字或英文字符；注释只是为了方便程序设计者，作用是供其理解程序用，编译系统和程序运行时，注释被忽略，不起任何作用；注释可以出现在一行中的最右侧，也可以单独成为一行；注释遇/* 起始，逢 */ 结束，可以占多行；C++语言主要使用：

// ……

作为注释，注释只能占一行。

printf 是 C 语言的输出函数（详见第 4 章），本程序中的作用为在屏幕的当前位置输出双括号内的内容（C 语言称之为字符串），字符串中的"\n"是换行符，指示程序在输出"您好！"后换行，光标移到屏幕的下一行开始位置。getchar 是 C 语言的输入函数，功能是在屏幕光标的当前位置，接收键盘输入一个字符，只要按键盘任何一键即可。本程序中，该函数的作用是保持 DOS 操作界面，由用户控制该程序的 DOS 界面返回到 Windows 操作界面的时间。

#include < stdio. h >为包含语句，是 C 语言的预处理命令（由 C 语言的预处理器在程序正式编译以前进行处理，详见第 12 章），预处理器发现 #include 指令后，就会把 stdio. h 内容包

含到(直接插入到)当前文件中,与程序的其他部分合并为一个源文件。

忘记加分号

分号是 C 语句中不可缺少的一部分,语句末尾必须有分号。

ia＝10

ib＝20

编译时,编译程序在"a＝10"后面没发现分号,就把下一行"b＝20"也作为上一行语句的一部分,这就会出现语法错误。改错时,有时在被指出有错的一行中并未发现错误,就需要看一下上一行是否漏掉了分号。

【例 1.3】 求两个整数之和

【程序实现】

```
# include "stdafx. h"
# include < stdio. h>
 void main()
 {
    int   a,b,sum;    /* 定义变量*/
    a＝123; b＝456;    /* 以下三行为程序的执行部分*/
    sum＝a＋b;
    printf("%d+%d＝%d\n",a,b,sum);
    getchar();
    return;
}
```

【输出结果】

123＋456＝579

【编程思想】

在 C 语言(包括其他任何语言)编写的程序中,所有程序及数据均在内存中使用。为了使用内存,需要把程序中的所有数据由不同类型的变量进行存储,这就是所谓变量定义。

所有程序均是顺序执行的,如果没有强制控制执行顺序时,写在前面的语句,应先执行。所以,编写程序时,语句先后应与操作顺序相一致。

【程序分析】

函数由函数首部和函数体构成,函数体由变量声明部分和执行部分组成,执行部分必须在声明部分后面。书写格式自由。一行内可以写几个语句,一个语句也可以分几行书写。每个 C 语句以分号";"结束,分号是语句的组成部分。C 语言中的输入与输出是通过函数实现的。

第 5 行是声明语言,定义了 a、b 和 sum 三个整型变量,该三个变量只能存储整数。第 6 行、第 7 行均为辅值语句。其格式与数学表达式基本相同,但每个赋值语句后面必须有";"结束。

第 8 行为输出语句,printf("%d+%d＝%d\n",a,b,sum)中的"%d"是输入输出格式字符串,用来指定输入输出时的数据类型和格式,"%d"表示"在此处插入一个十进制整数"。整个语句的语义是:把变量 a,b,sum 的实际值顺序插入到"%d+%d＝%d"之中的%d 位置,并在屏幕输出。

```
main()
{
    int a=5;
    printf("%d",A);
}
```

编译程序把 a 和 A 认为是两个不同的变量名,而显示出错信息。C 语言认为大写字母和小写字母是两个不同的字符。习惯上,符号常量名用大写,变量名用小写表示,以增加可读性。

1.5 C语言集成开发环境

C 语言是一种跨平台、多种类、多用途及多版本的语言,尽管各种 C 语言基本遵守美国国家标准化协会(ANSI)标准,但一般均有差别,适用于不同应用领域的编程开发。本门课程的主要任务是介绍 C 语言的基本语法语句、程序结构、编程思想、特色特点及编译调试方法等,而选择何种 C 语言集成开发环境(IDE),往往是 C 语言初学者十分关切的问题及经常讨论的重要话题。

1.5.1 C语言常用的 IDE

C/C++是一种通用计算机语言,往往是一种语言或者规范。根据实际需要,多种操作系统、多种程序平台,包括许多单片微型计算机均推出基于 C 语言的开发平台。

DOS、Windows 等操作系统常用的 C/C++编译器(或者 IDE)包括:Turboc C(简称为 TC)、Turboc C++(TC++)、Borland C(BC)、Borland C++(BC++)、Borland C++ Builder,Borland C++ 3.1 for Windows,Borland C++ 3.1 for DOS,Microsoft C(MC)、Microsoft Visual C++、Watcom C、Watcom C++、Watcom C++ 11.0 for DOS 等。

UNIX 与 Linux 差别不大,不同的版本都有相关的 C 编译器。常用的编译器有 GCC 及 C-Free 等。

GCC 是一套由 GNU 工程开发的支持多种编程语言的编译器。GCC 是自由软件发展过程中的著名例子,由自由软件基金会以 GPL 协议发布。GCC 是大多数类 UNIX 操作系统(如 Linux、BSD、Mac OS X 等)的标准的编译器,GCC 同样适用于微软的 Windows。GCC 支持多种计算机体系芯片,如 x86,ARM,并已移植到其他多种硬件平台。

C-Free 是一款支持多种编译器的专业化 C/C++集成开发环境(IDE)。利用 C-Free,使用者可以轻松地编辑、编译、链接、运行、调试 C/C++程序。

MCS-51 系列(nVIDIA 公司推出的首款 K8 平台整合芯片组的产品系列代号)单片机、ARM(ARM 是微处理器行业的一家知名企业)RISC 处理器、DSP(Digital Signal Processing,数字信号处理)微处理器等一般均有自己的 C 语言编译器或者 IDE。如 Keil uVision4,引入灵活的窗口管理系统,使开发人员能够使用多台监视器。新的用户界面可以更好地利用屏幕空间和更有效地组织多个窗口,提供一个整洁、高效的环境来开发应用程序。

多加分号

对于一个复合语句,如:

```
    {
        z=x+y;
        t=z/100;
        printf("%f",t);
    };
```

复合语句的花括号后不应再加分号。虽然程序不出错,但属于画蛇添足。又如:

```
    if (a%3==0);
        i++;
```

上面语句的本意为:如果 3 整除 a,则 i 加 1。但由于 if (a%3==0)后多加了分号,则 if 语句到此结束,程序将执行 i++语句,不论 3 是否整除 a,i 都将自动加 1。显然,与原设计用意有差别。

1.5.2　C 语言程序设计的 IDE 选择

由于多数高校均以 PC 机作为 C 语言教学实训环境,因此,较为常用的 C 语言程序设计的集成开发环境有以下四种。

(1)Turbo C 2.0,简称 TC 2.0,是基于 DOS 的 C 语言集成开发环境,是美国 Borland 公司的产品。TC 2.0 不仅是一个快捷、高效的编译程序,同时还有一个易学、易用的 IDE。使用 Turbo C 2.0 无需独立地编辑、编译和链接程序就能建立并运行 C 语言程序。因为这些功能都组合在 Turbo C 2.0 的集成开发环境内,并且可以通过一个简单的主屏幕使用这些功能。TC IDE 与智能芯片、单片机以及 ARM 等 C 语言开发平台比较相近,对于从事硬件研发的工程专业,选择 TC 效果会更好一些,Turbo C 已停止发布新版本,所以选择 TC IDE 作为编程实训的教学单位正日益减少。

(2)C++Builder,是由 Borland 公司推出的一款可视化集成开发工具(IDE)。

(3)Visual C++6.0,简称 VC 或者 VC 6.0。

(4)Visual Station 2005 到 Visual Station 2012,本书选择的 IDE 是由微软提供的、用于.net 相关的、系列化 IDE 环境。

1.5.3　C 语言程序的上机实现

为了使计算机能按照人们的意志进行工作,必须根据问题的要求,编写出相应的程序。程序可以用高级语言(如 QBASIC、FORTRAN、PASCAL、C 等)编写。用高级语言编写的程序称为“源程序”(source program)。从根本上说,计算机只能识别和执行由 0 和 1 组成的二进制的指令,而不能识别和执行用高级语言写的指令。为了使计算机能执行高级语言编写的源程序,必须先用一种称为“编译程序”的软件,把源程序翻译成二进制形式的“目标程序”,然后将该目标程序与系统的函数库和其他目标程序链接起来,形成可执行的目标程序。

在编好一个 C 源程序后,如何上机运行呢? 在纸上写好一个程序后,要经过上机输入与编辑源程序、对源程序进行编译、与库函数链接运行目标程序等几个步骤(图 1.2)。其中实线表示操作流程,虚线表示文件的输入输出。例如,编辑后得到一个源程序文件 f.c,然后在进行编译时再将源程序文件 f.c 输入,经过编译得到目标程序文件 f.obj,再将目标程序文件 f.obj 输入内存,与系统提供的库函数等链接,得到可执行的目标程序文件 f.exe,最后把 f.exe 调入内存并使之运行。在了解了 C 语言的初步知识后,读者最好上机运行一个 C 程序,以加深对 C

程序的初步认识。

1. 编辑

编辑是指把按照 C++语法规则编写的程序代码通过编辑器（Borland C++ 5.05，VC++ 6.0，TC++2.0)输入计算机，并存盘。在存盘时，C++源文件的扩展名为 .cpp。编辑可以选择任何文本编辑器完成。编辑过程应按照一定的格式写，通常称为源程序编写格式。这种格式应方便程序编写、调试、纠错、跟踪等。程序编辑的基本规则是：所有语句都必须以分号";"结束，函数的最后一个语句也不例外；程序行的书写格式自由，既允许 1 行内写几条语句，也允许 1 条语句分写在几行上，同时允许使用注释。C 语言的注释格式为：

/* …… */

"/*"和"*/"必须成对使用，且"/"和"*"、

图中流程图：

开始 → 编辑 → 编译 → 有错? （有 / 无） → 链接 → 执行 → 结果正确? （不正确 / 正确） → 结束

源程序 f.c、目标程序 f.obj、可执行目标程序 f.exe、库函数和其他目标程序

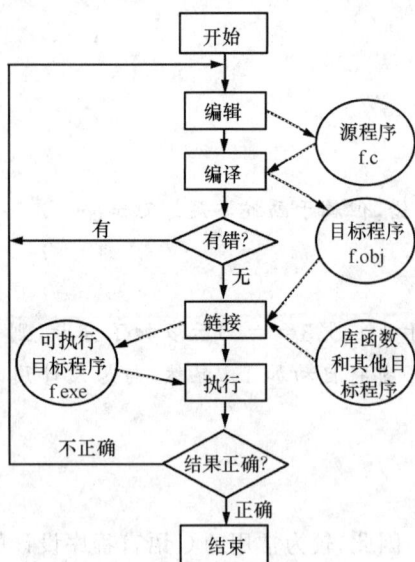

图 1.2 程序的编辑、编译及执行过程

"*"和"/"之间不能有空格，否则会出错。

2. 编译

编译即将源程序翻译成机器语言程序的过程。编译出来的程序称为目标程序(.obj)。其主要作用是检测各种语句是否完整、使用正确，大括号、中括号、小括号、单引号、双引号等是否配对；各种变量、标识符等是否符合规则；函数是否定义、函数调用时的输入参数与函数定义的形式参数是否匹配等。编译错误常常因为没有包含某一头文件，造成程序中的函数无法辨认等引起编译错误，纠错的方法是包含程序中所用函数所定义的头文件；另一种错误是由于源文件中位置在前面的函数调用了位置在后面的函数所致，纠错的方法是把后面的函数在调用之前进行原型声明。

3. 链接

链接是指将用户程序生成的多个目标代码文件(.obj)和系统提供的库文件(.lib)中的某些代码链接在一起，生成一个可执行文件(.exe)。链接成功的关键是：整个项目中所涉及的源文件编译均无错(可以有警告)，能够生成或者已经生成 obj 文件；所有工程所涉及的函数必须有定义(必须有代码体)，这些函数的代码体既可以在 C 语言的库文件(.lib)中，也可以在本项目编写的程序中。换句话说，编译只关心函数声明过没有，以及根据函数声明检查形式参数和实形参数是否匹配。函数程序代码是否存在，不属于编译关心的范围。链接程序是把整个工程所有函数代码组配成一个可以在操作系统下执行的 exe 文件，是程序代码的链接。

4. 执行

执行是指把生成的可执行文件运行，在屏幕上显示运行结果。用户可以根据运行结果来判断程序是否出错。执行也是调试过程，这是程序设计的最后一道关，也是实际研发中工作量最大、对于程序员编程、调试以及逻辑分析等技能要求最高的环节。一个较为复杂的应用软件，往往需要反反复复进行修改、编译、调试，再修改、再编译及再调试等过程。调试过程应制定调试计划、周密安排、精心设置，而且应考虑整个调试过程设置的调试条件，基本能覆盖程序实际运行时可能遇到的所有情况。

1.5.4 VC++6.0 程序调试

1. 启动 VC++6.0

VC++6.0 的工作界面如图 1.3 所示。

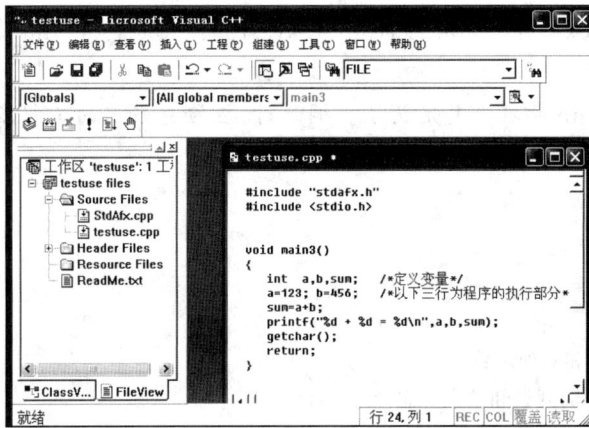

图 1.3 VC++6.0 集成开发环境工作界面

2. 创建一个新工程

(1)选择"File"→"New"命令,弹出"New"对话框。

(2)设置 Projects(工程)类型和名称。在"New"对话框中,切换到"Projects"选项卡,选择"Projects"类型为"Win32 Console Application",在右边的"Project name"文本框中输入工程文件名称。

(3)设置工程文件的存储位置。单击"Location"文本框后面的省略号按钮,从弹出的对话框中,选择要放置新建工程文件的文件夹。

(4)单击"OK"按钮,单击"Finish"按钮,在弹出的新窗口中单击"OK"按钮。

3. 建立源程序文件

(1)选择"File"→"New"命令,弹出"New"对话框,切换到"Files"选项卡,选择"C++ Source File"选项,并选择"Add to project"复选框,激活其下面的选项,然后在"File"文本框内输入源文件名。

(2)单击"OK"按钮,弹出编辑窗口,此时即可编写程序。

4. 编译、链接和运行源程序

(1)编译。选择"Build"→"Compile tempuse.cpp"命令,系统开始对当前的源程序进行编译,在编译过程中,将所发现的错误显示在编辑窗口下方的"Build"窗口中。根据错误提示,编程人员修改程序后再重新编译,如果还有错误,再继续修改、编译,直到没有错误为止。

(2)链接。编译无误后进行链接,选择"Build"→"Build project_1.exe"命令。同样,对出现的错误要进行更改,直到编译链接无错为止。

(3)运行程序。选择"Build"→"! Execute project_1.exe"命令,即运行当前的程序。

一个工程(可以由多个源文件组成)包含了两个 main 函数

一个可以执行的工程(可以包含多个源文件)中只能包含一个而且必须包含一个 main 函数。实际程序设计,特别是进行上机操作练习时,通常出现如下的错误提示:

3. obj：error LNK2005：_main already defined in file1. obj

Debug/HELLO. exe ： fatal error LNK1169：one or more multiply defined symbols found

出错的原因是:main 函数重复定义了。调试时,应检查当前的工程多个源文件里面,定义了两个或者两个以上的 main 函数。

等级考试实训

一、考试内容

1. 程序的构成,main 函数和其他函数。

2. 头文件,数据说明,函数的开始和结束标志。

3. 源程序的书写格式。

4. C 语言的风格。

二、掌握了解程度

1. 掌握 C 语言程序的基本结构

2. 掌握运行 C 程序的步骤与方法

三、主要知识点及考点

知识点	分值	考核概率/%	专家点评
C 语言概述	0−1	20	简单识记
C 程序的构成	0−1	30	简单识记
标识符	1−2	60	简单,属重点识记知识点
常量	1−2	80	简单,属重点识记知识点
变量	2−	100	难度适中,重点理解、重点掌握

实战锦囊

1. C 语言程序的结构

(1) C 程序是由函数构成的。一个 C 源程序至少包含一个 main 函数,也可以包含一个 main 函数和若干个其他函数。因此,函数是 C 程序的基本单位。

(2) 一个函数都由两部分组成:①函数头。即函数的第一行。②函数体。即函数头下面,用大括号{…}括起来的部分。

(3) 一个 C 程序总是从 main 函数开始执行的,而不论 main 函数在整个程序中的位置。

(4) C 程序每个语句和数据定义的最后,以分号表示结束。

(5) C 程序书写自由,一行可以写几个语句,一个语句可以写在多行上。

2. C 程序的上机步骤

写好一个 C 程序,上机运行,要经过以下几个步骤:

编辑 $\xrightarrow{\text{file1.c}}$ 编译 $\xrightarrow{\text{file1.o}}$ 链接 $\xrightarrow{\text{file1.exe}}$ 运行

习题

一、填空题

1. C 程序是由＿＿＿＿＿＿构成的,一个 C 程序中至少包含＿＿＿＿＿＿。因此,＿＿＿＿＿＿是 C 程序的基本单位。

2. C 程序注释是由＿＿＿＿＿＿和＿＿＿＿＿＿所界定的文字信息组成的。

3. 函数体一般包括＿＿＿＿＿＿和＿＿＿＿＿＿。

二、判断题

1. 一个 C 程序的执行总是从该程序的 main 函数开始,在 main 函数最后结束。   （   ）

2. main 函数必须写在一个 C 程序的最前面。（   ）

3. 一个 C 程序可以包含若干个函数。（   ）

4. C 程序的注释部分可以出现在程序的任何位置,它对程序的编译和运行不起任何作用,但是可以增加程序的可读性。（   ）

5. C 程序的注释只能是一行。（   ）

6. C 程序的注释不能是中文文字信息。（   ）

三、编程题

1. 编写一个 C 程序,输出以下信息:

＊＊＊＊＊＊＊＊＊＊＊＊＊＊＊＊＊＊＊＊＊＊＊＊＊

　　　　您好

＊＊＊＊＊＊＊＊＊＊＊＊＊＊＊＊＊＊＊＊＊＊＊＊＊

2. 用♯号输出字母 C 的图案。

3. 设计一程序,计算并显示输出 3 个整数之和。

4. 求两数中的最小者,并显示。

5. 编写一个程序,输入 a、b、c 三个值,输出其中最大值。

四、选择题

1. 以下说法中正确的是（   ）。

　　A. C 语言程序总是从第一个的函数开始执行

　　B. 在 C 语言程序中,要调用的函数必须在 main()函数中定义

　　C. C 语言程序总是从 main()函数开始执行

　　D. C 语言程序中的 main()函数必须放在程序的开始部分

2. 能将高级语言编写的源程序转换为目标程序的是（   ）。

　　A. 链接程序　　　　　　B. 解释程序　　　　　　　C. 编译程序　　　　　　D. 编辑程序

3. 以下叙述中正确的是（   ）。

　　A. 构成 C 程序的基本单位是函数

　　B. 可以在一个函数中定义另一个函数

　　C. main()函数必须放在其他函数之前

　　D. 所有被调用的函数一定要在调用之前进行定义

4. 以下叙述中正确的是（   ）。

　　A. C 语言比其他语言高级

　　B. C 语言可以不用编译就能被计算机识别执行

　　C. C 语言以接近英语国家的自然语言和数学语言作为语言的表达形式

　　D. C 语言出现的最晚,具有其他语言的一切优点

5. 在一个 C 程序中(　　)。

   A. main 函数必须出现在所有函数之前　　　　　　B. main 函数可以在任何地方出现

   C. main 函数必须出现在所有函数之后　　　　　　D. main 函数必须出现在固定位置

6. 以下叙述中正确的是(　　)。

   A. C 程序中注释部分可以出现在程序中任意合适的地方

   B. 花括号"{"和"}"只能作为函数体的定界符

   C. 构成 C 程序的基本单位是函数,所有函数名都可以由用户命名

   D. 分号是 C 语句之间的分隔符,不是语句的一部分

7. 以下叙述中正确的是(　　)。

   A. C 语言的源程序不必通过编译就可以直接运行

   B. C 语言中的每条可执行语句最终都将被转换成二进制的机器指令

   C. C 源程序经编译形成的二进制代码可以直接运行

   D. C 语言中的函数不可以单独进行编译

8. 用 C 语言编写的代码程序(　　)。

   A. 可立即执行　　　　　　　　　　　　　　　B. 是一个源程序

   C. 经过编译即可执行　　　　　　　　　　　　D. 经过编译解释才能执行

9. C 语言是一种(　　)。

   A. 机器语言　　　　　　B. 汇编语言　　　　　　C. 高级语言　　　　　　D. 低级语言

10. 一个 C 语言程序是由(　　)。

   A. 一个主程序和若干个子程序组成　　　　　　B. 函数组成

   C. 若干过程组成　　　　　　　　　　　　　　D. 若干子程序组成

第2章 算 法

数据结构和算法(数据操作的描述、步骤等)是程序设计的两个最基本组成部分是程序的灵魂及核心。算法在程序设计中占有非常重要的地位,比如,Huffmen(霍夫曼)树解决了数据压缩问题;B+树是数据库索引和排序的经典结构;而贪心算法、蚁群算法、遗传算法、数据加密算法等构成了程序设计的技术核心,即程序=数据结构+算法。

算法是在有限步骤内求解某一问题所使用的一组定义明确的规则。而常用算法的编程实现一般均选择 C 语言。

程序基本结构为顺序、选择及循环,与计算机语言无关。掌握了程序基本结构原理,等于熟悉了所有计算机语言的基本编程思路。

2.1 学用算法

程序开发过程,首先对于问题或者业务进行综合分析,然后选择合适的变量集合对程序中需要处理的数据进行描述,该过程需要指定数据的类型和数据的组织形式,即数据结构(data structure)。在指定数据结构的基础上,实施对于具体数据结构的相应操作、过程以及过程衔接等操作的描述,即设定处理业务的全部运算顺序、操作步骤,这种为具体程序设计的、完整的操作步骤称为算法(algorithm)。更为严格意义上讲,算法是计算机解题的基本思想方法和步骤。一个设计良好、可编程实现的算法,必须解决两个问题:即算法的描述和算法的编程实现。算法的描述是对于算法要解决的一个问题或要完成一项任务所采取的方法和步骤的描述,包括需要什么数据(输入什么数据、输出什么结果)、采用什么结构、使用什么语句以及如何安排这些语句等。这种描述应精准、明晰及完备。按照给定的算法的描述,程序设计人员(不一定是算法设计者本人)选择一种合适的计算机语言(如 C 语言)研制出专用程序,实现算法设计的功能。

【例 2.1】 求两个整数 m、n($m \geqslant n$)的最大公因子。

【编程思想】

最大公因子指某几个整数共有因子中最大的一个。判定一个整数 k 是否为整数 m 和 n 的公因子,条件为 m 和 n 都能被 k 整除,用 C 语言的条件表达式(参阅第 3 章)为:

((n%k==0) && (m%k==0))

【算法描述】

S1:求余数:以 n 除 m,并令 r 为余数 ($0 \leqslant r < n$);

S2:判断余数是否为零:若 r=0 则结束算法,n 就是最大公因子;

S3:若 $r \neq 0$ 则 m ← n,n ← r 返回 S1。

【函数说明】

算法实现在 main 函数中实现。为了提高程序操作界面的友好性,使用格式化输出函数 printf(参阅第 4 章)。整个程序需要用户输入 m 和 n 的值,所以,需要使用格式化输入函数

scanf(参阅第 4 章)。

【程序实现】

```
# include "stdafx. h"
# include "stdio. h"
void  main()
{
    int   m,n,r;
    int   oldm,oldn;
    printf("请输入两个整数:\n");
    scanf("%d,%d",&m,&n);
    oldm=m;
    oldn=n;
    r=m % n;
    while  (r!=0)
    {
      m=n;
      n=r;
      r=m % n;
    }
    printf("整数 %d 和 %d 的最大公约数为: %d\n",oldm,oldn,n);
    getchar();
    return;
}
```

【输出结果】

请输入两个整数:

64,48

整数 64 和 48 的最大公约数为: 16

【程序分析】

(1)语句:

```
printf("请输入两个整数:\n");
```

作用是给用户一个明确的操作提示。

(2)语句:

```
scanf("%d,%d",&m,&n);
```

作用是从键盘接收用户输入的两个整数(两个整数之间必须有一个逗号),将输入的值保存到变量 m 和 n 中。

(3)因为变量 m 和 n 的值在程序中是不断变化着,所以,定义了两个整数变量 oldm 和 oldn,用于保存用户最初输入的两个整数。

(4)语句:

```
r=m % n;
```

作用是取 m 对于 n 的余数。如果余数为 0,表示 m 能被 n 整除;否则,表示 m 不能被 n 整除。

(5)语句:

```
while  (r!=0)
```

是 C 语言三个循环语句之一,含义是:当 r 不等于 0 时,执行该语句后面,由"{"和"}"限定的多个语句。

(6)语句:

```
printf("整数 %d 和 %d 的最大公约数为:%d\n",oldm,oldn,n);
```

目的是给用户一个非常明确的结果提示,指出了输入的两个整数和最大公约数。

(7)函数 printf、scanf 及 getchar 库函数均在头文件 stdio. h 中定义,所以,该程序必须使用如下语句:

```
# include "stdio.h"
```

否则,程序编译会出错。

做任何事都有一定的次序和步骤,算法是为解决一个问题而采取的方法和步骤

算法分两大类别:数值运算算法和非数值运算算法。数值运算算法的目的是求数值解,算法成熟;而非数值运算算法一般种类繁多,要求各异,难以规范。

对于众多非数值运算类算法应用中,C 语言侧重于函数程序设计,所谓整个程序的算法无非是对于解决问题或者综合业务的一种仔细分析后的逻辑规划、操作过程及实现步骤的设计。一般无需对于研发的程序算法进行严格的描述。本章目的是使学生对于算法有个粗浅的了解,知道怎样编写一个具有简单算法思想的 C 程序,进行编写程序的初步训练,因此,本章介绍的是算法的初步知识,主要目标是:

(1)了解算法对于程序设计的重要性;

(2)学会使用简单的经典算法;

(3)汲取算法设计方法的精髓,逐步使自己程序设计的思路更清晰、步骤更精准及编写的程序运行效率更高;

(4)在程序设计中,引入算法的时间代价分析和空间代价分析的概念,树立程序研发中,使用尽可能少的内存,想方设法尽可能提高程序运行的时间效率。

2.2　算法描述及程序实现

从事各种工作和活动,都必须事先想好进行的步骤,然后按部就班地进行,才能避免产生错乱。不要认为只有"计算"的问题才有算法。广义地说,为解决一个问题而采取的方法和步骤,就称为"算法"。归纳起来,计算机解决问题的过程通常由描述问题、分析问题、设计算法、编写程序、调试程序及得到答案六个过程组成。对同一个问题,可以有不同的解题方法和步骤。算法有优劣之分,有的算法只需进行很少的步骤,而有些算法则需要较多的步骤。一般来说,应采用简单的和运算步骤少的算法。因此,为了有效地进行解题,不仅需要保证算法正确,还要考虑算法的质量,对于同一问题,应选择合适的算法。

【例 2.2】　计算 $S=2\times4\times6\times\cdots\cdots18\times20$,并输出。

【算法描述】

设两个变量,一个变量代表被乘数 S,一个变量代表乘数 no。用循环算法来求结果。算法如下:

S1:S←1。

S2:no←2。

S3:S←S×no。

S4:no←no+2。

S5：如果 no 不大于 20,返回步骤 S3;否则,算法结束。最后得到 S 的值。

【算法分析】

上面的 S1,S2…代表步骤 1,步骤 2…,S 是 step(步)的缩写。这是描述算法的习惯用法。可以看出,用这种方法表示的算法具有通用性、灵活性。S3 到 S5 组成一个循环,在实现算法时,要反复多次执行 S3、S4、S5 等步骤,直到某一时刻,执行 S5 步骤时经过判断,乘数 no 已超过规定的数值而不再返回 S3 步骤为止。此时算法结束,变量 S 的值就是所求结果。

由于计算机是高速进行运算的自动机器,实现循环是轻而易举的操作,所有计算机高级语言中都有实现循环的语句。因此,上述算法不仅是正确的,而且是计算机能实现的较好的算法。

【程序实现】

```c
#include "stdafx.h"
#include "stdio.h"
void main()
{
    unsigned int  s=1,no;
    for (no=2;no<=20;no+=2)
      s* =no;
    printf("2×4×6×……18×20=%u\n",s);
    getchar();
    return;
}
```

【输出结果】

2×4×6×……×18×20=3715891200

【程序分析】

(1)为了保证数据不溢出,代表被乘数的 S 选择为无符号的整数,并由无符号整数的控制方式进行显示输出。

(2)例 2.2 的核心程序为:

```c
    for (no=2;no<=20;no+=2)
      s* =no;
```

这是 C 语言三种循环中,使用最广、效率最高以及变化最多的一种循环语句(for 语句)。其中,no 为控制变量,for 语句的执行次序为:首先给控制变量赋初值,即 no=2,然后,判定循环条件(no<=20);如果条件成立,为真,执行循环体,该循环体只有一个语句:

```c
    s* =no;    /* 相当于 s=s* no; */
```

执行完循环体语句后,执行:

```c
    nc+=2;    /* 相当于 no=no+2;*/
```

该语句的作用为:以步长 2 的速度改变循环语句的控制变量。而其余的循环过程为:判定循环条件,运行循环体,改变控制变量,直到控制变量 no 大于 20,整个循环停止。

【例 2.3】 有 50 个学生,通过键盘逐个输入其成绩,要求将他们之中成绩在 90 分以上者打印出来。

【算法描述】

用 no 控制输入学生的个数,g 代表第 no 次输入的学生成绩,算法可表示如下。

S1:no←1。

S2:g←输入第 no 个学生的成绩。

S3:判定 g 是否大于等于 90;如果小于 90,转 S5。

S4:打印第 no 个学生的成绩。

S5:如果 no 不大于 50,返回步骤 S2;否则,算法结束。

【算法分析】

本算法中,变量 no 作为接收学生成绩的编号,同时起着控制整个循环过程的作用。当 no 超过 50 时,表示已对 50 个学生的成绩处理完毕,算法结束。

【程序实现】

```c
# include "stdafx. h"
# include "stdio. h"
void  main()
{
    int no,g,goods=0;
    printf("请顺序输入每位同学的成绩:\n ");
    for (no=0;no<50;no++)
    {
      scanf("%d",&g);
      if (g>=90)
      {
          /* 显示成绩,并换行,继续进行成绩输入 */
        printf("第 %d 位同学的成绩优秀,为:%d\n",no+1,g);
        ++goods;
      }
    }
    printf("\n50 个同学中,成绩优秀者共 %d 位。\n",goods);
    getchar();
    return;
}
```

【输出结果】

请顺序输入每位同学的成绩:

89

80

90

第 3 位同学的成绩优秀,为:90

67

65

94

第 6 位同学的成绩优秀,为:94

……

50 个同学中,成绩优秀者共 8 位。

【程序分析】

(1)为了使学生的编号符合生活中的习惯,打印编号为 no+1:

```
printf("第 %d 位同学的成绩优秀,为:%d\n",no+1,g);
```

(2)语句:

```
printf("\n50个同学中,成绩优秀者共 %d 位。\n",goods);
```

printf 函数的输出格式中,起始和末尾均加了换行符,目的是起始一行显示优秀学生的成绩,并保证下一个学生的成绩输入从另一行开始,以保证操作界面的清晰及美观。

(3)关于 for 循环语句的使用,请参照例 2.3 中的程序分析去理解。

【例 2.4】 判定 2013~2050 年中的每一年是否闰年,将结果输出。

【编程思想】

闰年的条件是:①能被 4 整除,但不能被 100 整除的年份都是闰年,如 1996 年、2004 年是闰年;②能被 100 整除,又能被 400 整除的年份是闰年,如 1600 年、2000 年是闰年。不符合这两个条件的年份不是闰年。

【算法描述】

设 y 为被检测的年份,可采取以下步骤:

S1:y←2013。

S2:y 不能被 4 整除,转向 S6。

S3:若 y 能被 4 整除,不能被 100 整除,转向 S5。

S4:若 y 能被 100 整除,又能被 400 整除,转向 S5;否则,转向 S6。

S5:输出第 y 年是闰年。

S6:y←y+1。

S7:当 y 小于等于 2050 时,转 S2;否则,算法停止。

【程序实现】

```
#include "stdafx.h"
#include "stdio.h"
void main()
{
    int year,leaps=0;
    for (year=2013;year<=2050;year++)
    {
    /* 判断是不是闰年 */
      if ((year%400==0)||((year%4==0)&&(year%100!=0)))
      {
          if (leaps>0)
              printf(",");
          printf("%d",year);
          ++leaps;
      }
    }
    printf("\n 从 2013 年到 2050 年,共有闰年 %d 个。\n",leaps);
    getchar();
```

```
    return;
}
```

【输出结果】

2016,2020,2024,2028,2032,2036,2040,2044,2048

从 2013 年到 2050 年,共有闰年 9 个。

【程序分析】

(1)在这个算法中,采取了多次判断。先判断 y 能否被 4 整除,如不能,则 y 必然不是闰年。如 y 能被 4 整除,并不能马上决定它是否闰年,还要看它能否被 100 整除。如不能被 100 整除,则肯定是闰年(如 1996 年)。如能被 100 整除,还不能判断它是否闰年,还要被 400 整除,如果能被 400 整除,则它是闰年,否则不是闰年。在这个算法中,每做一步,都分别分离出一些范围(已能判定为闰年或非闰年),逐步缩小范围,使被判断的范围愈来愈小,直至执行 S6 时,只可能是非闰年。

(2)程序实现不一定必须与算法描述相一致,语句:

```
if ((year%400==0)||((year%4==0)&&(year%100!=0)))
```

是闰年条件的综合条件表示。

(3)从算法描述中,包括能被 4 整除,又能被 100 整除,而不能被 400 整除的那些年份(如 1900 年),是非闰年。在考虑算法时,应当仔细分析所需判断的条件,如何一步一步缩小被判断的范围。有的问题,判断的先后次序是无所谓的;而有的问题,判断条件的先后次序是不能任意颠倒的,读者可根据具体问题决定其条件设置。

【例 2.5】 求 $1-1/2+1/3-1/4+\cdots+1/99-1/100$。

【算法描述】

设整个表达式值为 sum,分母值为 deno,正负号为 sign. 带正负号的数据项为 term. 算法描述如下:

S1:sign←1。

S2:sum←1。

S3:deno ←2。

S4:sign ←(−1)×sign。

S5:term ←sign×(1/deno)。

S6:sum ←sum + term。

S7:deno ←deno + 1。

S8:若 deno 小于等于 100 返回 S4;否则,算法结束。

【程序实现】

```
# include "stdafx.h"
# include "stdio.h"
    void main()
{
    int sign=1;
    float deno,sum=1.0;
    for (deno=2.0;deno<=100.0;deno=deno+1.0)
    {
        sign=(−1)* sign;
```

```
        sum=sum+sign/deno;
        }
    printf("1-1/2+1/3-1/4+…+1/99-1/100=%f \n",sum);
    getchar();
    return;
}
```

【输出结果】

1-1/2+1/3-1/4+…+1/99-1/100=0.688172

【程序分析】

在步骤 S1 中先预设 sign(代表级数中各项的符号,它的值为 1 或-1)。在步骤 S2 中使 sum 等于 1,相当于已将级数中的第一项放到了 sum 中。在步骤 S3 中使分母的值为 2。在步骤 S4 中使 sign 的值变为-1。在步骤 S5 中求出级数中第 2 项的值-1/2。在步骤 S6 中将刚才求出的第二项的值-1/2 累加到 sum 中。至此,sum 的值是 1-1/2。在步骤 S7 中使分母 deno 的值加 1(变成 3)。执行 S8 步骤,由于 deno≤100,故返回 S4 步骤,sign 的值改为 1,在 S5 中求出 term 的值为 1/3,在 S6 中将 1/3 累加到 sum 中。然后 S7 再使分母变为 4。按此规律反复执行 S4 到 S8 步骤,直到分母大于 100 为止。一共执行了 99 次循环,向 sum 累加入了 99 个分数。sum 最后的值就是级数的值。

2.3 算法的 5 个特性

为了能够定量描述算法、比较算法的优劣以及指导算法设计,计算机程序设计技术领域引入了对于算法的特性分析机制。算法作为解决问题的步骤和程序设计的依据,它需具有下列五个特性。

(1)输入:一个算法具有零个或多个输入数据。所谓输入是指在执行算法时需要从外界取得必要的信息。一个算法也可以没有输入。

(2)输出:一个算法具有一个或多个输出数据。算法的目的是为了求解,"解"就是输出。没有输出的算法是没有意义的。

(3)确定性:算法执行的每一步都必须有确切的唯一定义,不能有二义性。算法中的每一个步骤都应当是确定的,而不应当是含糊的、模棱两可的。

(4)可行性:算法中的每一步都可以通过已经实现的基本运算的有限次执行得以实现。算法中的每一个步骤都应当能有效地执行,并得到确定的结果。

(5)有限性:一个算法必须在经过有限个步骤之后正常结束,不能形成死循环。一个算法应包含有限的操作步骤,而不能是无限的。事实上,"有限性"往往指"在合理的范围之内"。究竟什么算"合理范围",并无严格标准,由人们的常识和需要而定。

从算法的特性上看,算法在某种意义上和程序非常相似,但又不同。对比这两者可以看出,算法侧重于对解决问题的方法描述,即要做些什么;而程序是算法在计算机程序语言中的实现,即具体要去怎样做;所以从严格意义上讲,算法和程序是两个不同的概念。但有时,我们直接把计算机程序看做是算法的一种描述,那么,算法和程序就是一致的了。

对于不熟悉计算机程序设计的人来说,他们可以只使用别人已设计好的现成算法,只需根据算法的要求给以必要的输入,就能得到输出的结果。对他们来说,算法如同一个"黑箱子"一样,他们可以不了解"黑箱子"中的结构,只是从外部特性上了解算法的作用,即可方便地使用算法。例如,对一个"输入 3 个数,求其中最大值"的算法,可以用图 2.1 表示,只要输入 a、b、c 三个数,执行算法后就能得到其中最大的数。但对于程序设计人员来说,必须会设计算法,并且能根据算法编写程序。

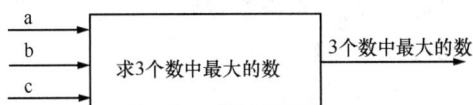

图 2.1　算法的黑箱子描述

【例 2.6】　输入 3 个数,求其中最大值。

【程序实现】

```
# include "stdafx. h"
# include "stdio. h"
# define MAX(x,y)((x> y)? x:y)

void main()
{
    int a,b,c,m;
    printf("请输入三个整数:\n");
    scanf("%d,%d,%d",&a,&b,&c);
    m=MAX(MAX(a,b),c);
    printf("输入的最大数为: %d \n",m);
    getchar();
    return;
}
```

【输出结果】

请输入三个整数:

4567,9876,6789

输入的最大数为:9876

【程序分析】

(1)语句

define MAX(x,y)((x> y)? x:y)

是一个宏定义,功能与函数相似。主要功能为给定两个整数,返回最大者。

(2)本程序采用通过求出 a 和 b 之间的最大者,然后,该最大者与 c 比较,获得三个整数的最大者。

【例 2.7】　输出 10~100 之间的全部素数。

【编程思想】

所谓素数 n 是指,除 1 和 n 之外,不能被 2~(n-1)的任何整数整除。

算法设计要点:

(1)显然,只要设计出判断某数 n 是否是素数的算法,外面再套一个 for 循环即可。

(2)判断某数 n 是否是素数的算法:根据素数的定义,用 2~(n-1)的每一个数去除 n,如果都不能被整除,则表示该数是一个素数。

(3)考察整数的性质。对于一个数 n,当数字大于 n/2 时,一定不可能被整除。例如,对于整数 37,19、20、21……36 都不可能被整数。故,应改为用 2~n/2 的每一个数去整除 n,如果都不能被整除,则表示该数是一个素数。

判断一个数是否能被另一个数整除,可通过判断它们整除的余数是否为 0 来实现。

【程序实现】

```
# include "stdafx.h"
# include "stdio.h"
void main()
  {
      int ino1,iend,ino2,haves=0;
       /* 外循环:为内循环提供一个整数 ino1 */
      for (ino1=11;ino1<=100; ino1++)
      {
      iend=ino1/2;
      /* 内循环:判断整数 ino1 是否是素数 */
      for (ino2=2; ino2<=iend;ino2++)
      if(ino1%ino2==0)         /* ino1 不是素数 */
          break;         /* 强行结束内循环,执行下面的 if 语句 */
      if (ino2<=iend)      /* 不是素数   */
          continue;         /* 转向外循环 */
      /* 以下程序输出已检测到的素数 */
      if (haves>0)
      {
      if (haves%10==0)   /* 每输出 10 个数换一行 */
          printf("\n");
      else
          printf(",");
      }
      /* 整数 ino1 是素数:输出,计数器加 1 */
      printf(" %d ",ino1);
      ++haves;
      }
    printf("\n 在 10 到 100 之间,共有 %d 个素数。\n",haves);
    getchar();
    return;
}
```

【输出结果】

```
11,13,17,19,23,29,31,37,41,43
47,53,59,61,67,71,73,79,83,89
97
```

【程序分析】

(1)这是一种两级嵌套循环,第一级为外循环,从 11~100 循环,指定一个判定数 ino1,通过内循环检测是否为素数。

(2)内循环作用是根据 ino1 的值,在 2~ino1/2 逐个检测,如果存在一个可以整除的整数 ino2,立即停止内循环。

(3)内循环如果不存在可以整除的整数时,循环由 for 语句的条件语句停止,停止后,ino2

一定大于 iend。因此,语句

```
if (ino2<=iend)               /* 不是素数 */
    continue;                 /* 转向外循环 */
```

使用 continue 语言直接返回到外循环。

(4)该程序的算法程序是基本语句。为了显示规范、输出美观。见程序中的注释。

2.4 算法表示

为了表示一个算法,可以用不同的方法。常用的有自然语言、流程图、伪代码、PAD 图等,本节主要介绍前三种。

2.4.1 用自然语言表示算法

本章多个例题的算法均是用自然语言表示的。用自然语言表示通俗易懂,但文字冗长,容易出现"歧义"。自然语言表示的含义往往不太严格,要根据上下文才能判断其正确含义。此外,用自然语言描述包含分支和循环的算法,不很方便。因此,除了很简单的问题以外,一般不用自然语言描述算法。

2.4.2 用流程图表示算法

流程图是用一些图框表示各种操作。用图形表示算法,直观形象,易于理解。美国国家标准化协会(American National Standard Institute,ANSI)规定了一些常用的流程图符号(图 2.2)。图 2.2 中菱形框的作用是对一个给定的条件进行判断,根据给定的条件是否成立来决定如何执行其后的操作。它有一个入口,两个出口,见图 2.3。连接点是用于将画在不同地方的流程线连接起来。如图 2.4 中有两个连接点(在连接点圈中写上"1"),它表示这两个点是互相连接在一起的。实际上它们是同一个点,只是画不下才分开来画。用连接点,可以避免流程线的交叉或过长,使流程图清晰。

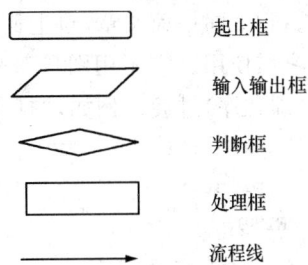

图 2.2 常用的流程图符号

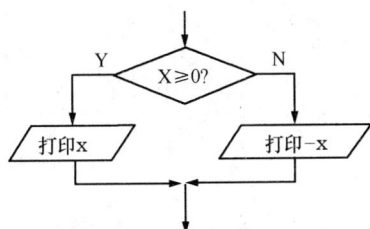

图 2.3 问题判断流程图

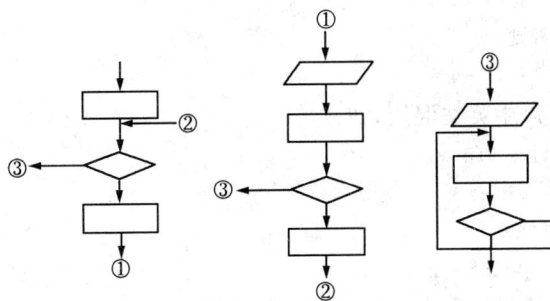

图 2.4 流程图的多种方式举例

【例 2.8】 画出例 2.2 计算 $S=2×4×6×\cdots×18×20$ 的算法流程图

用流程图表示算法直观形象,比较清楚地显示出各个框之间的逻辑关系(图 2.5)。但是这种流程图占用篇幅较多,尤其当算法比较复杂时,画流程图既费时又不方便。在结构化程序设计方法推广之后,许多书刊已用 N-S 结构化流程图代替这种传统的流程图。但是每一个程序编制人员都应当熟练掌握流程图。

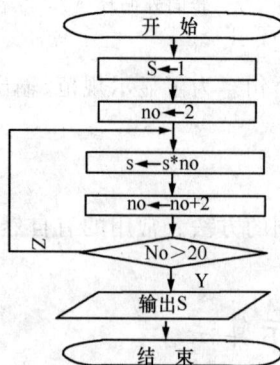

图 2.5　算法流程图

2.4.3　用伪代码表示算法

用传统的流程图和 N-S 图表示算法,直观易懂,但画起来比较费事。因此,流程图适宜表示一个算法,但在设计算法过程中使用不是很理想。为了设计算法方便,常用一种称为伪代码(pseudo code)的工具。伪代码是用介于自然语言和计算机语言之间的文字和符号来描述算法。它如同一篇文章,自上而下地写下来,每一行(或几行)表示一个基本操作一般软件专业人员习惯使用。它不用图形符号,因此书写方便 、格式紧凑,也比较好懂,便于向计算机语言算法(即程序)过渡。例如,"打印 x 的绝对值"的算法可以用伪代码表示如下。

```
IF x is positive THEN
  print x
ELSE
  print - x
```

它像一个简单的英语句子一样好懂,在国外用得比较普遍,也可以用汉字伪代码,如:

```
若 x 为正
  打印 x
否则
  打印 - x
```

也可以中英文混用,如:

```
IF x 为正
  print x
ELSE
  print - x
```

即计算机语言中具有的语句关键字用英文表示,其他的可用汉字表示。总之,以便于书写和阅读为原则。用伪代码写算法并无固定的、严格的语法规则,只要把意思表达清楚,并且书写的格式要写成清晰易读的形式。

2.5 程序结构化设计

1. 程序设计的里程碑

结构化程序设计(structured programming)是以模块功能和处理过程设计为主的详细设计的基本原则。其概念最早由荷兰计算机科学家迪克斯特拉在 1965 年提出的,是软件发展的一个重要的里程碑。它的主要观点是采用自顶向下、逐步求精的程序设计方法,使用三种基本控制结构构造程序,任何程序都可由顺序、选择、循环三种基本控制结构构造。以模块化设计为中心,将待开发的软件系统划分为若干个相互独立的模块,这样使完成每一个模块的工作变得单纯而明确,为设计一些较大的软件打下了良好的基础。

结构化程序设计强调程序设计风格和程序结构的规范化,提倡清晰的结构。如果面临一个复杂的问题,是难以一下子写出一个层次分明、结构清晰、算法正确的程序的。结构化程序设计方法的基本思路是:把一个复杂问题的求解过程分阶段进行,每个阶段处理的问题都控制在人们容易理解和处理的范围内。

2. 自顶向下逐层分解

软件工程技术中,控制复杂性的两个基本手段是"分解"和"抽象",通常称为结构化分析(Structured Analysis,简称 SA 方法)。对于一个复杂的问题,由于人的理解力、记忆力均有限,所以不可能触及问题的所有方面以及全部的细节。为了将复杂性降低到人可以掌握的程度,可以把大问题分割成若干个小问题,然后分别解决,这就是"分解"。分解也可以分层进行,即先考虑问题最本质的属性,暂把细节略去,以后再逐层添加细节,直至涉及最详细的内容,这就是"抽象"。SA 方法也是采用了这两个基本手段其优点是简单清晰,易于学习掌握、易于使用。

3. 模块化设计

在众多的设计方法中,结构化设计(structured design,SD)是最受人注意的、也是使用最广泛的一个。SD 方法的基本思想是将系统设计成由相对独立、单一功能的模块组成的结构。用 SD 方法设计的程序系统,由于模块之间是相对独立的,所以每个模块可以独立地被理解、编程、测试、排错和修改,这就使复杂的研制工作得以简化。此外,模块的相对独立性也能有效地防止错误在模块之间扩散蔓延,因而提高了系统的可靠性。所以,我们可以说,SD 方法的长处来自于模块之间的相对独立性,它提高了系统的质量(可理解性、可维护性、可靠性等),也减少了研制软件所需的人工。

在程序设计中常采用模块设计的方法,尤其是当程序比较复杂时,更有必要。在拿到一个程序模块(实际上是程序模块的任务书)以后,根据程序模块的功能将它划分为若干个子模块,如果嫌这些子模块的规模大,还可以划分为更小的模块。这个过程采用自顶向下的方法来实现。

4. 结构化编码

编程(coding)的任务是为每个模块编写程序,也就是说,将详细设计的结果转换为用某种程序设计语言编写的程序,这个程序必须是无错的,并且应有必要的内部文档和外部文档。

C 语言支持结构化编码,其程序主要由函数构成,函数内的局部变量不会对于其他程序和运行环境产生副作用。

2.6 顺序、选择及循环

结构化程序设计非常强调实现某个功能的算法,而算法的实现过程是由一系列操作组成的,这些操作之间的执行次序就是程序的控制结构。1996年,计算机科学家Bohm和Jacopini证明了这样的事实:任何简单或复杂的算法都可以由顺序结构、选择结构和循环结构这三种基本结构组合而成。所以,这三种结构就被称为程序设计的三种基本结构,也是结构化程序设计必须采用的结构。

1. 顺序结构

顺序结构表示程序中的各操作是按照它们出现的先后顺序执行的,其流程如图2.6所示。

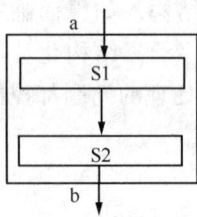

图2.6 顺序结构

图中的S1和S2表示两个处理步骤,这些处理步骤可以是一个非转移操作或多个非转移操作序列,甚至可以是空操作,也可以是三种基本结构中的任一结构。整个顺序结构只有一个入口点a和一个出口点b。这种结构的特点是:程序从入口点a开始,按顺序执行所有操作,直到出口点b处,所以称为顺序结构。事实上,不论程序中包含了什么样的结构,而程序的总流程都是顺序结构的。先执行S1操作,再执行S2操作,两者是顺序执行关系。

2. 选择结构

选择结构表示程序的处理步骤出现了分支,它需要根据某一特定的条件选择其中的一个分支执行。选择结构有单选择、双选择和多选择三种形式。

双选择是典型的选择结构形式,其流程如图2.7所示,图中的S1和S2与顺序结构中的说明相同。由图中可见,在结构的入口点a处是一个判断框,表示程序流程出现了两个可供选择的分支,如果条件满足执行S1处理,否则执行S2处理。值得注意的是,在这两个分支中,只能选择一条且必须选择一条执行,但不论选择了哪一条分支执行,最后流程都一定到达结构的出口点b处。

当S1和S2中的任意一个处理为空时,说明结构中只有一个可供选择的分支,如果条件满足,执行S1处理,否则顺序向下到流程出口b处。也就是说,当条件不满足时,什么也没执行,所以称为单选择结构,如图2.8所示。多选择结构根据给定条件,可以有多个分支,不论选择了哪一条分支,最后流程要到达同一个出口处。

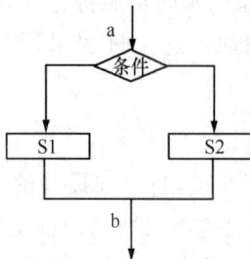

图2.7 双选择结构

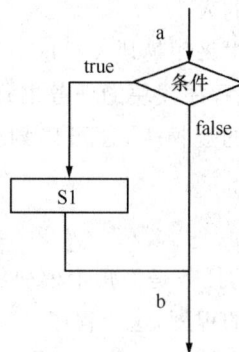

图2.8 单选择结构

3. 循环结构

循环结构表示程序反复执行某个或某些操作,直到某条件为假(或为真)时才可终止循环。循环结构的基本形式有两种:当型循环和直到型循环,其流程如图2.9所示。图中带S标识的矩形内的操作称为循环体,是指从循环入口点 a 到循环出口点 b 之间的处理步骤,这就是需要循环执行的部分,而什么情况下执行循环则要根据条件判断。

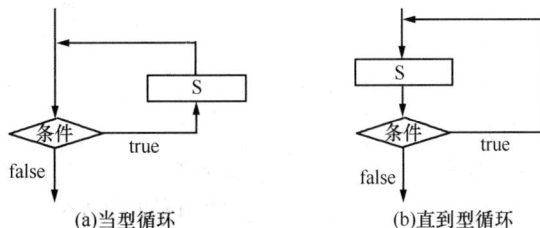

图 2.9 循环结构

当型循环(图2.9(a))。表示先判断条件,当满足给定的条件时执行循环体,并且在循环终端处流程自动返回到循环入口;如果条件不满足,则退出循环体直接到达流程出口处。因为是"当条件满足时执行循环",即先判断后执行,所以称为当型循环。

直到型循环(图2.9(b))。表示从结构入口处直接执行循环体,在循环终端处判断条件,如果条件不满足,返回入口处继续执行循环体,直到条件为真时再退出循环到达流程出口处,是先执行后判断。因为是"直到条件为真时为止",所以称为直到型循环。

同样,循环型结构也只有一个入口点 a 和一个出口点 b,循环终止是指流程执行到了循环的出口点。图中所表示的 S 处理可以是一个或多个操作,也可以是一个完整的结构或一个过程。

通过三种基本控制结构可以看到,结构化程序中的任意基本结构都具有唯一入口和唯一出口,并且程序不会出现死循环。在程序的静态形式与动态执行流程之间具有良好的对应关系。

等级考试实训

一、考试内容及所占比例
1. 算法的概念和特性
2. 算法的表示方法
3. 约2%
二、掌握了解程度
1. 了解算法的概念和特性
2. 了解算法的表示方法
三、主要知识点及考点
考点1:算法的基本概念
考点2:算法的复杂度

实战锦囊

1. 什么是算法?

为解决一个问题而采取的方法和步骤,就称为算法。

2. 算法的特点:有穷性;确定性;有零个或多个输入;有一个或多个输出;有效性。

3. 算法的表示——N-S 流程图:

N-S 流程图有三种流程图框架,分别为:顺序结构、选择结构、循环结构。在这三种基本框架基础上,能组成复杂的 N-S 流程图。

4. 结构化程序设计的方法:自顶向下、逐步细化、模块化设计、结构化编码。

习题

一、填空题

1. 问题处理方案的正确而完美的描述称为 _____。

2. 算法复杂度主要包括时间复杂度和 _____ 复杂度。

3. 算法的基本特征是可行性、确定性、_____ 和拥有足够的情报。

4. 顺序存储方法是把逻辑上相邻的结点存储在物理位置 _____ 的存储单元中。

5. 在最坏情况下,冒泡排序的时间复杂度为 _____。

6. 在采用结构化程序设计方法进行程序设计时,_____ 是程序的灵魂。

7. 算法是 _____。

8. 算法的五个特性:有穷性、_____、_____、_____ 和有效性。

9. 程序的三种基本结构是 _____ 结构、_____ 结构和 _____ 结构,它们的共同特点是 _____。

10. 适合于结构化程序设计,广受欢迎的流程图是 _____。

二、编程题

1. 输入一个长方形的二边长,求长方形的面积并输出。

2. 由键盘输入两个整数给变量 a 和 b,然后输出 a 和 b,在交换 a 和 b 中的值后,再输出 a 和 b,验证两个变量中的数值是否正确地进行了交换。

3. 从键盘上输入一大写英文字母,要求改用相应的小写字母输出。

4. 求 $1 \times 2 \times 3 \times 4 \times 5$,并输出。

5. 输入一个正整数 ia,判定能否同时被 3 和 5 整除。

三、选择题

1. 一个算法应该具有"确定性"等 5 个特性,下面对另外 4 个特性的描述中错误的是( )。

A. 有零个或多个输入　　B. 有零个或多个输出　　C. 有穷性　　　　　　　　D. 可行性

2. 算法具有 5 种特性,以下选项中不属于算法特性的是( )。

A. 有穷性　　　　　　　B. 简洁性　　　　　　　C. 可行性　　　　　　　　D. 确定性

3. 下面叙述正确的是( )。

A. 算法的执行效率与数据的存储结构无关

B. 算法的空间复杂度与数据的存储结构无关

C. 算法的有穷性是指算法必须能在执行有限个步骤之后终止

D. 以上三种描述都不对

4. 算法的空间复杂度是指( )。

A. 算法在执行过程中所需要的计算机存储空间　　B. 算法所处理的数据量

C. 算法程序中的语句或指令条数　　　　　　　　D. 算法在执行过程中所需要的临时工作单元数

5. 下列叙述中正确的是( )。

A. 算法的效率只与问题的规模有关,而与数据的存储结构无关

B. 算法的时间复杂度是指执行算法所需要的计算工作量

C. 数据的逻辑结构与存储结构是一一对应的

D. 算法的时间复杂度与空间复杂度一定相关

6. 算法的有穷性是指(   )。

  A. 算法程序的运行时间是有限的   B. 算法程序所处理的数据量是有限的

  C. 算法程序的长度是有限的   D. 算法只能被有限的用户使用

7. 算法的时间复杂度是指(   )。

  A. 算法的执行时间   B. 算法所处理的数据量

  C. 算法程序中的语句或指令条数   D. 算法在执行过程中所需要的基本运算次数

8. 下列叙述中正确的是(   )。

  A. 数据的逻辑结构与存储结构必定是一一对应的

  B. 由于计算机存储空间是向量式的存储结构,因此,数据的存储结构一定是线性结构

  C. 程序设计语言中的数据一般是顺序存储结构,因此,利用数组只能处理线性结构

  D. 以上三种说法都不对

9. 下列排序法中,最坏情况比较次数最少的是(   )。

  A. 冒泡排序   B. 简单选择排序   C. 直接插入排序   D. 堆排序

10. 对长度为 n 的线性表排序,在最坏情况下,比较次数不是 n(n−1)/2 的排序方法是(   )。

  A. 快速排序   B. 冒泡排序   C. 直接插入排序   D. 堆排序

第 3 章　C 语言中的数据

为了高效地利用宝贵的内存资源,计算机语言均采用按数据需要分配内存的数据存储机制,即定义一个具有固定体积的值的集合以及在该值集合上的一组操作。以基本类型或者类型组合,模拟客观对象以及对象的属性,以程序语句序列实施对于客观对象的合法操作,是 C 语言编程的基本技能。C 语言数据操作,涉及内存访问、磁盘读写以及网络传输等多个应用领域。

C 语言程序设计中,内存中的数据以值的方式存储,是唯一的。而数据的解释可以是多种方式的。如字符 A 的值为 65,以 ASCII 码方式解释为字符'A'。C 语言数据类型转换特点为内存内容不变,直接按照其他类型进行解释。而其他高级语言的数据类型转换大多数都是以函数的方式实现。

字符串是计算机语言中使用最频繁的数据。C 语言中的字符串仅作为单个同类字符的集合,字符串的结束标识、越界监管、汉字完整性(如不允许出现半个汉字等)诊断、单双字节汉字互转等均由 C 语言程序设计者负责。

3.1　变量类型的理解及选择

高级语言的基本思路是建立较高的抽象机制,以接近于数学语言或人的自然语言方式与计算机进行交互。所谓程序设计,就是把求解问题中的数据,如成绩、长度、面积等,根据其精度要求,选择合适类型的变量来代表,然后,根据编程者的思路编写程序。

【例 3.1】　鸡兔同笼。在一个笼子里同时养着一些鸡和兔子,你想了解有多少只鸡和多少只兔,主人对你说:我只告诉你鸡和兔的总头数是 16 和总脚数是 40,你能计算出有多少只鸡和多少只兔吗?

【编程思想】

(1)选择变量类型。该问题涉及的数据有四个:鸡的数量、兔的数量、总头数和总脚数,程序设计中,这些数据一定没有小数,所以,应选择整数(int)类型的变量来代表。

(2)解题思路。一只鸡 2 只脚,一只兔子 4 只脚。根据给定条件,可以通过二元一次方程的方法解决该题。

(3)数学求解。设 x 代表鸡的数量,y 代表兔的数量,总头数为 h,总脚数为 f,列出下面的方程式:

$$x + y = h$$
$$2x + 4y = f$$

其中,x 和 y 是求解变量,h 为已知变量,解方程得到:

$$y = \frac{f - 2h}{2} \quad x = h - y$$

(4)把解题思路和方法用 C 语言的语句描述,设置变量:

```
int x,y,h;        /* 设置三个变量分别代表鸡的数量、兔的数量及总脚数*/
y=(f-2* h)/2;     /* 把数学方程变为C语言可描述的形式*/
x=h-y;
```

(5)由解题思路编写程序。

①定义变量:x,y,h,f。

②为 h 和 f 赋值(设置为给定的数)。

③由方程:y=(f-2×h)/2 求出 y 的值。

④根据已求出的 y,由方程:x=h-y;求出 x 的值。

⑤输出 x 和 y 的值。界面要让用户看得清楚。

⑥结束。

【程序实现】

```
# include "stdafx. h"
# include < stdio. h>
void main()
{
    int h,f,x,y;     /* 定义整型变量 h,f,x,y*/
    h=16;            /* 使 h 的值等于 16*/
    f=40;            /* 使 f 的值等于 40*/
    y=(f-2* h)/2;    /* 计算兔的数量*/
    x=h-y;           /* 计算鸡的数量*/
                     /* 输出*/
    printf("鸡为%d 只,兔为%d 只。\n",x,y);
    getchar();       /* 暂停,让用户看清楚*/
    return;          /* 用户按任意一个键,即可返回系统*/
                     /* 结束程序运行*/
}
```

【输出结果】

鸡为 12 只,兔为 4 只。

VC++6.0 的潜规则

VC+6.0 是国家计算机二级 C 语言等级考试指定的 IDE,对于初学者,按照教科书编写程序,进行编译调试时,经常会出现以下严重出错的提示:

fatal error C1010:unexpected end of file while looking for precompiled header directive

改正这样错误并不难,只要在调试的源程序的头部添加一句:

♯include "stdafx. h"

就可以解决问题了。对于 stdafx. h 文件分析可知,在 VC 利用向导生成工程环境时,把用户对于工程选择或者配置所需的头文件均包含到 stdafx. h 之中。这样做,本无可厚非。令人费解的是:VC++6.0 把是否包含"stdafx. h"文件作为潜规则:不包含"stdafx. h"文件,任何 C 语言源程序都无法通过编译。

C 语言程序处理的主要对象是数据,数据主要通过变量进行存储、交换和引用。变量的类型主要用于模拟所描述的数据对象。变量类型声明主要有两种:①使用前声明,属于编译类语言,如 C 语言、C♯、PowerBuilder(数据库应用系统前端开发平台,简称 PB)等;②不声明,计算机语言系统根据程序中给变量赋值情况,由上下文环境确定变量的类型和值,属于解释类语言,如 Visual FoxPro（数据库应用系统开发语言,简称 VF）等。C 语言中所有变量在使用前必须加以声明,主要目的是在编译时,由编译程序根据变量的类型等声明参数为变量分配合适的存储内存。C 语言对于变量在内存中是以值的形式存储的,如何为变量赋值、如何引用变量以及程序什么时候使用变量等,由程序的相关语句来实现。

【例 3.2】 输出英文大写字母和数值对应表。

【程序实现】

```
# include "stdafx.h"
# include "stdio.h"
void main()
{
    int ino;
    char ch;
    printf("英语大写字母(值)为:\n");
    for (ino＝0;ino＜26;ino＋＋){
      ch＝ino＋'A';
      if ((ino＞0)＆＆(ino％6!＝0))
          printf(",");
    if ((ino＞0)＆＆(ino％6＝＝0))
      printf("\n");
    printf("%c(%d)",ch,ch);
    }
    getchar();
    return;
}
```

【输出结果】

英语大写字母(值)为:
A(65),B(66),C(67),D(68),E(69),F(70)
G(71),H(72),I(73),J(74),K(75),L(76)
M(77),N(78),O(79),P(80),Q(81),R(82)
S(83),T(84),U(85),V(86),W(87),X(88)
Y(89),Z(90)

【程序分析】

为了输出美观清晰,本程序采用了在屏幕上每行显示 6 个字母,其实现方式为:当顺序编号(ino)为 6 的整数倍时,输出一个换行符,语句如下:

```
if ((ino＞0)＆＆(ino％6＝＝0))
        printf("\n");
```

该段程序的解释为:当输出英语字母的顺序号(ino)大于 0(不为第 0 个字母),并且,顺序编号(ino)为 6 的整数倍时,输出一个换行符。为了符合行文习惯,对于每行的第一个字母之后,最后一个字母之前,每个字母后添加一个逗号","。因此,使用了如下语句:

```
if ((ino＞0)＆＆(ino％6!＝0))
printf(",");
```

该段程序的解释为:当输出英语字母的顺序号(ino)大于0(不为第0个字母),并且,顺序号(ino)不能被6的整除(不在输出换行符时),输出一个逗号","。

对于例3.2,程序引进了两种数据类型:字符类型和整数类型。利用数据类型可以定义变量,如:

```
int   ino;
char ch;
```

该定义要求系统为变量ino和ch分别分配一个整数类型和一个字符类型的内存存储空间,以支持对于已定义变量的存储、赋值及引用等。

关于程序中使用了printf函数和getchar函数。该函数在stdio.h头文件中定义,因此,使用该函数的程序必须包含以下语句:

```
# include < stdio. h>
```

否则,编译时,系统会给出以下出错提示:

```
error C2065: 'printf' : undeclared identifier
error C2065: 'getchar' : undeclared identifier
```

以上出错提示的含义为:printf和getchar为未声明的标识符。编译程序并未把printf和getchar作为函数,而是认为是未定义的变量。当包含了stdio.h头文件后,编译系统将按照头文件中对于printf和getchar函数的描述(称为函数原型声明),将其作为函数对待,按照函数规则进行参数分析、使用和引用。这就是C语言程序中头文件的作用(作用之一)。

printf函数是C语言的库函数,以格式化方式输出指定内容到计算机屏幕,在本书例题中大量使用。例3.2的使用语句为:

```
printf("英语大写字母(值)为:\n");
printf("%c(%d)",ch,ch);
```

printf函数基本使用规则为:输出双引号内的全部内容,如:"英语大写字母(值)为:\n",其中,"\n"为不可见的字符(C语言称之为转义符)。其功能是:在屏幕显示程序语句指定的内容后,从屏幕当前的光标位置(计算机使用光标机制,指定屏幕当前的操作位置)换行,指向屏幕下一行的起始位置。而:

```
printf("%c(%d)",ch,ch);
```

语句的含义为:显示指定内容,对于指定内容中的和"%c"和"%d"分别从后面的变量列表中顺次序取其值,以字符方式、整数方式替换%c和 %d。并输出。

对于值65,既可以看做整数65,也可以看做ASCII码大写字母A。同其他语言不同,字符可以作为数值使用。如:'A'+4与65+4等价,可以同样使用。字符变量也可以作为数值变量使用,进行数字运算。如:

```
ch=ino+'A';
```

或者:

```
ch=ino + 65;
```

【例 3.3】　输入五门课的成绩,求出平均值并输出。

【程序实现】

```
# include "stdafx. h"
# include "stdio. h"
void main()
{
```

```
        int ia,ib,ic,id,ie;
        float fa;
        printf("请输入五门成绩:\n");
        scanf("%d,%d,%d,%d,%d",&ia,&ib,&ic,&id,&ie);
        fa=(ia+ib+ic+id+ie)/5.0;
        printf("该同学的平均成绩为:%f\n",fa);
        getchar();
        return;
}
```

【输出结果】

请输入五门成绩:

67,89,90,87,65

该同学的平均成绩为:79.600000

对于例 3.3,程序引进了两种数据类型:整数类型和实型类型(浮点数类型)。利用数据类型可以定义变量,如:

```
int ia,ib,ic,id,ie;

float fa;
```

该定义要求系统为变量 ia、ib、ic、id、ie 和 fa 分别分配五个整数类型和一个浮点类型的内存空间,以支持对于已定义变量的存储、赋值及引用等。由于成绩一般无小数,用整数存储其值已够用。而成绩平均值按照有关规定,应该精确到小数 1 到 2 位,所以,例 3.3 选择浮点数类型变量存储平均成绩。例 3.3 语句

```
scanf("%d,%d,%d,%d,%d",&ia,&ib,&ic,&id,&ie);
```

使用 scanf 函数为程序提供键盘输入,是 C 语言提供的数据输入函数。%d 指示 scanf 从键盘读取一个整数,&ia 指定将输入值赋予名为 ia 的整数变量中。scanf 函数使用 & 符号指示 ia 变量的位置(又称为变量地址)。多个 %d 指定 scanf 函数按照后面的变量位置顺序输入整数值,这就是 scanf 函数所谓格式化输入。printf 函数提供的是一种交互式数据提示、主要目是当数据输入时,给出必要的提示。

【例 3.4】 检测常用数据类型所需的内存空间。

【程序实现】

```
# include "stdafx.h"
# include "stdio.h"
void main()
{
        printf("字符长度 %d 字节\n",sizeof(char));
        printf("无符号字符长度 %d 字节\n",sizeof(unsigned char));
        printf("整数长度 %d 字节 \n",sizeof(int));
        printf("无符号整数长度 %d 字节\n",sizeof(unsigned int));
        printf("短整数长度 %d 字节 \n",sizeof(short int));
        printf("无符号短整数长度 %d 字节\n",sizeof(unsigned short int));
        printf("浮点数长度 %d 字节 \n",sizeof(float));
        printf("双精度实数长度 %d 字节\n",sizeof(double));
        getchar();
```

```
            return;
      }
```

【输出结果】

字符长度 1 字节

无符号字符长度 1 字节

整数长度 4 字节

无符号整数长度 4 字节

短整数长度 2 字节

无符号短整数长度 2 字节

浮点数长度 4 字节

双精度实数长度 8 字节

在例 3.4 中,sizeof(类型)是 C 语言提供给用户测量给定数据类型所需内存长度的单目操作符,类似于函数。从占用内存存储空间角度看,字符占 1 字节,短整数占 2 字节,整数和浮点数均占 4 字节。双精度数占 8 字节。为了节省存储空间应尽可能使用内存占用空间较少的数据类型。从计算机数据存储及数据运算角度看,字符、整数效率相对较高,而浮点数和双精度数存储及运算均较为复杂。为了提高程序运行效率应尽可能使用非实型数类型(浮点数和双精度数类型)。这就是所谓数据类型选择与提高程序时空效率(时间运行效率和空间利用效率)的关系。

本章所涉及 C 语言中的数据,主要讨论选择何种类型作为变量类型、如何定义变量类型以及程序中变量设置等问题。所有计算机程序一般都是为了完成特定业务或者解决某一问题而设计。变量作为数据存储、加工以及交换的内存实体,必然代表某一客体对象的属性。应根据变量所描述的客体的数字属性选择需要定义的变量类型。

在满足对于数据准确描述的前提下,尽可能使变量定义的时空效率较高。

VC++6.0 创建工程后,必须进行一次全部重建

VC++6.0 是以工程形式把多个关联的 C 语言源程序文件、头文件及多种资源(如菜单、图形图像等)组织成一个整体,当用户通过 VC 向导创建一个工程后,对于任何一个 C 语言源程序进行编译时,很可能 VC 会给出以下严重出错提示:

```
fatal error C1083: Cannot open precompiled header file: 'Debug/testuse.pch': No such
file or directory
```

其中,testuse.pch 主要的作用是记录整个工程环境的参数文件。纠正这种错误的方法也很简单:只要运行一次"重建全部"菜单一次,即通过重建全部程序建立了相关.pch 文件,就可以继续进行其他编译及调试工作了。

3.2 C 语言数据类型一览

从前面编程举例和程序设计中,可以归结出:一个程序应包括以下两方面内容:①对数据的描述。在程序中要指定数据的类型和数据的组织形式,即数据结构(data structure)。②对操作的描述。即操作步骤,或者实现过程,一般称为算法(algorithm)。数据是操作的对象,操作的目的是对数据进行加工处理,以得到期望的结果。打个比方,厨师做菜肴,需要有菜谱。菜谱上一般应包括:配料,指出应使用哪些原料;操作步骤,指出如何使用这些原料按规定的步骤加工成所需的菜肴。但是,同样的原料可以加工出不同风味的

菜肴。

🐻 忽略了变量的类型，进行了不合法的运算

```c
void main()
{
    float fa=5.0,fb=4.0;
    printf("%d\n",fa%fb);
}
```

编译出错提示为：

error C2296: '%' : illegal, left operand has type 'float'

error C2297: '%' : illegal, right operand has type 'float'

％是求余运算，得到 a/b 的整余数。整型变量 a 和 b 可以进行求余运算，而实型变量则不允许进行"求余"运算。

C 语言的数据结构是以数据类型形式出现的。C 的数据类型有：数据类型，基本类型，整型，字符型，实型（浮点型）单精度型，双精度型，枚举类型，构造类型，数组类型，结构体类型，共同体类型，指针类型。C 语言中数据有常量与变量之分，它们分别属于以上这些类型。由以上这些数据类型还可以构成更复杂的数据结构。例如，利用指针和结构体类型可以构成表、树、栈等复杂的数据结构。在程序中对用到的所有数据都必须指定其数据类型。

关于 C 语言的数据类型，使用时必须考虑到具体的数据对象的特征等。程序中处理的所有数据均必须指定类型（包括隐含数据大小或者指定数据大小）。不同的数据类型有不同的取值范围，对于变量类型的定义，因考虑所选择的数据类型必须能够满足对于数据存储、加工以及引用等操作过程能满足值的要求（不能溢出，或者不能使数据丢失）。不同的数据类型有不同的操作。如整型数可以取余操作，实型数据却不行；整型、实型数据可以有加法，字符数组不行。不同的数据类型即使有相同的操作，有时含义也不同，如指针数据自增 1 与整数自增 1 含义是不同的。C 语言数据类型如图 3.1 所示。

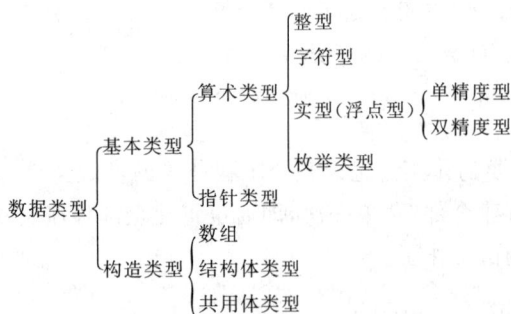

图 3.1　C 语言数据类型

🐻 在使用变量前未定义

```c
void main()
{
    a=1;
    b=2;
```

70

```
        printf("%d\n",a+b);
}
```
编译时,出错提示为:
```
error C2065: 'a' : undeclared identifier
error C2065: 'b' : undeclared identifier
```
指出变量 a 和 b 为未定义的标识符。

3.3 C 语言的保留关键字及标识符

计算机高级语言的主要目标是以模拟人类的思维过程,以类英语方式组织程序,描述各种客观对象、数学问题或者业务过程等。所谓类英语,是指其基本程序由许多具有鲜明英语含义以及特定使用规范的标识符构成。下面通过一个简单的 C 语言程序,探讨 C 语言的保留关键字及标识符等方面的问题。

【例 3.5】 已知矩形的长和宽,求矩形的周长和面积。
【程序实现】
```
# include "stdafx. h"
# include "stdio. h"
int main()  /* 定义 main 函数 */
{
    int ia;  /* 定义矩形的长度变量 ia*/
    int ib;   /* 定义矩形的宽度变量 ib*/
    int il,is;  /* 定义矩形的周长、面积变量 il 和 is */
    ia=40;  /* 给长度赋值 40  */
    ib=20;  /* 给宽度赋值 20  */
    il=(ia+ib)*2;  /* 计算矩形周长   */
    is=ia* ib;  /* 计算矩形面积   */
        /* 输出结果 */
    printf("长方形的周长为:%d,面积为:%d\n",il,is);
    getchar();
    return(0);  /* main 函数返回 */
}
```
【输出结果】
长方形的周长为:120,面积为:800

1.C 语言程序的基本构成

从例 3.5 可以看出,C 语言的基本组成为:

(1)由"{}、=+* ;()"等构成的程序组配符号;

(2)数字 40,20 等,即数字常量;

(3)main、ia、ib、il、is、int、printf、getchar 及 return 等构成的标识符。

2. 常量和符号常量

在程序运行过程中,其值不能被改变的量称为常量。常量可以分为:整型常量、实型常量、字符常量和符号常量等。常量的类型,可通过书写形式来判别。常量区分为不同的类型,如 12,0,-3 为整型常量,4.6,-1.23 为实型常量,'a','d'为字符常量。

(1)整型常量即整数。

十进制数:以非 0 开始的数,如 220、-560、+369。

八进制数:以 0 开始的数,如 06、0106、0677。

十六进制数:以 0X 或 0x 开始的数,如 0X0D、0XFF、0x4e、0x123 等。

长整型数:在整型常数后添加一个"L"或"l"字母表示,如 22L、0773L、0Xae4l 等。

(2)浮点型常量即实数。

一般形式:由数字、小数点以及必要时的正负号组成,如 29.56、-56.33、0.056、.056、0.0 等。

指数形式,相当于科学计数法,将 $a \times 10^b$ 的数表示为:aEb 或 aeb 。其中,a、E(或 e)、b 任何一部分都不允许省略,如 2.956E3、-0.789e8、.792e-6 等。错误表示为:e-6、2.365E。

(3)字符常量:用两个英文单引号限定的一个字符,如'a'、'9'、'Z'、'%'。

(4)符号常量。从其字面形式即可判别的常量称为字面常量或直接常量。用一个标识符代表的一个常量称为符号常量。

【例 3.6】 已知圆的半径,编写程序计算圆的周长和面积。

【程序实现】

```
# include "stdafx. h"
# include "stdio. h"
# define  PI  3.14159
void main()
{
    float r=16.7;
    float l,s;
    l=2* PI* r;
    s=PI* r* r;
    printf("圆周长为: %f,面积为:%f \n",l,s);
    getchar();
    return;
}
```

【输出结果】

圆周长为: 104.929108,面积为:876.158115

程序中用 # define 命令行定义 PI 代表常量 3.14159,此后凡在本文件中出现的 PI 都代表 3.14159,可以和常量一样进行运算。有关 # define 命令行的详细用法参见第 11 章。这种用一个标识符代表一个常量的,称为符号常量,即标识符形式的常量。符号常量不同于变量,它的值在其作用域(在本例中为主函数)内不能改变,也不能再赋值。习惯上,符号常量名用大写,变量名用小写,以示区别。使用符号常量的好处是:①含义清楚。如上面的程序中,看程序时从 PI 就可知道它代表圆周率。因此定义符号常量名时应考虑"见名知意"。在一个规范的程序中不提倡使用很多的常数,如 sum=15 * 30 * 23.5 * 43。在检查程序时搞不清各个常数究竟代表什么。应尽量使用"见名知意"的变量名或者符号常量名。②在需要改变一个常量时能做到"一改全改"。

3. 关键字

这是由计算机语言设计者精心选择、反复论证、多方斟酌后选择的一组关键字,只允许以设计者意图使用,不能作为其他标识符用。关键字又称保留字,是一种系统预先定义的、具有特殊意义的标识符。用户不能重新定义关键字,也不能把关键字定义为一般的标识符使用,如关键字不能作变量名、函数名等,所有的关键字均用小写字母。

(1)类型关键字:int、char、float、double、long、short。

(2)控制流关键字:if、else、for、do、while、switch。

(3)其他标关键字:sizeof、volatile。

4. 预定义关键字和函数

(1)预处理关键字:define、include、undef、ifdef、endif。

(2)库函数:printf、scanf、fabs、sin 等。

5. 用户标识符

由用户根据需要定义的标识符称为用户标识符。主要用作函数名、变量名及标号符等。C语言规定,所有的标识符必须满足以下规则:

(1)标识符中打头的字符必须是字母(a~z,A~Z)或下划线(_)。

(2)标识符中的其他字符只能是字母、数字(0~9)或下划线。

(3)大小写字母代表不同的标识符,不能混用替代。

(4)用户标识符不能和C语言中的关键字相同。

用户标识符例子见下表。

合法标识符	非法标识符
sum	5sum(以数字开头)
_a123	a+3(含有特殊字符+)
LONG	long(long是C语言中的关键字)
S1_no	s1 no(标识符中不能含空格)
Abs	ab$(标识符中不能含字符$)

C语言的 IDE,最好的陪练师

新手上路

C语言是一门以上机技能培训与理论学习并重的实践性课程。根据国家计算机等级考试新规定,C语言二级考试全部由机考完成,由此可见,国家重视C语言上机培训的决心以及对于C语言学习方法的准确导向。

计算机语言学习的目的主要是培养学生掌握程序设计的基本原理、编程思想以及程序编写、编译调试、分析测试等全方位的、综合性技能、技巧。上机培训是学习、学好C语言必不可少的环节。我们经常称赞计算机是一个不厌其烦、任劳任怨、就就业业于周而复始业务处理工作的高级智能机构。同样,所有C语言IDE都是一个一丝不苟、随叫随到、从不厌倦的合格教练,是C语言初级入门、中级提高以及高手成长等过程中最好的教练或者陪练师。毫无疑问,所有C语言程序设计高手,都是在C语言IDE中,经过无数次编程、编译、调试、再修改、再编译、再调试等反反复复锤炼过程中成长起来的。

3.4 变量

在 C 语言中,与常量相对应的概念是变量。常量的本质为:不占据任何存储空间,属于指令的一部分,编译后不再更改。而变量必须由系统在编译时分配存储空间。在程序运行时,变量主要用于通过其值改变来控制程序、反映程序执行结果以及支持对于数据或者业务的处理,其值可以改变的量称为变量。一个变量应该有一个名字,在内存中占据一定的存储单元,在该存储单元中存放变量的值。应注意区分变量名和变量值这两个不同的概念,见图 3.2。变量名实际上是一个符号地址,在对程序编译链接时由系统给每一个变量名分配一个内存地址。在程序中从变量中取值,实际上是通过变量名找到相应的内存地址,从其存储单元中读取数据。

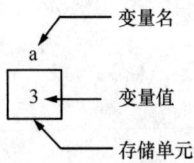
图 3.2 与变量相关的概念

注意:大写字母和小写字母被认为是两个不同的字符。因此,sum 和 suM,CLASS 和 class 是两个不同的变量名。一般,变量名用小写字母表示,与人们日常习惯一致,以增加可读性。如前所述,在选择变量名和其他标识符时,应注意做到"见名知意",即选有含意的英文单词(或其缩写)作标识符,如 count、name、day、month、total、country 等,除了数值计算程序外,一般不要用单字节符号(如 a、b、c、x1、y1 等)作变量名,以增加程序的可读性。这是结构化程序的一个特征。本书在一些简单的举例中,为方便起见,仍用单字符的变量,如 a、b、c 等,注意不要在其他实际开发的程序中照此办理。

在 C 语言中,要求对所有用到的变量必须定义,也就是"先定义,后使用",如例 1.3、例 1.4 那样。这样做的目的有以下三个。

(1)凡未被事先定义的,不作为变量名,这就能保证程序中变量名使用得正确。例如,如果在定义部分写了

```
int student;
```
而在执行语句中错写成 staent。如:

```
staent=30;
```
在编译时检查出 statent 未定义,不作为变量名。因此,输出"变量 statent 未经声明"的信息,便于用户发现错误,避免变量名使用时出错。

(2)每一个变量被指定为一确定类型,在编译时就能为其分配相应的存储单元。如指定 a、b 为 int 型,VC++编译系统为 a 和 b 各分配 4 个字节的内存空间,并按整数方式存储数据。

(3)指定每一变量属于一个类型,这就便于在编译时,据此检查该变量所进行的运算是否合法。例如,整型变量 a 和 b,可以进行求余运算:

```
a%b
```
%是"求余",得到 a/b 的余数。如果将 a、b 指定为实型变量,则不允许进行"求余"运算,在编译时会给出有关"出错信息"。

变量赋值的一般格式为:变量名=表达式
例如:

```
y=x+6.9;
```
必须注意:"="并非指两侧相等,而是包含了计算和赋值两个过程。首先计算表达式的值,然

后将计算的结果保存到"="左侧的变量中。

在 C 语言中,在定义变量的同时进行赋初值的操作称为变量初始化。变量定义的一般格式为:

[存储类型] 数据类型 变量名[,变量名 2……];

例如,

```
float  radius,length,area;
```

变量初始化的一般格式为:

[存储类型] 数据类型 变量名[=初值][,变量名 2[=初值 2]……];

例如:

```
float radius=2.5,length,area;
```

3.5 整型变量

由于占用内存尺寸适中、计算访问效率高,整型变量不仅用于描述被处理数据对象,而且,常常用于作为控制程序运行(主要指循环过程)的控制变量。因此,整型变量是程序中应用最广的变量类型。

(1)整型数据在内存中的存放形式。数据在内存中是以二进制形式存放的。如果定义了一个整型变量 i:

```
int i;   /* 定义为整型变量 */
i=10;   /* 给 i 赋以整数 10 */
```

十进制数 10 的二进制形式为 1010,在微机上使用的 C 编译系统,随着系统不同,其一个整型变量在内存中占也可以不一样,如 Turboc C 占两个字节;VC++6.0 占 4 个字节。

(2)整型变量的分类。整型变量的基本类型符为 int,可以根据数值的范围将变量定义为基本整型、短整型或长整型。在 int 之前可以根据需要分别加上修饰符(modifier):short(短型)或 long(长型)。因此有三种整型变量:①基本整型,以 int 表示。②短整型,以 short int 表示,或以 short 表示。③长整型,以 long int 表示,或以 long 表示。

在实际应用中,变量的值常常是正的(如学号、库存量、年龄、存款额等)。为了充分利用变量能够表示的数值范围,此时可以将变量定义为"无符号"类型。对以上三种都可以加上修饰符 unsigned,以指定是"无符号数"。如果加上修饰符 signed,则指定是"有符号数"。如果既不指定为 signed,也不指定为 unsigned,则隐含为有符号(signed)。实际上 signed 是完全可以不写的。归纳起来,有 6 种整型变量,即:有符号基本整型,以[signed] int 表示;无符号基本整型,以 unsigned int 表示;有符号短整型,以[signed] short [int]表示;无符号短整型,以 unsigned short [int]表示;有符号长整型,以[signed] long [int]表示;无符号长整型,以 unsigned long [int]表示。

如果不指定 unsigned 或指定 signed,则存储单元中最高位代表符号(0 为正,1 为负)。如果指定 unsigned,为无符号型,存储单元中全部二进位(bit)用作存放数本身,而不包括符号。无符号型变量只能存放不带符号的整数,如 123、4687 等,而不能存放负数,如-123、-3。一个无符号整型变量中可以存放的正数的范围比一般整型变量中正数的范围扩大一倍。如果在程序中定义 a 和 b 两个变量:

```
int a;
unsigned int b;
```

以 2 字节的整数为例,则变量 a 的数值范围为 −32768～32767,而变量 b 的数值范围为 0～65535。

(3)整型变量的定义。前面已提到,C 规定在程序中所有用到的变量都必须在程序中定义,即"强制类型定义"。

```
int a,b;              /* 指定变量 a、b 为整型 */
unsigned short c,d;/* 指定变量 c、d 为无符号短整型*/
long e,f;             /* 指定变量 e、f 为长整型 */
```

对变量的定义,一般是放在一个函数的开头部分的申明部分(也可以放在函数中某一分程序内,但作用域只限它所在的分程序,这将在第 6 章介绍)。

在不该有空格的地方加了空格

例如,在用/＊…＊/对 C 程序中的任何部分作注释时,/与＊之间都不应当有空格。

又如,在关系运算符 <=,>=,==和！中,两个符号之间也不允许有空格。

【例 3.7】 整型变量的定义与使用。

【程序实现】

```
# include "stdafx. h"
# include "stdio. h"
void main()
{
    int ia,ib,ic,id;      /*    指定 ia、ib、ic、id 为整型变量*/
    unsigned ua;       /*    指定 ua 为无符号整型变量       */
    ia=12;
    ib=−24;
    ua=10;
    ic=ia+ua;
    id=ib+ua;
    printf("ia+iu=%d,ib+ua=%d\n",ic,id);
    getchar();
    return;
}
```

【输出结果】

ia+iu=22,ib+ua=−14;

可以看到,不同种类型的整型数据可以进行算术运算。在本例中是 int 型数据与 unsigned int 型数据进行相加相减运算。

(4)整型数据的溢出。对于整数,由于在内存中存储的长度有限,如 VC++6.0 占 4 个字节,当存放数字过大时,会产生溢出现象,造成计算结果出错,这是一个值得程序设计者注意的问题。VC++6.0 整数最大值为:0x7fffffff. 当对其增加 1 时,观察其溢出后的数值。

【例 3.8】 整型变量溢出观察。

【程序实现】

```
# include "stdafx. h"
# include "stdio. h"
```

```
void main()
{
    int ia,ib;                /*    指定 ia、ib 为整型变量*/
    ia=0x7fffffff;
    ib=ia+1;
    printf("ia=%d,ib=%d\n",ia,ib);
    getchar();
    return;
}
```

【输出结果】

ia=2147483647,ib=-214783648

请注意:一个整型变量只能容纳-214783648～2147483647 范围内的数,无法表示大于 2147483647 的数。遇此情况就发生"溢出",但运行时并不报错。它好像汽车的里程表一样,达到最大值以后,又从最小值开始计数。所以,2147483647 加 1 得不到 2147483648,而得到 -214783648,这可能与程序设计者的原意不同。从这里可以看到:C 的用法比较灵活,往往出现副作用,而系统又不给出"出错信息",要靠程序员的细心和经验来保证结果的正确。

3.6 实型数据

C 语言设计程序中,对于实型变量(主要考虑浮点数类型和双精度类型)精度问题,一直无法精确控制,对于应用较为严格的场合,如银行、科研等领域,通常需要设计专用程序解决实型变量的精度问题。

(1)实型常量的表示方法。实数(real number)又称浮点数(floating-point number)。实数有两种表示形式:①十进制小数形式。它由数字和小数点组成(注意必须有小数点)..123、123.、123.0、0.0 都是十进制小数形式。②指数形式。如 123e3 或 123e3 都代表 123×10^3。但注意字母 e(或 E)之前必须有数字,且 e 后面的指数必须为整数,如 e3、2.1e3.5、.e3、e 等都不是合法的指数形式。

一个实数可以有多种指数表示形式。例如,123.456 可以表示为 123.456e0,12.3456e1、1.23456e2、0.123456e3、0.0123456e4、0.00123456e5 等。把其中的 1.23456e2 称为"规范化的指数形式",即在字母 e(或 E)之前的小数部分中,小数点左边应有一位(且只能有一位)非零的数字。例如,2.3478e2、3.0999e5、6.46832e12 都属于规范化的指数形式,而 12.908e10、0.4578e3、756e0 则不属于规范化的指数形式。一个实数在用指数形式输出时,是按规范化的指数形式输出的。例如,指定将实数 5689.65 按指数形式输出,必然输出 5.68965e+003,而不会是 0.568965e+004 或 56.8965e+002。

(2)实型数据在内存中的存放形式。在常用的计算机系统中,一个实型数据在内存中占 4 个字节(32 位)。与整型数据的存储方式不同,实型数据是按照指数形式存储的。系统把一个实型数据分成小数部分和指数部分分别存放,指数部分采用规范化的指数形式。实数 3.14159 在内存中的存放形式可以用图 3.3 示意。

图中是用十进制数来示意的,实际上在计算机中是用二进制数来表示小数部分以及用 2 的幂次来表示指数部分的。在 4 个字节(32 位)中,究竟用多少位来表示小数部分,多少位来表示指数部分,标准 C 并无具体规定,由各个 C 编译系统自己确定。不少 C 编译系统以 24 位

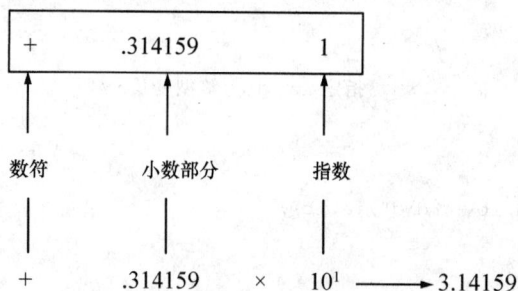

图 3.3　实型数据在内存中的存放形式

表示小数部分(包括符号),以 8 位表示指数部分(包括指数的符号)。小数部分占的位(bit)数愈多,数的有效数字愈多,精度愈高。指数部分占的位数愈多,则能表示的数值范围愈大。

(3)实型变量的分类。C 实型变量分为单精度(float 型)、双精度(double 型)和长双精度型(long double)三类。ANSI C 并未具体规定每种类型数据的长度、精度和数值范围。有的系统将 double 型所增加的 32 位全用于存放小数部分,这样可以增加数值的有效位数,减少舍入误差。有的系统则将所增加的位(bit)用于存放指数部分,这样可以扩大数值的范围。应当了解不同的系统会有差异。对每一个实型变量都应在使用前加以定义。如:

```
float  x,y;        /* 指定 x、y 为单精度实数 */
double  z;         /* 指定 z 为双精度实数    */
long double t;     /* 指定 t 为长双精度实数 */
```

在初学阶段,对 long double 型用得较少,因此我们不准备作详细介绍。读者只要知道有此类型即可。

(4)实型数据的舍入误差。由于实型变量是由有限的存储单元组成的,因此能提供的有效数字总是有限的,在有效位以外的数字将被舍去,由此可能会产生一些误差。当现有实型数据不能满足具体业务对于数据精度的要求时,通常采用设计专用程序(或者函数)去完成。

3.7　字符型数据

字符型数据的定义、操作及引用可以充分体现 C 语言中级语言的特点,字符型数据的存储只有一个值,而对于字符型数据的解释或者使用由程序根据需要决定,既可以作为 ASCII 码或者汉字输出(打印或者屏幕显示),也可以作为数值执行诸如整数类的加减乘除类操作。

3.7.1　字符常量

C++中的字符常量通常是用单引号括起的一个字符。如'a','x','d','?',' '等都是字符常量。注意,'A'和'a'是不同的字符常量。在内存中,字符数据以 ASCII 码存储,如字符'a'的 ASCII 码为 97。字符常量包括两类,一类是可显示字符,如字母、数字和一些符号'@'、'+'等,另一类是不可显示字符常量,如 ASCII 码为 13 的字符表示回车。除了以上形式的字符常量外,C 还允许用一种特殊形式的字符常量,就是以一个"\"开头的字符序列。例如,前面已经遇到过的,在 printf 函数中的'\n',它代表一个"换行"符。这是一种"控制字符",在屏幕上是不能显示的。在程序中也无法用一个一般形式的字符表示,只能采用特殊形式来表示。常用的转义字符及其含义见表 3.1。

表 3.1　常用的转义字符及其含义

转义字符	意义	ASCII 码值（十进制）
\a	响铃(BEL)	007
\b	退格(BS),将当前位置移到前一列	008
\f	换页(FF),将当前位置移到下页开头	012
\n	换行(LF),将当前位置移到下一行开头	010
\r	回车(CR),将当前位置移到本行开头	013
\t	水平制表(HT)(跳到下一个 TAB 位置)	009
\v	垂直制表(VT)	011\
\\	代表一个反斜线字符"\"	092
\'	代表一个单引号(撇号)字符	039
\"	代表一个双引号字符	034
\0	空字符(NULL)	000
\ddd	1 到 3 位八进制数所代表的任意字符	三位八进制
\xhh	1 到 2 位十六进制所代表的任意字符	二位十六进制

为了保持程序符合人类的行文习惯,如双引号内表示为输出字符,保证能够利用 ASCII 定义的控制字符能够控制屏幕或者打印输出,C 语言通常引入了转义符。引入转义符的目的如下:

(1)当 C 语言把一些符号,如双引号(")和单引号(')等转作其他专门用途(被转义)时,要在字符串或者单个字符中作为普通字符使用这些被转义的字符时,必须对于这些字符进行转义。如:

```
printf("我听见有人在唱:\"我们的生活充满阳光\" ");
ch='\';'\"
```

(2)单斜杠(\)用作转义符,本身使用时,必须转义,如:

```
printf("文件目录为:D:\\tempdir");
ch='\\';
```

(3)ASCII 码表中,小于 32(空格)的字符均为不可见的控制符,主要设计为控制字符,由于无法由键盘输入(键盘输入的字符一定为可见字符),可以采用转义符直接进行键盘输入。

【例 3.9】 输出常用转义符的数值。

【程序实现】

```
# include "stdafx.h"
# include "stdio.h"
void main()
{
    printf("输出转义符的值:\n");
    printf("\\a(%d),\\f(%d),\\v(%d)\n",'\a','\f','\v');
    printf("\\n(%d),\\t(%d),\\b(%d),\\r(%d)\n",'\n','\t','\b','\r');
    printf("\\0(%d),\\(%d),\'(%d),\"(%d)\n",'\0','\\','\"','\" ');
    getchar();
    return;
}
```

【输出结果】

输出转义符的值：

\a(7),\f(12),\v(11)

\n(10),\t(9),\b(8),\r(13)

\0(0),\\(92),\'(39),\"(34)

3.7.2　字符变量

字符变量用来存放字符,请注意只能放一个字符,不要以为在一个字符变量中可以放一个字符串(包括若干字符)。字符变量的定义形式如下：

```
char  c1,c2;
```

它表示 c1 和 c2 为字符变量,每个可以放一个字符,因此,在本函数中可以用下面语句对 c1、c2 赋值：

```
c1='a';
c2='b';
```

在所有的 C 语言编译系统中都规定以一个字节来存放一个字符,或者说,一个字符变量在内存中占一个字节。

3.7.3　字符数据在内存中的存储形式及其使用方法

将一个字符常量放到一个字符变量中,实际上并不是把该字符本身放到内存单元中去,而是将该字符的相应的 ASCII 代码放到存储单元中。例如,字符'a'的 ASCII 代码为 97,'b'为

(a)

(b)

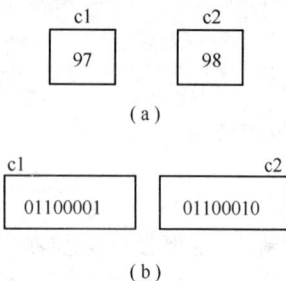

图 3.4　字符数据在内存中的存储形式

98,在内存中变量 c1、c2 的值如图 3.4 所示。实际上是以二进制形式存放的,如图 3.4(b)所示。既然在内存中,字符数据以 ASCII 码存储,它的存储形式就与整数的存储形式类似。这样,在字符型数据和整型数据之间的转换就比较方便了。一个字符数据既可以以字符形式输出,也可以以整数形式输出。以字符形式输出时,需要先将存储单元中的 ASCII 码转换成相应字符,然后输出。以整数形式输出时,直接将 ASCII 码作为整数输出。也可以对字符数据进行算术运算,此时相当于对它们的 ASCII 码进行算术运算,只是将其一个字节转化为一个整型数所占的字节数,然后参加运算。

【例 3.10】　向字符变量赋以整数。

【程序实现】

```
# include "stdafx.h"
# include "stdio.h"
void main()
{
    char ch1,ch2;
    ch1=102;
    ch2=103;
    printf("%c %c\n",ch1,ch2);/* 以字符形式输出*/
```

```
        printf("%d %d\n",ch1,ch2);/* 转换为整数形式输出*/
        getchar();
        return;
}
```

【输出结果】

```
f       g
102    103
```

ch1、ch2 被指定为字符变量。但在第 3 行和第 4 行中,将整数 102 和 103 分别赋给 ch1 和 ch2,它的作用相当于以下两个赋值语句:

```
ch1='f';
ch2='g';
```

因为'f'和'g'的 ASCII 码为 102 和 103。在程序的第 3 行和第 4 行是把 102 和 103 两个整数直接存放到 ch1 和 ch2 的内存单元中。而 ch1='f'和 ch2='g'则是先将字符'f'和'g'化成 ASCII 码 102 和 103,然后放到内存单元中,二者的作用和结果是相同的。第 5 行输出两个字符 f 和 g,"%c"是输出字符时必须使用的格式符。程序第 6 行输出两个整数 102 和 103。

字符型数据和整型数据是通用的。它们既可以用字符形式输出(用格式%c),也可以用整数形式输出(用格式%d)。但是应注意字符数据只占一个字节,它只能存放 0～255 范围内的整数。

【例 3.11】 实型数初始化及输出误差。

【程序实现】

```
# include "stdafx.h"
# include "stdio.h"
void main()
{
        char ch1,ch2;
        ch1='a';
        ch2='b';
        ch1=ch1-32;
        ch2=ch2-32;
        printf("ch1=%c,ch2=%c \n",ch1,ch2);
        getchar();
        return;

}
```

【输出结果】

```
ch1=A,ch2=B
```

程序的作用是将两个小写字母 a 和 b 转换成大写字母 A 和 B。'a'的 ASCII 码为 97,而'A'为 65,'b'为 98,'B'为 66。从 ASCII 代码表中可以看到每一个小写字母比它相应的大写字母的 ASCII 码大 32。C 语言允许字符数据与整数直接进行算术运算,即'A'+32 会得到整数 97,'a'-32 会得到整数 65。C 语言对字符数据做这种处理使程序设计时增大了自由度。例如,对字符作各种转换就比较方便,字符数据与整型数据可以互相赋值。如:

```
int  i;
char  c;
```

```
i='a';
c=97;
```
是合法的。如果用格式符"%d"将 i 的值输出,可得到 97。用"%c"输出 c,可得字符 'a'。

3.7.4　字符串常量

前面已提到,字符常量是由一对单引号括起来的单个字符。C 语言除了允许使用字符常量外,还允许使用字符串常量。字符串常量是一对双引号括起来的字符序列。如:

```
"How do you do.","CHINA","a","123.45"
```
都是字符串常量。可以输出一个字符串,如:

```
printf("How do you do.");
```

不要将字符常量与字符串常量混淆。'a' 是字符常量,"a" 是字符串常量,二者不同。假设 c 被指定为字符变量:

```
char c;
c='a';
```
是正确的。而
```
c="a";
```
是错误的。
```
c="CHINA";
```
也是错误的。不能把一个字符串赋给一个字符变量。

有人不能理解 'a' 和 "a" 究竟有什么区别? C 规定:在每一个字符串的结尾加一个"字符串结束标志",以便系统据此判断字符串是否结束,C 规定以字符 '\0' 作为字符串结束标志。'\0' 是一个 ASCII 码为 0 的字符,从 ASCII 代码表中可以看到 ASCII 码为 0 的字符是"空操作字符",即它不引起任何控制动作,也不是一个可显示的字符。如果有一个字符串"CHINA",实际上在内存中是:"CHINA\0"。

它的长度不是 5 个字符,而是 6 个字符,最后一个字符为 '\0'。但在输出时不输出 '\0'。例如,在 printf("How do you do.")中,输出时一个一个字符输出,直到遇到最后的 '\0' 字符,就知道字符串结束,停止输出。注意,在写字符串时不必加 '\0',否则会画蛇添足。'\0' 字符是系统自动加上的。字符串"a",实际上包含 2 个字符:'a' 和 '\0',因此,把它赋给只能容纳一个字符的字符变量 c:

```
c="a";
```
显然是不行的。在 C 语言中没有专门的字符串变量,如果想将一个字符串存放在变量中,以便保存,必须使用字符数组,即用一个字符型数组来存放一个字符串,数组中每一个元素存放一个字符。

新手上路　输入输出的数据类型与所用格式说明符不一致

例如,a 已定义为整型,b 定义为实型
a=3;b=4.5;
printf("%f%d\n",a,b);
编译时不给出出错信息,但运行结果将与原意不符。这种错误尤其需要注意。

3.8　变量赋初值

在 C 语言中,对于定义变量未赋初值,该变量的值往往是一个随机数,具体设置为何种初始值,各种 C 语言通常均不相同,计算机运行的程序应该是十分精准的过程,由于疏忽大意,程序中使用未有意赋值的变量或者根本未赋值的变量,可能造成无法预期的错误。特别是未初始化的指针变量,其后果往往不堪设想。

　　C 语言允许在变量定义同时赋初始值。在定义变量的同时,给变量赋一个值。

```
int   a＝3;
float   x＝5.56;
char c1＝' a';
int   x,y,z＝3;
```

此时只有 z＝3,而 x,y 没有初值,其初值也不是 0,而是一个不确定的值,这个值在该变量所能表示的数值范围内,具体是多少我们不知道。如果此时使用该变量,系统进行检查、也不给出提示,而直接使用其中那个不确定的值会出错的。如:

```
int a,b,c＝5;
```

相当于如下两个语句:

```
int a,b,c;
c＝5;
```

　　int a＝b＝c＝3;这种写法是不正确的。不能表示 a、b、c 的初值都是 3。

可写成:

```
int a＝3,b＝3,c＝3;
```

或者写成:

```
int a,b,c;
a＝b＝c＝3;
```

注意:初始化不是在编译阶段完成的,而是在运行时赋予初值的。

　　变量所代表的数据是存储在(计算机)内存中,在使用中往往希望数据的存储应灵活、多样,以便于编程。变量数据的存储形式有:

静态存储	static	静态型
	extern	外部型
动态存储	auto	自动型
	register	寄存器型

这部分的内容将在第 5 章函数中详细介绍。

　　【例 3.12】　实型数初始化及实型数精度检测。

　　【程序实现】

```
# include "stdafx. h"
# include "stdio. h"
void main()
{
    double da＝111111111111. 1111111111;
    double db＝222222222222. 2222222222;
    float   fa＝333333333333. 3333333333;
    float   fb＝444444444444. 4444444444;
    printf("实型数原定义:\n");
    printf("double da＝111111111111. 1111111111;\n");
    printf("double db＝222222222222. 2222222222;\n");
```

83

```
printf("float  fa=333333333333.3333333333;\n");
printf("float  fa=333333333333.3333333333;\n");
printf("以浮点数方式输出:\n");
printf("da=%f \n",da);
printf("db=%f \n",db);
printf("da+db=%f \n",da+db);
printf("fa=%f \n",fa);
printf("fb=%f \n",fb);
printf("fa+fb=%f \n",fa+fb);
printf("以浮点数指数方式输出:\n");
printf("da=%e \n",da);
printf("db=%e \n",db);
printf("da+db=%e \n",da+db);
printf("fa=%e \n",fa);
printf("fb=%e \n",fb);
printf("fa+fb=%e \n",fa+fb);
getchar();
return;
}
```

【输出结果】

从例 3.12 可以看出,使用浮点数两种方式输出时,小数或者个位附近容易出现误差。换句话说,C语言在精度上,主要的策略是:尽可能保证大数正确,精度不够时,牺牲小数的精度。

🐻 新手上路 **输入数据时,试图规定精度**

`scanf("%7.2f",&a);`

这样做是不合法的,输入数据时不能规定精度。

3.9 各类数值型数据间的混合运算

在程序设计中,只注意公式运用、未仔细考究参加运算的各个变量及常量类型,常常引起编译出错或者警告。另外,未完全清楚各类数值型数据间的混合运算的规则,也会造成程序运行结果与预期不相符。

【例 3.13】 各类数值型数据间的混合运算正确运用举例。

【程序实现】

```
# include "stdafx.h"
# include "stdio.h"
void main()
{
    float fa,fb;
    fa＝40/16;
    fb＝40/16.0;
    printf("fa＝%f,fb＝%f\n",fa,fb);
    getchar();
    return;
}
```

【输出结果】

```
fa＝2.000000,fb＝2.500000
```

由于 fa 和 fb 使用的表达式仅仅差了一点(16 和 16.0),就造成了 fa 的较大误差。

整型(包括 int,short,long)、实型(包括 float,double)可以混合运算。前已述及,字符型数据可以与整型通用,因此,整型、实型、字符型数据间可以混合运算。例如:

```
10＋'a'+1.5－8765.1234 * 'b'
```

是合法的。在进行运算时,不同类型的数据要先转换成同一类型,然后进行运算。转换的规则按图 3.5 所示。

图中横向向左的箭头表示必定的转换,如字符数据必定先转换为整数,short 型转换为 int 型,float 型数据在运算时一律先转换成双精度型,以提高运算精度(即使是两个 float 型数据相加,也先都化成 double 型,然后再相加)。

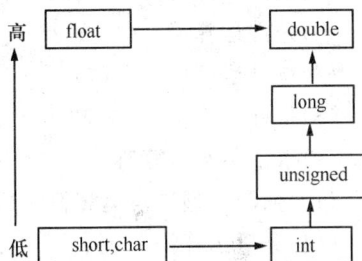

图 3.5　转换规则

纵向的箭头表示当运算对象为不同类型时转换的方向。例如,int 型与 double 型数据进行运算,先将 int 型的数据转换成 double 型,然后在两个同类型(double 型)数据间进行运算,结果为 double 型。注意箭头方向只表示数据类型级别的高低,由低向高转换。不要理解为 int 型先转换成 unsigned int 型,再转成 long 型,再转成 double 型。

如果一个 int 型数据与一个 double 型数据运算,是直接将 int 型转成 double 型。同理,一个 int 型与一个 long 型数据运算,先将 int 型转换成 long 型。换言之,如果有一个数据是 float 型或 double 型,则另一数据要先转换为 double 型,运算结果为 double 型。如果参加运算的两个数据中最高级别为 long 型,则另一数据先转换为 long 型,运算结果为 long 型。其他依此类推。

假设已指定 i 为整型变量,f 为 float 变量,d 为 double 型变量,e 为 long 型,有下面式子:

```
10＋'a'+i* f－d/e
```

在计算机执行时从左至右扫描,运算次序为:

(1)进行 10＋'a'的运算,先将'a'转换成整数 97,运算结果为 107。

(2)由于" * "比"+"优先,先进行 i* f 的运算。先将 i 与 f 都转成 double 型,运算结果为

double 型。

(3)整数 107 与 i＊f 的积相加。先将整数 107 转换成双精度数(小数点后加若干个 0,即 107.000…00),结果为 double 型。

(4)将变量 e 化成 double 型,d/e 结果为 double 型。

(5)将 10＋'a'＋i＊f 的结果与 d/e 的商相减,结果为 double 型。

上述的类型转换是由系统自动完成的。

3.10   运算符和表达式

3.10.1   C 运算符简介

C 语言的运算符范围很宽,把除了控制语句和输入输出以外的几乎所有的基本操作都作为运算符处理,例如,将赋值符"＝"作为赋值运算符,方括号作为下标运算符等。C 的运算符有以下几类:

(1)算术运算符   (+-＊/％)

(2)关系运算符   (><==>=<=！=)

(3)逻辑运算符   (！&&||)

(4)位运算符   (<<>>~|∧&)

(5)赋值运算符   (＝及其扩展赋值运算符)

(6)条件运算符   (? :)

(7)逗号运算符   (,)

(8)指针运算符   (＊ 和 &)

(9)求字节数运算符   (sizeof)

(10)强制类型转换运算符   ((类型))

(11)分量运算符   (. ->)

(12)下标运算符   ([   ])

(13)其他   (如函数调用运算符())

本章只介绍算术运算符和赋值运算符,在以后各章中结合有关内容将陆续介绍其他运算符。

3.10.2   算术运算符和算术表达式

1. 基本的算术运算符

+(加法运算符,或正值运算符,如 3＋5,＋3)

-(减法运算符,或负值运算符,如 5－2,－3)

＊(乘法运算符,如 3＊5)

/(除法运算符,如 5/3)

％(模运算符,或称求余运算符,％两侧均应为整型数据,如 7％4 的值为 3)。

需要说明,两个整数相除的结果为整数,如 5/3 的结果值为 1,舍去小数部分。但是,如果除数或被除数中有一个为负值,则舍入的方向是不固定的。例如,－5/3 在有的机器上得到结果－1,有的机器则给出结果－2。多数机器采取"向零取整"的方法,即 5/3＝1,－5/3＝－1,取整后向零靠拢。如果参加+,-,*,/运算的两个数中有一个数为实数,则结果是 double 型,因为所有实数都按 double 型进行运算。

2. 算术表达式和运算符的优先级与结合性

用算术运算符和括号将运算对象(也称操作数)连接起来的、符合 C 语法规则的式子称为 C 算术表达式。运算对象包括常量、变量、函数等。例如,下面是一个合法的 C 算术表达式:

a* b/c-1.5+'a'

C 语言规定了运算符的优先级和结合性。在表达式求值时,先按运算符的优先级别高低次序执行,例如先乘除后加减。如表达式 a-b* c,b 的左侧为减号,右侧为乘号,而乘号优先于减号,因此,相当于 a-(b* c)。如果在一个运算对象两侧的运算符的优先级别相同,如 a-b+c,则按规定的"结合方向"处理。

C 语言规定了各种运算符的结合方向(结合性),算术运算符的结合方向为"自左至右",即先左后右,因此 b 先与减号结合,执行 a-b 的运算,再执行加 c 的运算。"自左至右的结合方向"又称"左结合性",即运算对象先与左面的运算符结合。以后可以看到有些运算符的结合方向为"自右至左",即右结合性(例如,赋值运算符)。关于"结合性"的概念在其他一些高级语言中是没有的,是 C 语言的特点之一,希望能弄清楚。

如果一个运算符两侧的数据类型不同,先自动进行类型转换,使二者具有同一种类型,然后进行运算。

3. 强制类型转换运算符

可以利用强制类型转换运算符将一个表达式转换成所需类型。例如:

(double)a   /* 将 a 转换成 double 类型 */

(int)(x+y)   /* 将 x+y 的值转换成整型*/

(float)(5%3)   /* 将 5%3 的值转换成 float 型*/

其一般形式为:

(类型名)(表达式)

注意,表达式应该用括号括起来。如果写成:

(int)x+y

则只将 x 转换成整型,然后与 y 相加。需要说明的是在强制类型转换时,得到一个所需类型的中间变量,原来变量的类型未发生变化。例如:

(int)x   /* 不要写成 int(x)*/

如果 x 原指定为 float 型,进行强制类型运算后得到一个 int 型的中间变量,它的值等于 x 的整数部分,而 x 的类型不变(仍为 float 型)。

【例 3.14】 强制类型转换运算符举例。

【程序实现】
```
# include "stdafx. h"
# include "stdio. h"
void main()
{
    float fa;
    int   ia;
```

```
        fa=101.34;
        ia=(int)fa;
        printf("fa=%f,ia=%d",fa,ia);
        getchar();
        return;
}
```

【输出结果】

```
fa=101.339999,ia=101
```

fa类型仍为 float 型,值仍等于 101.34。从上可知,有两种类型转换,第一种是在运算时不必由用户指定,系统自动进行的类型转换,如3+6.5。第二种是强制类型转换。当自动类型转换不能实现目的时,可以用强制类型转换。如"%"运算符要求其两侧均为整型量,若 x 为 float 型,则"x%3"不合法,必须用:"(int)x % 3"。强制类型转换运算优先于%运算,因此先进行(int)x的运算,得到一个整型的中间变量,然后再对3求余。此外,在函数调用时,有时为了使实参与形参类型一致,可以用强制类型转换运算符得到一个所需类型的参数。

4. 自增、自减运算符

作用是使变量的值增1或减1,如:

++i,--i /* 在使用 i 之前,先使 i 的值加(减)1 */

粗略地看,++i 和 i++的作用相当于i=i+1。但++i 和 i++不同之处在于++i 是先执行 i=i+1后,再使用 i 的值;而 i++是先使用 i 的值后,再执行 i=i+1。如果 i 的原值等于3,则执行下面的赋值语句:

(1)j=++i;   /* i 的值先变成4,再赋给 j,j 的值为4 */
(2)j=i++;   /* 先将 i 的值3赋给 j,j 的值为3,然后 i 变为4 */

3.10.3 赋值运算符和赋值表达式

1. 赋值运算符

"="就是赋值运算符。格式:

变量=表达式

赋值过程中遇到的问题:如果赋值运算符两侧的变量和表达式的类型都为数值型时,系统自动进行类型转换。怎么转换呢？有一个原则,要尽量保持赋值前后数据的一致性。

将实数赋给整数时舍去小数点,将整数赋给实数时后面加0。字符型赋给整数时将字符的8位,放在整数的低8位,高8位补零。将 int,short,long 型数据赋给 char 型变量时,只将其低8位原封不动地送到 char 中。下列表达式是合乎 C 语言表达式规则的表达式:

```
a=123;
a=123.456;
c=a+'A';
x=a+c;
a+(x=a+4)/c;  /* 算术表达式*/
```

（x＝a)+(b＝3);　　/＊合法的算术表达式＊/

2. 复合赋值表达式

在赋值运算符"("前加上其他的运算符,可以构成复合的赋值运算符。如在"＝"前加上"+"运算符就构成了"+="运算符。C语言提供了10种复合的赋值运算符,它们是:

+= 、-= 、＊ ＝、/= 、%＝ 、<<= 、>>= 、& ＝、∧ ＝、| ＝

其中前5个是复合的算术赋值运算符,后5个是复合的位运算赋值运算符。复合的赋值运算符是双目运算符,优先级和赋值运算符相同,也是右结合性的。由复合的赋值运算符构成的赋值表达式的格式为:

变量 <运算符＝>确定的值

它等效于:

变量＝变量<运算符>确定的值

例如:

```
a+=5;        /＊等价于a＝a+5;＊/
x＊＝y+7;      /＊等价于x＝x＊(y+7)＊/
r%＝p;        /＊等价于r＝r%p＊/
```

除此之外,在C语言中,逗号","也是一种运算符,称为逗号运算符。逗号运算符的优先级是最低的。其功能是把两个表达式连接起来组成一个表达式,称为逗号表达式。逗号表达式的一般形式为:

表达式1,表达式2;

逗号表达式的求值过程是顺序求解表达式1、表达式2的值,并以表达式2的值作为整个逗号表达式的值。

等级考试实训

一、考试内容

1.C的数据类型(基本类型、构造类型、指针类型、空类型)及其定义方法。

2.C运算符的种类、运算优先级和结合性。

3.不同类型数据间的转换与运算。

4.C表达式类型(赋值表达式,算术表达式,关系表达式,逻辑表达式,条件表达式,逗号表达式)和求值规则。

二、掌握了解程度

1.掌握C语言中基本数据类型(包括整型、浮点型、字符型)的表示和定义。

2.掌握标识符的命名规则,以及常量和变量的定义和使用。

3.掌握变量赋初值的方法。

4.掌握各类数值型数据间的混合运算规则。

5.掌握算术运算符(+、-、＊ 、/、%、++、--)的使用和优先级,以及强制类型转换运算符。

6.掌握赋值运算符(＝ 、+= 、-= 、＊ ＝、/= 、%＝)的使用和表达式的运算顺序。

7.掌握逗号运算符(,)的使用和表达式的运算顺序。

知识点	分值	考核概率/%	专家点评
C 运算符简介	0—1	10	简单识记
运算符的结合和优先级	0—1	60	简单识记
强制类型转换运算符	0—1	30	简单识记
逗号运算符和逗号表达式	0—1	40	简单,属重点识记知识点
基本的算术运算符	1—2	100	简单,属重点识记知识点
算术表达式和运算符的	1—2	100	难度适中,重点理解,重点掌握
优先级与结合、自增自减运算符	2—3	100	难度适中,重点理解,重点掌握
赋值运算符和赋值表达式	2—4	100	简单,重点掌握重点理解
复合的赋值运算符	1—2	80	偏难,不是重点
赋值运算中的类型转换	0—1	75	偏难,不是重点
位运算符和位运算	0—1	80	偏难,属重点知识点

实战锦囊

1. C 语言数据类型

(1)基本类型:整型、字符型、实型、枚举型。

(2)构造类型:数组类型、结构体类型、共用体类型。

(3)指针类型。

(4)空类型。

2. 常量

(1) 什么是常量:在程序运行中,其值不变的量。如 123,3.14;

(2) 符号常量:用一个标识符代表一个常量。符号常量名常用大写,以区别于变量。

如　 ♯define　 PI　 3.1415926

符号常量的定义格式:

♯define　 符号常量　 表达式

3. 变量

(1)什么是变量:在程序运行中,其值可以改变的量。如 int　 x＝3 ; x＝5;

(2)标识符的命名规则:只能使用字母、数字、下划线;必须以字母、下划线打头;大小写字符区分;关键字不能用作标识符。

(3)变量要"先定义,赋值后,再使用"。

4. 整型数据

(1)整型常量的表示方法及相互之间的转换:十进制、二进制、八进制、十六进制。

(2)整型分类以及所占用存储空间的大小:short,int,long,unsigned　 short,unsigned int,unsigned　 long 。

(3)注意:整型数据的溢出问题。

请记住对于 2 字节整数 int,unsigned int 所适用的数据范围:

int(或 short)　 －32768——32767

unsigned　 int　 0——65535

5. 实型数据

(1)实型数据的表示方法:

小数形式——必须有小数点。

指数形式——字母 E（或 e）前必须有数字,E 后指数必须为整数。

(2)实型的分类:float,double。

(3)注意:实型数据的舍入误差。

请记住 float,double 两种类型的有效数字位数：

float   有效数字 7 位数

double   有效数字 16 位数

6. 字符型数据

(1)字符常量概念:用单引号括起来的一个字符。如 'a' 在内存中占一个字节。

(2)转义字符:占一个字节

三类控制输出格式的:\n,\t,\b,\r,\f

控制三个特殊符号输出的:\\,\',\"

表示任何可输出的字母字符、专用字符、图形字符和控制字符：

\ddd ——1 到 3 位八进制数所代表的字符；

\xhh———x 开头,1 到 2 位十六进制数；

(3)字符数据的存储(字符数据的 ASCII 值),决定了字符数据与整型数据,在 -128～127 范围内可以通用。

7. 字符串数据

(1)字符串常量概念:用双引号括起来的若干个字符,如 "abcd"。

(2)字符串结束标志问题:系统为了区分字符串和字符常量,自动的在字符串后增加一个结束标志 '\0',因此,一个字符串的长度应该是字符个数+1。

注意:你分清 "A" 和 'A' 了吗？它们的长度是否相同？

8. 各类数值型数据间的混合运算

进行运算时,不同类型的数据要先转换成同一类型,然后进行运算。

9. 基本的算术运算符：*,/,％,+,-

注意：

(1)先乘除、求余,后加减；

(2)对于/,两个整数相除,结果仍为整数；如 5/2,结果为:2；

(3)％ 运算符,只对整型数据有效；如 5％2,结果为:1。

10. 强制类型转换

(1) 强制类型转换的格式:(类型名)(表达式)；

(2) 说明:强制类型转换未改变变量存储空间中的值。

如 float   x＝13.7 ；

(int)x ；值为 13,但 x 的值仍位 13.7,类型仍为 float。

11. 自增、自减运算符

(1)++i   (--i),先增值,后使用；

(2)i++   (i--),先使用,后增值；

注意:(1)只能用于变量,而不能用于常量或表达式；

如： x++;   √

5++;   ×

(x＋y)++;   ×

12. 赋值运算符

变量＝表达式；   //说明:赋值运算符优先级非常低

(1)在使用赋值运算符时,赋值号左端一定是变量；

(2)在使用赋值运算符时,应尽量使赋值号左端的变量与赋值号右端的表达式类型一致,否则,自动发生强制类型转换；

(3)大类型变量＝小类型数据；小类型数据进入低位,高位按符号位扩展；

小类型变量＝大类型数据；大类型数据低位进入变量,高位被截断。

13. 复合赋值运算符:+＝,-＝,＊＝,/＝,％＝

(1)运算规则: a+＝b+c；

分解运算步骤:先求 a+(b+c) 的值；

然后将求出的值赋值给 a；即 a＝a+(b+c)；

(2)结合方向:右结合。

14. 逗号运算符

逗号表达式:表达式 1,表达式 2,表达式 3,……表达式 n；

运算规则:从左向右依次运算每一个表达式,逗号表达式的结果就是最后一个表达式的值。

习题

一、填空题

1. C 语言的标识符只能由大小写字母,数字和下划线三种字符组成,而且第一个字符必须为 _____。

2. 5/3 的值为 _____,5.0/3 的值为 _____。

3. 字符常量使用一对 _____界定单个字符,而字符串常量使用一对 _____来界定若干个字符的序列。

4. 在 C 语言中,不同运算符之间运算次序存在 _____ 的区别,同一运算符之间运算次序存在 _____ 的规则。

5. 设 x,i,j,k 都是 int 型变量,表达式 x＝(i＝4,j＝16,k＝32)计算后,x 的值为 _____。

6. 设 x＝2.5,a＝7,y＝4.7,则 x+a％3＊(int)(x+y)％2/4 为 _____。

7. 设 a＝2,b＝3,x＝3.5,y＝2.5,则(float)(a+b)/2+(int)x％(int)y 为 _____。

8. 已知:char a＝'a',b＝'b',c＝'c',i；则表达式 i＝a+b+c 的值为 _____。

9. 设 int a； float f； double i；则表达式 10+'a'+i＊f 值的数据类型是 _____。

10. 若 a 为 int 型变量,则表达式 (a＝4＊5,a＊2),a+6 的值为 _____。

11. 假设所有变量均为整型,则表达式(a＝2,b＝5,a++,b++,a+b)的值为 _____。

12. 已知 a,b,c 是一个十进制数的百位,十位,个位,则该数的表达式是 _____。

13. 定义:double x＝3.5,y＝3.2；则表达式(int)x＊0.5 的值是 _____,表达式 y+＝x++的值是 _____。

14. 定义:int m＝5,n＝3；则表达式 m/＝n+4 的值是 _____,表达式 m＝(m＝1,n＝2,n-m)的值是 _____,表达式 m+＝m-＝(m＝1)＊(n＝2)的值是 _____。

15. 表达式 5％(-3)的值是 _____,表达式-5％(-3)的值是 _____。

16. 若 a 是 int 变量,则执行表达式 a＝25/3％3 后,a 的值是 _____。

17. 负数在计算机中是以 _____ 形式表示。

18. C 规定:在一个字符串的结尾加一个 _____ 标志'\0'。

19. C 语言中,字符型数据和 _____ 数据之间可以通用。

20. 字符串"abcke"长度为 _____,占用_____ 字节的空间。

二、判断题

1. 常量 35456 与常量 23 所占用的存储空间一样大。　　　　(　　　)

2. -653 是有符号数,653 是无符号数。　　　　(　　　)

3. 许多编译系统将实型常量作为单精度来处理。　　　　(　　　)

4. 在 C 语言中,大写字母和小写字母被认为是两个不同的字符。(　　　)

5. 如果不指定整数为 unsigned 或指定 signed,则存储单元中最高位代表符号(0 为正,1 为负)。(　　　)

6. 在 C 程序中对用到的所有数据都必须指定其数据类型。(　　　)

7. 一个变量在内存中占据一定的存储单元。（   ）

8. 一个实型变量的值肯定是精确的。（   ）

9. 对几个变量在定义时赋初值可以写成：int a＝b＝c＝3。（   ）

10. 自增运算符(++)或自减运算符(−−)只能用于变量，不能用于常量或表达式。（   ）

11. 在 C 程序的表达式中，为了明确表达式的运算次序，常使用括号"()"。（   ）

12. ％运算符要求运算数必须是整数。（   ）

13. 若 a 是实型变量，C 程序中允许赋值 a＝10，因此实型变量中允许存放整型数。（   ）

14. 在 C 程序中，逗号运算符的优先级最低。（   ）

15. C 语言不允许混合类型数据间进行运算。（   ）

三、编程题

1. 设计程序，计算：3＋'1'＋0.1/3−5.3/3L 的值，并输出。

2. 设计程序求下面算术表达式的值，并输出。

设 a＝2，b＝3，x＝3.5，y＝2.5

(1) x＋a％3＊(int)(x＋y)％2/4

设 x＝2.5，a＝7，y＝4.7

(2) (float)(a＋b)/2＋(int)x％(int)y

3. 求边长为 20 的正方形的面积。

4. 输入三角形的三个边长，求三角形面积。

5. 假设 m 是一个三位数，则写出将 m 的个位，十位，百位反序而成的三位数（例如：123 反序为 321）的 C 语言表达式。

6. 已知 int x＝10，y＝12；写出将 x 和 y 的值互相交换的表达式。

7. 输出长整型数据所占字节数。

8. 输出字符变量的字符值和 ASCII 码值。

9. 计算圆柱体的体积 V＝$\pi r^2 h$，其中 π＝3.14159。

四、选择题

1. C 语言中最简单的数据类型包括（   ）。

    A. 整型、实型、逻辑型   B. 整型、实型、字符型

    C. 整型、字符型、逻辑型   D. 整型、实型、逻辑型、字符型

2. 下列可用于 C 语言用户标识符的一组是（   ）。

    A. void，define，WORD   B. a3_3，_123，Car

    C. For，−abc，IF Case   D. 2a，DO，sizeof

3. 在 C 语言中，运算对象必须是整型数的运算符是（   ）。

    A. ％   B. \   C. ％和\   D. ＊

4. 若变量均已正确定义并赋值，以下合法的 C 语言赋值语句是（   ）。

    A. x＝y＝5；   B. x＝n％2.5；   C. x＋n＝i；   D. x＝5＝4＋1；

5. 以下选项中不属于字符常量的是（   ）。

    A. 'C'   B. "C"   C. '\xCC'   D. '\072'

6. 若有说明和语句：

    int a＝5;

    a++;

    此处表达式 a++的值是（   ）。

    A. 7   B. 6   C. 5   D. 4

7. 下面选项中，不是合法整型常量的是（   ）。

    A. 160   B. −0xcdg   C. −01   D. −0x48a

8. 若有以下定义,则正确的赋值语句是(   )。

   int a,b; float x;

   A. a=1,b=2,　　　　　B. b++;　　　　　　C. a=b=5　　　　　D. b=int(x);

9. 字符串""的长度是(   )。

   A. 0　　　　　　　　　B. 1　　　　　　　　C. 2　　　　　　　　D. 非法字符串

10. 设 C 语言中,一个 int 型数据在内存中占 2 个字节,则 unsigned int 型数据的取值范围为(   )。

   A. 0~255　　　　　　B. 0~32767　　　　　C. 0~65535　　　　D. 0~2147483647

11. 在 C 语言中,char 型数据在内存中的存储形式是(   )。

   A. 补码　　　　　　B. 反码　　　　　　　C. 原码　　　　　　D. ASCII 码

12. sizeof(float)是(   )。

   A. 一个双精度型表达式　　　　　　　　　B. 一个整型表达式

   C. 一种函数调用　　　　　　　　　　　　D. 一个不合法的表达式

13. 下列字符中,ASCII 码值最小的是(   )。

   A. A　　　　　　　　B. a　　　　　　　　C. Z　　　　　　　　D. x

14. 有以下程序:

```
# include <stdio.h>
main()
{  int   a=1,b=0;
   printf("%d,",b=a+b);
   printf("%d\n",a=2* b);
```

   运算结果为(   )

   A. 1,2　　　　　　　B. 1,0　　　　　　　C. 3,2　　　　　　　D. 0,0

15. 下列不正确的转义字符是(   )。

   A. '\\'　　　　　　　B. '\"'　　　　　　　C. '074'　　　　　　D. '\0'

16. 以下选项中属于 C 语言的数据类型是(   )。

   A. 复数型　　　　　　B. 逻辑型　　　　　　C. 双精度型　　　　　D. 集合型

17. 若已定义 x 和 y 为 double 类型,则表达式 x=1,y=x+3/2 的值是(   )。

   A. 1　　　　　　　　B. 2　　　　　　　　C. 2.0　　　　　　　D. 2.5

18. 下列选项中,合法的 C 语言关键字是(   )。

   A. VAR　　　　　　B. cher　　　　　　　C. Integer　　　　　D. default

19. 下列关于 C 语言用户标识符的叙述中正确的是(   )。

   A. 用户标识符中可以出现在下划线和中划线(减号)

   B. 用户标识符中不可以出现中划线,但可以出现下划线

   C. 用户标识符中可以出现下划线,但不可以放在用户标识符的开头

   D. 用户标识符中可以出现在下划线和数字,它们都可以放在用户标识符的开头

20. 下列关于单目运算符++、--的叙述中正确的是(   )。

   A. 它们的运算对象可以是任何变量和常量

   B. 它们的运算对象可以是 char 型变量和 int 型变量,但不能是 float 型变量

   C. 它们的运算对象可以是 int 型变量,但不能是 double 型变量和 float 型变量

   D. 它们的运算对象可以是 char 型变量、int 型变量和 float 型变量

第4章 顺序程序设计

1946年,冯·诺依曼(Von. Neumann)建立了程序顺序执行的基本结构和工作原理。程序顺序执行是计算机程序运行以及进行程序设计必须遵循的基本原理。

计算机启动过程中,主要是通过硬件跳转到启动程序,然后顺序执行硬件自检、加载各种标准硬件设备、完成初始化等过程,保证计算机的正常启动和使用。

根据解决问题、算法描述以及求解过程等(称为业务需求)研制工程软件一直是C语言编程者的重点和难点。按照程序顺序执行的原理,程序实战中可以采用如下研发策略。

(1)对于业务需求进行仔细梳理,分析出业务处理的主线、顺序以及互相依赖的点和面等,严格按照业务流程,从C语言的main函数编程出发,根据业务需求的过程顺序编写程序(包括函数调用语句),完成程序设计工作。

(2)对于复杂过程、算法单元以及至少有两处共同使用的代码段等,将其封装成函数,以简化顺序程序设计的复杂度。

(3)用户操作环节的程序设计以界面友好、操作简单、使用方便等为基本目标,操作傻瓜化一直是程序设计者的最高境界。

(4)程序运行输出必须满足用户需求,尽可能地形式多样、图文并茂以及精准高效。

4.1 按照思路顺序编写程序

在中学,我们把列方程解应用题的一般步骤归解为:①弄清题意,找出关键句,关键词"比""是""相当于",并用 x 表示未知数;②找出应用题中数量间的关系,列方程;③解方程;④检验,写出答案。

使用计算机求解应用题的基本思路与以上方法相同;按照解题思路编写程序,下面举例说明。

【例4.1】 不知道井的深浅,不知道绳的长短,只知道用单股下井时,绳子余了1丈2尺,用双股下井时,绳子短了8尺。求井深几尺,绳长几尺。

【编程思想】

计算井深绳长这道题,使用计算机程序进行计算也很简单,主要的方法是:首先把数学解题的思路和过程理顺,然后,按理顺后的解题思路,编写出按照思路顺序执行的语句序列,最后输出结果。这就是冯·诺依曼基本原理的基本应用,也就是本章要讨论的所谓顺序程序设计问题。

利用二元一次方程求解该题。

(1)设井深为 x 尺,绳长为 y 尺,单股下井时,绳余为 a 尺,双股下井时,绳短为 b 尺。其中,a 和 b 为已知量,x 和 y 是未知量。

(2)列写二元一次方程。以井深列方程:

y－a＝x   (1)

以绳长列方程：

$$y + b = 2x \tag{2}$$

（3）解方程得：

$$x = b + a$$

$$y = 2x - b$$

【程序实现】

```c
# include "stdafx.h"
# include < stdio.h >
int main()
{
    // 定义四个变量,x 为井深,y 为绳长,a 为单股下井时绳余的长度,b 为双股下井时绳短的长度
    int x,y,a,b;
    a=12;        // 设单股下井时绳余的长度为 12
    b=8;         // 双股下井时绳短的长度为 8
    x=a+b;       // 计算井深
    y=2* x-b;    // 计算绳长
        // 输出井深和绳长
    printf("井深 %d 尺,绳长 %d 尺。\n",x,y);
    getchar();
    return 0;
}
```

【输出结果】

井深 20 尺,绳长 32 尺。

4.2 程序基本单元

和其他高级语言一样,C 语言的语句用来向计算机系统发出操作指令,一个语句经编译后产生若干条机器指令,一个实际的程序通常由若干语句构成。应当指出,C 语句都是用来完成一定操作任务的,声明部分的内容不应称为语句。如：

　　int a;

不是一个 C 语句,它不产生机器操作,而只是对变量的定义。从第 1 章已知,一个函数包含声明部分和执行部分,执行部分即由语句组成。C 程序结构可以用图 4.1 表示。

从图 4.1 可以看出,一个 C 程序可以由若干个源程序文件(分别进行编译的文件模块)组成,一个源文件可以由若干个函数和预处理命令以及全局变量声明部分组成(关于"全局变量"见第 8 章,"预编译命令"见第 11 章),一个函数由数据定义部分和执行语句组成。

在第 3 章中已经说明,程序应该包括数据描述(由声明部分来实现)和数据操

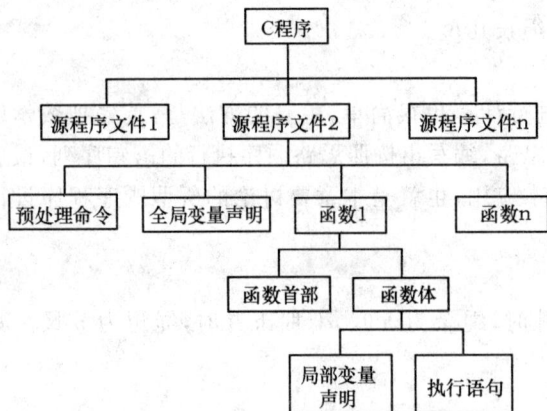

图 4.1　C 语言程序结构

作(由语句来实现)。数据描述主要定义数据结构(用数据类型表示)和数据赋初值。数据操作的任务是对数据进行加工。

C语句可以分为5类:控制语句、函数调用语句、表达式语句、空语句、复合语句。

(1)控制语句,完成一定的控制功能,控制程序的执行流程,共9种语句,可分为3类:选择语句,循环语句,其他语句。

选择语句:if()...else...,switch

循环语句:for()...,while()...,do...while()

其他语句:continue,break,goto,return

其中的()代表其中是一个条件,使用时要用具体的条件代替。如,

```
if (x＞y)
    z＝x;
else
    z＝y;
```

(2)函数调用语句由一个函数调用加一个分号构成,格式为:函数名(参数表);如:

```
printf("这是我的第一个程序。");
```

函数调用语句可分为标准库函数语句和用户定义函数语句两类。两者调用方式没有区别。关于用户定义函数使用时,应根据调用函数与被调用函数是否在一个源文件内,如果在同一源文件时,应注意二者的前后位置。如果被调用函数在其他源文件中定义,或者同一源文件中被调用函数在调用函数之后,必须对于被调函数在调用语句以前进行声明。而标准库函数调用原则为:要在程序中包含相应的头文件,调用的一般形式:

函数名（参数列表）;

(3)表达式语句指在表达式后加一分号;如 a＝3 和 i＝i＋1 是赋值表达式,但不是语句,而:

```
a＝3;
```

和

```
i＝i＋1;
```

是赋值语句。

(4)空语句是只有一个分号的语句:

```
;
```

常用在循环语句或函数体中使用。

(5)复合语句:用{}把一些语句(语句序列,表示一系列工作)括起来成为复合语句,又称语句块、分程序。一般情况下,凡是允许出现语句的地方都允许使用复合语句。在程序结构上复合语句被看做一个整体的语句,这种复合语句通常可完成一系列工作。如:

```
if (a＞b)
{
    t＝a;
    a＝b;
    b＝t;
}
```

输入变量时忘记加地址运算符"&"

```
int a,b;
scanf("%d%d",a,b);
```

这是不合法的。scanf 函数的作用是:按照 a、b 在内存的地址将 a、b 的值存进去。"&a"指 a 在内存中的地址。

4.3 赋值语句

在程序设计中,为了描述数据对象或者支持数据操作,一般均需要引入变量,并赋给该变量一个值。用来表示赋给某一个变量一个确定值的语句叫做赋值语句。在 C 语言中,赋值语句是最基本的语句。一般形式:

变量名=表达式;

该语句将表达式的值赋给指定的变量。该语句有两点应该注意:①等号左边不能是表达式或常数。②右边的表达式类型必须与左边的变量类型相匹配。例如:

```
ia=2;
ib=ia* 10+3;
cc='w';
```

当变量 ia、ib 及 cc 均定义为整数或者字符变量时,以上赋值语句均为正确赋值语句。而以下语句为错误的赋值方式:

```
x+y=z;
x+1=2;
```

如下语句由于变量定义类型和赋值表达式不匹配,编译时可能会给出出错提示或者警告提示。

```
int ia,ib;
ia=3.14159;  /* 给出警告提示,数据丢失 */
ib="小荷才露尖尖角,早有蜻蜓在上头。";
```

对于变量 ib 的赋值语句,将给出出错提示。需要深刻理解的是赋值表达式与赋值语句的区别。C 语言中赋值号"="是一个运算符,C 语言中既有赋值表达式又有赋值语句的概念,C语言把赋值语句和赋值表达式区分开来,赋值表达式可以包括在其他表达式中,增加了表达式的种类,使表达式的应用几乎无处不见,而且十分灵活,通常能实现其他语言难以实现的功能,使用中注意区别。如:

```
if ((a=b)>0)
    t=a;
```

其执行过程是:先进行赋值运算(将 b 的值赋给 a),然后判断 a 是否大于 0,如大于 0,执行 t=a。如下面语句,可以编译通过,而且顺利执行,但含义并非判定 a 是否等于 b,执行结果可能与程序设计的目标有偏差。

```
if  (a=b)    /* 单等于号是赋值语句,而非条件语句 */
    t=a;
```

🐻 输入数据的方式与要求不符

(1)scanf("%d%d",&a,&b);

输入时,不能用逗号作两个数据间的分隔符,如下面输入不合法:

3,4

输入数据时,在两个数据之间以一个或多个空格间隔,也可用回车键,跳格键 Tab。

(2)scanf("%d,%d",&a,&b);

C 规定:如果在"格式控制"字符串中除了格式说明以外还有其他字符,则在输入数据时应输入与这些字符相同的字符。下面输入是合法的:

3,4

此时不用逗号而用空格或其他字符是不对的。

3 4

又如:

scanf("a=%d,b=%d",&a,&b);

输入应如以下形式:

a=3,b=4

4.4 输入输出函数

C 语言本身不提供输入输出语句,输入和输出操作是由 C 函数库中的函数来实现的。所谓输入输出是以计算机主机为主体而言的。

4.4.1 计算机的组成及输入输出接口

图 4.2 为计算机基本组成及输入输出接口示意图。所谓输出是指从计算机向外部输出设备(显示器,打印机、硬盘等)输出数据;而相应的输入是指从输入设备(键盘,鼠标,扫描仪)向计算机输入数据。

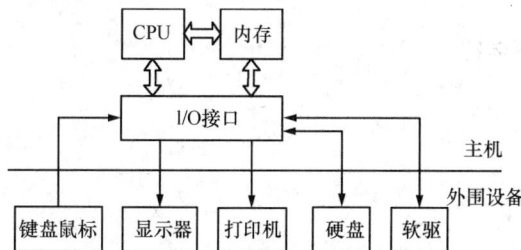

图 4.2 计算机基本组成

4.4.2 C 语言的输入输出

在 C 标准函数库中提供了一些输入/输出函数,如 printf 函数,scanf 函数。使用中,不要将两者看做是输入/输出语句。实际上完全可以不用这两个函数,如果需要,可以另外编写自己的输入/输出函数。

在程序研发中,考虑到用户界面友好、用户使用便捷及数据输入输出操作的可靠性等,本章所谓 C 语言输入输出函数,一般很少直接使用。对于这些函数的介绍,仅仅为了达到教学、实训以及指导学生掌握函数的正确使用。换句话说,C 语言库函数成百上千个,printf 和 scanf 函数仅是其中之一或者之二,这两个函数之所以经常提到和用到,是因为我们是在教学,而非真正进行程序研发。不要太刻意把 printf 和 scanf 函数使用搞得十分透彻,只需要注意掌握编程的方法和思路即可。

4.4.3　正确使用系统库函数

在使用系统库函数时,要用预编译命令"#include"将有关的"头文件"包括到源文件中。对于系统库函数,专门有相关的 C 语言库函数使用手册进行系统介绍,每个函数均指明使用时应包含的头文件名称。另外,也可以通过上网查询获得更为详细的解释、举例及使用体会等信息。

例如:在调用标准输入输出库函数时,文件开头应该有:

include "stdio. h"

或:

include ＜stdio. h＞

4.4.4　字符数据的输入输出

1. putchar 函数与 putch 函数(字符输出函数)

函数的一般形式有"putchar(字符型变量或字符常量);"和"putch(字符型变量或字符常量);"两种。

putchar 和函数 putch(该函数在 conio. h 中定义)的功能完全一样:在当前光标处向文本屏幕输出一个字符 ch,然后光标自动右移一个字符位置。使用方法为

int putch(char ch),

其中参数 ch 为要输出的字符。返回值:如果输出成功,函数返回该字符;否则返回 EOF(结束标志)。

【**例 4.2**】　输出单个字符。

【**程序实现**】

```
# include "stdafx. h"
# include "stdio. h"
# include "conio. h"

void PutBoy()
{
    char a,b,c;
    a='B';
    b='O';
    c='Y';
    putchar('\n');   /* 换行 */
    putchar(a);
    putchar(b);
    putchar(c);
    return;
}

void PutGirl()
{
    char a,b,c,d;
```

```
        a='G';
        b='i';
        c='r';
        d='l';
        putch('\n');  /* 换行 */
        putch(a);
        putch(b);
        putch(c);
        putch(d);
        return;
    }


    void main()
    {
        putBoy();
        putGirl();
        getchar();
        return;
    }
```

【输出结果】

```
BOY
Girl
```

2. getchar 函数和 getch 函数(字符输入函数)

该函数一般形式为：

字符型变量＝getchar();

字符型变量＝getch(); /* 只能输入一个字符*/

getchar 及 getch(该函数在 conio. h 中定义)功能完全一样,接收从键盘输入的一个字符,并赋给指定的变量。该函数也可以不输入变量,作用仅仅为了让当前屏幕暂停,然后,按任意键继续。

【例 4.3】 输入多个字符,计算出输入字符'A'和'a'的个数。按换行键时结束。

【程序实现】

```
# include "stdafx. h"
# include "stdio. h"
# include "conio. h"
void main()
{
    int anum＝0;
    char ch＝0;
    while (ch! ＝'\n'){
      ch＝getchar();
    if ((ch＝＝'A')||(ch＝＝'a'))
      ++anum;
    }
```

```
        printf("输入字母A(a)的个数为:%d \n",anum);
        getchar();
        return;
}
```

输入 AAahfdfadf♯

【输出结果】

输入字母 A(a)的个数为:4

4.4.5 格式输入与输出

在 C 语言程序上机及实训中,为了从键盘接收参数和从屏幕输出参数,通常使用 printf 和 scanf 函数,主要目的是接收标准化的参数,以及按照一定格式输出程序运行结果。

1. printf 函数(格式输出函数)

C 语言中产生格式化输出的函数(定义在 stdio.h 中),主要功能为:向计算机终端(如显示器等)进行格式化输出。printf 函数的一般格式为:

    printf(格式控制,输出表列);

其中,格式控制是用双引号括起来的字符串,该字符串包括:①格式说明。由%后跟一个格式字符组成。如%d,%f,%c,%s;②普通字符。原样输出的字符。③转义字符。转换成相应的功能或字符。

形式 1:只输出普通字符,注意,输出字符中包含转义字符'\n',为控制光标指向下一行。例如:

    printf("落红不是无情物,化作春泥更护花。\n");

形式 2:只含有格式说明,按照指定的输出。通常具有对于后面指定的数据进行格式转换的作用,如

    printf("%d%f%c",2,3,97);

将输出数据 2,3,97 分别转换为 2、3.000000 和字符'a'进行输出。

形式 3:普通字符和格式说明都有,如:

    i=2;
    j=3;
    printf("%d+%d,i+j=%d",i,j,i+j);

【例 4.4】 显示 printf 函数格式输出。

【程序实现】

```
# include "stdafx.h"
# include "stdio.h"
void main()
{
    int   num1=123;
    long  num2=123456;
    /* 用 3 种不同格式,输出 int 型数据 num1 的值*/
    printf("num1=%d,num1=%5d,num1=%-5d,num1=%2d\n",
                num1,num1,num1,num1);
     /* 用 3 种不同格式,输出 long 型数据 num2 的值*/
```

```
```

```
    printf("num2=%ld,num2=%8ld,num2=%5ld\n",num2,num2,num2);
    printf("num1=%ld\n",num1);
    getchar();
    return;
}
```

【输出结果】

```
D:\testuse\Debug\testuse.exe                         _ □ X
num1=123,num1=   123,num1=123   ,num1=123
num2=123456,num2=  123456,num2=123456
num1=123
```

有关 printf（scanf）函数字符控制符见表 4.1 说明。

表 4.1　printf(scanf)函数字符格式说明

%d		按实际宽度输出整型数据
%md	%4d	输出整型数据，不够 m 位则左边补穿格。m 为具体的正整数
%ld		输出长整型数据，l 代表长整型
%c		输出字符型数据
%f		输出实型数据
%m.nf	%5.2f	输出实型数据，宽度为 m 位，其中小数占 n 位，m，n 位为具体的正整数
%s		输出字符串
%u		输出无符号整型数据
%x		输出十六进制数据
%o		输出八进制数据

关于表 4.1 的具体应用，讨论如下：

（1）d 格式符。用来输出十进制整数。%d，按照数据的实际长度输出。%md，m 指定输出字段的宽度（整数）。如果数据的位数小于 m，则左端补以空格（右对齐），若大于 m，则按照实际位数输出。%－md，m 指定输出字段的宽度（整数）。如果数据的位数小于 m，则右端补以空格（左对齐）；若大于 m，则按照实际位数输出。%ld，输出长整型数据，也可以指定宽度%mld. 例：

```
a=123,b=12345;
printf("a=%d,b=%d",a,b);
printf("a=%4d,b=%4d",a,b);
printf("%d,%ld",135790,135790);
```

（2）O 格式符。输出八进制数。

（3）x 格式符。用来输出十六进制数。

```
a=-1
printf("%x,%o,%d",a,a,a);
```

（4）u 格式符。用来输出 unsigned 无符号型数据，即无符号数，以十进制形式输出。

【例 4.5】 使用 printf 函数格式作为整数和无符号整数输出同一个数字。

【程序实现】

```
# include "stdafx.h"
# include "stdio.h"
void main()
{
    unsigned int ua=0x8fffffff;
    printf("整数输出=%d \n",ua);
    printf("无符号整数输出=%u \n",ua);
    ua=0xffffffff;
    printf("整数输出=%d \n",ua);
    printf("无符号整数输出=%u \n",ua);
    getchar();
    return;
}
```

【输出结果】

整数输出=1879048193

无符号整数输出=2415919103

整数输出=-1

无符号整数输出=4294967275

【程序分析】

在 VC++6.0 中,一个整数占 4 个字节,0xffffffff 是最大的无符号整数,使用整数输出,其值为-1。而以无符号整数输出,其值为 4294967275。因此,使用无符号整数变量,可以把整数值扩大 2 倍。

(5)c 格式符。用来输出一个字符。一个整数只要它的值在 0~255 范围内,也可以用字符形式输出。反之,一个字符数据也可以用整数形式输出。

在 C 语言中,整数可以用字符形式输出,字符数据也可以用整数形式输出。将整数用字符形式输出时,系统首先求该数与 256 的余数,然后将余数作为 ASCII 码,转换成相应的字符输出。当按 ASCII 码输出时,可以利用 ASCII 码的转义符,实现特殊功能。

【例 4.6】 对于数字 7,分别使用 printf 函数格式作为字符和数字输出;观察运行结果。

【程序实现】

```
# include "stdafx.h"
# include "stdio.h"
void PrintOutInt()
{
    int ino;
    for (ino=0;ino<5;ino++)
        printf(" %d ",7);
    return;
}

void PrintOutChar()
```

```
{
    int ino;
    for (ino=0;ino<5;ino++)
            printf("%c",7);
    return;
}
void main()
{
    PrintOutInt();
    PrintOutChar();
    getchar();
    return;
}
```

【输出结果】

♪♪♪♪♪

【程序分析】

数字 7 作为整数输出时,PrintOutInt 函数输出了 5 个 7。当使用 c 格式符时,7 为转义符,所以鸣笛 5 次。这是无音箱计算机报警的常用方式。

(6)s 格式符。用来输出一个字符串。%s:按实际宽度输出字符串。

```
printf("%s","CHINA");
```

%ms:输出字符占 m 位,若字符串长度大于 m 则按实际宽度输出,若不到 m 位,则左边补空格。

```
printf("%8s","CHINA");
```

%-ms:当宽度不到 m 位时右边补空格。

%m.ns,%-m.ns:输出占 m 列,但只取字符串左边 n 个字符。

(7)f 格式符。用于输出实数,其中小数占 6 位,若不够 6 位则补 0,总的有效位数为 7 位,若输出的是双精度型数据,则有效位数为 16 位。

(8)%e 格式符。指数形式输出,其中指数占 3 位。

(9)%g 格式符。根据数据的大小选择%f 或%e 中的一种格式进行格式说明。字母 l:用于输出长整型数据,如%ld,%lx,%lo。

2. scanf 函数

scanf()函数是用来从外部输入设备向计算机主机输入数据的。scanf()函数的一般格式为:

scanf("格式字符串",输入项首地址表);

(1)格式字符串。格式字符串可以包含 3 种类型的字符:格式指示符、空白字符和非空白字符(又称普通字符)。格式指示符与 printf()函数的相似,空白字符作为相邻 2 个输入数据的缺省分隔符,非空白字符在输入有效数据时,必须原样一起输入。

(2)输入项首地址表。由若干个输入项首地址组成,相邻 2 个输入项首地址之间用逗号分开。输入项首地址表中的地址,可以是变量的首地址,也可以是字符数组名或指针变量,但其地址个数必须和格式字符的个数相同。变量首地址的表示方法:

&变量名

其中"&"是地址运算符。scanf 的常用形式为：

scanf("%格式字符 1%格式字符 2",&变量名 1,&变量名 2)

程序运算时必须从键盘输入相应个数的数字,它们之间用空格分开。提高人机交互性建议:为改善人机交互性,同时简化输入操作,在设计输入操作时,一般先用 printf 函数输出一个提示信息,再用 scanf 函数进行数据输入。例如:

scanf("%d,%d,%d",&ia,&ib,&ic);

为了用户使用方便,通常改为:

printf("请输入三个整数:\n");

scanf("%d,%d,%d",&ia,&ib,&ic);

(3)输入数据时,遇到以下情况,系统认为该数据结束:①遇到空格,或者回车键,或者 Tab键。②遇到输入域宽度结束。例如,"%3d",只取 3 列。③遇到非法输入。例如,在输入数值数据时,遇到字母等非数值符号(数值符号仅由数字字符 0～9、小数点和正负号构成)。

(4)如果在"格式控制"字符串中除了格式说明以外还有其他字符,则在输入数据时,在对应位置应当输入与这些字符相同的字符。建议不要使用其他的字符作为格式控制。

(5)在用"%c"格式输入字符时,空格字符和转义字符都作为有效字符输入。%c 只要求读入一个字符,后面不需要用空格作为两个字符的间隔。

【例 4.7】 已知圆柱体的底半径 r=1.5,高 h=2.0,求其体积。

【程序实现】

```
# include "stdafx.h"
# include "stdio.h"
void main()
{
    float r=1.5,h=2.0,vol;
    float pi=3.14;
    vol=pi* r * r * h;  //求体积
     //输出求出的体积
    printf("圆半径为:%f,高为:%f,圆体积为:%7.2f\n",r,h,vol);
    getchar();
    return;
}
```

【输出结果】

圆半径为:1.500000,高为:2.000000,圆体积为:14.13.

输入字符的格式与要求不一致

在用"%c"格式输入字符时,"空格字符"和"转义字符"都作为有效字符输入。

scanf("%c%c%c",&c1,&c2,&c3);

如输入:

a b c

字符"a"送给 c1,字符""送给 c2,字符"b"送给 c3,因为%c 只要求读入一个字符,后面不需要用空格作为两个字符的间隔。

【例 4.8】 圆柱体的底半径为 r,高为 h,求其体积。

【程序实现】

```
# include "stdafx.h"
# include "stdio.h"
void main()
{
    float r,h,vol;
    float pi＝3.14159;
    printf("请输入圆柱半径和高:\n");
    scanf("%f,%f",&r,&h);
    vol=pi* r * r * h;   //求体积
    printf("圆半径为:%f,高为:%f,圆体积为:%7.2f\n",r,h,vol);
      //输出求出的体积
    getchar();
    return;
}
```

【输出结果】

请输入圆柱半径和高:

3.4,4.5

圆半径为:3.400000,高为:4.500000,圆柱体积为:163.43

3. 其他输入/输出函数

(1)puts 函数(字符串、字符数组中字符串输出函数)一般形式:

puts(char * str);

函数功能为:字符串或字符数组中存放的字符串输出到显示器上。例如:

putstr("野旷天低树,\n 江清月近人。\n");

(2)一般形式:gets(char * str);

该函数功能为:接收从键盘输入的一个字符串,存放在字符数组中。例如:

char s[81];

gets(s);

在不应加地址运算符 & 的位置加了地址运算符

char str[256];

scanf("%s",&str);

C 语言编译系统对数组名的处理是:数组名代表该数组的起始地址,且 scanf 函数中的输入项是字符数组名,不必要再加地址符 &。应改为:

scanf("%s",str);

4.5   顺序程序设计

人们解决各种问题,总会将其分为先后顺序,按照这种思路编写程序,通常均为顺序结构程序。在顺序结构程序中,各语句(或命令)是按照位置的先后次序顺序执行的,且每条语句都会被执行到。

【例 4.9】 从键盘输入一个大写字母,转换成相应的小写字母输出。

【程序实现】

```
# include "stdafx. h"
# include "stdio. h"
void  main()
{
    char  c1,c2;
    //增强人机交互性。
    printf("请输入一个大写字母:");
    c1=getchar();
    printf("输入字符为:%c,其值为:%d\n",c1,c1);
    c2=c1+'a'-'A';
    printf("转换后字符为:%c,其值为:%d\n",c2,c2);
    getchar();
    return;
}
```

【输出结果】

请输入一个大写字母:D

输入字符为:D,其值为:68

转换后字符为:d,其值为:100

【例 4.10】 输入三角形的三边,求三角形的面积。

【编程思想】

(1)定义变量 a,b,c:表示三角形的三边。p:中间变量。p=(a+b+c)/2。

s:三角形面积。以上变量均为实型。

(2)用 scanf 函数输入三个数。

(3)求面积:p=(a+b+c)/2。

(4)输出面积$\sqrt{p(p-a)(p-b)(p-c)}$。

(5)函数及应用。

p⇐(a+b+c)/2

s⇐sqrt(p* (p-a)* (p-b)* (p-c))

其中,sqrt 为求根函数,在 math. h 头文件中定义。

【程序实现】

```
# include "stdafx. h"
# include "stdio. h"
# include <math. h>
void  main()
{
    float  a,b,c,p,s;
    printf("请输入三角形的三边:");
    scanf("%f,%f,%f",&a, &b, &c);
    p=(a+b+c)/2;
    s=sqrt(p* (p-a)* (p-b)* (p-c));
```

```
        printf("三角形三边为:(%f,%f,%f),面积=%7.2f\n",a,b,c,s);
        getchar();
        return;
    }
```

【输出结果】

请输入三角形的三边:30,40,30

三角形三边为:(30.000000,40.000000,30.000000),面积=447.21

对于复合语句,忘记加花括号

例如:
```
i=1; a=0;
while (i<=10)
a+=i;
i++;
printf("a=%d\n",a);
```

该程序的原设计目的为计算:1+2+3+…+10。由于忘记加花括号,程序变成了死循环。

正确的程序应为:
```
i=1; a=0;
while (i<=10)
{
  a+=i;
    i++;
}
printf("a=%d\n",a);
```

【例 4.11】 输入任意三个整数,求它们的和及平均值。

【程序实现】
```
# include "stdafx.h"
# include "stdio.h"
void main()
{
    int ia,ib,ic;
    printf("请输入三个整数:\n");
    scanf("%d,%d,%d",&ia,&ib,&ic);
    printf("输入三个数为(%d,%d,%d),之和为:%d,平均值为:%d\n",
      ia,ib,ic,ia+ib+ic,(ia+ib+ic)/3);
    getchar();
    return;
}
```

【输出结果】

请输入三个整数:

30,40,60

输入三个数为(30,40,60),之和为:130,平均值为:43

等级考试实训

一、考试内容及所占比例

1. 表达式语句,空语句,复合语句。

2. 数据的输入与输出,输入输出函数的调用。

3. 复合语句。

4. goto 语句和语句标号的使用。

5. 约占 10%。

二、掌握了解程度

1. 掌握 C 程序的构成和 C 语句的类型。

2. 掌握 C 程序中数据输入输出函数的形式和各格式字符的使用。

三、主要知识点及考点

知识点	分值	考核概率/%	专家点评
C 语句分类	0−1	30	简单识记
字符输出函数 putchar()	1−2	70	难度适中,重点掌握
字符输入函数 getchar()	1−2	70	难度适中,重点掌握
格式输入函数 printf()	3−4	100	难度适中,重点理解,重点掌握
格式输出函数 scanf()	3−4	100	难度适中,重点理解,重点掌握

实战锦囊

1. C 语句种类

　(1)控制语句。

　(2)函数调用语句。

　(3)表达式语句。

　(4)空语句:只有一个分号的语句,它什么也不做。如:

　(5)复合语句:用{}括起来的多个语句,称为复合语句。

　(6)赋值语句:如 x＝3 ;

2. putchar 函数(字符输出函数)

　格式:putchar (c);　　　// 输出字符变量 c 中的字符。

　注意:在使用 putchar()函数之前,一定要加上"包含命令",即 ＃include 〈stdio. h 〉

3. getchar 函数(字符输入函数)

　格式:c＝getchar(); // 当运行到这个语句时,等待用户输入一个字符,并将输入字符赋值给 c 字符变量。

　注意:在使用 getchar()函数之前,一定要加上"包含命令",即 ＃include 〈stdio. h 〉

4. printf()函数

　格式:printf("％ d,％ f",a,x);

　"％ d,％ f":　　格式控制字符串,以％开头,用双引号括起来。

　a,x:　　输出变量列表;

　说明:要求格式控制字符串中的格式符,要与所控制的变量类型匹配。

　(1)％d 控制输出十进制整数;

　(2)％md m 指定输出宽度,如 m <数据宽度,按实际位数输出;m >数据宽度,　则左端补以空格;

　(3)％o 控制输出八进制整数,输出的数值不带符号;

(4)％x 控制输出十六进制整数,输出的数值不带符号;

(5)％u 控制输出十进制 unsigned 型整数;

(6)％c 控制输出一个字符;

(7)％s 控制输出一个字符串;

(8)％m.ns,％－m.ns 控制输出一个字符串,m 控制输出字符的宽度,n 表示从字符串左端开始,输出字符个数;－表示字符串向左靠,右补空格;

(9)％f 控制以小数形式,输出一个实数;

(10)％m.nf,％－m.nf 控制以小数形式,输出一个实数;m 表示输出实数的宽度;n 表示输出小数的位数;－表示实数输出向左靠,右补空格;

(11)％e 控制以指数形式输出实数;

(12)如想输出 ％,则应在格式控制字符串中使用两个连续的％;如 printf("％.2f％％",1.0/5); //输出 20.00％

5. scanf()函数

格式:scanf("％d ％f",&a,&x);

"％d ％f": 格式控制字符串,以％开头,用双引号括起来。

&a,&x: 变量地址列表;一定是 & 开头,后面紧跟变量名;

说明:要求格式控制字符串中的格式符,应与所控制的变量类型匹配。

(1)格式控制字符串中的格式符,与 printf()函数中的格式符相一致。

(2)scanf("％d ％5d",&a,&b);   //数字 5,指定截取数字的位数;

(3)输入数据时,以一个或多个空格作间隔;

(4)scanf("％d,％d",&a,&b)

％d,％d 格式符之间的符号,在输入数据时,要原样输入;

(5)在 scanf()中,这样写是错误的

scanf("％5.2f",&x);

％5.2f.2 不能有。

(6)在 scanf("％c％c",&c1,&c2);这个语句中,输入字符之间不需要输入空格间隔符,更不需要输入其他间隔符;

6. 顺序结构程序设计

(1)根据问题和要求,写出算法思想;

(2)会画顺序结构程序的流程图;

(3)根据流程图,写出源代码。

习题

一、填空题

1. printf 函数的作用是向终端_____若干个任意类型的数据。

2. printf 函数中的"格式控制",包括_____和_____两种信息。

3. scanf 函数中的"格式控制"后面应当是变量_____,而不是变量名。

4. 在用 scanf 函数中输入数据时,如果在"格式控制"字符传中除了格式说明以外还有其他字符,则应在对应位置输入与这些字符相同的_____。

5. 在用"％c"格式输入字符时,空格字符和"转义字符"都作为有效字符_____。

6. 若有以下定义和语句,为使变量 c1 得到字符'A',变量 c2 得到字符'B',正确的格式输入形式是_____。

7. 已有定义 int i,j;float x;为将－10 赋给 i,12 赋给 j,410.34 赋给 x;则对应以下 scanf 函数调用语句的数据输入形式是_____。

8. C 语句分为五种：_____、函数调用语句、_____、空语句和_____。

9. 一个基本语句的最后一个字符是_____。

10. 复合语句又称分程序，是用_____括起来的语句。

11. 使用 C 语言库函数时，要用于预编译命令_____将有关的"头文件"包括到用户源文件中。

12. 使用标准输入输出库函数时，程序的开头要有如下预处理命令：_____。

13. getchar 函数的作用是从终端输入_____个字符。

二、判断题

1. 所谓函数体实际上就是一个复合语句。（　　）

2. C 语言本身不提供输入输出语句，输入和输出操作是由函数来实现的。（　　）

3. putchar 函数可以向终端输出一个整数数据。（　　）

4. 考虑到 printf 和 scanf 函数使用频繁，系统允许在使用这两个函数时可不加 #include 命令。（　　）

5. 任何表达式都可以加上分号而成为有意义的语句。（　　）

三、编程题

4.1 编写程序，从键盘上输入三个数分别给变量 a、b、c，求它们的平均值。并按如下形式输出：average of * *、* * and* * is * *.* *。其中，三个 * * 依次表示 a、b、c 的值，* *.* * 表示 a，b，c 的平均值。

4.2 从键盘输入两个数和一个字符，然后输出。

4.3 从键盘输入一个小写英语字母，转换为大写字母后输出。

4.4 输入 9 时 23 分并把它化成分钟后输出（从零点整开始计算）。

4.5 1 英里=1.609 公里，地球与月球之间的距离大约是 238857 英里，请编写 C 程序，在屏幕上显示出地球与月球之间大约是多少公里？

4.6 设圆半径 r=1.5，圆柱高 h=3，求圆周长、圆面积、圆球表面积、圆球体积、圆柱体积。编写程序，用 scanf 输入数据，输出计算结果，输出时要求有文字说明，取小数点后 2 位数字。

4.7 输入三角形的三条边长，求三角形的面积。我们假设输入的三边能构成三角形。三角形面积的计算公式如下：

$$s=(a+b+c)/2 \quad area=\sqrt{s(s-a)(s-b)(s-c)}$$

4.8 求方程 $ax^2+bx+c=0$ 的实数根。a，b，c 由键盘输入，$a \neq 0$ 且 $b^2-4ac>0$。

4.9 用 scanf 下面的函数输入数据，使 a=3，b=7，x=8.5，y=71.82，c1='A'，c2='a'，问在键盘上如何输入？

4.10 输入一个华氏温度，要求输出摄氏温度，公式为：

$$c=5(F-32)/9$$

输出要求有文字说明，取 2 位小数。

四、选择题

1. 有以下程序：

```
# include   <stdio.h>
main()
{ int  x,y,z;
  x=y=1;
  z=x++,y++,++y;
  printf("%d,%d,%d\n",x,y,z);
}
```

程序运行后的输出结果是（　　）。

A. 2,3,3　　　　　　B. 2,3,2　　　　　　C. 2,3,1　　　　　　D. 2,2,1

2. 有以下程序：

```
# include  <stdio.h>
main()
{char  c1,c2;
    c1='A'+'8'-'4';
    c2='A'+'8'-'5';
    printf("%c,%d\n",c1,c2);
}
```

已知字母 A 的 ASCII 码为 65,程序运行后的输出结果是(   )。

A. E,68　　　　　　B. D,69　　　　　　C. E,D　　　　　　D. 输出无定值

3. 以下叙述中正确的是(   )。

A. 在编译时可以发现注释中的拼写错误　　　B. C 语言程序的每一行只能写一条语句

C. main(){ }必须位于程序的开始　　　D. C 语言程序可以由一个或多个函数组成

4. putchar 函数可以向终端输出一个(   )。

A. 整型变量表达式值　　　　　　　　B. 实型变量值

C. 字符串　　　　　　　　　　　　　D. 字符或字符型变量值

5. getchar 函数的参数个数是(   )。

A. 1　　　　　　B. 0　　　　　　C. 2　　　D. 任意

6. 若变量 a、i 已正确定义,且 i 已正确赋值,合法的语句是(   )。

A. a==1　　　　　　B. ++i;　　　　　　C. a=a+=5;　　　　　　D. a=int(i);

7. 以下合法的赋值语句是(   )。

A. x=y=100　　　　　　B. d--;　　　　　　C. x+y;　　　　　　D. c=int(a+b)

8. 若有说明语句:int a,b,c,* d=&c;,则能正确从键盘读入三个整数分别赋给变量 a、b、c 的语句是(   )。

A. scanf("%d%d%d",&a,&b,d);　　　　　　B. scanf("%d%d%d",&a,&b,&d);

C. scanf("%d%d%d",a,b,d);　　　　　　D. scanf("%d%d%d",a,b,* d);

9. 有以下程序

```
main()
{int  a; char c=10;
float  f=100.0;    double  x;
a=f/=c* =(x=6.5);
printf("%d  %d  %3.1f力%3.1f\n",a,c,f,x);
}
```

程序运行后的输出结果是(   )。

A.1 65 1 6.5　　　　　　B.1 65 1.5 6.5

C.1 65 1.0 6.5　　　　　　D.2 65 1.5 6.5

10. 已定义 c 为字符型变量,则下列语句中正确的是(   )。

A. c='97';　　　　　　B. c="97";　　　　　　C. c=97;　　　　　　D. c="a";

11. C 语言的程序一行写不下时,可以(   )。

A. 用逗号换行　　　　　　　　　　　B. 用分号换行

C. 在任意一空格处换行　　　　　　　D. 用回车符换行

12. 下列程序的输出结果是(   )。

```
main()
{int x=023;
```

```
    printf("%d",--x);
    }
```
    A. 17   B. 18   C. 23   D. 24

13. 有输入语句:scanf("a=%d,b=%d,c=%d",&a,&b,&c);为使变量 a 的值为1,b 的值为3,c 的值为2,
    则正确的数据输入方式是(   )。
    A. 132   B. 1,3,2
    C. a=1 b=3 c=2   D. a=1,b=3,c=2

14. 阅读以下程序,当输入数据的形式为   25,13,10<CR>(回车)   正确的输出结果为(   )。
```
    main()
    {int x,y,z;
        scanf("%d%d%d",&x,&y,&z);
        printf("x+y+z=%d\n",x+y+z);}
```
    A. x+y+z=48   B. x+y+z=35   C. x+z=35   D. 不确定值

15. 若有定义 int x,y;并已正确给变量赋值,则以下选项中与表达式(x-y) ?(x++):(y++)中的条件
    表达式(x-y)等价的是(   )。
    A. (x-y<0||x-y>0)   B. (x-y<0)
    C. (x-y>0)   D. (x-y==0)

第5章 选择结构

在软件系统中,菜单是最常用的功能选择机制。在程序模块(C语言的函数体)中,选择结构是最基本的程序流程控制机制。单选择结构程序设计要点为:根据客户需求的选择顺序及条件,抽象出准确的关系表达式或者逻辑表达式,编写由简单(或者由简单选择组合而成)选择程序语句序列。if语句的选择条件一般是业务需求条件的直接表达式化,选择条件取值只有两个:0或者非0。

与if语句的选择条件不同,多选择结构(switch语句)的选择条件的取值范围应为有限常数值集合。因此,多选择结构程序设计要点为:根据业务需求,借助于相关运算语句,构建合适的多选条件表达式;并编写满足解题需求的多分枝选择语句序列。

if语句、switch语句以及两种语句的组合使用是C语言编程常用形式,也是学习C语言程序这门课程必须掌握的基本知识。

5.1 需求千变万化,选择结构是一定之规

5.1.1 构造好条件表达式,简化编程、增强功能

通过前面几章的学习,我们已多次使用过if else选择结构。下面我们通过一个简单的三选一例子,初步认识一下选择结构中常用的两个成员:关系表达式和逻辑表达式。

【例5.1】 给定三个整数,求出三个之中最大者,并输出。

【程序实现】

```
# include "stdafx. h"
# include < stdio. h>
/* 使用简单的关系表达式 */
int max3_1(int x,int y,int z)
{
    int m;
    if (x > y)/* 关系表达式*/
    {
        if (x > z)
            m＝x;
        else
            m＝z;
    }
    else
    {
        if (y > z)
```

```
            m＝y;
         else
            m＝z;
      }
      return m;
}


      /* 使用逻辑表达式 */
int max3_2(int x,int y,int z)
{
   int m;
   if ((x＞y)&&(x＞z))   /* 逻辑表达式*/
      m＝x;
   else
      if ((y＞x)&&(y＞z))
        m＝y;
      else
        m＝z;
      return m;
}


void main()
{
   int a＝765,b＝987,c＝123;
      /* 调用使用关系表达式求最大值的函数 */
   printf("max3_1(%d,%d,%d)＝%d\n",a,b,c,max3_1(a,b,c));
      /* 调用使用逻辑表达式求最大值的函数 */
   printf("max3_2(%d,%d,%d)＝%d\n",a,b,c,max3_2(a,b,c));
   getchar();
   return;
}
```

【输出结果】

```
max3_1(765,987,123)＝987
max3_2(765,987,123)＝987
```

【程序分析】

例 5.1 程序利用两种方法实现了同样的功能,设计了两个函数:

int max3_1(int x,int y,int z)

int max3_2(int x,int y,int z)

这两个函数主要差别在于:①使用的条件表达式复杂程度不同,max3_1 函数只使用了由两个整数变量和"＞"构成关系表达式。而 max3_2 函数中使用了由两个关系表达式构成的逻辑表达式。②使用关系表达式的函数程序较长(程序复杂),使用逻辑表达式的函数程序较短(程序简单)。

从例 5.1 可知,条件表达式设计的正确与否,涉及程序研发的工作量、程序的质量以及选择结构的运行效率。程序实现的功能是硬指标,条件表达式表述的能力强,程序运行监测的门槛就少,编程工作量就小,程序容易优化;表达式表述的能力弱,实现同样的功能,必须由程序弥补,必然增加编程的工作量、增加程序的复杂度。

5.1.2　选择结构使程序更智能

作家柳青说过,人生的道路虽然漫长,但紧要处常常只有几步。这主要是提醒人们(特别是年轻人),在有关影响个人前途、命运等重大决定时,应该慎重地选择(或者抉择)。所谓选择,其含义是:对于可供选择的两个或者多个分支,抉择者可以根据当前处境、选择方案的得与失,通过权衡利弊,实施的一个决策决断,本质上是一种条件选择过程。条件选择是客观世界的一种普遍现象。在计算机程序中,支持只有一个可供选择的分支单选结构、具有两个可供选择的分支的双选结构、涉及多个可选分支的多选结构以及多个选择结构组合而成的综合选择结构,是一种极为普遍的程序结构。掌握基本选择结构,熟练并应用于程序研发之中,满足不断增长的客户需求,是 C 语言程序研发者一项应该强化实训的基本功。选择结构程序应用十分普遍,简述如下。

(1)设计多种分支选择功能模块,满足对于数据(信息)集合(或者称之为数据对象)分解、归类、删除、汇总等方面的需求。例如,高考招生系统,根据本科一批、本科二批、本科三批及专科录取最低控制分数线等参数,运行相应的分支程序,删除低于专科录取最低控制分数线的考生信息,建立相应文科及理科备选考生数据库。即以程序的分支模块实施对于业务数据对象的分类组织或者汇总。

(2)提供足够的辅助决策信息及多种可行方案,支持用户根据实际需求,选择一种方案或者放弃所有已提供的方案。分支程序应保证程序稳健、顺利运行,且应符合用户对于具体业务的正常处理过程。比如医疗诊断辅助系统,应为医生提供患者所有检查、化验及历史病例信息,给出参考治疗方案,供医生决策定夺。

(3)设计无人值守程序。根据对于运行环境不断检测,选择不同分支程序,平稳地完成操作系统、软件系统或者智能仪器仪表的启动过程。如对于应用于不同领域、承担不同任务、具有不同配置的计算机,当按下电源开关,电源就开始向主板和其他设备正常供电后,CPU 内部将自动恢复到初始状态,然后启动系统程序,通过对于内存、显卡、CPU 参数、标准设备等诸多硬件的检测,选择合适的程序,启动不同的操作系统以及调用不同的程序模块。一般而言,计算机启动程序均具有根据环境检测参数,实施分支程序运行的功能。

(4)根据文件类型,操作系统执行分支程序,选择相应的可执行文件,完成特定功能。比如,在 Windows 操作系统支持下,通过鼠标双击某一类型的文件,操作系统将立即运行支持该类文件操作的应用软件。选择结构程序设计,必须应根据程序处理的业务需求,设置程序运行的数据环境(通常为变量集合的定义及初始化),将处理对象抽象化为数值数据,对于数据(或者数据变量)构建选择条件、然后编写分支程序,完成相关程序设计及模块组配等。

5.1.3　选择结构与循环语句组配,功能更全面、更强大

【例 5.2】　百分制转换为五分制的算法。
【编程思想】
百分制转换为五分制的算法

等级	A	B	C	D	E
分数	90~100	80~89	70~79	60~69	0~59

【程序实现】

```c
# include "stdafx. h"
# include < stdio. h >
/* 把百分制的分数,转换成 5 分制,并返回 */
char trans(int  x)
{
    if (x>=80)
    {
        if(x>=90)
        return 'A';
        else
        return 'B';
    }
    else
    {
        if (x>70)
        return 'C';
        else
        {
        if (x>60)
        return 'D';
        else
        return 'E';
        }
    }
}

    /* 输入分数为 0 时,停止 */
int main()
{
    int ia;
    while (1)
    {
        printf("请输入你的百分制成绩:\n");
        scanf("%d",&ia);
        if (ia==0)
            break;
        printf("恭喜你! 您的五分制等级是:%c\n",trans(ia));
        getchar();
    }
    getchar();
    return 0;
}
```

【输出结果】

请输入你的百分制成绩:

88

恭喜你!您的五分制等级是:B

请输入你的百分制成绩:

93

恭喜你!您的五分制等级是:A

0

【程序分析】

(1)trans 函数是由多个选择结构通过嵌套方式实现百分制分数到五分制的转换。选择结构将在本章其余部分讨论。

(2)由 while (1)语句和后面由{}构成了一个循环结构。整个循环是由输入百分制分数,输出五分制结果,然后再输入,再输出等不断循环操作构成。

(3)当输入百分制的成绩为 0 时,循环由以下语句中断,跳出循环。

```
if  (ia==0)
  break;
```

5.2　关系运算符和关系表达式

我们日常生活中或大学期间,可能遇到如下问题描述:问题一,我家孩子与你家孩子哪个大呀? 问题二,大学期间,各学年生活费是怎样关系?

问题一,比较孩子之间的年龄。比如我家孩子 20 岁,你家孩子 18 岁,得出我家孩子"大于"你家孩子,即 20 > 18。

问题二,比较三年或四年或五年中生活费支出情况。比如:

第一学年支出 10 月×150 元=1500 元;

第二学年支出 10 月×200 元=2000 元;

第三学年支出 10 月×400 元=4000 元;

第四学年支出 10 月×500 元=5000 元。

因此得出:各学年生活费每年递增,第一学年最少,第四学年最多。关系运算是逻辑运算中比较简单的一种。所谓"关系运算"实际上是"比较运算"。将两个值进行比较,判断其比较的结果是否符合给定的条件。例如,a > 3 是一个关系表达式,大于号(>)是一个关系运算符,如果 a 的值为 5,则满足给定的"a > 3"条件,因此关系表达式的值为"真"(即条件满足);如果 a 的值为 2,不满足"a > 3"条件,则称关系表达式的值为"假"。

5.2.1　关系运算符及其优先次序

1. 关系运算符

关系运算符都是双目运算符,其功能是用来对两个操作数的大小进行比较的。C 语言提供 6 种关系运算符:

<(小于)　　　　　<=(小于或等于)　　　>(大于)

>=(大于或等于)　　==(等于)　　　　　!=(不等于)

算术运算符 ↑（高）

关系运算符

赋值运算符 ｜（低）

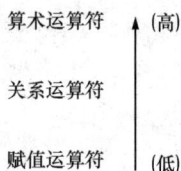

图 5.1　关系运算符的优先级

注意：在 C 语言中，"等于"关系运算符是双等号"＝＝"，而不是单等号"＝"（赋值运算符）。

2. 关系运算符的优先级（图 5.1）

（1）在关系运算符中，前 4 个优先级相同，后 2 个也相同，且前 4 个高于后 2 个。

（2）关系运算符的优先级低于算术运算符。

（3）关系运算符的优先级高于赋值运算符。

5.2.2　关系表达式

用关系运算符将两个表达式连接起来的式子，称为关系表达式。比如：下面的关系表达式都是合法的：

a＞b，a＋b＞c－d，(a＝3)＜＝(b＝5)，'a'＞＝'b'，(a＞b)＝＝(b＞c)

关系表达式中，关系运算符两侧的表达式既可以是数值型变量、常量或公式，也可以是字符、字符串。

关系运算符组成的关系表达式的值是一个逻辑值，即"真"或"假"。例如，关系表达式"5＝＝3"的值为"假"，"5＞＝0"的值为"真"。C 语言没有逻辑型数据，其 C 语言的逻辑值是数字化的具体值，真等于 1，假为 0。所以，关系表达式可以作为数字，用作数学表达式的组成项。

【例 5.3】　分析下面程序的运行结果。

【程序实现】

```
# include "stdafx.h"
# include <stdio.h>
int main()
{
    int ia＝500,ib＝50,ic＝5,ix;
    ix＝(ia＞ib)＋300;
    printf("(%d>%d)+300＝%d\n",ia,ib,ix);
    ix＝ia＞ib＞ic;
    printf("%d>%d>%d＝%d\n",ia,ib,ic,ix);
    ix＝ic＜ib＜ia;
    printf("%d<%d<%d＝%d\n",ic,ib,ia,ix);
    getchar();
    return 0;
}
```

【输出结果】

(500＞50)＋300＝301

500＞50＞5＝0

5＜50＜500＝1

【程序分析】

（1）关系表达式的值可以组合成运算表达式，但关系表达式的值只有两个：等于 1 或者等于 0，所以，表达式：

ix＝(ia＞ib)＋300;

因为(ia＞ib)为真(等于1)，所以 ix 的值为301。

(2)语句：

```
ix＝ia＞ib＞ic;
```

根据数学知识应该理解为整个表达式成立，因为：

```
500＞50＞5
```

是成立的。在 C 语言中，按照运算次序，计算过程为：①比较关系表达式 500＞50，显然，该关系表达式成立，等于1；②比较关系表达式 1＞5，执行第二个比较后，该关系表达式不成立，等于0。所以，ix 等于0。值得一提的是，初学者往往把数学上的描述直接用于 C 语言的表达式构造之中，造成不应有的错误。所谓 C 语言编程，主要是应用 C 语言的语法、语义及表达式构造规则，编写正确的程序。

(3)语句：

```
ix＝ic＜ib＜ia;
```

执行结果为1。具体分析同上面。从关系表达式应用中可知，任何关系表达式的值总是有限的，最大等于1，最小等于0，只有两个值。

前面已讨论过，关系表达式是一种双目运算，无论形式怎么变化，本质上是两个数字量的关系运算，作为选择结构的条件，其能够表述的语义(含义)有限。因此，仅仅由关系表达式构成选择结构条件的程序，往往显得较繁琐。

忽略了"＝"与"＝＝"的区别

在许多高级语言中，用"＝"符号作为关系运算符"等于"。但 C 语言中，"＝"是赋值运算符，"＝＝"是关系运算符。如：

```
if (a＝＝3)
    a＝b;
```

前者是进行比较，a 是否和 3 相等，后者表示如果 a 和 3 相等，把 b 值赋给 a。由于习惯原因，初学者往往会犯这样的错误。

5.3 逻辑运算符和逻辑表达式

关系表达式只能描述单一条件，例如"年龄＞＝18"。如果需要描述年龄满足 18 岁(年龄＞＝18)到 25 岁(年龄＜＝25)之间的人，才能够上大学，那么原有的关系表达式便无法表达了。

5.3.1 逻辑运算符及其优先次序

对于"年龄满足 18 岁(关系表达式：年龄＞＝18)到 25 岁(关系表达式：年龄＜＝25)之间的人，才能够上大学"的论题。将两个单一条件组合，形成表达式"(年龄＞＝18)同时(年龄＜＝25)"，表达式中的"同时"即是逻辑运算符。

关于闰年的论题是这样的：同时满足以下条件：①年份能被 4 整除；②年份若是 100 的整数倍的话，需被 400 整除，否则是平年。如果使用逻辑表达式进行精确描述，可以归结为：(年度％4＝＝0)同时(年度％100！＝0)或者(年度％400＝＝0)，表达式中的"同时"、"或者"即是逻辑运算符。

1. 逻辑运算符

C 语言提供三种逻辑运算符：

&& 　逻辑与（相当于"同时"）

|| 　逻辑或（相当于"或者"）

! 　逻辑非（相当于"否定"）

"&&"和"||"是"双目（元）运算符"，它要求有两个运算量（操作数），如（a>b）&&（x>y），（a>b）||（x>y）。"!"是"一目（元）运算符"，只要求有一个运算量。逻辑运算举例如下：

a&&b 若 a、b 为真，则 a&&b 为真。

a||b 若 a、b 之一为真，则 a||b 为真。

!a 若 a 为真，则!a 为假。

2. 逻辑运算符的运算优先级

（1）逻辑非的优先级最高，逻辑与次之，逻辑或最低，即：

!（非）→ &&（与）→ ||（或）

!（非）	（高）
算术运算符	
关系运算符	
&&和||	
赋值运算符	（低）

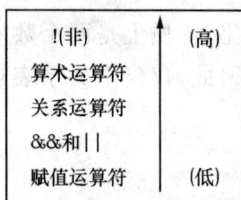

图 5.2　逻辑运算符的运算优先级

（2）与其他种类运算符的优先关系

! → 算术运算 → 关系运算 → && → || → 赋值运算。逻辑运算符的运算优先级见图 5.2。

关系运算符和逻辑运算符的优先级关系，是计算机等级考试（C 语言二级）必考内容。掌握优先级规则，可以优化程序设计。例如：

　　（a>b）&&（x>y）　可简化成　a>b && x>y

（a==b）||（x==y）　　可简化成　a==b||x==y

（!a）||（a>b）　　　可简化成　!a||a>b

5.3.2　逻辑表达式

逻辑表达式是指用逻辑运算符将 1 个或多个表达式连接起来，进行逻辑运算的式子。在 C 语言中，用逻辑表达式表示多个条件的组合。

假设，用 y 表示年度，得判断 1 个年份是否是闰年的逻辑表达式"（y%400==0）||（y%4==0）&&（y%100!=0）"。

1. 逻辑表达式的运算规则

（1）逻辑运算符两侧的操作数，除可以是 0 和非 0 的整数外，也可以是其他任何类型的数据，如实型、字符型等。

（2）获取逻辑表达式的运算值之前，并非所有的关系、算术等表达式都能被判定。

2. 逻辑表达式的计算过程

关于逻辑表达式的计算过程，作为 C 语言程序设计者，应该有一个基本了解。特别是对于逻辑与的一票（一个表达式）否决制和逻辑或的一票肯定制有所了解。

（1）逻辑与运算。如果逻辑表达式的第 1 个表达式被判定为"假"，将不再判定第 2 表达式。假设学生张三（性别：男；年龄：20 岁；健康情况：心脏有问题），有如下判定学生是否具备赴高原实习的逻辑表达式："（sex=="男"）&&（age>18&&age<30）&&（health=="正常"）"。对于学生张三而言，要判断他是否具备赴高原实习条件，每个表达式都需判定。但如

果学生李静(性别:女;年龄:20 岁;健康情况:"正常"),判断其是否具备赴高原实习,第 1 个表达式"(sex=="男")"判定结果即为"逻辑假",其他表达式将不再判定。

(2)逻辑或运算。如果逻辑表达式的第 1 个表达式被判定为"真",将不再判定第 2 个表达式。假设有如下判定学生是否具备考研保送的逻辑表达式:"(averagescore>90)||(duty=="学生会主席")||(award=="全国数学竞赛一等奖以上")"。如果学生张三(average_score:92;duty:"学生";award:"无"),判定关系表达式"(averagescore>90)"的运算值为"逻辑真",其他表达式将不再进行判定。

3. 逻辑表达式的值

逻辑表达式的值同关系表达式的值一样,也是一个逻辑值,非"真"即"假"。C 语言编译系统在给出逻辑运算结果时,以数值 1 代表"真",以 0 代表"假",但在判断一个量是否为"真"时,以 0 代表"假",以非 0 代表"真"。即将一个非零的数值认作为"真"。例如:

(1)若 a=4,则!a 的值为 0。因为 a 的值非 0,被认作"真",对它进行"非"运算,得"假","假"以 0 代表。

(2)若 a=4,b=5,则 a&&b 的值为 1。因为 a 和 b 均为非 0,被认为是"真",因此 a&&b 的值也为"真",值为 1。

(3)a、b 值同前, a||b 的值为 1。

(4)a、b 值同前,!a||b 的值为 1。

(5)4&&0||2 的值为 1。

通过这几个例子可以看出,由系统给出的逻辑运算结果不是 0 就是 1,不可能是其他数值。

【例 5.4】 假设 x1、x2、x3、x4、y1、y2 的值分别为 6、3、5、6、100、1000,请判定逻辑表达式"(y1=x1>x2)&&(y2=x3>x4)"的逻辑真或假。

【编程思想】

关系运算符的运算优先级(赋值运算符的运算优先级最低,"()"的优先级高于其他运算符);关系运算规则;逻辑运算规则。

(1)声明整型变量 x1、x2、x3、x4、y1、y2,并赋初始值 x1=6;x2=3;x3=5;x4=6;x5=100;x6=1000。

(2)判断逻辑与 && 两侧的关系表达式。

第 1 步,判定逻辑与 && 左侧表达式"(y1=x1>x2)"的运算值,先判定关系表达式"(x1>x2)"的运算值,然后将运算值赋值(=)给 y1,即 y1 的值即 && 左侧表达式的运算值;

第 2 步,判定逻辑与 && 右侧表达式"(y2=x3>x4)"的运算值,先判定关系表达式"(x3>x4)"的运算值,然后将运算值赋值(=)给 y2,即 y2 的值即 && 右侧表达式的运算值(如果第 2 步表达式的运算值为 0,将不判定其他表达式);

第 3 步,综合判定逻辑表达式"(y1=x1>x2)&&(y2=x3>x4)"的运算值。

【程序实现】

```
# include "stdafx. h"
# include < stdio. h>
int main()
{
    int x1=6, x2=3, x3=5, x4=6, y1=100, y2=1000, iend;
```

```
iend＝(y1＝x1＞x2)&&(y2＝x3＞x4);
printf("(y1＝x1＞x2)&&(y2＝x3＞x4)＝%d \n",iend);
getchar();
return 0;
}
```
【输出结果】
```
(y1＝x1＞x2)&&(y2＝x3＞x4)＝0
```

5.4　if 语句

本章讨论关系表达式和逻辑表达式的构造规则及计算结果,主要目标是使用关系表达式、逻辑表述式构成选择结构的选择条件,以及循环控制语句的循环条件等。下面讨论选择结构及选择结构程序的设计。

分支结构是程序的基本结构。所谓分支结构,就是根据不同的条件,选择不同的程序块(分程序)进行处理。在 C 语言程序中,条件分支结构是通过 if 语句和 switch 语句实现的。if 语句有 if、if-else 和 if-else if 三种形式。

1. 格式一:双选结构

格式如下:

```
if （条件表达式)
{
语句组 1;
}
[else
{
语句组 2;
}]
```

语句组 1、语句组 2 是一个语句或分程序(程序块),也可以是空语句。if 语句的功能是:如果,条件表达式的结果为真(非 0),则执行语句组 1;如果(否则),为假 (0),则执行语句组 2。其中,条件表达式可以是关系表达式,也可以为逻辑表达式。

【例 5.5】　输入全部同学的成绩,以五分制进行统计分析。

【编程思想】

(1)该题使用 if 语句格式进行分支程序编写,考虑到程序清晰,本程序使用了多个{}构造的复合语句(把由{}包含的多个语句作为一个语句看待,称为复合语句)。实际编程中,也可以不这样编写,但对于编程者而言,语句的简化比起逻辑设计而言,应该忽略。这也是本书的一直坚持的一个原则:不应太注重细节的简略,而忽略了程序大结构的设计。

(2)声明整数成绩变量 ia;声明存储学生成绩等级的统计整数变量:

`int anums＝0,bnums＝0,cnums＝0,dnums＝0,enums＝0;`

(3)划分成绩等级,将成绩等级划分为 5 级,分别是优 A、良 B、中 C、及格 D、不及格 E,各级对应的分数如下:

A:ia＞90 && ia <=100
B:ia＞80 && ia <=90

C：ia > 70 && ia <= 80

D：ia >= 60 && ia <= 70

E：ia < 60

同理,在程序实现中,对于逻辑表达式的书写,采用了使用小括号的方式,目的是想使得表述逻辑关系更为清晰一些(给别人读,或者自己重新分析,效果会好一些)。

(4)为了通过键盘连续输入多个学生的成绩,实现统计的目的。程序中引入了循环语句:

```
while(1)
{
……
}
```

其中,由{}构成的复合语句可以包含更为复杂的语句组合(本例即是),成为循环体。该语句会一直运行下去,只能由循环体内的语句进行中断。

(5)循环体内的语句:

```
if (ia <= 0)
  break;
```

是一个单选择结构。操作语义是:只要输入 ia 的值小于或者等于 0(本程序设计的循环停止条件)时,中断循环,结束整个学生成绩输入的操作。

【程序实现】

```
# include "stdafx. h"
# include < stdio. h >
int main()
{
    int ia,iall=0;
    /* 记录成绩为 A、B、C、D 及 E 的人数 */
    int anums=0,bnums=0,cnums=0,dnums=0,enums=0;
    printf("请输入同学的成绩(输入成绩为 0 时,结束输入):\n");
    while (1)
    {
     scanf("%d",&ia);
     if (ia<=0)
       break;
     ++iall;
  if ((ia > 90)&&(ia <= 100))
      ++anums;
    else
    {
     if ((ia > 80)&&(ia <= 90))
        ++bnums;
     else
     {
         if ((ia > 70)&&(ia <= 80))
         ++cnums;
           else
```

```
            {
          if ((ia>=60)&&(ia<=70))
                  ++dnums;
            else
    ++enums;
              }
            }
          }
      }
      printf("统计结果为:总人数为 %d 人。成绩分布为:\n",iall);
      printf("成绩为 A:%d,B:%d,C:%d,D:%d,E:%d \n",
          anums,bnums,cnums,dnums,enums);
      getchar();
      return 0;
}
```

【输出结果】

97

89

76

65

45

…

0

统计结果为:总人数为 50 人。成绩分布为:

成绩为 A:10,B:20,C:10,D:9,E:1

2. 格式二:单选结构

格式如下:

if （表达式）

{

　　语句组 S;

}

该格式也是一种常用形式,单选结构的功能为:如果表达式的结果为真(非 0),则执行语句组 S。否则,什么也不做,继续执行单选语句之后的程序语句。

【例 5.6】 若输入一个整数,如果能被 17 整除,则显示。否则什么也不显示。

【程序实现】

```
# include "stdafx.h"
# include <stdio.h>
int main()
{
    int ia;
    printf("请输入一个整数:\n");
    scanf("%d",&ia);
```

```
        if (ia%17==0)
            printf("输入的整数 %d,能被 17 整除。\n",ia);
        getchar();
        return 0;
}
```

【输出结果】

请输入一个整数：

输入的整数 85,能被 17 整除。

【例 5.7】 判定下面语句的正确性,是否能被正确运行。陈述理由。

【程序举例】

（片段 1）：

```
if (x>y);
    return x;
else
    return y;
```

（片段 2）：

```
if (x>y)
    a=10
else
    a=100;
```

（片段 3）：

```
if (x>=y)
    a=10;
    printf("%d",a);
else
    a=100;
```

（片段 4）：

```
if (-1)
    a=10;
```

【程序片段分析】

（片段 1)是错误片段。原因在于,语句：

```
if (x>y);
```

由于错用了一个";"号,使程序逻辑发生了变化,如果 x 大于 y,程序什么也不做。而与之构成的双选结构的其他语句：

```
return x;
else
return y;
```

当与前面 if 语句脱离了关系后,均为非法语句。else 分支无匹配的 if 存在,造成整个语句多处逻辑出错和语法出错。这是 C 语言初学者经常容易犯的错误。

（片段 2)是错误片段。原因在于,语句：

```
a=10
```

缺少了语句结束符";。

（片段 3)是错误片段。本片段设计目标为：当 x 大于 y 时,为变量 a 赋值 10,并打印输出。

由于没有使用复合语句结构,造成由语句:

```
if (x>=y)
    a=10;
```

构成了单选结构,其余部分从设计逻辑到语法构成均多处出错。这也是初学者不会使用复合语句,经常容易犯的错误。

(片段 4)是正确片段。

```
a=10;
```

语句无条件执行,因为对于 if 语句的条件表达式,只要不为 0。其他值均为真。

从对例 5.7 的分析可知:

(1)if 语句只能执行一个语句,当满足条件需要执行多个语句时,应用一对大括号{}将需要执行的多个语句括起,形成一个复合语句。

(2)if 语句(其他语句也相同)中表达式形式很灵活,可以是常量、变量、任何类型表达式、函数、指针等。只要表达式的值为非零值,条件就为真,反之条件为假。

(3)if 和 else 语句之间只能有一个语句,当 if-else 之间的语句多于一句时,应用一对{ }将语句括起来。

(4)if 和 else 语句在 C 语言中是以匹配方式使用的。可以对于两部分进行任意方式扩充,但必须保证这种双选结构的两部分程序在逻辑上为一个语句(对于一句以上时,必须构成复合语句)。

3. 格式三:多分支选择 if 语句

格式如下:

```
if  (表达式 1)
    语句 1
else
    if  (表达式 2)
        语句 2
    else
        if  (表达式 3)
        语句 3
        ……
        else
            if  (表达式 m)
                语句 m
            else
                语句 n
```

流程图见图 5.3。

多分支嵌套应注意以下问题:if 和 else 的配对关系必须保证,当其相应的分支程序由多个语句构成时,一定要将其使用{}包含起来,使其成为一个复合语句。否则,多分支结构将被打乱,程序设计者的意图将无法实现,而且可能引起程序大片出错。保证程序的走向一致,即程序的入口和出口、执行部分和非执行(跳出)部分相一致。例如,应保证程序分支返回值与函数定义相一致。

【例 5.8】 输入任意 2 个整型数值 x1、x2，保证按照由大到小输出。

【编程思想】

这个问题的算法很简单，只需要作一次比较即可。对类似这样简单的问题可以不必先写出算法或画流程图，而直接编写程序。或者说，算法在编程者的脑子里，相当于在算术运算中对简单的问题可以"心算"而不必在纸上写出来一样。实现题目要求的方法有两种：

（1）比较大小后，保证第一个变量大于第二个变量，然后，按照第一个变量、第二个变量的顺序输出。

（2）比较大小后，使用两个输出语句（函数）保证两个数是按照由大到小输出的。

本例题采用（1），即变量交换方式。

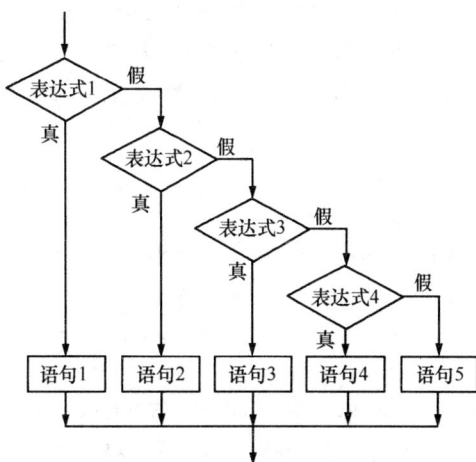

图 5.3　多分支选择 if 语句

【程序实现】

```
# include "stdafx.h"
# include <stdio.h>
int main()
{
    int ia,ib,it;
    printf("请输入两个整数:\n");
    scanf("%d,%d",&ia,&ib);
    if (ia<ib)    /* 两个整数交换 */
    {
     it=ia;
     ia=ib;
     ib=it;
    }
    printf("输入的两个整数为：%d,%d \n",ia,ib);
    getchar();
    return 0;
}
```

【输出结果】

请输入两个整数：
345,987
输入的两个整数为：987,345

【例 5.9】 从键盘上输入学生的平均成绩、数学成绩、英语成绩和英语口语等级，判定该学生是否具备参加数学竞赛和英语竞赛的资格。

【编程思想】

关于参加数学和英语竞赛的规则是：

（1）优秀的标准是成绩 90 分以上（不包含 90 分），英语口语等级为五分制，A 为优秀；

129

（2）所有选手的平均成绩必须为优秀；

（3）参加数学竞赛的资格：数学成绩为优秀；

（4）参加英语竞赛的资格：英语成绩为优秀，且英语口语等级为 A。

【程序实现】

```
# include "stdafx. h"
# include <stdio. h>
int main()
{
    int ipj,iyy,isx,sxzg=0,yyzg=0;
    char iyyk;
    printf("请输入该学生的平均成绩,数学成绩、英语成绩和英语口语等级:\n");
    scanf("%d,%d,%d,%c",&ipj,&isx,&iyy,&iyyk);
      /* 根据平均成绩进行首轮资格判定 */
    if (ipj<=90)
      goto nozgloca;
       /* 判定数据资格 */
    if ((isx>90)&&(isx<=100))
      sxzg=1;
    if ((iyy>90)&&(iyy<=100)&&(iyyk=='A'))
      yyzg=1;
    if (! sxzg && ! yyzg)
       goto nozgloca;
  if (sxzg && yyzg)
    printf("该同学可以参加数学和英语竞赛! \n");
    else
      if (sxzg)
        printf("该同学可以参加数学竞赛! \n");
      else
        printf("该同学可以参加英语竞赛! \n");
    getchar();
    return 0;
nozgloca:
    printf("该同学不能参加任何竞赛! \n");
    getchar();
    return 0;
}
```

【输出结果】

（1）结果

请输入该学生的平均成绩,数学成绩、英语成绩和英语口语等级：

97,96,95,A

该同学可以参加数学和英语竞赛！

（2）结果

请输入该学生的平均成绩,数学成绩、英语成绩和英语口语等级：

```
85,96,95,A
```
该同学不能参加任何竞赛！

【程序分析】

(1)为了减少分支结构嵌套的层数,本程序引入了两个无条件转移语句,它们是:

```
if (ipj <= 90)
    goto nozgloca;
```

以及

```
if (!sxzg &&! yyzg)
    goto nozgloca;
```

其中,nozgloca 为语句位置标号,在本程序内定义。第一个 goto 语句含义为:如果输入学生平均成绩不是优秀,一定不能参加任何竞赛。所以转向语句标号 nozgloca 处。第二个语句含义为:如果输入学生成绩既不能参加数学竞赛,也不能参加英语竞赛,所以转向语句标号 nozgloca 处。

(2)标号 nozgloca 处是一段公用程序,输出:

该同学不能参加任何竞赛！

5.5 条件运算符

若 if 语句中,在表达式为"真"和"假"时,且都只执行一个赋值语句给同一个变量赋值时,可以用简单的条件运算符来处理。例如,若有以下 if 语句:

```
if  (a > b)
    max＝a;
else
    max＝b;
```

可以用下面的条件运算符来处理:

```
max＝(a > b) ? a：b;
```

其中,(a > b)是一个条件表达式。它是这样执行的:如果(a > b)条件为真,则条件表达式取值 a,否则取值 b。

条件运算符要求有 3 个操作对象,称三目(元)运算符,它是 C 语言中唯一的一个三目运算符。条件表达式的一般形式为:

表达式 1 ？表达式 2：表达式 3。

它的执行过程见图 5.4。

条件运算符因为其语法简洁、语义丰富及编程高效而备受 C 语言程序设计者青睐,作为初学者,应该了解以下有关条件运算符基本概念。

(1)条件运算符的执行顺序:先求解表达式 1,若为非 0(真)则求解表达式 2,此时表达式 2 的值就作为整个条件表达式的值。若表达式 1 的值为 0(假),则求解表达式 3,表达式 3 的值就是整个条件表达式的值。

max＝(a > b) ? a：b

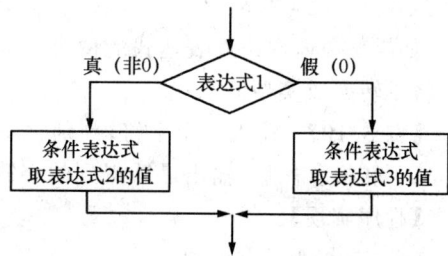

图 5.4 条件运算符的流程图

执行结果就是将条件表达式的值赋给 max。也就是将 a 和 b 二者中大者赋给 max。

（2）条件运算符优先于赋值运算符，因此上面赋值表达式的求解过程是先求解条件表达式，再将它的值赋给 max。

条件运算符的优先级别比关系运算符和算术运算符都低。因此

```
max＝(a>b) ? a:b;
```

括号可以不要，可写成

```
max＝a>b  ? a:b;
```

如果有：

```
a>b  ? a:b+1;
```

相当于

```
a>b  ? a:(b+1);
```

而不应理解为 (a>b ? a：b)+1。

（3）条件运算符的结合方向为"自右至左"。如果有以下条件表达式：

```
a>b  ? a:c>d  ? c:d
```

相当于：

```
a>b  ? a：(c>d  ? c:d)
```

如果 a＝1,b＝2,c＝3,d＝4,则条件表达式的值等于 4。

（4）条件表达式不能取代一般的 if 语句,只有在 if 语句中内嵌的语句为赋值语句（且两个分支都给同一个变量赋值）时,才能代替 if 语句。像下面的 if 语句就无法用一个条件表达式代替。

```
if (a>b)
    printf("%d",a);
else
    printf("%d",b);
```

但可以用下面语句代替：

```
printf("%d",a>b  ? a：b);
```

即将条件表达式的值输出。

（5）条件表达式中,表达式 1 的类型可以与表达式 2 和表达式 3 的类型不同。如：

```
x  ?'a':'b'
```

x 是整型变量,若 x＝0,则条件表达式的值为'b'。表达式 2 和表达式 3 的类型也可以不同,此时条件表达式的值的类型为二者中较高的类型。如：

```
x>y  ? 1：1.5
```

如果 x≤y,则条件表达式的值为 1.5,若 x>y,值应为 1,由于 1.5 是实型,比整型高,因此,将 1 转换成实型值 1.0。

【例 5.10】　输入一个字符,判别它是否是大写字母,如果是,将它转换成小写字母;如果不是,不转换。然后,输出最后得到的字符。

【程序实现】

```
# include "stdafx. h"
# include <stdio. h>
int main()
{
```

```
    char inch,newch;
    printf("请输入英文字母:\n");
    scanf("%c",&inch);
newch=((inch>='a')&&(inch<='z')) ? (inch-'a'+'A'):inch;
    printf("输入字符:%c,转换后字符：%c \n",inch,newch);
    getchar();
    return 0;
}
```

【输出结果】

请输入英文字母：

q

输入字符:q,转换后字符：Q

5.6 switch 语句

switch 语句是多分支选择语句。用来实现如图 5.4 所表示的多分支选择结构。if 语句只有两个分支可供选择，而实际问题中常常需要用到多分支的选择。例如，①学生成绩分类:90分以上为'a'等,80~89 分为'b'等,70~79 分为'c'等;②人口统计分类(按年龄):老、中、青、少、儿童;③C 语言基本语句分类:控制语句,表达式语句,函数调用语句,空语句以及复合语句等。当然,这些都可以用嵌套的 if 语句来处理,但如果分支较多,则嵌套的 if 语句层数多,程序冗长,不仅编写繁琐,而且可读性降低。C 语言提供 switch 语句直接处理多分支选择。switch 语句的一般形式如下:

```
switch （表达式）
{
    case （常量表达式 1）：
    语句块 1；
    case （常量表达式 2）：
    语句块 2；
    ……
    case （常量表达式 m）：
    语句块 m；
            default：
    语句块 n；
}
```

【例 5.11】 编写一个五分制到百分制成绩解释程序。

【程序实现】

```
# include "stdafx. h"
# include < stdio. h >
int main()
{
    char ch;
    printf("请输入五分制的分数:\n");
```

```c
    scanf("%c",&ch);
    switch (ch)
    {
      case'A':
      case'a':
        printf("该同学成绩优秀,对应的百分制成绩在 91 到 100 分之间。\n");
        break;
      case'B':
      case'b':
        printf("该同学成绩优良,对应的百分制成绩在 81 到 90 分之间。\n");
        break;
      case'C':
      case'c':
        printf("该同学成绩中等,对应的百分制成绩在 71 到 80 分之间。\n");
        break;
      case'D':
      case'd':
        printf("该同学成绩及格,对应的百分制成绩在 60 到 70 分之间。\n");
        break;
      case'E':
      case'e':
        printf("该同学成绩不及格,对应的百分制成绩在 60 分以下。\n");
        break;
      default:
        printf("输入成绩无效！\n");
        break;
    }
    getchar();
    return 0;
}
```

【输出结果】

(1)结果

请输入五分制的分数：

a

该同学成绩优秀,对应的百分制成绩在 91 到 100 分之间。

(2)结果

请输入五分制的分数：

E

该同学成绩不及格,对应的百分制成绩在 60 分以下。

(3)结果

请输入五分制的分数：

X

输入成绩无效！

关于 switch 多选择语句的各个部分构成及使用,说明如下。

(1)switch 后面的表达式,可以是整型常量或变量、字符型常量或变量、枚举类型表达式。其结果值必须是整型或字符型。

(2)当表达式的值与某一个 case 后面的常量表达式的值相等时,就执行此 case 后面的语句,若所有的 case 中的常量表达式的值都没有与表达式的值匹配的,就执行 default 后面的语句。

(3)每一个 case 的常量表达式的值必须互不相同,否则就会出现互相矛盾的现象(对表达式的同一个值,有两种或多种执行方案)。

(4)各个 case 和 default 的出现次序不影响执行结果。然而,考虑到程序运行效率,应尽可能把最常用的情况对应的 case 语句放在前面。

(5)执行完一个 case 后面的语句后,流程控制转移到下一个 case 继续执行。"case 常量表达式"只是起语句标号作用,并不是在该处进行条件判断。在执行 switch 语句时,根据 switch 后面表达式的值找到匹配的入口标号,就从此标号开始执行下去,不再进行判断。因此,应该在执行一个 case 分支后,使流程跳出 switch 结构,即终止 switch 语句的执行。可以用一个 break 语句来达到此目的。最后一个分支(default)可以不加 break 语句。

(6)在 case 后面中虽然包含一个以上执行语句,但可以不必用花括弧括起来,会自动顺序执行本 case 后面所有的执行语句。当然加上花括弧也可以。

(7)多个 case 可以共用一组执行语句。从例 5.12 中,可以找到具体的应用。

(8)default 部分可以不要,如果没有 default 部分,则当表达式的值与各 case 后的常量表达式的值都不一致时,则程序不执行该结构中的任何部分。

(9)各分支语句中的 break 语句作用是控制程序退出 switch 结构。若程序没有 break 语句,则程序将继续执行下面一个 case 中的程序块。例如:

```
switch(c)
{
    case 'A': u++;
    case 'a':  l++;
    default: s++;
}
```

若 c 的取值是 A,则三个分支即 u++、l++、s++ 都被执行。

若 c 的取值是 a,则最后两个分支即 l++、s++ 被执行。

若 c 的取值既不是 A 也不是 a,则只执行 s++。

【例 5.12】 某运输公司对用户计算运费。距离(s)越远,每公里运费越低。折扣为 d (discount),每公里每吨货物的基本运费为 p (price),货物重 w (weight),总运费 f (freight),即 $f=p*w*s*(1-d/100)$,假设,$c=s/250$。

$$d=\begin{cases} 0 & s<250 \\ 0.02 & 250 \leq s<500 \\ 0.05 & 500 \leq s<1000 \\ 0.08 & 1000 \leq s<2000 \\ 0.1 & 2000 \leq s<3000 \\ 0.15 & 3000 \leq s \end{cases}$$

【程序实现】

```
# include "stdafx. h"
# include < stdio. h >
int main()
{
    int c,s;
    float p,w,d,f ;
    printf("请输入基本运费,货物重量及距离:\n");
    scanf("%f,%f,%d", &p, &w, &s);
    if (s >= 3000)
      c=12;
    else
      c=s / 250;
    switch (c)
    {
    case 0:
      d=0;
      break ;
    case 1:
      d=2;
      break;
    case 2:
    case 3:
      d=5;
      break;
    case 4:
    case 5:
    case 6:
    case 7:
      d=8;
      break ;
    case 8:
    case 9:
    case 10:
    case 11:
      d=10;
      break ;
    case 12:
      d=15;
      break;
    }
    f=(float)p* w * s* (1-d/100.0);
    printf("总运费=%15.4f", f);
    getchar();
```

```
        return 0;
    }
```

【输出结果】

请输入基本运费,货物重量及距离:

100,20,300

总运费＝1176000.0000

switch 语句中漏写 break 语句

例如:根据考试成绩的等级打印出百分制数段。

```
switch(grade)
    {case'A':
        printf("85～100\n");
     case'B':
        printf("70～84\n");
     case'C':
        printf("60～69\n");
     case'D':
        printf("< 60\n");
    default:
    printf("error\n");
    }
```

由于漏写了 break 语句,case 只起标号的作用,而不起判断作用。因此,当 grade 值为 A 时,printf 函数在执行完第一个语句后接着执行第二、三、四、五个 printf 函数语句。正确写法应在每个分支后再加上"break;"。例如：

```
case'A':
    printf("85～100\n");
    break;
```

【例 5.13】 已知某公司员工的保底薪水为 500 元,某月所接工程的利润 profit(整数)与利润提成的关系如下(计量单位:元):

profit ≤ 1000　　　没有提成;

1000 < profit ≤ 2000　提成 10%;

2000 < profit ≤ 5000　提成 15%;

5000 < profit ≤ 10000 提成 20%;

10000 < profit　　　提成 25%。

设计程序,根据工程项目获得的利润值(元),计算个人获得的工资(元)。

【程序实现】

```
# include "stdafx. h"
# include < stdio. h>
int main()
{
    int    grade＝0;
    float  profit＝0.0;
```

```
float  salary=500;
printf("请输入工程项目获得的利润值(元):\n");
  /* 将利润、再整除 1000,转化成 switch 语句中的 case 标号 */
  scanf("%f",&profit);
  grade=(profit-1)/1000;
  switch (grade)
  {
    case  0:
      break;   /* profit≤1000 */
    case  1:
      salary+=profit* 0.1;
      break;   /* 1000<profit≤2000 */
    case  2:
    case  3:
    case  4:
      salary+=profit* 0.15;
      break; /* 2000<profit≤5000 */
    case  5:
    case  6:
    case  7:
    case  8:
    case  9:
      salary+=profit* 0.2;
      break;   /* 5000<profit≤10000 */
    default:
        salary+=profit * 0.25;
        /* 10000<profit */
  }
  printf("个人获得的工资(元):%.2f\n",salary);
  getchar();
  return 1;
}
```

【输出结果】

请输入工程项目获得的利润值(元):

30000

个人获得的工资(元): 8000

等级考试实训

一、考试内容

1. 表达式语句,空语句,复合语句。

2. 数据的输入与输出,输入输出函数的调用。

3. 复合语句。

4. goto 语句和语句标号的使用。

二、掌握了解程度

1. 掌握关系运算符、逻辑运算符的运算规则和优先级。

2. 掌握 if 语句和 switch 语句的使用。

三、主要知识点及考点

知识点	分值	考核概率/%	专家点评
关系运算符及优先次序	$0-1$	40	简单识记
关系表达式	$0-1$	50	简单,重点识记
逻辑运算符及优先级	$1-2$	50	简单识记
逻辑表达式	$1-2$	50	简单,属重点识记知识点
if 语句的几种形式	$1-2$	100	简单识记
if 语句的嵌套	$1-2$	100	难度适中,重点掌握
条件运算符	$0-1$	100	难度适中,重点掌握
switch 语句	$2-4$	100	简单,重点掌握,重点理解
语句标号	$0-1$	10	偏难,不是重点
goto	$1-2$	100	简单识记

实战锦囊

1. 关系运算符

(1)<、<=、>、>= 优先级高

== 、!= 优先级低

举例:先乘除,后加减;

注意:区分＝和＝＝

(2)关系表达式的值:

关系表达式成立,为真——用 1 表示

关系表达式不成立,为假——用 0 表示

2. 逻辑运算符

(1)优先级别:!、&&、||从左往右,优先级依次降低;

(2)逻辑表达式的值

表达式结果为真——值为 1

表达式结果为假——值为 0

(3)a&&b&&c 只有 a 为真(非 0)时,才需要判别 b 的值,只有 a 和 b 都为真的情况下才需要判别 c 的值。

对 && 运算符,只有 a≠0,才继续进行右面的运算;

(4)a||b||c 只有 a 为假(0)时,才需要判别 b 的值,只有 a 和 b 都为假的情况下才需要判别 c 的值。

对 || 运算符,只有 a＝0,才继续进行其右面的运算。

3. if 语句的第一、第二种形式

(1)

if(条件)

{

    语句 1;

}

(2)

```
if(条件)
{
    语句 1
}
else
{
    语句 2
}
```

(3)if 语句的第三种形式：

```
if(条件 1)    ｛语句 1｝
else if(条件 2)    ｛语句 2｝
else if(条件 3)    ｛语句 3｝
    ⋮
else        ｛语句 n｝
```

4.if 语句的嵌套：

(1)三种 if 语句可以互相嵌套,应当注意的是,else 总是与它上面最近的 if 配对。

(2)如果 if 与 else 的数目不一样,为实现程序设计者的目标,可以加｛｝括起来确定配对关系。

5.条件运算符：

(1)格式：表达式 1？表达式 2：表达式 3；

(2)条件运算符的结合方向为"自右至左"；

如：a > b ？a:c > d ？c:d;//先算出 c > d ？c:d,用它的结果,作为表达式参与前面的运算。

6.switch 语句：

```
格式：switch(表达式)
｛case   常量表达式 1 ：｛语句 1｝
    case   常量表达式 2 ：｛语句 2｝
    ···
    case   常量表达式 n ：｛语句 n｝
    default:｛语句   n＋1｝//default 可有可无；
｝
```

(1) switch 后,表达式的类型常用 int,char,case 后的常量表达式类型一定与表达式类型匹配；

(2) case 后常量表达式的值必须互不相同；

(3) case 和 default 出现次序不影响执行结果；

case 语句后如没有 break,将顺序向下执行。切记!

习题

一、填空题

1.C 语言提供 6 种关系运算符,按优先级由高到低它们分别是_____,_____,_____,
_____,_____,_____等。

2.C 语言提供三种逻辑运算符,按优先级高低它们分别是_____,_____,_____。

3. 将条件"y 能被 4 整除但不能被 100 整除,或 y 能被 400 整除"写成逻辑表达式_____。

4. 设 x,y,z 均为 int 型变量;写出描述"x,y 和 z 中有两个为负数"的 C 语言表达式:_____
_____。

5. 已知 A＝7.5,B＝2,C＝3.6,表达式 A > B ＆＆ C > A ‖ A < B ＆＆！C > B 的值是_____。

6. 有 int x=3,y=-4,z=5;则表达式(x&&y)==(x||z)的值为 _____。

7. 若有 x=1,y=2,z=3,则表达式(x<y ? x:y)==z++的值是 _____。

8. 关系表达式的运算结果是 _____ 值。C 语言没有逻辑型数据,以 _____ 代表"真",以 _____ 代表"假"。

9. C 语言提供的三种逻辑运算符是 _____、_____、_____。其中优先级最高的为 _____,优先级最低的为 _____。

10. 逻辑运算符两侧的运算对象不但可以是 0 和 1,或者是 0 和非 0 的整数,也可以是任何类型的数据。系统最终以 _____ 和 _____ 来判定它们属于"真"或"假"。

11. 设 y 为 int 型变量,请写出描述"y 是偶数"的表达式 _____。

12. 设 x,y,z 均为 int 型变量,请写出描述"x 或 y 中有一个小于 z"的表达式 _____。

13. 条件"2<x<3 或 x<10"的 C 语言表达式是 _____。

14. 判断 char 型变量 ch 是否为大写字母的正确表达式是 _____。

15. 当 a=3,b=2,c=1 时,表达式 f=a>b>c 的值是 _____。

16. 在 if 语句中又包含一个或多个 if 语句称为 _____。

17. 为了避免在嵌套的条件语句 if-else 中产生二义性,C 语言规定:else 子句总是与 _____ 配对。如果 if 与 else 数目不一样,为实现设计者的目标,可以加 _____ 来确定配对关系。

18. 条件运算符是 C 语言中唯一的一个 _____ 目运算符,其结合性为 _____。

19. 在 switch 语句中,switch 后面括弧内的"表达式",可以为 _____ 类型。

20. 若 a=1,b=2,则表达式 a>b ? a:b+1 的值是 _____。

二、判断题

1. if 语句中的表达式不限于逻辑表达式,可以是任意的数值类型。( )

2. switch 语句可以用 if 语句完全代替。( )

3. switch 语句的 case 表达式必须是常量表达式。( )

4. if 语句,switch 语句可以嵌套,而且嵌套的层数没有限制。( )

5. 条件表达式可以取代 if 语句,或者用 if 语句取代条件表达式。( )

6. switch 语句的各个 case 和 default 的出现次序不影响执行结果。( )

7. 多个 case 可以执行相同的程序段。( )

8. 内层 break 语句可以终止嵌套的 switch,使最外层的 switch 结束。( )

9. switch 语句的 case 分支可以使用{ }复合语句,多个语句序列。( )

10. switch 语句的表达式与 case 表达式的类型必须一致。( )

11. 在 switch 语句中,每一个的 case 常量表达式的值可以相同。( )

12. 在 switch 语句中,各个 case 和 default 的出现次序影响执行结果。( )

13. 在 switch 语句中,多个 case 可以共用一组执行语句。( )

14. 条件表达式能取代一般 if 的语句。( )

15. case 后的常量表达式类型一定与表达式类型匹配。( )

三、编程题

5.1 什么是关系运算?什么是逻辑运算?什么是算术运算?

5.2 C 语言中如何表示"逻辑真"和"逻辑假"或"真"和"假"?系统如何判断一个量的"真"和"假"?

5.3 写出下面各逻辑表达式的值。设 a=121,b=234,c=235。

    (1)a+b>c&&b==c

    (2)a||b+c&&b-c

    (3)!(a>b)&&!c||1

    (4)!(x=a)&&(y=b)&&0

    (5)!(a+b)+c+1 && b+c/2

5.4 有 5 个整数 a、b、c、d、e,由键盘输入,输出其中最大的数。

5.5 有一个函数:

$$y=\begin{cases} x & x<1 \\ 3x+2 & 1<x<10 \\ 5x-12 & x\geqslant 10 \end{cases}$$

写一段程序,输入 x,输出 y。

5.6 给一个不多于 5 位的正整数,要求:

(1)求出它是几位数;

(2)分别输出每一位数字;

(3)按逆序输出各位数字,如将输入 1234,输出为 4321。

5.7 编程输入整数 a 和 b,若大于 100,则输出百位以上的数字,否则输出两数之和。

5.8 给出一百分制成绩,要求输出成绩等级'A'、'B'、'C'、'D'、'E'。90 分以上为'A',80～89 分为'B',70～79 分为'C',60～69 分为'D',60 分以下为'E'。

5.9 编写程序,输入三角形的三条边长,求其面积。注意:对于不合理的边长输入要输出数据错误的提示信息。

5.10 输入一个整型数 x,判定如果 x>100,并且 x<80,那么输出 y＝x－50,否则 y＝x* 20。要求:

(1)使用非嵌套的 if 语句;

(2)使用嵌套的 if 语句;

(3)使用?条件语句。

5.11 输出从公元 1000 年至 2000 年所有闰年的年号,每输出 3 个年号换一行。判断公元年是否闰年的条件是:

(1)公元年数如能被 4 整除,而不能被 100 整除,则是闰年。

(2)公元年数能被 400 整除也是闰年。

5.12 求:1－1/2＋1/3－1/4＋1/5－1/6＋1/7 ···1/n。要求,使用 for 语句和自定义函数实现。

5.13 已知银行整存整取存款不同期限的月息利率分别为:

0.315％ 期限一年

0.330％ 期限二年

0.345％ 期限三年

0.375％ 期限五年

0.420％ 期限八年

要求输入存钱的本金和期限,求到期时能从银行得到的利息与本金的合计。

5.14 编写一个简单计算器程序,输入格式为:data1 op data2。其中 data1 和 data2 是参加运算的两个数,op 为运算符,它的取值只能是+、－、* 、/。

5.15 编写程序,输入一位学生的生日(年:y0、月:m0、日:d0);并输入当前的日期(年:y1、月:m1、日:d1);输出该学生的实际年龄。

四、选择题

1. 设有定义:int a＝1,b＝2,c＝3;,以下语句中执行效果与其他三个不同的是(   )。

    A. if(a＞b)c＝a,a＝b,b＝c;   B. if(a＞b){c＝a,a＝b,b＝c;}

    C. if(a＞b)c＝a;a＝b;b＝c;   D. if(a＞b){c＝a;a＝b;b＝c;}

2. 下列程序的运行结果是(   )。

```
# include "stdio.h"

main()

{  int x=- 9,y=5,z=8;

    if(x<y)
```

```
if(y < 0) z = 0;
else z += 1;
printf("%d\n", z); }
```

  A. 6   B. 7   C. 8   D. 9

3. 若执行下面的程序时,从键盘输入 5 和 2,则输出结果是( )。

```
main()
{int a,b,k;
    scanf("%d,%d ", &a, &b);
    k=a;
    if(a<b) k=a%b;
    else k=b%a;
    printf("%d\n", k); }
```

  A. 5   B. 3   C. 2   D. 0

4. 下列叙述中正确的是( )。

  A. 在 switch 语句中,不一定使用 break 语句

  B. 在 switch 语句中必须使用 default

  C. break 语句必须与 switch 语句中的 case 配对使用

  D. break 语句只能用于 switch 语句

5. 以下程序运行后的输出结果是( )。

```
main()
{ int i=1, j=2, k=3;
if(i++==1&&(++j==3||k++==3));
printf("%d %d %d\n", i, j, k);
}
```

  A. 1 2 3   B. 2 3 4   C. 2 2 3   D. 2 3 3

6. 若执行下面的程序时,从键盘输入 6 和 12,则输出结果是( )。

```
main()
{int a,b,k;
scanf("%d,%d", &a, &b);
k=a;
if(a<b) k=a%b;
else k=b%a;
printf("%d\n", k); }
```

  A. 6   B. 3   C. 2   D. 0

7. 有以下程序:

```
main()
{
int a=0,b=0,c=0,d=0;
if(a=1)b=1,c=2;
else
d=3;
printf("%d,%d,%d,%d\n", a, b, c, d);
}
```

  程序输出结果是( )。

A. 0,1,2,0　　　　　　B. 0,0,0,3　　　　　　C. 1,1,2,0　　　　　　D. 编译有错

8. 下列说法正确的是(　　)。

　　A. 条件运算符是单目运算符

　　B. 条件运算符是双目运算符,因为它有 2 个运算符

　　C. 条件运算符是三目运算符,因为它有 3 个运算对象

　　D. 条件运算符的优先级高于赋值运算符和逻辑运算符

9. 以下程序的运行结果是(　　)。

```c
# include< stdio. h>
main()
{int num= 4;
switch(num)
  {case 0:printf("0");break;
  case 1:printf("1");break;
  case 2:printf("2");break;
  default:printf("-1");break;
  }
}
```

　　A. -1　　　　　　B. 0　　　　　　C. 1　　　　　　D. 2

10. 逻辑运算符两侧运算对象的数据类型(　　)。

　　A. 只能是 0 或 1　　　　　　　　　　B. 只能是 0 或非 0 整数

　　C. 只能是整型或字符型数据　　　　　D. 可以是任何类型的数据

11. 下列表达式中,不满足"当 x 的值为偶数时值为真,为奇数时值为假"的要求(　　)。

　　A. x%2==0　　　　　　　　　　B. !x%2!=0

　　C. (x/2* 2 - x)==0　　　　　　　D. !(x%2)

12. 能正确表示"当 x 的取值在[1,10]和[200,210]范围内为真,否则为假"的表达式是(　　)。

　　A. (x>=1)&&(x<=10)&&(x>=200)&&(x<=210)

　　B. (x>=1)‖(x<=10)‖(x>=200)‖(x<=210)

　　C. (x>=1)&&(x<=10)‖(x>=200)&&(x<=210)

　　D. (x>=1)‖(x<=10)&&(x>=200)‖(x<=210)

13. C 语言对嵌套 if 语句的规定是:else 总是与(　　)。

　　A. 其之前最近的 if 配对　　　　　　B. 第一个 if 配对

　　C. 缩进位置相同的 if 配对　　　　　D. 其之前最近的且尚未配对的 if 配对

14. 设:int a=1,b=2,c=3,d=4,m=2,n=2;执行(m=a>b)&& (n=c>d)后 n 的值为(　　)。

　　A. 1　　　　　　B. 2　　　　　　C. 3　　　　　　D. 4

15. 下述表达式中,(　　)可以正确表示 x≤0 或 x≥1 的关系。

　　A. (x>=1)‖(x<=0)　　　　　　　B. x>=1‖x<=0

　　C. x>=1 && x<=0　　　　　　　D. (x>=1)&& (x<=0)

16. 以下关于运算符优先顺序的描述中正确的是(　　)。

　　A. 关系运算符<算术运算符<赋值运算符<逻辑与运算符

　　B. 逻辑与运算符<关系运算符<算术运算符<赋值运算符

　　C. 赋值运算符<逻辑与运算符<关系运算符<算术运算符

　　D. 算术运算符<关系运算符<赋值运算符<逻辑与运算符

17. 下列运算符中优先级最高的是(　　)。

　　A. <　　　　　　B. +　　　　　　C. &&　　　　　　D. !=

18. 已知 x＝43,ch＝'A',y＝0；则表达式(x>＝y&&ch<'B'&&!y)的值是(   )。

    A. 0　　　　　　　B. 语法错　　　　　　C. 1　　　　　　　　D. "假"

19. 设 int x＝1,y＝1；表达式(! x||y－－)的值是(   )。

    A. 0　　　　　　　B. 1　　　　　　　C. 2　　　　　　　D. －1

20. 若变量 c 为 char 类型,能正确判断出 c 为小写字母的表达式是(   )。

    A. 'a'<＝c<＝'z'　　　　　　　　　　B. (c>＝'a')||(c<＝'z')

    C. ('a'<＝c)and ('z'>＝c)　　　　　　D. (c>＝'a')&&(c<＝'z')

第6章 循环结构

计算机之所以成为人类信息技术的重要工具、能代替人类自动、高速地完成海量数据的处理工作,其主要依托循环结构这种程序运行的核心机制。循环是程序设计精髓,是每个程序设计者必须具备的基本功。主要原因概括如下:

(1)人类科学计算中存在着大量需要使用循环结构、利用程序循环解决的数学问题。如阶乘计算、数据汇总等,另一方面,在程序设计时,总是要把复杂的不易理解的求解过程转换为容易理解的操作的多次重复,从而降低了问题的复杂度。

(2)业务需要使用循环结构,如视频播放、网友聊天等操作。

(3)计算机运算速度快,最适宜做重复性的工作。

(4)循环结构可以减少源程序重复书写的工作量,是程序设计中最能发挥计算机特长的程序结构。

(5)几乎所有计算机的工作都是人们事先多次做过,做得很好的重复性工作,而经过优化编程后交给计算机做的,没有循环结构计算机就失去存在的意义。不使用循环结构的程序几乎没有。

在应用软件中,可以借助于菜单机制,通过选择同一或者不同的菜单,实现应用功能(处理业务)的不断循环。本章讨论的循环结构是在一个程序模块(或者一个函数体内)的一种循环机制。

充分利用循环结构、使程序尽可能地循环起来,从而提高编程效率、代码重用率以及计算机运算效率等是程序设计实战中常用的技巧。

6.1 让程序循环起来

6.1.1 从四个数排序谈起

根据数据对象特征、按照递增或递减的规律将多个数据集合重新组合起来,这就是所谓排序。排序是程序设计中备受关注的热点、重点及难点,更为重要的是:排序算法过去、现在及将来一直是信息技术领域研究的核心之一。

【例6.1】 输入4个同学的成绩,按从高到低排序输出。

【程序实现】

```
# include "stdafx.h"
# include < stdio.h >
void main()
{
```

```c
int ina,inb,inc,ind;                  /* 输入变量 */
int outa,outb,outc,outd;              /* 排序后的输出数据 */
int mina,minb,minc,ia,ib;             /* 中间变量 */
printf("请输入 4 个同学的成绩:\n");
scanf("%d,%d,%d,%d",&ina,&inb,&inc,&ind);
    /* 比较排序  */
    /* 四选择一  */
if ((ina>inb)&&(ina>inc)&&(ina>ind))
{
    outa=ina;
    mina=inb;
    minb=inc;
    minc=ind;
}
else
{
if ((inb>ina)&&(inb>inc)&&(inb>ind))
{
    outa=inb;
    mina=ina;
    minb=inc;
    minc=ind;
}
else
{
    if ((inc>ina)&&(inc>inb)&&(inc>ind))
    {
        outa=inc;
        mina=ina;
        minb=inb;
        minc=ind;
    }
   else
   {
    outa=ind;
    mina=ina;
    minb=inb;
    minc=inc;
   }
 }
}
    /* 三选一 */
if ((mina>minb)&&(mina>minc))
{
```

```
        outb=mina;
         ia=minb;
         ib=minc;
    }
    else
    {
        if ((minb > mina)&&(minb > minc))
        {
            outb=minb;
            ia=mina;
            ib=minc;
        }
        else
        {
            outb=minc;
            ia=mina;
            ib=minb;
        }
    }
        /* 二选一 */
    if (ia > ib)
    {
        outc=ia;
        outd=ib;
    }
    else
    {
        outc=ib;
        outd=ia;
    }
    printf("输入原成绩为:( %d,%d,%d,%d )\n",ina,inb,inc,ind);
    printf("排序后成绩为:( %d,%d,%d,%d )\n",outa,outb,outc,outd);
    getchar();
    return;
}
```

【输出结果】

请输入 4 个同学的成绩:

78,85,60,98

输入原成绩为:(78,85,60,98)

排序后成绩为:(98,85,78,60)

　　例 6.1 是一种使用单个变量,利用选择结构实现的一种排序算法。存在主要问题是:①当学生人数增加时,比如,20 个同学,利用例 6.1 算法,能实现吗?②当排序条件改为按从低到高排序输出时,例 6.1 程序怎么改?

6.1.2 循环结构初接触

【例 6.2】 输入 20 个同学的成绩,按从高到低排序输出。

【程序实现】

```c
# include "stdafx.h"
# include <stdio.h>
# define MAXITEMS 20
    /* 用于对数组进行选择排序法操作*/
    // 参数 iset 为需要排序的数组
    // 参数 MAXITEMS 为需要排序数组的元素个数
void main()
{
  int ino1,ino2,temp=0,flag=0;
  int iset[MAXITEMS];
  printf("请输入 20 位同学的成绩:\n");
  for (ino1=0,ino2=0;ino2<4;ino2++,ino1+=5)
    scanf("%d,%d,%d,%d,%d",&iset[ino1],&iset[ino1+1],
      &iset[ino1+2],&iset[ino1+3],&iset[ino1+4]);
   // 大循环,用于控制程序不再对已经排好序的数进行操作
  for (ino1=0; ino1<MAXITEMS-1; ino1++)
  {
    temp=iset[ino1];
    flag=ino1;
      // 小循环,用于从前往后扫描数组并选择最大数
    for (ino2=ino1+1; ino2<MAXITEMS; ino2++)
    {
     if (iset[ino2]>temp)
    {
        temp=iset[ino2];
        flag=ino2; // 目前最大的元素的下标
    }
  }
    // 如果最大的元素不是进行筛选的数据中的第一个,
    // 则将最大数据与第一个筛选数据交换
    if (flag !=ino1)
    {
      iset[flag]=iset[ino1];
      iset[ino1]=temp;
    }
  }
  printf("排序后的同学成绩:\n");
  for (ino1=0,ino2=0;ino2<4;ino2++,ino1+=5)
    printf("%d,%d,%d,%d,%d\n",iset[ino1],iset[ino1+1],iset[ino1+2],iset[ino1
```

```
+3],iset[ino1+4]);
    getchar();
    return;
}
```

【输出结果】

请输入 20 位同学的成绩：

98,65,64,87,76

91,87,65,82,66

77,88,99,55,69

70,80,90,60,63

排序后的同学成绩：

99,98,91,90,88

87,87,82,80,77

76,70,69,66,65

65,64,63,60,55

例 6.2 是一种使用数组和循环机制,采用选择排序法实现的程序,关于循环程序设计,本节将详细讨论。对例 6.2 分析后,可能有如下体会:①引入数组变量后,可以支持多级循环操作,简化了程序结构以及设计逻辑。② 循环体可以支持维数可变的数组排序,如把 MAXITEMS 设置为 10000,将很少增加编程的复杂性。③排序方式对于程序影响不大,如改为从低到高排序输出,只需要修改一句程序:

```
if (iset[ino2]< temp)
```

6.1.3 循环编程技术的重要性

计算机之所以成为人类的工具、能代替人们工作,就表现在于能够兢兢业业、一丝不苟地进行每一个步骤操作、完成着一条条指令,不厌其烦地重复着一级或者多级循环,人类交给计算机的工作,无论差别多大,只要需要处理的数据或者信息体积达到一定程度,几乎都必须使用程序的循环结构。循环结构是结构化程序设计的基本结构之一,它和顺序结构、选择结构共同作为各种复杂程序的基本构造单元,循环是计算机解题的一个重要特征。由于计算机运算速度快,最适宜做重复性的工作。当我们在进行程序设计时,总是要把复杂的不易理解的求解过程转换为容易理解的操作的多次重复,从而降低了问题的复杂度,同时也减少程序书写及输入的工作量。为了提高程序设计的时间和空间效率,即解决同一个问题,所需的时间和占用的内存二者应尽可能少,以有利于高效循环的理念使用内存及设计算法,让程序又好又快地循环起来。基本思路为:

(1)以支持程序循环为目标,建立数据结构和存储模式。对于概念相关的多个同类变量,尽量使用数组变量,以集合方式进行访问;对于大体积数据,尽可能采用内存动态申请方式,以数组(指针)方式处理。日益膨胀的海量数据的加工、整理、检索及智能化(或者知识化)是计算机程序必然承担的任务,以有限的代码解决无限的海量数据的处理,数据存储结构设计,必须以程序有效循环为主要目标。

(2)在函数或者多个函数的程序设计中,以循环程序的过程,理顺数据处理工序。在满足程序功能需求的条件下,主要完成以下设计工作:①从处理数据对象的特点及功能需求上,设计循环的给定条件、确定循环级数(一级循环或者多级循环)、控制条件以及控制变量等。②根据程序任务,实施阶段分解,设计好循环的核心部分:反复执行的循环体程序。③建立程序正常结束、异常退出等有效程序段,保证整个系统循环而不凌乱、长久而不死机。

(3)熟练掌握 C 语言提供的多种循环语句以及循环结构,全面提高程序设计能力,可以根据不同的数据对象、不同的功能需求,利用 C 语言的基本循环结构,组成各种不同形式的、时空高效的循环结构,设计出优良的循环程序体。

所谓循环就是在给定的条件成立时,反复执行某一程序段,被反复执行的程序段称为循环体。C 语言的循环结构主要包括:①用 goto 语句和 if 语句构成循环;②用 while 语句;③用 do-while 语句;④用 for 语句。在下面各节中将分别进行介绍。

6.2　goto 语句

在计算机语言中,goto 语句是深得编程人员青睐,备受计算机语言学家指责的一个语句,有的学者甚至认为,goto 语句问题的提出直接导致了计算机学科程序设计语言学的产生。程序设计中,goto 语句实用好用,深得程序设计者之心。例如,无需多个 if-else 嵌套,使用多个 break 语句配合,一条 goto 语句,即可达到目标。主张建议废除 goto 语句的学者主要认为:①由于 goto 语句可以灵活跳转,如果不加限制,它的确会破坏结构化设计风格。②goto 语句经常带来错误或隐患。它可能跳过了某些对象的构造、变量的初始化,如果编译器不能发觉此类错误,每用一次 goto 语句都可能留下隐患。③goto 语句的使用,往往与程序员当时情绪有关,别人无法揣摩,因此,使用 goto 语句的程序可读性差。程序出错是一种常态,使用任何语句都可能引起错误,因此,应把 goto 语句引起的错误与其他语句错误同等对待,程序是为用户提供更好的服务功能,不是让人读的。所以,大可不必因为某一些人读别人程序有困难而开除"goto 语句"的计算机语言资格。

goto 语句为无条件转向语句,它的一般形式为:

goto 语句标号;

语句标号用标识符表示,它的命名规则与变量名相同。不能用整数来做标号,语句标号是有效的标识符加上一个":"一起出现在函数内某处。例如:

goto label1;

是合法的,而

goto 123;

是不合法的。结构化程序设计方法主张限制使用 goto 语句,因为滥用 goto 语句将使程序流程无规律、可读性差。但也不是绝对禁止使用 goto 语句。一般来说,可以有两种用途。

(1)与 if 语句一起构成循环结构。

(2)从循环体中跳转到循环体外,但在 C 语言中可以用 break 语句和 continue 语句跳出本层循环和结束本次循环。goto 语句的使用机会已大大减少,只是需要从多层循环的内层循环跳到外层循环外时才用到 goto 语句。但是这种用法不符合结构化原则,一般不宜采用,只有在不得已时(例如能大大提高效率)才使用。

【例 6.3】　用 if 语句和 goto 语句构成循环,求 $\sum n$。

【程序实现】

```
# include "stdafx. h"
# include "stdio. h"
void main()
```

```
{
  int i=1,s=0;
label :
  if (i<=100)
  {s=s+i;
    i++;
    goto label;
  }
  printf("∑100=%d\n",s);
  getchar();
  return;
}
```

【输出结果】

∑100=5050

【程序分析】

使用 if-goto 构成循序的算法比较简单:把 goto 语句放置在 if 条件限定的复合语句内,把 goto 的标号放置在 if 语句之前。只有 if 条件不再满足,循环即告停止。当 if 的条件为真时,执行循环体。而循环体最后一个语句即为无条件循环所需的 goto 语句。这样,构成的循环为有条件循环函数程序。

6.3 while 语句

while 语句用来实现"当型"循环结构。其一般形式如下:

while (表达式)

语句

当表达式为非 0 值时,执行 while 语句中的内嵌语句。其流程图如图 6.1 所示。其特点是:先判断表达式,后执行语句。

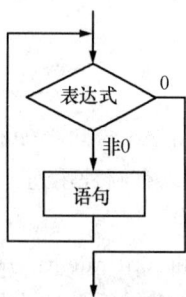

图 6.1 while 语句流程图

由 while 结构体构成的循环程序其语句通常为一个循环体,一般该程序体承担着循环结构的主要功能的实现。循环体如果包含一个以上的语句,应该用花括弧括起来,以复合语句形式出现。如果不加花括弧,则 while 语句的范围只到 while 后面第一个分号处,即执行由";"结尾的一行语句。初学者最常犯的错误是为 while 语句的条件语言后的小括号后添加一个分号,如:

```
while (x<1);
```

只要满足 while 后面的(x<1)的条件,该循环循环体为一个";",相当于什么也不做的空语句。由于循环条件满足,循环体又不修改 x 的值,循环什么也不做,但循环永不结束。这样,构成了典型的死循环程序。While 结构的表达式同 if 语句后的表达式一样,可以是任何类型的表达式。其特点是先判断表达式,后执行语句。while 循环结构常用于循环次数不固定,根据是否满足某个条件决定循环与否的情况。在循环体中应有使循环趋向于结束的语句,该语句可以影响 while 的循环条件。如果无此语句,则循环条件始终不改变,循环永不结束。

【例 6.4】 用 while 语句构成循环,求 $\sum n$。

【程序实现】

```
# include "stdafx. h"
# include "stdio. h"
void main()
{
    int i=1,s=0;
    while (i<=100)
      {
         s=s+i;
         i++;
      }
    printf("∑100=%d\n",s );
    getchar();
    return;
}
```

【输出结果】

∑100=5050

【程序分析】

(1)循环体如果包含一个以上的语句,应该用花括弧括起来,以复合语句形式出现。

(2)在循环体中应有使循环趋向于结束的语句:

```
i++;
```

一个多余的";"引起的死循环

对于 while 循环的条件表达式,初学者很容易犯的错误是:把其与赋值表达式相混淆:

```
ia=ib* (ic+id+ie);
```

为 while 循环的条件表达式添加了一个多余的";"。如:

```
int  i=1,s=0;
    while (i<=100);
      {
         s=s+i;
         i++;
      }
```

这样程序,引起的错误如下:

(1)由

```
while(i<=100);
```

构成了一个死循环。

(2)循环体不再循环,只是一组简单操作的语句序列。

【例 6.5】 用 while 循环,把 26 个大写字母显示出来。

【程序实现】

```
# include "stdafx. h"
# include "stdio. h"
```

```
void main()
{
    char   i='A';
    while(i<='Z')
    {
    printf ("%c",i);
        i++;
    }
    getchar();
    return;
}
```

【输出结果】

ABCDEFJHIJKLMNOPQRSTUVWXYZ

例 6.5 循环体控制变量选择字符类型,在控制程序循环的同时,直接输出控制变量的值,完成了程序设计的功能,简化了程序。C 语言支持字符变量以整数变量的方式使用。虽然使用方式没有限制,但程序设计时,必须十分清楚,字符变量的取值范围最大只能为 255,如果超过这个范围时,使用字符变量可能会引起程序运行的不正常。

把一个整数转换成一个字符串的方式有多种。其中,除以 10 取余方法,就是其中一种常用的算法。如对于整数 12456,可以这样获得整数最后一位的字符值,程序片段如下:

```
char   onech;
int ia=123456;
onech='0'+ia-(ia/10)* 10;
ia - (ia/10)* 10=123456-123450=6;
```

onech='0'+6,其值为:字符'6'。下面举例计算整数的位数,对这个程序稍加改造,即可设计出一个整数转换为十进制字符串的程序。

【例 6.6】 给一个不多于 5 位的正整数,求出它是几位数,并按逆序打印出各个位上的数字。

【程序实现】

```
# include "stdafx. h"
# include "stdio. h"
void main()
{
    int ia;
    int ino=0;
    printf("请输入一个整数:\n");
    scanf("%d",&ia);
    printf("输入整数的逆序字符串为:");
    while(ia! =0)
    {
        printf("%d",ia%10);
        ia=ia/10;
        ino++;
    }
```

```
        printf("\n 输入整数的位数为 %d 个字节。\n",ino);
        getchar();
        return;
}
```

【输出结果】

请输入一个整数：

12345678

输入整数的逆序字符串为:87654321

输入整数的位数为 8 个字节。

6.4　do-while 语句

do-while 语句的特点是先执行循环体,然后判断循环条件是否成立。其一般形式为

do

循环体语句

while (表达式);

它是这样执行的:先执行一次指定的循环体语句,
然后判别表达式,当表达式的值为非零("真")时,返回
重新执行循环体语句,如此反复,直到表达式的值等于
0 为止,此时循环结束。可以用图 6.2(a)表示其流程。
请注意 do-while 循环用 N-S 流程图的表示形式(图
6.2(b))。

do-while 语句的执行过程为:先执行一次指定的
循环体语句,然后判别表达式,当表达式的值为非零
("真")时,返回重新执行循环体语句,如此反复,直到

图 6.2　do-while 循环流程图

表达式的值等于 0 为止,此时循环结束。do-while 语句 常称为"直到型"循环语句。当 while
和 do-while 语句的第一次条件为真时,while,do-while 等价;第一次条件为假时,两者不同。

【例 6.7】　用 do-while 语句编写程序统计从键盘输入的一行非空字符的个数(以回车键
作为输入结束标记)。

【程序实现】

```
# include "stdafx.h"
# include "stdio.h"

void main()
{
    char ch;
    int num=0;
    do
    {
        num++;
        ch=getchar();
    }
```

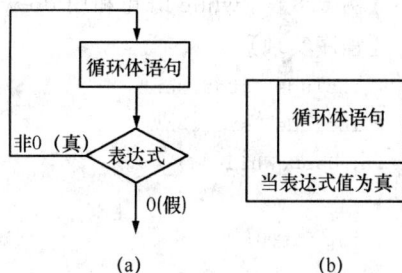

```
  while(ch! ='\n');
  printf("输入字符个数为 %d 个。\n",num);
  getchar();
  return;
}
```

【输出结果】

```
Dfghjkl;;u
```

输入字符个数为 11 个。

【程序分析】

该程序输入一个回车,输入字符个数也为 1 个。结束字符也算输入的一个字符。对于以上输出结果,在输入过程,屏幕显示了 10 个字符,而程序显示输入字符的个数为 11 个。该程序显示了 do-while 语句的显著特点:必须至少执行一次。

值得注意的是,在 if、while 语句中,表达式后面都没有分号,而在 do-while 语句的表达式后面则必须加分号。do-while 和 while 语句相互替换时,要注意第一次循环及循环控制条件的修改。

【例 6.8】 while 语句和用 do-while 语句的比较程序。

【程序实现】

```
# include "stdafx. h"
# include "stdio. h"
int UseDoWhile1()
{
  int ia=0;
  do
    ++ia;
  while (ia<1);
  return ia;
}
int UseWhile1()
{
  int ia=0;
  while (ia<1)
  ++ia;
  return ia;
}
int UseDoWhile2()
{
  int ia=0;
  do
    ++ia;
  while (ia<0);
  return ia;
}
int UseWhile2()
```

```
{
    int ia＝0;
    while (ia＜0)
    ++ia;
    return ia;
}
void main()
{
    printf("条件成立时,UseDoWhile1()＝%d \n",UseDoWhile1());
    printf("条件成立时,UseWhile1()＝%d \n",UseWhile1());
    printf("条件不成立时,UseDoWhile2()＝%d \n",UseDoWhile2());
    printf("条件不成立时,UseWhile2()＝%d \n",UseWhile2());
    getchar();
    return;
}
```

【输出结果】

条件成立时,UseDoWhile1()＝1

条件成立时,UseWhile1()＝1

条件不成立时,UseDoWhile2()＝1

条件不成立时,UseWhile2()＝0

while 语句和用 do-while 语句的比较:在一般情况下,用 while 语句和用 do-while 语句处理同一问题时,若二者的循环体部分是一样的,它们的结果也一样。但是如果 while 后面的表达式一开始就为假(0 值)时,两种循环的结果是不同的。

6.5 for 语句

C 语言中的 for 语句使用最为灵活,不仅可以用于循环次数已经确定的情况,而且可以用于循环次数不确定而只给出循环结束条件的情况,它完全可以代替 while 语句。一般形式:

for(表达式 1;表达式 2;表达式 3)

    语句(循环体)

在 for 语句中,表达式 1 一般用于设置初始化表达式。主要作用是可用来设定循环控制变量或循环体中变量的初始值,可以是逗号表达式。表达式 2 主要用于设置循环条件表达式。其值为逻辑量,为非 0 时继续循环,为 0 时循环终止。表达式 3 一般为增量表达式。用来对循环控制变量进行修正,也可用逗号表达式包含一些本来可放在循环体中执行的其他语句。上述多个表达式都可以缺省,但分号不可缺少。循环体语句:被重复执行的语句。

for 语句的执行过程(图 6.3):

(1)先求解表达式 1。

(2)求解表达式 2,若其值为真(值为非 0),则执行 for 语句中指定的循环体,然后执行下一步。若为假(值为 0),则结

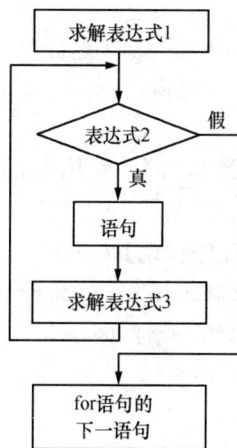

图 6.3　for 语言的执行过程流图

束循环,转到第(5)步。

(3)求解表达式 3。

(4)转回上面第(2)步骤继续执行。

(5)循环结束,执行 for 语句下面的一个语句。

【例 6.9】 计算自然数序列之和并输出,1+2+3+4+5+…+100。

【程序实现】

```
# include "stdafx. h"
# include "stdio. h"
void main()
{
    int ino,sum=0;
    for (ino=1;ino<=100;ino++)
    sum+=ino;
    printf("1+2+3+4+5+…+100=%d\n",sum);
    getchar();
    return;
}
```

【输出结果】

1+2+3+4+5+…+100=5050

for 语句最简单的应用形式,也就是最易理解的形式如下:

for (循环变量赋初值;循环条件;循环变量增值)

　　语句

例 6.9 是 for 语句最简单的应用形式,也就是最易理解的形式,体现了 for 语言的简洁和高效。for(循环变量赋初值;循环条件;循环变量增值)语句最简单形式由例 6.9 程序中的语句:

```
for  (ino=1;ino<=100;ino++)
```

具体体现。可以看到它相当于 while 结构的多个语句:

```
ino=1;
while(i<=100)
{
    sum=sum+ino;
    ino++;
}
```

【例 6.10】 使用 for 语句的多种循环形式,计算自然数序列之和并输出,1+2+3+4+5+…+100。

【程序实现】

```
# include "stdafx. h"
# include "stdio. h"
int FunCount1()
{
    int sum,ino;
    for (sum=0,ino=1;ino<=100;ino++)
```

```
        sum+=ino;
     return sum;
}
     /* 注意 for 语句表达式 3 可以为多个语句*/
int FunCount2()
{
     int sum=0,ino;
     for (ino=1;ino<=100;sum+=ino,ino++)
        ;
     return sum;
}
     /* 注意 for 语句表达式 3 中多个语句中的语句顺序*/
     /* 将影响整个函数的值*/
int FunCount3()
{
     int sum=0,ino;
     for (ino=1;ino<=100;ino++,sum+=ino)
        ;
     return sum;
}
     /* 注意 for 语句表达式 3 可以省略,控制循环*/
     /* 变量 ino 由循环体内改变*/
int FunCount4()
{
     int sum=0,ino;
     for (ino=1;ino<=100;)
     sum+=ino++;
     return sum;
}
void main()
{
     printf("FunCount1()=%d \n",FunCount1());
     printf("FunCount2()=%d \n",FunCount2());
     printf("FunCount3()=%d \n",FunCount3());
     printf("FunCount4()=%d \n",FunCount4());
     getchar();
     return;
}
```

【输出结果】

FunCount1()=5050

FunCount2()=5050

FunCount3()=5050

FunCount4()=5050

显然,用 for 语句更加简单、方便。概括起来,对于以上 for 语句最简单的应用形式也可以改写为 while 循环的形式：

```
表达式1;
while(表达式2)
{
    语句
    表达式3;
}
```

for 语句使用非常灵活,较为详细的讨论如下：

(1)表达式 1。for 语句形式中的"表达式 1"可以省略,此时应在 for 语句之前给循环变量赋初值。注意省略表达式 1 时,其后的分号不能省略。如：

```
ino=1;
for (;ino<=100;ino++)
    sum+=ino;
```

以上语句执行时,跳过"求解表达式 1"这一步,其他不变。实际使用中,表达式 1 可以由多个以","(注意是","而不是";")分隔的多个语句构成的语句序列。如：

```
for  (sum=0,ino=1;ino<=100;ino++)
    sum+=ino;
```

(2)表达式 2。表达式 2 也可以省略(不出现),从 for 语句的基本形式看,基本含义是不判断循环条件,循环无终止地进行下去。也就是认为表达式 2 始终为真。理论上,可以有如下(死循环程序段)：

```
for(ino=1; ;ino++)
    sum+=ino;
```

上面的程序中,表达式 1 是一个赋值表达式,表达式 2 空缺。它相当于 while 语句如下序列：

```
ino=1;
while(1)
{
    sum+=ino;
    ino++;
}
```

上面讨论 for 语句和 while 语句构成的程序段,本质上是一种无条件循环结构,在程序设计中经常使用。为了保证这种所谓的无条件循环结构体能够按照程序功能需求正常启动、运行、循环及终止,其基本编程思路通常只有一个：在循环程序体内做文章。具体做法是：在循环体内有条件的使用 break 语句(后面讨论)和 goto 语句。换句话说,在程序体内设置控制条件,使循环有条件地终止。

(3)表达式 3。表达式 3 也可以省略,但此时程序设计者应另外设法保证循环能正常结束。如：

```
for(ino=1;ino<=100;)
{
    sum+=ino;
    ino++;
}
```

在上面的 for 语句中只有表达式 1 和表达式 2,而没有表达式 3。ino++的操作不放在 for 语句的表达式 3 的位置处,而作为循环体的一部分,效果是一样的,都能使循环正常结束。

实际使用中,表达式 3 可以由多个以","(注意是",",不是";")分隔的多个语句构成序列,如例 6.10 的函数 FunCount2。

(4)可以省略表达式 1 和表达式 3,只有表达式 2,即只给出循环条件。例如:

```
for (;ino<=100;)
{
    sum+=ino;
    ino++;
}
```

相当于:

```
while (ino<=100)
{
    sum+=ino;
    ino++;
}
```

在这种情况下,完全等同于 while 语句。因此 for 语句比 while 语句功能强,除了可以给出循环条件外,还可以赋初值,使循环变量自动增值等。

(5)3 个表达式都可省略,如:

```
for (; ;)
    语句
```

相当于:

```
while (1)
    语句
```

即不设初值,不判断条件(认为表达式 2 的值为真),循环变量不增值。从 for 语句和 while 语句本身机制上,对于循环不进行控制。当然,循环体内可以借助于其他语句控制循环终止。

(6)表达式 2 的形式。表达式 2 是一个可以判定真伪的复杂的表达式,其值为 0(FALSE)表示非真(停止循环的条件值),而值为非 0 时(TRUE,可以为 1,-1 及任何不等于 0 的整数)表示为真(继续循环的条件值),常用的表达式一般是关系表达式(如 i<=100)或逻辑表达式如:

(a<b && x<y)

但也可以是数值表达式或字符表达式,只要其值为非零,就执行循环体。举例如下:

```
for  (ino=0;(ch=getchar())!='\n';ino+=ch)
    ;
```

在 for 语句的表达式 2 中先从终端接收一个字符赋给 ch,然后判断此赋值表达式的值是否不等于'\n'(换行符),如果不等于'\n',就执行循环体。同例 6.10 的 FunCount3 相似,此 for 语句的循环体为空语句,把本来要在循环体内处理的内容放在表达式 3 中,作用是一样的。可见 for 语句功能强,可以在表达式中完成本来应在循环体内完成的操作。

```
for(;(ch=getchar())!='\n';)
    printf("%c",ch);
```

for 语句中只有表达式 2,而无表达式 1 和表达式 3。其作用是每读入一个字符后立即输出该字符,直到输入一个"换行"为止。请注意,从终端键盘向计算机输入时,是在按 Enter 键以后才将一批数据一起送到内存缓冲区中去的。

从对于 for 语句的分析可知，C 语言中的 for 语句比其他语言（如 BASIC，PASCAL）中的 for 语句功能强得多。可以把循环体和一些与循环控制无关的操作也作为表达式 1 或表达式 3 出现，这样程序可以短小简洁。但过分地利用这一特点会使 for 语句显得杂乱，可读性降低，最好不要把与循环控制无关的内容放到 for 语句中。

【例 6.11】 求和 sin1 + sin2 +…+ sin50，并输出。

【程序实现】

```
# include "stdafx. h"
# include "stdio. h"
# include "math. h"
void main()
{int ino;
    float fa;
    for (fa=0.0,ino=1;ino<=50; ino++)
        fa+=sin(ino);
    printf("sin1+sin2+...+sin50=%f\n",fa);
    getchar();
    return;
}
```

【输出结果】

sin1+sin2+…+sin50=−0.099123

在例 6.11 中，调用 C 语言库函数 sin，该函数原型在 math. h 文件中，故程序中必须包含 math. h 文件。

【例 6.12】 打印出所有的"水仙花数"。

【编程思想】

"水仙花数"是指一个三位正整数，其各位数字的立方和等于该数本身，例如：$153 = 1^3 + 5^3 + 3^3$。

分析：可用穷举法，即把所有的三位正整数 100～999 按题意一一进行判断，如果一个三位正整数 n 的百位、十位、个位上的数字分别为 i、j、k，则判断式为：

$n = i^3 + j^3 + k^3$

如何分解三位数 n 的百位、十位、个位：

百位：i=n/100；

十位：j=(n/10)%10；

个位：k=n%10；

【程序实现】

```
# include "stdafx. h"
# include "stdio. h"
void main()
{
    int n,i,j,k;
    for(n=100; n<=999; n++)
    {
```

```
    i=n /100;
    j=(n / 10)%10;
    k=n %10;
    if(n==i* i* i+j* j* j+k* k* k)
        printf("%d=%d^3+%d^3+%d^3\n",n,i,j,k);
    }
    getchar();
    return;
}
```

【输出结果】
```
153=1^3+5^3+3^3
370=3^3+7^3+0^3
371=3^3+7^3+1^3
407=4^3+0^3+7^3
```

6.6 break 语句、continue 语句、goto 语句

基于循环条件,C 语言可以方便地建立简单高效的循环处理程序。考虑处理更为复杂的信息业务以及进一步提高循环程序的效率,C 语言提供了一类跳转语句,即一种循环体内的控制机制。这类语句的总体功能是中断当前某段程序的执行,并跳转到程序的其他位置继续执行。常见的跳转语句有三种:break 语句、continue 语句与 goto 语句。其中,前两种语句不允许用户自己指定跳转到哪里,而必须按照相应的原则跳转,而后一种语句可以由用户事先指定欲跳转到的位置,按照用户的需要进行跳转。

1. break 语句

break 语句的作用是:结束当前正在执行的循环(for、while、do…while)或多路分支(switch)程序结构,转而执行这些结构后面的语句。在 switch 语句中,break 用来使流程跳出 switch 语句,继续执行 switch 后的语句。在循环语句中,break 用来从最近的封闭循环体内跳出。语句形式:

```
break;
```

该语句的作用为跳出循环体,提前结束循环,无条件转移到循环结构的下一句继续执行。使用场合:只能用在 switch 结构和循环结构中。

【例 6.13】 在圆半径从 1 到 10 之间,查找出面积第一次超越 100 的半径,并输出。

【程序实现】
```
# include "stdafx.h"
# include "stdio.h"
# define PI 3.14159
void main()
{
    float area;
    int ir;
    for (ir=1;ir<=10;ir++)
    {
        area=(float)PI* ir* ir;
```

```
        if (area > 100)
            break;
    }
    printf("圆半径＝%d,面积＝%f \n",ir,area);
    getchar();
    return;
}
```

【输出结果】

圆半径＝6,面积＝113.097244

【程序分析】

在例 6.13,循环体内控制语句的作用是计算 ir＝1 到 ir＝10 时的圆面积,直到面积 area 大于 100 为止。从上面的 for 循环可以看到:当 area > 100 时,执行 break 语句,提前结束循环,即不再继续执行其余的几次循环。

2. continue 语句

continue 语句的作用是:结束当前正在执行的这一次循环(for、while、do…while),接着执行下一次循环。即跳过循环体中尚未执行的语句,接着进行下一次是否执行循环的判定。在 for 循环中,continue 用来转去执行表达式 2。在 while 循环和 do…while 循环中,continue 用来转去执行对条件表达式的判断。continue 语句和 break 语句的区别是:continue 语句只结束本次循环,而不是终止整个循环的执行。而 break 语句则是结束本次循环,不再进行条件判断。

【例 6.14】 输出 1～100 的能被 17 整除的数及个数。

【程序实现】

```
# include "stdafx. h"
# include "stdio. h"
void main()
{
    int ino,haves＝0;
    for (ino＝16; ino<＝100;ino++)
    {
        if (ino%17 !＝0)
            continue;
        if (haves > 0)
            printf(",");
        ++haves;
        printf(" %d ",ino);
    }
    printf("\n 在 1～100 的能被 17 整除的数共 %d 个。\n",haves);
    getchar();
    return;
}
```

【输出结果】

17,34,51,68,85

在 1～100 的能被 17 整除的数共 5 个。

【程序分析】

当 ino 不能被 17 整除时,执行 continue 语句,结束本次循环,即跳过输出及计算个数语句,转去判断 ino<=100 是否成立。只有 ino 能被 17 整除时,才执行 printf 函数,输出 ino。

3. goto 语句

goto 语句也是一种影响控制流程的语句了。所谓控制流程,就是使用 goto 语句,实现无条件跳转。我们知道 break 只能跳出最内层的循环,如果在一个嵌套循环中遇到某个错误条件需要立即跳出最外层循环做出错处理,就可以用 goto 语句。goto 语句的语法格式为:

goto　标号;

标号的位置自由,可位于 goto 语句的前面,也可位于 goto 语句的后面,但必须与 goto 语句共处于同一函数中。goto 语句的作用是:结束当前正在执行的循环(for、while、do…while)或多路分支(switch)程序结构,转而执行标号所标识的语句。

滥用 goto 语句将使程序流程无规则、可读性差,现代程序设计方法主张限制使用 goto 语句。用 goto 语句实现的循环完全可用 while 或 for 循环来表示。一般地,goto 语句只在一个地方有使用价值:当要从多重循环深处直接跳转到循环之外时,如果用 break 语句,将要用多次,而且可读性并不好,这时 goto 语句就可以发挥作用了。

6.7　循环嵌套

在循环体语句中又包含另一个完整的循环结构的形式,称为循环的嵌套。如果内循环体中又有嵌套的循环语句,则构成多重循环。嵌套在循环体内的循环体称为内循环,外面的循环称为外循环。while、do-while、for 三种循环都可以互相嵌套。

在 C 语言程序设计中,三种循环语句几乎均可以实现同样的功能,使用何种循环语句,通常与程序设计者的喜好有关。下面对于三者进行比较。for 语句和 while 语句先判断条件,后执行语句,故循环体有可能一次也不执行,而 do-while 语句的循环体至少执行一次。必须在 while 语句和 do-while 语句之前对循环体变量赋初值,而 for 语句可在表达式 1 中对循环变量赋初值。在循环次数已经确定的情况下,习惯用 for 语句;而对于循环次数不确定只给出循环结束条件的问题,习惯用 while 语句解决。

【例 6.15】 设计一个程序,当循环条件不满足时,比较三种循环语言的循环次数。

【程序实现】

```
# include "stdafx. h"
# include "stdio. h"
int Usefor()
{
  int ino,num=0;
  for (ino=1;ino<1;ino++)
  ++num;
  return num;
}
int Usewhile()
{
```

```
    int ino=1,num=0;
    while (ino<1)
    {
++num;
++ino;
    }
    return num;
}
int Usedo_while()
{
    int ino=1,num=0;
    do
    {
      ++num;
      ++ino;
    }  while (ino<1);
    return num;
}
void main()
{
    printf("当循环条件不满足时,三种循环语言的循环次数为:\n");
    printf("Usefor()=%d\n",Usefor());
    printf("Usewhile()=%d\n",Usewhile());
    printf("Usedo_while()=%d\n",Usedo_while());
    getchar();
    return;
}
```

【输出结果】

当循环条件不满足时,三种循环语言的循环次数为:

Usefor()=0;

Usewhile()=0

Usedo_while()=1

　　在 C 语言程序设计中,通过三种循环语句实现多重循环,是提高程序运行效率的一种常用方法。对于一些从算法描述角度,必须使用循环嵌套语句实现的问题,设计循环程序并不是一件困难的问题。而通常需要解决问题是:对于一些表面上不可能使用嵌套循环程序,通过在外层循环设置必要的控制变量,填写控制参数使其有效地循环起来。一般而言,可以用嵌套循环解决问题的程序,如果不使用嵌套循环结构,往往程序将会变得异常繁琐(不一定复杂)。因此,深刻领会 C 语言循环机制,掌握嵌套循环结构设计的基本原理,是 C 程序设计更高层次的基本功。虽然 C 语言嵌套可以由三种基本循环语句进行综合嵌套,但在实际设计中,通常使用选择同一种循环语句进行嵌套。

【例 6.16】　请编写求解下列问题的程序:

S=1! +2! +3! +⋯ +20!

【程序实现】

```c
# include "stdafx. h"
# include "stdio. h"
void main()
{
  int s,t,i,j;
  s=0; t=1;
  for(i=1; i<=20; i++)
  {
    for(j=1; j<=i; j++)
      t=t* j;
    s+=t;
  }
  printf("1! +2! +3! +…+ 20! =%d\n",s);
  getchar();
  return;
}
```

【输出结果】

1! +2! +3! +…+20! =1444231215

从例 6.16 可以看出,当外循环变量中的值变换一次时,内循环变量中的值将变换若干次。

【例 6.17】 请编写按照移动格式输出的九九乘法表程序。

【程序实现】

```c
# include "stdafx. h"
# include "stdio. h"
void main()
{
  int ia,ib;
  printf("九九乘法表如下:\n");
  for (ia=1; ia<=9; ia++)
  {
    for (ib=1; ib<=9; ib++)
    {
      if (ib>1)
      printf(",");
      printf("%d* %d=%d",ia,ib,ia* ib);
    }
    printf("\n");
  }
  getchar();
  return;
}
```

【输出结果】

九九乘法表如下：

1* 1＝1,1* 2＝2,1* 3＝3,1* 4＝4;1* 5＝5,1* 6＝6,1* 7＝7,1* 8＝8,1* 9＝9

2* 1＝2,2* 2＝4,2* 3＝6,2* 4＝8;2* 5＝10,2* 6＝12,2* 7＝14,2* 8＝16,2* 9＝18

3* 1＝3,3* 2＝6,3* 3＝9,3* 4＝12;3* 5＝15,3* 6＝18,3* 7＝21,3* 8＝24,3* 9＝27

4* 1＝4,4* 2＝8,4* 3＝12,4* 4＝16;4* 5＝20,4* 6＝24,4* 7＝28,4* 8＝32,4* 9＝36

5* 1＝5,5* 2＝10,5* 3＝15,5* 4＝20;5* 5＝25,5* 6＝30,5* 7＝35,5* 8＝40,5* 9＝45

6* 1＝6,6* 2＝12,6* 3＝18,6* 4＝24;6* 5＝30,6* 6＝36,6* 7＝42,6* 8＝48,6* 9＝54

7* 1＝7,7* 2＝14,7* 3＝21,7* 4＝28,7* 5＝35,7* 6＝42,7* 7＝49,7* 8＝56,7* 9＝63

8* 1＝8,8* 2＝16,8* 3＝24,8* 4＝32;8* 5＝40,8* 6＝48,8* 7＝56,8* 8＝64,8* 9＝72

9* 1＝9,9* 2＝18,9* 3＝27,9* 4＝36;9* 5＝45,9* 6＝54,9* 7＝63,9* 8＝72,9* 9＝81

等级考试实训

一、考试内容

1. for 循环结构。

2. while 和 do-while 循环结构。

3. continue 语句和 break 语句。

4. 循环的嵌套。

二、掌握了解程度

1. 掌握各循环控制语句的使用，包括 while 语句、do-while 语句、for 语句。

2. 掌握 break 语句、continue 语句在循环程序中的使用及区别。

三、主要知识点及考点

知识点	分值	考核概率/%	专家点评
while 语句	2－3	100	重点理解重点掌握
do-while 语句	2－3	100	重点理解重点掌握
for 语句	5－7	100	重点理解重点掌握
循环嵌套	4－6	100	重点理解重点掌握
循环比较	0－1	20	简单识记
break 语句	2－3	70	难度适中,重点掌握
continue 语句	2－3	50	难度适中,重点掌握

实战锦囊

1. while 语句

while(条件)

{

　　语句 // 如果不加花括弧,while 语句的范围只有一个语句;

}

(1)循环三要素:循环变量初值、循环条件、循环趋于结束语句;

(2)在循环体中应有使循环趋向于结束的语句。

2. do-while 语句

do
{

    语句 // 如果不加花括弧,do-while 语句的范围只有一个语句;

}   while(条件);

(1)循环三要素:循环变量初值、循环条件、循环趋于结束语句;

(2)注意:do-while 循环与 while 循环的区别。

3. for 语句

    for 循环的一般形式:

    for(表达式 1;表达式 2;表达式 3)

    {

        语句

    }

    (1)for 语句中三个表达式,对应循环中的三要素;

        表达式 1——循环变量的初值;

        表达式 2——循环的条件;

        表达式 3——循环趋于结束语句。

    (2)for 语句中的三个表达式,可以变换位置,但功能不变;

        如:表达式 1;

    for(;表达式 2;表达式 3)

    {

        语句

    }

    for(表达式 1;表达式 2;)

    {

        表达式 3;

        语句

    }

    for(表达式 1;;表达式 3)

    {

        if(表达式 2)

            break;

      语句

    }

    表达式 1;

    for(;表达式 2;)

    {

        表达式 3;

        语句

    }

4. 循环的嵌套

    三种循环可以互相嵌套。

5. break 和 continue

    (1)break 语句作用:强行终止循环,转到循环体下面语句去执行;

    (2)continue 语句作用:结束本次循环,再去判断条件,根据条件决定循环是否继续执行;

二者区别:continue 只是结束本次循环,而不是终止整个循环的执行;break 则是结束整个循环过程,不再判断执行循环的条件是否成立。

另:continue 只能用于循环体中;而 break 即可用于循环体中,还可用于 switch 语句中。

习题

一、填空题

1. C 语言三个循环语句分别是 _____ 语句,_____ 语句和 _____ 语句。

2. 至少执行一次循环体的循环语句是 _____。

3. 循环功能最强的循环语句是 _____。

4. 要使以下程序段输出 10 个整数,请填入一个整数。

```
for(i=0;i<=_____;printf("%d\n",i+=2));
```

5. 若输入字符串:abcde〈回车〉,则以下 while 循环体将执行 _____ 次。

```
while((ch=getchar())=='e')printf("* ");
```

6. 以下程序的输出结果是 _____。

```
main()
{int  s,i;
    for(s=0,i=1;i<3;i++,s+=i);
        printf("%d\n",s);
}
```

7. 以下程序的功能是调用函数 fun 计算:m=1-2+3-4+…+9-10,并输出结果。请填空。

```
int fun(int  n)
  {int  n=0,f=1,i;
    for (i=1; i<=n; i++)
    {m+=i* f;
      f=_____;
    }
    return  m;
}
main()
{printf("m=%d\n",_____ );}
```

8. 执行下面程序段后,k 值是 _____。

```
k=1; n=263;
do{k* =n%10; n/=10;}while(n);
```

9. 下面程序的运行结果是 _____。

```
# include <stdio.h>
main()
{
  int a,s,n,count;
  a=2; s=0; n=1; count=1;
  while(count<=7){n=n* a; s=s+n;++ count;}
  printf("s=%d",s);
}
```

10. 下面程序段的运行结果是 _____。

```
x=2;
```

```
    do
    {
        printf("*");
        x--;
    }
    while(!x==0);
```

二、判断题

1. 在 while 循环中允许使用嵌套循环,但只能是嵌套 while 循环。(   )

2. 在实际编程中,do-while 循环完全可以用 for 循环替换。(   )

3. continue 语句只能用于三个循环语句中。(   )

4. 在不得已的情况下(如提高程序运行效率),才使用 goto 语句。(   )

5. 语句标号与 C 语言标识符的语法规定是完全一样的。(   )

6. for 循环的三个表达式可以任意省略,while,do-while 也是如此。(   )

7. do-while 允许从外部转到循环体内。(   )

8. while 的循环控制条件比 do-while 的循环控制条件严格。(   )

9. do-while 循环中,根据情况可以省略 while。(   )

10. do-while 循环的 while 后的分号可以省略。(   )

三、编程题

6.1 求素数的累加和,从键盘任意输入 20 个数,将所有的素数累加后输出。

6.2 阶乘累加问题。编写程序,求 1!+2!+3!+…+n! 的值。

6.3 无重复数字的三位数问题。用 1、2、3、4 四个数字组成无重复数字的三位数,将这些三位数据全部输出。

6.4 输入两个正整数 m 和 n,求其最大公约数和最小公倍数。

6.5 输入一行字符,分别统计出其中英文字母、空格、数字和其他字符的个数。

6.6 打印出所有的"水仙花数",所谓"水仙花数"是指一个 3 位数,其各位数字立方之和等于该数本身。

6.7 编程求 1*3*5*7*9 的值。

6.8 从键盘输入的 10 个整数中,找出第一个能被 7 整除的数。若找到,打印此数后退出循环;若未找到,打印"not exist"。

6.9 每个苹果 0.8 元,第一天买 2 个苹果,第二天开始,每天买前一天的 2 倍,直至购买的苹果个数达到不超过 100 的最大值。编写程序求平均每天花多少钱?

6.10 编写程序,从键盘输入 6 名学生的 5 门成绩,分别统计出每个学生的平均成绩。

6.11 猴子吃桃问题。猴子第一天摘下若干个桃子,当即吃了一半,还不过瘾,又多吃了一个。第二天早上又将剩下的桃子吃掉一半,又多吃了一个。以后每天早上都吃了前一天剩下的一半零一个。到第 10 天早上再想吃时,只剩下一个桃子了。求第一天一共摘了多少桃子。

6.12 从键盘上输入若干学生的成绩,统计并输出最高成绩和最低成绩,当输入负数时结束输入。

6.13 输出 ASCII 码大写英文字母表。

6.14 一球从 100 米高度自由落下,每次落地后反跳回原高度的一半再落下,求它在第 10 次落地时,共经过多少米?第 10 次反弹多高?

四、选择题

1. 有以下程序:

```
main( )
{int p[8]={11,12,13,14,15,16,17,18},i=0,j=0;
while(i++<7)
if(p[i]%2)
    j+=p[i];
```

```
        printf("%d\n",j);
    }
```
程序运行后的输出结果是(　　)。

A. 42 　　　　　　　　 B. 45 　　　　　　　　 C. 56 　　　　　　　　 D. 60

2. 若变量已正确定义,有以下程序段

```
int i=0;
do printf("%d,",i);while(i++);
printf("%d",i);
```

其输出结果是(　　)

A. 0,0 　　　　　　　　　　　　　　　　　 B. 0,1

C. 1,1 　　　　　　　　　　　　　　　　　 D. 程序进入无限循环

3. C 语言的跳转语句中,对于 break 和 continue 说法正确的是(　　)。

A. braek 语句只应用在循环体中

B. continue 语句只应用在循环体中

C. break 是无条件跳转的语句,continue 不是

D. break 和 continue 的跳转范围不够明确,容易产生问题

4. C 语言中(　　)。

A. 不能使用 do-while 语句构成循环

B. do-while 语句构成的循环必须用 break 语句才能退出

C. do-while 语句构成的循环,当 while 语句中的表达式值为非零时结束循环

D. do-while 语句构成的循环,当 while 语句中的表达式值为零时结束循环

5. for(int x=0,y=0;! x&&y<=5;y++)语句循环的次数是(　　)。

A. 0 　　　　　　　　 B. 5 　　　　　　　　 C. 6 　　　　　　　　 D. 无数次

6. 语句 while(! E);中的条件! E 等价于(　　)。

A. E==0 　　　　　　 B. E! =1 　　　　　　 C. E! =0 　　　　　　 D. −E

7. t 为 int 类型,进入下面的循环之前,t 的值为 0

```
while(t=1)
{……}
```

则以下叙述中正确的是(　　)。

A. 循环控制表达式的值为 0 　　　　　　 B. 循环控制表达式的值为 1

C. 循环控制表达式不合法 　　　　　　　 D. 以上说法都不对

8. 以下程序段的循环次数是(　　)。

```
for (i=2; i==0; )    printf("%d",i--);
```

A. 无限次 　　　　　　 B. 0 次 　　　　　　 C. 1 次 　　　　　　 D. 2 次

9. 下述程序段的运行结果是(　　)。

```
int a=1,b=2,c=3,t;
while (a<b<c){t=a; a=b; b=t; c--;}
printf("%d,%d,%d",a,b,c);
```

A. 1,2,0 　　　　　　 B. 2,1,0 　　　　　　 C. 1,2,1 　　　　　　 D. 2,1,1

10. 下述语句执行后,变量 k 的值是(　　)。

```
int k=1;
while (k++<10);
```

A. 10 　　　　　　　　 B. 11 　　　　　　　　 C. 9 　　　　　　　　 D. 无限循环,值不定

11. 下面 for 循环语句,正确者为(   )。

```
int i,k;
for (i=0,k=-1; k=1; i++,k++)
    printf("* * * ");
```

A. 判断循环结束的条件非法　　　　　　B. 是无限循环

C. 只循环一次　　　　　　　　　　　　D. 一次也不循环

12. 执行语句 for (i=1;i++<4;); 后变量 i 的值是(   )。

A. 3　　　　　　　　B. 4　　　　　　　　C. 5　　　　　　　　D. 不定

13. 以下程序段,正确者为(   )。

```
x=-1;
do
    {x=x* x;}
while (!x);
```

A. 是死循环　　　　B. 循环执行 2 次　　C. 循环执行 1 次　　D. 有语法错误

14. 以下 for 循环的执行次数是(   )。

```
for (x=0,y=0;(y=123)&&(x<4);(x++));
```

A. 无限循环　　　　B. 循环次数不定　　C. 4 次　　　　　　D. 3 次

15. 以下不是死循环的语句是(   )。

A. for (y=9,x=1;x>++ y;x=i++)i=x ;　　　　B. for(; ; x++=i);

C. while (1){x++;}　　　　　　　　　　　　D. for (i=10 ; ; i--)sum+=i ;

16. C 语言中 while 和 do-while 循环的主要区别是(   )。

A. do-while 的循环体至少无条件执行一次

B. while 的循环控制条件比 do-while 的循环控制条件严格

C. do-while 允许从外部转到循环体内

D. do-while 的循环体不能是复合语句

17. 下面有关 for 循环的正确描述是(   )。

A. for 循环只能用于循环次数已经确定的情况

B. for 循环是先执行循环体语句,后判断表达式

C. 在 for 循环中,不能用 break 语句跳出循环体

D. for 循环的循环体语句中,可以包含多条语句,但必须用花括号括起来

18. 若 i 为整型变量,则以下循环执行次数是(   )。

```
for(i=2;i==0;)printf("%d",i--);
```

A. 无限次　　　　　　B. 0 次　　　　　　　C. 1 次　　　　　　　D. 2 次

19. 以下程序的输出结果是(   )。

```
main( )
{int   n=4;
    while(n--)printf("%d ",--n);
}
```

A. 2 0　　　　　　　B. 3 1　　　　　　　C. 3 2 1　　　　　　D. 2 1 0

20. 有以下程序段

```
int n=0,p;
do{scanf("%d",&p);n++;}while(p!=12345 &&n<3);
```

此处,do-while 循环的结束条件是(　　)。

A. P 的值不等于 12345 并且 n 的值小于 3

B. P 的值等于 12345 并且 n 的值大于等于 3

C. P 的值不等于 12345 或者 n 的值小于 3

D. P 的值等于 12345 或者 n 的值大于等于 3

第7章 数 组

数组是一种把相同类型、相同体积的若干数据元素按有序的方式组织起来的一种形式,主要作用是支持同类数据的批量处理和数组元素的循环操作。

随着计算机技术、数据库技术、网络通信技术等相关领域的迅猛发展,程序处理的数据对象日趋复杂化和海量化,定义一定体积的数组,可以作为数据缓存区(数组缓冲区),支持海量化数据的操作,以网络视频数据为例,由网络下载视频数据到数组缓存区,后续操作可以为:①媒体播放器可以反复利用数组缓冲区的数据即时播放。②应用程序可以通过反复利用数组缓冲区的数据生成视频文件(即视频下载)。

为了程序运行的高效,C语言并不支持对于数组下标越界和数组缓冲区数据装入时溢出(为数组缓冲区放入大于数组体积的数据)的监控,程序设计者必须负责数组数据运行时的安全性。

7.1 数组

在C语言中,所有个体变量集合(非数组类、多个独立命名的变量集合)只能从系统获得由其类型限制的、相对尺寸较小的、位置分散的存储空间,当程序需要操作那些日益增大的数据集合、多媒体对象以及海量化信息时,个体变量只能作为控制、计算以及零零星星的参数交换(或者参数传递)的变量,不可能承担起批量数据存储、加工以及传输的职责,更不可能有效利用相对日益充裕的内存资源;个体变量集合是以独立的名称引用的,对其进行数据操作时,很难利用计算机最擅长、高效率的循环机制,由于每个变量一个名,程序只能使用变量名访问。一般情况下,程序中每个变量操作一次往往需要编写一个程序语句,因此,随着数据体积的增大,需要编写更多的程序代码。数组类型是一种构造型(组合型)的数据类型,是具有相同数据类型的元素组成的集合。构成数组的这组元素在内存中占用一片连续的存储单元。可以用一个统一的数组名标识这一组数据,而使用连续编号的下标来指明数组中各元素,很自然地支持对于数组的循环类操作。数组以大体积方式申请内存、使用内存、用后释放内存,以及以大缓冲区方式支持数据输入、输出以及传输等,所以数组可以更为高效地使用计算机的内存空间。

一个数组变量对应于一片可以通过下标访问的内存区域,利用数组下标变化,即可支持C语言以单循环或者多级嵌套循环的方式访问数据集合,既减轻了程序编写的工作量,又充分利用了计算机高效循环的特长,因此数组可以充分提高程序的运行效率。

【例7.1】 输入10个学生的成绩,显示输入的成绩、最高成绩及最低成绩。

【编程思想】

本程序采用个体变量集合以及数组变量方式实现同一功能。

【程序实现】

```
# include "stdafx. h"
# include < stdio. h >
```

```
    // 以变量方式操作
void OperationByVar()
{
    int ia1,ia2,ia3,ia4,ia5,ia6,ia7,ia8,ia9,ia10;
    int imin=100,imax=0;
    printf("请输入同学的成绩:\n");
    scanf("%d",&ia1);
    if (ia1>imax)
      imax=ia1;
    if (ia1<imin)
      imin=ia1;
    scanf("%d",&ia2);
    if (ia2>imax)
      imax=ia2;
    if (ia2<imin)
      imin=ia2;
    scanf("%d",&ia3);
    if (ia3>imax)
      imax=ia3;
    if (ia3<imin)
      imin=ia3;
    scanf("%d",&ia4);
    if (ia4>imax)
      imax=ia4;
    if (ia4<imin)
      imin=ia4;
    scanf("%d",&ia5);
    if (ia5>imax)
      imax=ia5;
    if (ia5<imin)
      imin=ia5;
    scanf("%d",&ia6);
    if (ia6>imax)
      imax=ia6;
    if (ia6<imin)
      imin=ia6;
    scanf("%d",&ia7);
    if (ia7>imax)
      imax=ia7;
    if (ia7<imin)
      imin=ia7;
    scanf("%d",&ia8);
    if (ia8>imax)
      imax=ia8;
```

```c
      if (ia8 < imin)
        imin = ia8;
      scanf("%d", &ia9);
      if (ia9 > imax)
        imax = ia9;
      if (ia9 < imin)
        imin = ia9;
      scanf("%d", &ia10);
      if (ia10 > imax)
        imax = ia10;
      if (ia10 < imin)
        imin = ia10;
      printf("\n 输入学生成绩如下:\n");
      printf(" %d, %d, %d, %d, %d \n", ia1, ia2, ia3, ia4, ia5);
      printf(" %d, %d, %d, %d, %d \n", ia6, ia7, ia8, ia9, ia10);
      printf("最高分 = %d, 最低分 = %d \n", imax, imin);
      getchar();
      return;
}
// 以数组方式操作
void OperationByArray()
{
    int iset[10];
    int imin = 100, imax = 0, ino;
    printf("请输入同学的成绩:\n");
    for (ino = 0; ino < 10; ino ++)
    {
        scanf("%d", &iset[ino]);
        if (iset[ino] > imax)
          imax = iset[ino];
        if (iset[ino] < imin)
          imin = iset[ino];
    }
    printf("\n 输入学生成绩如下:\n");
    printf(" %d, %d, %d, %d, %d \n",
      iset[0], iset[1], iset[2], iset[3], iset[4]);
    printf(" %d, %d, %d, %d, %d \n",
    iset[5], iset[6], iset[7], iset[8], iset[9]);
    printf("最高分 = %d, 最低分 = %d \n", imax, imin);
    getchar();
    return;
}
void main()
{
```

```
    OperationByVar();
    OperationByArray();
    return;
}
```
【输出结果】

（略去重复输出结果）

请输入同学的成绩：

66

...

67

输入学生成绩如下：

66,89,90,87,90

89,88,99,78,67

最高分 ＝99,最低分＝ 66

【程序分析】

从例 7.1 可以看出,尽管只有 10 个同类数据,同样可以体现到使用数组减轻编程的工作量,很容易发挥计算机善于循环的特长。因此,数组是一种全面提高计算机时空效率的数据组织机制。

程序常用算法中,只要涉及多个数据单元,一般均以数组作为数据组织形式,面向数组实施数据操作。例如,排序、压缩、加密、查询、统计、线性方程组求解、矩阵运算等。

7.2 一维数组

数组是有序数据的集合。数组中的每一个元素都属于同一个数据类型。用一个统一的数组名和下标来唯一地确定数组中的元素。

7.2.1 一维数组的定义

一维数组是程序中最常用的集合数据组织机制。其定义形式如下：

数据类型 数组名[常量表达式];

例如：

```
int  iset[10];     //  说明整型数组 iset,有 10 个元素。
float fb[10],fc[20]; //  说明实型数组 fb 和 fc,分别有 10 个元素和 20 个元素。
char chset[20];     //  说明字符数组 chset,有 20 个元素。
```

其中:数据类型是指定数组元素的数据类型,可以为 C 语言基本类型,如 int、char、float、double 等,还可以为用户定义的构造类型,如结构、共同体等。数组名是操作数组的引用名,与变量名一样,必须遵循标识符命名规则。数组定义中,由[ ]内标明的常量表达式是一个整型值,该值指定了所定义的数组可以存储同类元素的个数,也称为数组长度,必须用方括号括起来。常量表达式可以包含常数和符号常量,但不能是变量,C 语言中不允许动态定义数组。应该注意或者区分的是,数组定义或者使用,其数组名后是用方括号而不是圆括号。

示例中的方括号内的常量表达式,声明为 int isex[i],是错误的,但如果利用宏声明的常量作为数组的常量表达式,则是正确的。如：

```
# define  N  10
```

```
int  icset[N];
```

特别说明:在数组定义时,"常量表达式"放在方括号内。元素引用时,下标表达式放在方括号内,都是 C 语言语法规则所要求的。数组元素的下标是元素相对于数组起始地址的偏移量,C 语言规定,所有定义数组的下标从 0 开始顺序编号。数组名通常指向存储数组的首地址。同一数组中的所有元素,按其下标的顺序占用一段连续的存储单元。

定义数组时误用变量

```
int n;
scanf("%d",&n);
int a[n];
```

数组名后用方括号括起来的是常量表达式,可以包括常量和符号常量,但不允许对数组的大小作动态定义,即不允许数组的长度定义为变量。

7.2.2　一维数组的引用

数组定义了一块内存空间,主要用于存储数据。如何访问数组,这就涉及数组的引用问题。引用一维数组中的任意一个元素的形式为:

数组名[下标表达式]

对于一维数组,在指定数组名时,应指定所引用的具体数组元素:[下标表达式]。数组名侧面的"下标表达式"可以是任何直接指定或者通过表达式计算获取的非负的整型数。例如,在 iset[10] 中,10 表示 iset 数组有 10 个元素,下标从 0 开始,这 10 个元素是 iset[0],iset[1],iset[2]…iset[9]。注意不能使用数组元素 iset[10],这种使用称为数组的越界使用,换句话说,对于 iset[10] 读或者写都不是针对数组 iset 的操作,从什么地方读取数、读出什么数、写到什么地方等根本无法确定。特别是写入,因为不知道写到什么地方、改变了哪个内存的值,是修改了程序的指令,还是修改了内存中哪一个单元,说不清楚,很可能发生意想不到的事情。数组中的每个数组元素,实质上就是一个变量,它具有和相同类型的单个变量一样的属性,可以对它进行赋值和参与各种运算。

虽然数组中的每个数据元素可以参加相关运算,但 C 语言中数组作为一个整体不能参加数据运算,只能对单个的数组元素进行处理,数组名称代表一个数组元素存储的首地址,指定了一片可存取同类数据的内存空间。

在定义数组时,将定义的"元素个数"误认为是可使用的最大下标值

```
void  main()
{
  static  int  a[10]={1,2,3,4,5,6,7,8,9,10};
                    printf("%d",a[10]);
}
```

C 语言规定:定义时用 a[10],表示 a 数组有 10 个元素。其下标值由 0 开始,所以数组元素 a[10] 是不存在的。

7.2.3　一维数组的初始化

对于程序中定义的数组,系统为其分配了由数组类型、元素个数决定的内存空间,分配后

内存空间的数据通常为随机数,必须由程序负责存储指定的数据集合。这就涉及数组定义后,可以选择的一项工作:在定义数组的同时,对于数组进行值的初始设置,即初始化,其目的是为数组全部或者部分元素设定一组数据。从数组赋值角度看,数组初始化是以批量方式(即集合形式)进行的,是一种简单且高效的赋值方式,经常使用。一维数组初始化格式为:

数据类型　数组名[常量表达式]={初值表};

例如:

```
int  iset[5]={1,2,3,4,5};/* 给全部元素赋初值 */
int  iset2[9]={1,2};     /* 给部分元素赋初值 */
char chset[5]={'a','b','c','d','e'};
```

由于数组定义意味着系统必须按照定义为其分配固定尺寸的存储空间。因此,数组定义必须指定数组的维数和各维长度。指定数组长度的方式,也可以采用初始化方式。这就涉及数组的初始化规则问题。因此,下面对于一维数组初始化规则进行概述。

(1)如果对数组的全部元素赋以初值,定义时可以不指定数组长度,这是通过初始化定义隐含尺寸数组,所谓隐含尺寸数组,指的是在定义数组时并没有指定数组的大小,而是用初始化中初值的个数来隐含规定数组的大小。如:

```
int iset[5]={1,2,3,4,5};
```

可写为:

```
int a[]={1,2,3,4,5};
```

如果被定义数组的长度,与初值个数不同,则数组长度不能省略。如:

```
float  fset[20]={0,0,0,0,1,10,0,0,0,0};
```

(2)"初值表"中的初值个数,初值的个数可以少于或等于数组定义的元素的个数,即允许只给部分元素赋初值,但不可以多于数组元素的个数,否则会引起编译错误。如:

```
float fprice[10]={0,0,0,0,0,0,0,0,0};
char cname[10]={'a','b','c','d'};
```

当初始化值的个数少于数组元素个数时,前面的元素按顺序初始化相应的值,后面不足的部分,各个系统处理方式一般均有差别,通常自动初始化为零(对数值数组)或空字符'\0'(对字符数组)。

定义或引用数组的方式不对

C语言规定,在对数组进行定义或对数组元素进行引用时必须要用方括号(对二维数组或多维数组的每一维数据都必须分别用方括号括起来),例如以下写法都将造成编译时出错:

```
int   a(10);
int b[5,4];
printf("%d\n",b[1+2,2]);
```

1202年,意大利数学家Fibonacci(斐波纳契)发明了Fibonacci数列:

$$f(n)=\begin{cases}0,n=0\\1,n=1\\f(n-1)+f(n-2),n>1\end{cases}$$

描述了动物繁殖数量、植物花序变化等自然规律。作为一个经典的数学问题,Fibonacci数列常作为例子出现在程序设计、数据结构与算法等多个相关学科中。

【例 7.2】 用数组来处理求 Fibonacci 数列问题。

【程序实现】

```
# include "stdafx.h"
# include <stdio.h>
void main()
{
    int ino;
    int iset[20]={1,1}; /* 根据 Fibonacci 数列的定义,
        初始化为集合 */
      /* 生成数列集合 */
    for(ino=2; ino<20 ;ino++)
        iset[ino]=iset[ino-2]+iset[ino-1];
        /* 以每行 5 个方式,显示数列 */
    for(ino=0; ino<20; ino++)
    {
        if (ino>0)
        {
            if (ino%5==0)
                printf("\n");
            else
                printf(",");
        }
      printf("%6d ",iset[ino]);
    }
    getchar();
    return;
}
```

【输出结果】

```
1   ,   1   ,     2   ,       3   ,       5
8   ,   13  ,    21   ,      34   ,      55
89  , 144  ,   233   ,      377 ,      610
987 ,1597  ,  2584   ,     4181 ,    6765
```

对于例 7.2Fibonacci 数列问题一般不用数组存储。只要能够计算的数值,使用时调用生成函数即可,无需保存可以计算出的数据。而对于排序数据,一般均以数组方式存储,所以所谓排序通常指对于一个数组集合(可以是构造类数组)的排序。冒泡排序是交换排序算法的一种,基本原理是:将数组划分为无序和有序数组,不断通过交换较大元素至无序数组尾部完成排序。算法的要点为:设计交换判断条件,提前结束已排好序的序列循环。

【例 7.3】 用冒泡法对 10 个整数排序(由小到大)。

【算法描述】

冒泡排序的思想:(假设为从小到大排序)

从数组的第一个元素起,相邻的两个元素进行比较,若 iset[i]>iset[i+1],则互换此两个元素的值,直到所有元素比较完;至此,数组中值最大的元素移到了数组的最后位置。这样,数组元素就完成了一趟比较。

下一趟比较仍从数组的第一个元素起,但下界比第一趟少1;若数组长度为 n,则比较 n-1 趟就完成了数组的冒泡排序过程。

【程序实现】

```
# include "stdafx.h"
# include < stdio.h>
# define NS 10
void main()
{
    int ino1,ino2,it;
    int tranflag;    /* 交换标志,用于优化排序过程 */
    int iset[NS]={789,456,123,673,111,777,333,987,237,400};
     /* 输出排序前的数据集合 */
    printf("排序前的数据集合为:\n");
    for (ino1=0;ino1<NS;ino1++)
      printf(" %d ",iset[ino1]);
    printf("\n");
    for(ino1=0;ino1<NS-1;ino1++)
    {    // 最多做 NS-1 趟排序
      // 本趟排序开始前,交换标志初始化为假
      tranflag=0;
        //对当前无序区 iset[i..n]自下向上扫描
      for(ino2=0;ino2<NS-1-ino1; ino2++)
      {
          if (iset[ino2]> iset[ino2+1])
          {    //交换数据
            it=iset[ino2+1];
            iset[ino2+1]=iset[ino2];
            iset[ino2]=it;
            tranflag=1;    //发生了交换,故将交换标志置为真
          }
      }
      if(!tranflag)//本趟排序未发生交换,提前终止算法
        break;
    }   // 外循环
      /* 输出排序后的数据集合 */
    printf("排序后的数据集合为:\n");
    for (ino1=0;ino1<NS;ino1++)
      printf(" %d ",iset[ino1]);
    getchar();
    return;
}
```

【输出结果】

排序前的数据集合为:

789 456 123 673 111 777 333 987 237 400

排序后的数据集合为：

111 123 237 333 400 456 673 777 789 987

【程序分析】

(1)本程序为了优化排序过程,在满足一定条件时,提前终止排序过程,节省排序时间。通过引入变量：

```
int tranflag;
```

记录每遍冒泡操作时,是否发生数据交换,如果没有发生交换说明,经过多次或者前 inol－1 次冒泡,排序数组已经无需再排序了,所以可以终止排序过程。

(2)本程序为升序排序,稍加改动,也可以执行降序排序操作。

单双引号配对及转义符

在 C 语言中,单引号(')和双引号(")必须成对出现,换句话说,每个单引号(')或者双引号(")必须和其后面距离最近的单引号(')或者双引号(")匹配,即一个函数中的引号(')或者双引号(")的个数必须为偶数,否则,程序语法一定出错。这样,一个值为单引号的字符,或者一个字符串中包含了双引号字符,可能引起语法混淆,如：

char ch='';

char string[]="看到这里,我想起了诗圣杜甫名句"朱门酒肉臭,路有冻死骨.",心在颤抖!";

为了恢复单引号(')或者双引号(")本身的含义,必须对于诸如单引号(')或者双引号(")等进行转义处理。如：

char ch='\';

char string[]="看到这里,我想起了诗圣杜甫名句\"朱门酒肉臭,路有冻死骨.\",心在颤抖!";

使用了转义符的单引号(')或者双引号("),只作为普通字符使用,不再需要遵循匹配原则,从而保证了字符或者字符串本身的完整性。

7.3 多维数组

7.2 节中,使用整型、浮点型、字符型等数据类型,构造了一维数组类型,考虑到对于数学矩阵、多个字符串集合等多种数据对象(集合)的直接、有效的管理,C 语言还支持多维数组的构造机制。

7.3.1 多维数组的定义

通常,我们习惯于把一维数组看做为由多个元素构成的一行,如果在列方向同样设置维数,就构成二维数组。按此推理,可以构造更为复杂的多维数组。本节所介绍多维数组,主要以二维为主。多维数组的定义形式为：

数据类型 数组名[常量表达式 1][常量表达式 2]…[常量表达式 n];

多维数组的数据类型和数组名含义均与一维数组相同。多维数组区别于一维数组的根本在于数组名后有多个常量表达式(大于 1)。如果是二维数组,则常量表达式 1 表示行数,常量表达式 2 表示列数,即分别指出数组的行长度和列长度;如果三维、四维数组,则系列表达式组合形成立体空间,三维数组中常量表达式 1 表示 x 轴、常量表达式 2 表示 y 轴、常量表达式 3 表示 z 轴等。

无论是二维数组还是三维以上数组,当数组被定义后,编译系统将为该数组在内存中分配一片连续的存储空间,按维数序列连续存储数组中的各个元素。例如:

```
float   a[3][4],b[5][10];
```

定义 a 为 3×4(3 行 4 列)的数组,b 为 5×10(5 行 10 列)的数组。注意不能写成

```
float a[3,4],b[5,10];
```

C 语言对二维数组采用这样的定义方式,使我们可以把二维数组看做一种特殊的一维数组:它的元素又是一个一维数组。例如,可以把 a 看作一个一维数组,它有 3 个元素:a[0]、a[1]、a[2],每个元素又是一个包含 4 个元素的一维数组,如图 7.1 所示。可以把 a[0]、a[1]、a[2]看作 3 个一维数组的名字。上面定义的二维数组可以理解为定义了 3 个一维数组,即相当于   float a[0][4],a[1][4],a[2][4]。此处把 a[0],a[1],a[2]看作一维数组名。

C 语言中,二维数组中元素排列的顺序是:按行存放,即在内存中先顺序存放第一行的元素,再存放第二行的元素。图 7.2 表示对 a[3][4]数组存放的顺序。

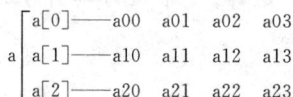

$$
a \begin{bmatrix} a[0] & \text{---}a00 & a01 & a02 & a03 \\ a[1] & \text{---}a10 & a11 & a12 & a13 \\ a[2] & \text{---}a20 & a21 & a22 & a23 \end{bmatrix}
$$

图 7.1   多维数组

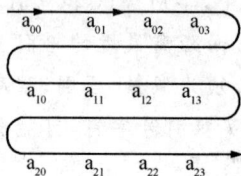

图 7.2   二维数组排列顺序

有了二维数组的基础,再掌握多维数组是不困难的。例如,定义三维数组的方法是:

```
float a[2][3][4];
```

多维数组元素在内存中的排列顺序:第一维的下标变化最慢,最右边的下标变化最快。对于三维数组,可以把它看成是由多个二维数组构成的。依此类推,一个 n 维数组可以看成是由多个 n-1 维数组构成的。

7.3.2   多维数组的引用

多维数组的引用同一维数组相一致,由数组名和右边紧接着的[]指定每维的下标表达式构成。其表示的形式为:

数组名[下标表达式 1][下标表达式 2]… [下标表达式 n]

下标表达式可以是整型常量、整型变量及表达式,指定数组各维的位置。下标值仍然从 0 开始,到行(列)的长度减 1。例如:

```
int iset[4][2][3];
```

【例 7.4】   实现从键盘为 2×3 数组输入值,并输出数组所有元素、所有元素之和、最大值和最小值。

【程序实现】

```
# include "stdafx.h"
# include < stdio.h >
void main()
{
  int iset[2][3],sum=0,min,max;
  int ino1,ino2;
```

```
for (ino1=0;ino1<2;ino1++)
{
    printf("请输入第 %d 行的三个整数:\n",ino1);
        scanf("%d,%d,%d",&iset[ino1][0],&iset[ino1][1],&iset[ino1][2]);
}
printf("\n 输入的数组为:\n");
min=max=iset[0][0];
for (ino1=0;ino1<2;ino1++)
{
    if (ino1>0)
        printf("\n");
    for (ino2=0;ino2<3;ino2++)
        {
        printf("%8d",iset[ino1][ino2]);
        sum+=iset[ino1][ino2];
         if (min>iset[ino1][ino2])
        min=iset[ino1][ino2];
        if (max<iset[ino1][ino2])
        max=iset[ino1][ino2];
        }
}
printf("\n 输入整数之和=%d,最大数=%d,最小数=%d \n",sum,max,min);
getchar();
return;
}
```

【输出结果】

请输入第 0 行的三个整数:

123,456,832

请输入第 1 行的三个整数:

139,373,810

输入的数组为:

123   456   832

139   373   810

输入整数之和＝2733,最大数 832,   最小数＝123

7.3.3　多维数组的初始化

定义多维数组时,给数组元素赋初值称为多维数组初始化。多维数组初始化时要注意多维数组的元素排列顺序。初始值的排列顺序必须与数组元素在内存的存储顺序完全一致。

(1)分行给二维数组赋初值。如

int a[3][4]={{1,2,3,4},{5,6,7,8},{9,10,11,12}};

这种赋初值方法比较直观,把第 1 个花括弧内的数据给第 1 行的元素,第 2 个花括弧内的数据赋给第 2 行的元素……即按行赋初值。

(2)可以将所有数据写在一个花括弧内,按数组排列的顺序对各元素赋初值,如:

int a[3][4]={1,2,3,4,5,6,7,8,9,10,11,12};效果与前相同。

但以第 1 种方法为好,一行对一行,界限清楚。用第 2 种方法如果数据多,写成一大片,容易遗漏,也不易检查。

(3)可以对部分元素赋初值。例如:

int a[3][4]={{1},{5},{9}};

它的作用是只对各行第 1 列的元素赋初值,其余元素值自动为 0。

(4)如果对全部元素都赋初值(即提供全部初始数据),则定义数组时对第一维的长度可以不指定,但第二维的长度不能省。如:

int a[3][4]={1,2,3,4,5,6,7,8,9,10,11,12};

与下面的定义等价:

int a[][4]={1,2,3,4,5,6,7,8,9,10,11,12};

系统会根据数据总个数分配存储空间,一共 12 个数据,每行 4 列,也可确定为 3 行。

【例 7.5】 一个学习小组有 5 个人,每个人有三门课的考试成绩。求全组分科的最高分、最低分、平均成绩和各科总平均成绩。

	张	王	李	赵	周
数学	80	61	59	85	76
C 语言	75	65	63.7	87	77
英语	92	71	70.6	90	85

【程序实现】

```
# include "stdafx.h"
# include <stdio.h>
void main()
{
  float fset[3][5]={{80,61,59,85,76},{75,65,63.7,87,77},
      {92,71,70.6,90,85}};
  float fpj[3];   /* 保存各科总平均值 */
  char  title[3][30]={"数学","C 语言","英语"};
  float rowsum,sum=0,zpj,min,max;
  int ino1,ino2;
  min=max=fset[0][0];
  for (ino1=0;ino1<3;ino1++)
  {
    rowsum=0;
    for (ino2=0;ino2<5;ino2++)
    {
      if (min>fset[ino1][ino2])
        min=fset[ino1][ino2];
      if (max<fset[ino1][ino2])
        max=fset[ino1][ino2];
      rowsum+=fset[ino1][ino2];
```

```
    }
    sum+=rowsum;
    fpj[ino1]=rowsum/5.0;
  }
  zpj=sum/15.0;
  printf("该学习组成绩分析情况如下:\n");
  printf("总平均成绩:%f,最高分:%f,最低分:%f \n",zpj,max,min);
  for (ino1=0;ino1<3;ino1++)
    printf(" %s平均成绩:%f。\n",title[ino1],fpj[ino1]);
  getchar();
  return;
}
```

【输出结果】

该学习组成绩分析情况如下:

总平均成绩:75.820, 最高分: 92.00,最低分:59.00,

数学平均成绩: 72.199997

C语言平均成绩:73.540001

英语平均成绩: 81.700001

在例 7.5 的实现程序中,语句:

```
char  title[3][30]={"数学","C语言","英语"};
```

定义了一个二维字符数组。从概念上,字符数组与其他数组区别并不大,但由于字符只占一个字节,而且用途广泛,因此,下一节专门对字符数组进行讨论。

7.4 字符数组

从一维数组和多维数组的定义看,字符数组只是数组的一种,从定义、引用及初始化角度看,应该无太大的差别。本节之所以专门讨论字符数组,主要考虑以下因素:

(1)在程序设计中,字符串是应用最广的数据类型,以文字编辑、排版、打印等为主要业务的所谓字处理软件,一直是人们使用最广泛的软件之一。

(2)汉字编码问题研究及处理,常常需要研制专用的 C 语言处理程序。由于电子计算机现有的输入键盘与英文打字机键盘完全兼容。如何输入非拉丁字母的文字(包括汉字)便成了多年来人们研究的课题。

(3)在 C 语言编程中,ASCII 编码、汉字编码、Unicode 码等多种编码选用、互用及转换使用,均涉及字符处理,由此带来的编程不便等诸多问题,一直困扰着 C 语言程序研发者。

(4)C 语言无字符串类型,以字符数组代理字符串,数组与字符串如何等同、如何统一以及如何使用,特殊问题必须依靠特殊的方法解决。

(5)在 C 语言库函数中,有关字符串操作的函数最多,而且一直在增加。C 语言程序研发中,掌握字符串库函数的使用,是必备的基本功。

7.4.1 字符数组的定义

字符数组是用来存放字符数据的数组,即数组的数据类型是字符型(char)的数组称为字符数组。字符数组的每个元素存放一个字符。字符数组定义形式与前面介绍的数值数组相同。常用的一维字符数组和二维字符数组的声明形式如下：

一维字符数组：char 数组名[常量表达式]；

二维字符数组：char 数组名[常量表达式 1][常量表达式 2]；

例如：

char cset1[10];

char cset2[2][10];

定义了一个 10 个元素的一维字符数组 cset1 和 2 行 10 列的二维字符数组 cset2。由于字符型与整型是互相通用的,因此上面的定义也可改为：

int cset1[10];

int cset2[2][10];

虽然,此种方法定义可以存储同样的字符数组,但会浪费存储空间。

7.4.2　字符数组的初始化

字符数组与其他类型的数组一样,可以在字符数组定义时,通过初始化为字符数组赋值。通过字符数组的初始化为其赋值是一种使用非常广泛的方式,因为 C 语言中没有字符串类型,不能通过赋值的方法为字符数组赋值,只能使用 C 语言的字符串库函数。例如：

char cset[64]＝"众里寻他千百度,蓦然回首,那人却在,灯火阑珊处。";

为字符数组 cset 以类似赋值的方式进行了赋值。

但是,以下语句是非法语句：

char cset[64]

cset　＝"众里寻他千百度,蓦然回首,那人却在,灯火阑珊处。";

字符数组初始化的方式分为两类：

(1)用字符常量初始化数组。如,一维字符数组初始化：

char cset[10]＝{'c',' ','p','r','o','g','r','a','m'};

其中 c[9]未赋值,系统自动赋予 0 值。同理,当对全体元素赋初值时也可以省去长度说明。示例：

char c[]＝{'c',' ','p','r','o','g','r','a','m'};

此时,c 数组的长度自动设定为 9。对于二维字符数组,初始化如下：

char c[2][10]＝{{'a','b','c'},{'d','e',' '}};

当初值个数与字符数组长度相同,在定义时可以省略数组长度,系统会自动根据初值个数确定数组长度。

以上这种以单个字符——对应方式为字符数组方式赋初值,不仅繁琐(必须用单引号包含所有的字符),而且对于双字节字符(如汉字,占两个字节)无法分解成单个字符。所以程序设计中,很少使用单个字符方式初始化字符数组。

(2)用字符串常量初始化数组。字符串是用双引号括起来的字符序列,在 C 语言中,字符串是利用字符数组来存放和处理的。如：

char cset[32]＝"欲穷千里目,更上一层楼。";

或者：

char cset[]＝"欲穷千里目,更上一层楼。";

在 C 语言中,利用单引号和双引号分别表示字符和字符串,字符串是指一串以 NULL('\0')字节结尾的零个或多个字符。因为字符串通常存储在字符数组中,所以 C 语言中不存在字符串类型。但在使用时,必须能真正理解两者的本质区别。

```
char c;
c="a";
```

在这里就混淆了字符常量与字符串常量,字符常量是由一对单引号括起来的单个字符,字符串常量是由一对双引号括起来的字符序列。C 语言规定以"\0"作字符串结束标志,它是由系统自动加上的,所以字符串"a"实际上包含两个字符:'a'和'\0',而把它赋给一个字符变量显然是错误的。

7.4.3 字符数组的引用

字符数组引用的一般格式为:

字符数组名[下标]

对于汉字编码分析,每个汉字占两个字节,且每个字节的值均大于 160(十六进制为 0xa0)。对于汉字存储应选择无符号字符数组的方式。如:

```
unsigned char   string[]="白日依山尽,黄河入海流。";
```

【例 7.6】 给定一个字符数组,检测以下参数:字符个数、汉字个数、英文字母数、空格数以及数组字符个数。

【编程思想】

关于字符串的各种字符编码,汇总情况如下:

(1)字符串结束符,'\0'。其值为 0。

(2)空格字符:' ',其值为 32。

(3)汉字字符值大于 160(0xa0),两个必须连在一起存储。

(4)英文字符:'A'……'Z'及'a'……'z'

(5)数字字符:'0'……'9'。

逐个检测字符数组中的每一个字符即可。

【程序实现】

```
# include "stdafx. h"
# include < stdio. h>
void main()
{
  int hzs=0,yws=0,kgs=0,szs=0;
  int ino=0;
    unsigned char str[128]="dsds 1233 9988 长恨春归无觅处,
                不知转入此中来。232gggh";
  while (str[ino])
  {
  if (str[ino]>=0xa0)/* 汉字 */
    {
```

```
    ino+=2;
    ++hzs;                  /* 两个字节为一个汉字 */
     continue;
   }
 if (str[ino]==' ')/* 空格 */
   {
   ++ino;
    ++kgs;
    continue;
   }
 if ((str[ino]>='0')&&(str[ino]<='9'))/* 数字字符 */
 ++szs;
 else
 ++yws;   /* 英文字母 */
 ++ino;
 }
 printf("字符数组统计参数如下:\n");
 printf("字符串长度:%d,汉字(个数):%d,英文字母:%d \n",ino,hzs,yws);
 printf("空格:%d,数字字符:%d \n",kgs,szs);
 getchar();
 return;
 }
```

【输出结果】

字符数组统计参数如下:

字符串长度:54,汉字(个数):16,英文字母:8

空格:3,数字字符:11

在例 7.6 程序中,语句:

```
 while (str[ino])
```

是用于判定字符串是否已结束,当字符数组结束时,必须以'\0'结尾。具体详情,下节讨论。

转义符的转义以及因本身未转义经常引起的错误

字符(\)是一个使用频率比较高的字符,当用于转义符符号后,为了恢复字符(\)自身的字符性质,必须进行转义:

```
char  ch='\\';
```

由于字符(\)经常用于指定文件的目录或者目录文件。对于初学者,因为没有使用转义符,常常引起错误。特别是当系统没有给出任何警告或者出错提示时,程序运行不正常,让初学者无法纠错,如:

```
char path[]="d:\testdir\tempuse.txt";
```

字符串中的字符(\)对于其后的字符进行了转义处理,必然会引起整个语句的语法混乱。正确的初始化语句应该为:

```
char path[]="d:\\testdir\\tempuse.txt";
```

7.4.4 字符串和字符串结束标志

在 C 语言中没有专门的字符串变量,通常用一个字符数组来存放一个字符串。前面介绍字符串常量时,已说明字符串总是以'\0'作为串的结束符。因此,当把一个字符串存入一个数组时,也把结束符'\0'存入数组,并以此作为该字符串是否结束的标志。有了'\0'标志后,就不必再用字符数组的长度来判断字符串的长度了。

C 语言允许用字符串的方式对数组作初始化赋值。示例:

```
char c[]={'c',' ','p','r','o','g','r','a','m'};
```

可写为:

```
char c[]={"C program"};
```

或去掉{}写为:

```
char c[]="C program";
```

用字符串方式赋值比用字符逐个赋值要多占一个字节,用于存放字符串结束标志'\0'。'\0'是由 C 编译系统自动加上的。

有了结束标志'\0'后,字符数组的长度就显得不那么重要了。在程序中往往依靠检测'\0'的位置来判定字符串是否结束,而不是根据数组的长度来决定字符串长度。当然,在定义字符数组时应估计实际字符串长度,保证数组长度始终大于字符串实际长度。如果在一个字符数组中先后存放多个不同长度的字符串,则应使数组长度大于最长的字符串的长度。

这里要说明的是:'\0'代表 ASCII 码为 0 的字符,从 ASCII 码表中可以查到,ASCII 码为 0 的字符不是一个可以显示的字符,而是一个"空操作符",即它什么也不做。用它来作为字符串结束标志不会产生附加的操作或增加有效字符,只起一个供辨别的标志。对于以下的语句:

```
printf("How do you do? \n");
```

即输出一个字符串。在执行此语句时系统怎么知道应该输出到哪里为止呢? 实际上,在内存中存放时,系统自动在最后一个字符'\n'的后面加了一个'\0'作为字符串结束标志,在执行printf 函数时,每输出一个字符检查一次,看下一个字符是否'\0'。遇'\0'就停止输出。对 C 语言处理字符串的方法有以上的了解后,我们再对字符数组初始化的方法补充一种方法,可以用字符串常量来使字符数组初始化。例如:

```
char c[]={"I  am  happy"};
```

也可以省略花括弧,直接写成

```
char c[]="I am happy";
```

不是用单个字符作为初值,而是用一个字符串(注意字符串的两端是用双引号而不是单引号括起来的)作为初值。显然,这种方法直观、方便、符合人们的习惯。数组 c 的长度不是 10,而是 11,这点务请注意。因为字符串常量的最后由系统加上一个'\0'。

7.4.5　字符串处理函数

在 C 语言的函数库中提供了一些用来处理字符串的函数,使用方便。几乎所有版本的 C语言都提供这些函数。这些函数在 string.h 头文件中定义。

使用这些函数时,程序中必须包含以下语句:

```
# include <string.h>
```

下面介绍几种常用的函数。

1. strcat(字符数组 1,字符数组 2)

strcat 是 string catenate(字符串连接)的缩写。其作用是:连接两个字符数组中的字符串,把字符串 2 接到字符串 1 的后面,结果放在字符数组 1 中,函数调用后得到一个函数值——字符数组 1 的地址。

strcat 函数是一个常用函数,使用时应注意:字符数组 1 必须足够大,以便容纳连接后的新字符串。连接前两个字符串的后面都有一个'\0',连接时将字符串 1 后面的'\0'取消,只在新串最后保留一个'\0'。

2. strcpy(字符数组 1,字符串 2)

strcpy 是 string copy(字符串复制)的缩写。它是"字符串复制函数"。作用是将字符串 2 复制到字符数组 1 中去。由于 C 语言没有字符串类型,使用字符数组实现字符串功能。字符数组没有赋值语句,如:

```
char str[50];
str＝"本是同根生,相煎何太急?";
```

是非法语句,通常使用 strcpy 函数替代。如:

```
strcpy(str,"本是同根生,相煎何太急?");
```

是合法语句。关于 strcpy 函数,使用时,字符数组 1 必须定义得足够大,以便容纳被复制的字符串。字符数组 1 的长度不应小于字符串 2 的长度。"字符数组 1"必须写成数组名形式(如 str1),"字符串 2"可以是字符数组名,也可以是一个字符串常量。复制时连同字符串后面的'\0'一起复制到字符数组 1 中。

【例 7.7】 strcpy 及 strcat 函数使用。

【程序实现】

```
# include "stdafx. h"
# include < stdio. h >
# include < string. h >
void main()
{
  char str[256];
  strcpy(str,"雕栏玉砌应犹在,只是朱颜改。\n");
  strcat(str,"问君能有几多愁,恰似一江春水向东流。\n");
  strcat(str,"虞美人-春花秋月何时了·李煜\n");
  printf("％s",str);
  getchar();
  return;
}
```

【输出结果】

雕栏玉砌应犹在,只是朱颜改。

问君能有几多愁,恰似一江春水向东流。

虞美人-春花秋月何时了·李煜

3. strcmp(字符串 1,字符串 2)

strcmp 是 string compare(字符串比较)的缩写。作用是比较字符串 1 和字符串 2。字符串比较的规则与其他语言中的规则相同,即对两个字符串自左至右逐个字符相比(按 ASCII 码值大小比较),直到出现不同的字符或遇到'\0'为止。如全部字符相同,则认为相等;若出现不相同的字符,则以第一个不相同的字符的比较结果为准。

如果参加比较的两个字符串都由英文字母组成,则有一个简单的规律:在英文字典中位置在后面的为"大"。例如,computer 在字典中的位置在 compare 之后。但应注意小写字母比大写字母"大",所以"DOG"<"cat"。比较的结果由函数值带回。

    (1)如果字符串 1＝字符串 2,函数值为 0。

    (2)如果字符串 1>字符串 2,函数值为一正整数。

    (3)如果字符串 1<字符串 2,函数值为一负整数。

    注意:对两个字符串比较,不能用以下形式:

```
if(Str1==Str2)
  printf( "yes");
```

而只能用:

```
if(strcmp(Str1,Str2)==0)
  printf("yes");
```

4. strlen(字符数组)

strlen 是 string length(字符串长度)的缩写。它是测试字符串长度的函数。函数的值为字符串中的实际长度,不包括'\0'在内。

等级考试实训

一、考试内容

1. 一维数组和多维数组的定义、初始化和引用。

2. 字符串与字符数组。

二、掌握了解程度

1. 掌握一维数组的定义和引用

2. 了解二维数组的定义和引用

3. 掌握字符数组的定义和引用

三、主要知识点及考点

知识点	分值	考核概率/%	专家点评
一维数组的定义及引用	1-3	80	简单,重点掌握
一维数组的初始化	1-2	80	简单,重点掌握
二维数组的定义及引用	3-4	90	偏难,重点掌握,重点理解
二维数组的初始化	1-2	90	简单,重点掌握
通过赋初值定义二维数组	1-2	60	偏难,重点理解
字符数组的定义及初始化	3-4	100	难度适中,重点理解,重点掌握
字符串和字符串结束标志	0-1	60	难度适中,重点理解
字符数组的输入输出	2-3	100	简单,重点掌握,重点理解
字符串处理函数	1-2	50	偏难,重点掌握,重点理解

实战锦囊

1. 一维数组的定义:类型说明符数组名［常量表达式］;

    (1)数组名后必须用方括弧［］,用其他括弧均错误;

(2)方括弧中的常量表达式表示数组的元素个数；

(3)方括弧中的常量表达式,必须是能计算出具体数值,且不改变的常量,不能是变量。

2. 一维数组的引用

数组名[下标] //下标从 0 开始,可以是整型常量或整型表达式；

注意:数组元素引用时,不要超出数组范围；

如 int a[10] ; //可以引用的数组元素为 a[0]……a[9], a[10] 不是本数组元素。

3. 一维数组的初始化

(1)可以在定义数组后,立刻赋值;如 int a [3]=1,3,5 ;

但下面这样是错误的：

int a[3] ;

a={1,3,5} ;

(2)可以给数组的部分元素赋值,不赋值的元素,默认值为整数为 0,字符为' ',浮点数为 0.0 ；

如 int a[3]={1,3} ; //a[0]= ; a[1]=3 ; a[2]=0 ；

(3)在对数组全部元素赋初值时,可以不指定元素个数；

(4)可以在循环控制下,给数组各元素赋值；

如:int a[10] ;

for(i=0 ; i<10 ;i++)

 a [i]=i ;

4. 二维数组的定义

类型说明符数组名[常量表达式 1][常量表达式 2]；

(1)常量表达式 1——可以形象理解为行数；

常量表达式 2——可以形象理解为列数；

(2)二维数组中元素存放顺序是:先存放第一行的元素,再存放第二行的元素,依次类推。

5. 二维数组的引用

数组名[下标][下标]

//下标从 0 开始,可以是整型常量或整型表达式；

(1)注意:数组元素引用时,不要超出数组范围；

如 int a[3][4] ；

//可以引用的数组元素为 a[0][0]……a[2][3],

a[3][4]不是本数组元素；

(2)可以在循环控制下,给二维数组各元素赋值；

如:int a[3] [4] ；

 for(i=0 ; i<3 ;i++)

  for(j=0 ; j<4;j++)

   a [i]=i * j;

6. 二维数组的初始化

(1)可以在定义数组后,立刻赋值；

如 int a [3][4]={1,3,5,7,9,11} ；

但下面这样是错误的：

int a[3][4] ；

a= {1,3,5,7,9,11} ；

(2) 可以给数组的部分元素赋值,不赋值的元素,默认值为整数为 0,字符为' ',浮点数为 0.0 ；

在对数组全部元素赋初值时,可以省略行数,但不能省略列数。

7. 字符数组的定义与引用

类型说明符数组名［常量表达式］;

与一维数组、二维数组定义、引用相同,只是类型说明符固定为:char

8. 字符数组的初始化

(1)逐字符赋值

如　char　c1［10］＝{'W','e','l','c','o','m','e'};

但下面这样是错误的:

char　c1［10］;

c1＝{'W','e','l','c','o','m','e'};

(2)字符串赋值和字符串结束标志

如　char　c1［10］＝"Welcome";

但下面这样是错误的:

char　c1［10］;

c1＝"Welcome";

注意:系统会自动在字符串末尾加一个结束标志'\0',所以,定义字符数组时需要在字符个数基础上,多定义一个字节存储空间,存放结束标志。

9. 字符数组的输入输出

(1)逐个字符输入输出。用格式符%c输入或输出一个字符;往往与循环结合使用;

如：char　c1[10];

for(i=0 ; i<7 ; i++)

　　scanf("%c",&c1［i］);

　　　……

for(i=0 ; i<7 ; i++)

　　printf("%c",c1［i］);

(2)将整个字符串一次输入输出,用格式符%s;

如：char　c1[10];

scanf("%s",c1);　　　//数组名代表数组的首地址

……

printf("%s",c1);

10. puts()函数

(1)格式:puts(字符数组名);

(2)作用:将一个字符串(以'\0'结束的字符序列)输出到终端;

(3)特点:输出完字符串自动换行。

11. gets()函数

(1)格式:gets(字符数组名);

(2)作用:从终端输入一个字符串到字符数组,并返回字符数组的起始地址;

(3)特点:空格(' ')作为有效字符输入。

12. strcat()函数

(1)格式:strcat(字符数组1,字符数组2);

(2)作用:将字符数组2中的字符串,连接在字符数组1中的字符串后,并返回字符数组1的首地址;

(3)要求:字符数组1足够大。

13. strcpy()函数

(1)格式:strcpy(字符数组1,字符串2);

(2)作用:将字符串2,复制到字符数组1中去,并返回字符数组1的首地址;

(3)要求:字符数组1足够大;且字符数组1必须写成数组形式,字符串2可以是字符数组名,也可以是一个字符串。

14. strcmp()函数

(1)格式:strcmp(字符串1,字符串2);

(2)作用:对两个字符串自左至右逐个字符相比(按 ASCII 码值大小比较),直到出现不同的字符或遇到'\0'为止。并返回字符数组1的首地址。

15. strlen()函数

作用:测试字符串长度的函数。函数的值为字符串中的实际长度,不包括'\0'在内。

习题

一、填空题

1. 在 C 语言中,二维数组的元素在内存中的存放顺序是 _____。

2. 若有定义:double x[3][5],则 x 数组中行下标的下限为 _____,列下标的下限为 _____。

3. 若有定义:int a[3][4]={{1,2},{0},{4,6,8,10}};则初始化后,a[1][2]的值为 _____,a[2][1]得到的值为 _____。

4. 字符串"ab\n\\012\\"的长度是 _____。

5. 下列程序的输出结果是( )。

```
# include < stdio.h >
main()
{
printf("\"银川大学\"");
}
```

A. \"银川大学\"   B. \"银川大学   C. "银川大学"   D. 银川大学

6. 欲为字符串 S1 输入"Hello World!",其语句是 _____。

7. 欲将字符串 S1 复制到字符串 S2 中,其语句是 _____。

8. C 语言数组的下标总是从 _____ 开始,不可以为负数;构成数组各个元素具有相同的 _____ _____。

9. 字符串是以'\0'为结束标志的一维字符数组。有定义:char a[]="";则 a 数组的长度是 _____ ____。

10. 构成数组的各个元素必须具有相同的 _____。C 语言中数组的下标必须是整正数、0 或 _____。如果一维数组的长度为 n,则数组下标的最小值为 _____,最大值为 _____。

11. 在 C 语言中,一维数组的定义方式为:类型说明符　数组名 _____。

12. 已知数组 b 定义为 int b[ ]={9,6,3};,则 b 的各元素的值分别是 _____,最小下标是 _____,最大下标是 _____。

13. 在 C 语言中数组名是一个 _____,不能对其进行加、减及赋值操作 _____。

14. 已知数组 T 为一有 10 个单元的整型数组,正序输出 T 中的 10 个元素的值的语句为: _____。

15. 字符数组是用来存放 _____ 的数组。字符数组中一个元素存放 _____ 个字符。

二、编程题

7.1 输入 10 个学生的成绩,求平均成绩,并将低于平均成绩的分数打印出来。要求:利用一维数组存储学生成绩;利用 scanf 函数接收学生成绩;利用 printf 函数把低于平均成绩的分数打印出来。

7.2 输入一行数字字符,请用数组元素作为计数器来统计每个数字字符的个数,用下标为 0 元素统计字符"1"的个数,下标为 1 的元素统计字符"2"的个数等,依次类推。

7.3 从获取的三个浮点数中选出最大和最小数,并输出到屏幕。要求:利用数组存储三个浮点数。

7.4 对具有 10 个整数的数组进行如下操作:从第 n 个元素开始直到最后一个元素,依次向前移动一个位置,并输出移动后的结果。

7.5 编写程序将某数组中所有奇数放在另一个数组中并返回。

7.6 编写函数对字符数组中的输入字母,按由大到小的字母顺序进行排序。

7.7 编写函数把任意十进制整数转换成二进制数。提示:把十进制数不断除 2,余数放在一个一维数组中,直到商为零。在主函数中进行输出,要求不得按逆序输出。

7.8 利用二维数组实现计算两个矩阵和的程序。

7.9 求一个 3×3 的整型矩阵对角线元素之和。

7.10 输出以下的杨辉三角形(要求输出 10 行)。

```
1
1  1
1  2  1
1  3  3  1
1  4  6  4  1
1  5  10  10  5  1
⋮  ⋮  ⋮  ⋮  ⋮  ⋮
```

7.11 输出"魔方阵",所谓魔方阵是指它的每一行、每一列和对角线之和均相等。例如:3 阶魔方阵为:

```
8  1  6
3  5  7
4  9  2
```

要求:输出 $1 \sim n^2$ 的自然数构成的魔方阵。

7.12 有一篇文章,共有 3 行文字,每行 80 个字符。要求:分别统计出其中英文大写字母、小写字母、数字、空格以及其他字符的个数。

7.13 有一行电文,已按下面规律译成密码。

```
A→Z    a→z
B→Y    b→y
C→X    c→x
⋮       ⋮
```

即第 1 个字母变成第 26 个字母,第 i 个字母变成第 $(26 - i + 1)$ 个字母。非字母字符不变。要求编程序将密码译回原文,并输出密码和原文。

7.14 编一程序,将两个字符串连接起来,不要用 strcat 函数。

7.15 编一程序,将字符数组 s2 中的全部字符复制到字符数组 s1 中。不用 strcpy 函数,复制时,'\0'也要复制过去。'\0'后面的字符不复制。

7.16 有 15 个数按由大到小顺序存放在一个数组中,输入一个数,要求用折半查找法,找出该数是数组中第几个元素的值。如果该数不在数组中,则输出"无此数"。

三、选择题

1. 在 C 语言中,引用数组元素时,其数组下标的数据类型允许是(　　　)。

A. 整型常量　　　　　　　　　　　B. 整型表达式

C. 整型常量或整型表达式　　　　　D. 任何类型的表达式

2. 以下不能对二维数组 a 进行正确初始化的语句是(　　　)。

A. int a[2][3]＝{0};

B. int a[][3]＝{{1,2},{0}};

C. int a[2][3]＝{{1,2},{3,4},{5,6}};

D. int a[][3]＝{1,2,3,4,5,6};

3. 若有说明:int a[3][4]={0};则下面正确的叙述是(   )。

　　A. 只有元素 a[0][0]可得到初值 0

　　B. 此说明语句不正确

　　C. 数组 a 中各元素都可得到初值,但其值不一定为 0

　　D. 数组 a 中每个元素均可得到初值 0

4. 若有说明:int a[][4]={0,0};则下面不正确的叙述是(   )。

　　A. 数组 a 的每个元素都可得到初值 0

　　B. 二维数组 a 的第一维大小为 1

　　C. 因为二维数组 a 中第二维大小的值除以初值个数的商为 1,故数组 a 的行数为 1

　　D. 只有元素 a[0][0]和 a[0][1]可得到初值 0,其余元素均得不到初值 0

5. 若有说明:int a[][3]={1,2,3,4,5,6,7};则数组 a 第一维大小是(   )。

　　A. 2　　　　　　　　B. 3　　　　　　　　C. 4　　　　　　　　D. 无确定值

6. 以下不正确的定义语句是(   )。

　　A. double x[5]={2.0,4.0,6.0,8.0,10.0};

　　B. int y[5]={0,1,3,5,7,9} ;

　　C. char c1[ ]={'1','2','3','4','5'} ;

　　D. char c2[ ]={'\x10','\xa','\x8'} ;

7. 下面程序段的输出结果是(   )。

```
int k,a[3][3]={1,2,3,4,5,6,7,8,9};
for (k=0;k<3;k++)printf("%d",a[k][2-k]);
```

　　A. 3 5 7　　　　　　B. 3 6 9　　　　　　C. 1 5 9　　　　　　D. 1 4 7

8. 下面是对 s 的初始化,其中不正确的是(   )。

　　A. char s[5]={"abc"};　　　　　　　　　B. char s[5]={'a','b','c'};

　　C. char s[5]="";　　　　　　　　　　　D. char s[5]="abcdef";

9. 下面程序段的输出结果是(   )。

```
char c[5]={'a','b','\0','c','\0'}
printf("%s",c);
```

　　A. 'a''b'　　　　　　B. ab　　　　　　　C. ab c　　　　　　D. abc

10. 有两个字符数组 a,b,则以下正确的输入语句是(   )。

　　A. gets(a,b);　　　　　　　　　　　　B. scanf("%s%s",a,b);

　　C. scanf("%s%s",&a,&b);　　　　　　D. gets("a"),gets("b");

11. 下面程序段的输出结果是(   )。

```
char a[7]="abcdef";
char b[4]="ABC";
strcpy(a,b);
printf("%c",a[5]);
```

　　A. a　　　　　　　　B. \0　　　　　　　C. e　　　　　　　　D. f

12. 下面程序段的输出结果是(   )。

```
char c[ ]="\t\v\\\0will\n";
printf("%d",strlen(c));
```

　　A. 14　　　　　　　　B. 3　　　　　　　　C. 9　　　　　　　　D. 6

13. 判断字符串 a 和 b 是否相等,应当使用(   )。

　　A. if (a==b)　　　　　　　　　　　　B. if (a=b)

　　C. if (strcpy(a,b))　　　　　　　　　D. if (strcmp(a,b))

14. 下面叙述正确的是(　　)。

　　A. 两个字符串所包含的字符个数相同时,才能比较字符串

　　B. 字符个数多的字符串比字符个数少的字符串大

　　C. 字符串"STOP"与"STOp"相等

　　D. 字符串"That"小于字符串"The"

15. 下面有关字符数组的描述中错误的是(　　)。

　　A. 字符数组可以存放字符串

　　B. 字符串可以整体输入,输出

　　C. 可以在赋值语句中通过赋值运算对字符数组整体赋值

　　D. 不可以用关系运算符对字符数组中的字符串进行比较

16. C 语言中,一维数组下标的最小值是(　　)。

　　A. 1　　　　　　　　B. 0　　　　　　　　C. 视说明语句而定　　　　D. 无固定下限

17. 设有数组定义:char str[ ]="China0",则数组 str 所占的空间为(　　)字节。

　　A. 4 个　　　　　　B. 5 个　　　　　　C. 6 个　　　　　　D. 7 个

18. 设有数组定义 int a[2][2]={1,2,3,4},则元素 a[1][1]的值为(　　)。

　　A. 1　　　　　　　　B. 2　　　　　　　　C. 3　　　　　　　　D. 4

19. 若有说明:int a[ ][3]={1,2,3,4,5,6,7};则 a 数组第一维的大小为(　　)。

　　A. 2　　　　　　　　B. 3　　　　　　　　C. 4　　　　　　　　D. 无确定值

20. 对于数组定义 int a[5],n=2;则对数组 a 元素的正确引用是(　　)。

　　A. a[5]　　　　　　B. a[3.5]　　　　　　C. a(3)　　　　　　D. a[n+1]

第 8 章 函　　数

　　以软件产品进度难以预测、成本难以控制、质量难以维护以及用户对产品的功能需求难以满足为主要特征的软件危机导致人们对于现有软件研制技术的深沉思索,而软件重用是目前公认的一种解决软件危机、提高软件生产效率和质量的关键机制。函数是一段完成特定任务的程序,是实现代码级软件重用的基本单元。

　　组配性。模块化程序设计的主要形式,支持多种语言组配,如应用程序、操作系统(Windows 操作系统的 API 函数)及网络体系(Internet 网络体系)等。

　　重用性。多个程序共用一个函数(程序),是提高软件重用性能的主要机制。

　　通用性。所有计算机语言均有函数机制。

　　C 语言称为函数语言:程序的主要构成为函数,程序之间的功能是通过函数之间(包括自己之间)的相互调用来实现的。C 语言的精华在于函数的设计和编程,函数设计技术是软件工程师的基本功。

8.1　C 语言函数机制的灵活应用

　　函数是 C 语言的基本单元,C 语言所有程序都由一个或者多个函数组配而成。下面分析一个采用多种方法实现同一功能的 C 语言源程序,使同学们对于函数有一个初步了解。

8.1.1　实现四选一

【例 8.1】　编写程序实现从四个整数中选择一个最大者,并显示。

【程序实现】

```
# include "stdafx. h"
# include < stdio. h >
  // 直接比较方法
int max4_01(int ia, int ib, int ic, int id)
{
  int ie=ia;
// 选择 ie 和 ib 之间的最大者
If (ie< ib)
  Ie=ib;
    // 选择 ie 和 ic 之间的最大者
  if (ie< ic)
  ie=ic;
  // 选择 ie 和 id 之间的最大者
  if (ie< id)
  ie=id;
```

```
    return ie;
}


    // 使用数组方法
int max4_02(int ia,int ib,int ic,int id)
{
    int ie=ia,ino=0;
    int iset[3];
        // 为数组填值
    iset[ino++]=ib;
    iset[ino++]=ic;
    iset[ino]=id;
        // 循环找出最大值
    for (ino=0;ino<3;ino++)
    if (iset[ino]>ie)
        ie=iset[ino];
    return ie;
}
    // 二选一求最大值的函数
int max2(int ia,int ib)
{
    return((ia>ib)  ? ia:ib);
}


    // 利用 max2 函数,实现三选一
    // 求最大值的函数
int max3(int ia,int ib,int ic)
{
    return(max2(max2(ia,ib),ic));
}


    // 利用 max2、max3 函数,实现四选一
    // 求最大值的函数
int max4_03(int ia,int ib,int ic,int id)
{
    return(max2(max3(ia,ib,ic),id));
}


    // 利用 max2 函数,实现四选一
    // 求最大值的函数
int max4_04(int ia,int ib,int ic,int id)
{
    return(max2(max2(ia,ib),max2(ic,id)));
}
```

```
void main()
{
    int ia=1234,ib=6789,ic=3456,id=7645;
    printf("max4_01(%d,%d,%d,%d)=%d\n",
ia,ib,ic,id,max4_01(ia,ib,ic,id));
    printf("max4_02(%d,%d,%d,%d)=%d\n",
ia,ib,ic,id,max4_02(ia,ib,ic,id));
    printf("max4_03(%d,%d,%d,%d)=%d\n",
ia,ib,ic,id,max4_03(ia,ib,ic,id));
    printf("max4_04(%d,%d,%d,%d)=%d\n",
ia,ib,ic,id,max4_04(ia,ib,ic,id));
    getchar();
    return;
}
```

【输出结果】

```
max4_01(1234,6789,3456,7645)=7645
max4_02(1234,6789,3456,7645)=7645
max4_03(1234,6789,3456,7645)=7645
max4_04(1234,6789,3456,7645)=7645
```

【程序分析】

上例对于四个整数选择一个最大者,基本原理是数的比较。仔细分析,所有函数都是进行了三次比较,但实现的方法都有差别。

(1)函数 max4_01 采用的是直接比较方法。基本思想是:由 ie 存放最大值,ie 初始化为 ia 的值。首先,从 ie 和 ib 中选择一个最大值,ie 和 ib 比较,如果 ib>ie,把 ib 值赋给 ie,否则,ie 值不变;接着,ie 和 ic 比较,如果 ic>ie,把 ic 值赋给 ie,否则,ie 值不变;最后,ie 和 id 比较,如果 id>ie,把 id 值赋给 ie,否则,ie 值不变;然后函数返回 ie。

(2)函数 max4_02 采用的是数组方法。基本思想是:由 ie 存放最大值。首先把 ie 初始化为 ia 的值。然后,由 ib、ic 及 id 构成一个长度为 3 的整型数组。利用对于数组的循环,找出最大者并返回。本函数有一个细节值得注意,把 ie 初始化为 ia 的值,这样,就不用构成长度为四的数组了,减少了一次整数比较的次数。还是三次比较。

(3)函数 max4_03 采用的是函数逐步嵌套调用法。这里需要编写三个函数:

max2 函数:二选一的函数,从两个整数中选择一个最大者。

max3 函数:三选一的函数,从三个整数中选择一个最大者。基本思想是:两次调用 max2 函数,实现三选一的函数 max3 的语句为:

```
return(max2(max2(ia,ib),ic));
```

调用过程是:把第一次使 max2 从 ia 和 ib 之间选择的最大者作为 max2 的第一个参数,由 ic 作为 max2 的第二个参数,再次调用 max2 求出 ia、ib 及 ic 三个整数之间的最大者。

max4_03 函数:四选一的函数,从四个整数中选择一个最大者。基本思想是:分别调用 max2 函数和 max3 函数,实现四选一的函数 max4_03 的语句为:

```
return(max2(max3(ia,ib,ic),id));
```

调用过程是:把调用 max3 从 ia、ib 和 ic 之间选择的最大者作为 max2 的第一个参数,由

id 作为 max2 的第二个参数,调用 max2 求出 ia、ib、ic 及 id 四个整数之间的最大者。

(4)函数 max4_04 采用的是函数多次嵌套调用法。借助于 max2 函数,可以直接实现四选一的功能。实现四选一的函数 max4_04 的语句为:

```
return(max2(max2(ia,ib),max2(ic,id)));
```

该函数三次调用 max2 函数。调用过程是:第一次调用 max2 从 ia 和 ib 之间选择的最大者作为 max2 的第一个参数;第二次调用 max2 从 ic 和 id 之间选择的最大者作为 max2 的第二个参数;第三次调用 max2 求出 ia、ib、ic 及 id 四个整数之间的最大者。

8.1.2　C 语言可直接利用的编程资源

一个函数(无论是 C 语言的库函数,还是程序员自己编写的函数)只有传入的参数符合函数的定义,任何程序、任何项目以及任何其他语言编写的程序等都可以多次、反复使用,所谓函数就是一个程序代码集合,当函数在不同地点、不同场合以及不同项目中被调用,完成函数设计的功能,这就是所谓程序代码的重用,即代码重用。代码重用是提高程序设计质量、速度及可靠性的重要机制,是所有计算机语言必须具备的功能之一。C 语言程序设计,可以借助于函数机制,共享多种编程资源。主要包括:Windows API 和 C 语言库函数。

Windows API(Windows Application Program Interface,Windows 应用程序接口)是一系列函数、宏、数据类型、数据结构的集合,运行于 Windows 系统的应用程序,可以使用操作系统提供的接口来实现需要的功能。在 C 语言程序中,可以直接调用 Windows API 的所有函数,实现多种功能。例如,使用网络 API 函数,可以建立个人聊天室、下载服务等;使用位图、图标和光栅运算等 API 函数,美化程序操作界面、展示个人的创意等。

C 语言库函数是指由 C 语言研制者或者其他人编写的一些常用到的函数。使用专用工具链接到一个文件里(把这些放置函数的文件称之为库),构成所谓的函数库,称为静态库(LIB库),即 C 语言函数库是可以供编程人使用的函数集合。熟练地使用 C 语言库函数可以编写MS-DOS、Windows 、UNIX 等多种开发平台的程序。

8.1.3　C 语言的二次研发平台

众所周知,任何一个硬件产品和商品软件,想最终在一个行业中占主导地位,二次开发平台的提供是必不可少的。所谓二次开发,简单地说就是在现有的硬件和软件基础上进行定制修改,功能的扩展,然后达到自己想要的功能,一般来说都不会改变原有系统的内核。不同软硬件产品通常提供不同的二次开发接口或者平台。而 C 语言是所有硬件和软件二次开发的首选平台,一般软硬件开发商均提供 C/C++语言编译型开发接口或者开发平台。

1. 硬件的二次研发平台

硬件的二次研发平台主要是指面向可通用、可组配、可扩充的智能芯片的 C 语言开发平台。智能芯片种类很多,比如智能手机芯片、ARM 微处理器、企业的 RISC 处理器、嵌入式微控制器、数字信号处理(Digital Signal Processing,DSP)等。硬件二次研发平台通常提供的开发工具包括硬件和软件两部分,硬件为面向智能芯片的仿真器,软件为 C 语言开发环境。为了支持对于硬件的操作和访问,开发商一般不会提供 C 语言源程序,而是提供包含相关函数的目标代码(相当于 C 语言编译以后的 OBJ 文件)的静态链接库 LIB。由 LIB 库支持的二次开发的库函数就是 C 语言的编程资源。

2. 商品软件的二次开发平台

为了支持已有软件产品的功能进行扩充,或根据特殊需要组合扩展功能等,许多商品软件都提供了二次研发平台,提供相应的 SDK(Software Develop Kit)。二次开发人员可以根据 SDK 中提供的公开的 API 来访问软件原有的一些基本功能,并根据这些基本功能进行组合和扩展,进而形成更加专业或更新的功能以完成用户特殊的需求。

例如,AutoCAD(Auto Computer Aided Design)是美国 Autodesk 公司开发的自动计算机辅助设计软件,用于二维绘图、详细绘制、设计文档和基本三维设计。考虑到在复杂 AutoCAD 问题或特殊用途的设计中,依据原有软件的功能往往难以解决问题,在此情况下,只是会使用软件的基本功能是不够的,根据客户的特殊用途进行软件的客户化定制和二次开发,往往能够大大提高企业的生产效率和技术水平。因此,Auto CAD 提供了基于 C、C++语言的二次开发工具,如 ADS、Object ARX 等,它使许多二次开发商可以用少量的学习代价就可以掌握其使用方法。探索者公司的 TSSD、天正公司的建筑软件等,都是在这些平台上开发成功的行业应用软件。

3. 嵌入式开发

嵌入式开发就是指在嵌入式操作系统下对于某一些智能芯片所进行的开发。一般常用的系统有 WinCE、Palm、Symbian 等,基本原理是利用 C 语言调用芯片制造商提供的库函数(由相应的 SDK 开发包支持),编写满足项目需求的程序。

4. 网络系统集成

网络系统集成即是在网络工程中根据应用的需要,运用系统集成方法,将硬件设备、软件设备、网络基础设施、网络设备、网络系统软件、网络基础服务系统及应用软件等组织成为一体,使之成为能组建一个完整、可靠、经济、安全、高效的计算机网络系统的全过程。从软件技术角度来看,往往需要调用各个网络的操作接口,实施信息或者数据的高效及安全传输的一体化机制。这里所谓操作接口,通常为 C 语言(或者其他语言的)函数。

函数是 C 语言的基本构件,要成为一个优秀的程序员,必须很好地掌握函数的编写方法和使用方法。本章将集中讨论与函数有关的问题,例如什么时候声明函数,怎样声明函数,使用函数的种种技巧等。

8.2 函数的概念

函数(function)是用于完成特定任务的程序代码的自包含单元,也是计算机语言的通用代码集合封装机制。借助于这种机制,可以利用函数,按照一定规范和格式使用这种代码集合。使用函数简单的方法是:为其提供必要的数据,然后自动执行这段程序,执行完毕后,该段程序能保存计算结果返回到程序原来被调用的位置并继续运行。

函数是程序模块化以及实现模块化代码共享的基本单元。函数的使用可以省去重复代码的编写。是否把一段程序代码封装为一个函数,基本思路为:如果程序中需要多次使用某种特定的功能,那么只需编写一个合适的函数即可,其他程序可以在任何需要的地方调用该函数;为了提高开发效率,程序中反复使用的程序段应写成函数的形式;为了有利于程序的模块化,某些只用一次的程序段也可以写成函数形式。一个好的函数封装方案是相同的程序段在整个程序中只编写一次,而且在整个程序中(包括多个程序构成的工程中)只出现一次。

【例 8.2】 求一个整数的阶乘并输出。

【程序实现】

```c
# include "stdafx.h"
# include "stdio.h"
    // 阶乘函数 n!＝1*2*……n
int Pact(int n)
{
  int ino,ival=1;
  if (n < 2)
    return 1;
  for (ino=1;ino<=n;ino++)
  ival *= ino;
  return ival;
}
void main()
{
  int n;
  printf("请输入阶乘的阶数:");
  scanf("%d",&n);
  printf("%d 的阶乘＝%d\n",n,Pact(n));
  getchar();
  return;
}
```

【输出结果】

请输入阶乘的阶数:12

12 的阶乘＝479001600

引入函数的优点:减少重复编写程序的工作量,使程序便于调试和阅读。关于函数讨论如下。

(1)一个 C 程序由一个或多个源程序文件组成。对较大的程序,一般不希望全放在一个文件中,而将函数和其他内容(如预定义)分别放在若干个源文件中,再由若干源文件组成一个 C 程序(工程)。这样可以分别编写、分别编译,提高调试效率。一个源文件可以为多个工程公用。

(2)一个源程序文件由一个或多个函数组成。一个源程序文件是一个编译单位,即以源程序为单位进行编译,而不是以函数为单位进行编译。

(3)一个 C 语言的工程如果可运行,必须有(设计)一个 main 函数,而且只能有一个 main 函数(如果多于一个,函数编译会报错,因为如果允许多个 main 函数,函数无法确定从哪个 main 函数启动程序),调用其他函数后回到 main 函数,在 main 函数中结束整个程序的运行。main 函数是系统定义的,即函数名称由系统确定,使用由系统启动,但 main 函数程序由程序员根据需要编写,可以编写在 C 语言工程中任意一个源程序文件之中。

(4)所有函数都是平行的,即在定义函数时是互相独立的,一个函数并不从属于另一函数,即函数不能嵌套定义,函数间可以互相调用,但不能调用 main 函数。

(5)C 语言函数从生产来源上区分,函数有两种:标准函数和用户自己定义的函数。

标准函数,即库函数。这是由系统提供的,用户不必自己定义这些函数,可以直接使用它们。应该说明,不同的 C 系统提供的库函数的数量和功能不同,当然有一些基本的函数是共同的。使用时应使用♯include 命令包含所需的头文件。

用户自己定义的函数用以解决用户的专门需要。

8.3 函数的定义

从前面课程讲授和上机操作中,两个问题值得注意。

(1)当程序由 main 函数和其他一个或者多个自己设计的函数(简称设计函数)组成时,如果,main 函数在设计函数之前,必须对于设计函数进行函数声明。

(2)当 C 语言程序使用 printf 函数,源文件中如果没有以下语句时:

include "stdio.h"

编译总会出现以下出错提示:

error C2065:'printf': undeclared identifier

以上两个问题均涉及函数的定义、声明及调用等方面的概念。

1. 函数单元分析

C 语言为函数语言,函数是程序构成的基本单元。在给出函数定义之前,可以通过分析一个简单函数,探讨函数定义的基本语义和作用。

【例 8.3】 简单函数,将给定字符转换成大写字符。

【程序实现】

```
# include  "stdafx.h"
# include  "stdio.h"
   // 将给定字符转换成大写字符
int ToUpper(int ch)
{
 int newch=ch;
 if ((ch>='a')&&(ch<='z'))
  newch='A'+ch-'a';
   return(newch);
}
int   main(int  argc,char  *argv[])
{
   char ch='q';
   printf("转换前:%c,  转换后:  %c \n",ch,ToUpper(ch));
   getchar();
   return 0;
}
```

【输出结果】

转换前:q, 转换后: Q

这是一个将给定字符转换成大写字符的函数,第 1 行第一个关键字 int 表示函数值是整型的,ToUpper 为函数名。括号中有一个参数,也是整型的。花括弧内是函数体,它包括声明部分和语句部分。在声明部分定义所用的变量,此外对将要调用的函数作声明(见后面)。在

函数体的语句中,判定输入 ch 的值是否为小写字符,如果是,通过语句

```
newch='A'+ch-'a';
```

将其转换成相应的大写字符 newch。如果不是小写字符,可能是大写字母、汉字或者其他字符,newch 赋给输入变量 ch。return(newch)的作用是将转换后的值或者未转换的值作为函数值带回到主调函数中。return 后面的括弧中的值(newch)作为函数带回的值(或称函数返回值)。在函数定义时,已指定 ToUpper 函数为整型,在函数体中定义 newch 为整型,二者是一致的,将 newch 作为函数 ToUpper 的值带回调用函数。

2. 定义格式

［类型说明符］　函数名(形式参数表)　函数体

语法描述的函数定义中,各部分有自己的功能及规则,简介如下:

类型说明符:指定函数返回值的类型,描述函数返回值的数据类型,可以是 C 语言中的 char、int、short、long、float、double 等任何一种基本的数据类型。若函数没有返回值,应写作 void。C 语言旧版本若该项缺省,表示函数值为 int 型,C 语言新版本(如 VC＋＋6.0 等)不允许缺省。

函数名:标识符,用于标识函数,并用其来调用函数。函数名称是程序设计者定义的名称,与变量的命名规则一样。C 语言函数名有值,它代表函数的入口地址。从该入口地址起,存储着函数程序的代码集合。

形式参数表:简称形参表。诸如:类型 1 参数 1,类型 2 参数 2,……一般来说,计算函数需要多少原始数据,函数的形参表中就有多少个形参,每个形参存放一个数据。函数可以有很多参数,每一个参数都有一个类型及名称,它们是函数的变量,不同的变量对应的函数值往往不同,这是函数的本质所在。

函数体:是函数的程序代码,它实现函数的功能。整个函数体包含在一对大括号内。

3. 无参函数的定义形式

```
类型标识符　函数名()
{
    [说明部分]
    语句
}
```

该类函数不需要输入参数,即无参数传递。根据程序设计需要,无参函数可以返回值,也可以不返回值,与是否传递参数无关。

【例 8.4】　无参函数举例

【程序实现】

```
# include "stdafx.h"
# include "stdio.h"
    // 显示张继《枫桥夜泊》
void DisplayZhangJi()
{
  printf("\n");
  printf("姑苏城外寒山寺,\n");
  printf("张        继 \n");
```

```
    printf("夜半钟声到客船。\n");
    return;
}
void main()
{
    printf("按一键显示张继诗《枫桥夜泊》\n");
    getchar();
    DisplayZhangJi();
    getchar();
    return;
}
```

【输出结果】

按一键显示张继诗《枫桥夜泊》

姑苏城外寒山寺,

张　　　　继

夜半钟声到客船。

4. 有参函数的定义形式

类型标识符　函数名(形式参数表)
{
　　［说明部分］
　　语句
}

【例 8.5】　求两个整数的最大公约数、最小公倍数。

【编程思想】

分析:求最大公约数的算法思想:最小公倍数＝两个整数之积/最大公约数。

(1)对于已知两数 m,n,使得 m＞n;

(2)m 除以 n 得余数 r;

(3)若 r＝0,则 n 为求得的最大公约数,算法结束;否则执行(4);

(4)m←n,n←r,再重复执行(2)。

【程序实现】

```
# include "stdafx. h"
# include "stdio. h"
// 求最大最大公约数和最小公倍数并输出
void Count2(int m, int n)
{
    int it, r, nm;
    // 假定 inum1＞inum2,如果不符合假设,实施值交换
    printf("输入数 1: %d,输入数 2:  %d\n",m,n);
    nm＝n * m;
    if (m＜n)
    {
        it＝n;
```

```
      n＝m;
      m＝it;
    }
  r＝m％n;
  while (r!＝0)
  {
     m＝n;
     n＝r;
     r＝m％n;
  }
  printf("最大公约数：%d\n",n);
  printf("最小公倍数：%d\n",nm/n);
  getchar();
  return;
}
void main()
{
  int n,m;
  printf("请输入两个正整数:\n");
  scanf("%d,%d",&m,&n);
  Count2(m,n);
  return;
}
```

【输出结果】

请输入两个正整数：

16,8

输入数 1： 16,输入数 2： 8

最大公约数：8

最小公倍数：16

5. 空函数

类型标识符　函数名(形式参数表列)

{

}

例如,定义：

void　ThisNull()

{

}

调用此函数时,什么工作也不做,没有任何实际作用。在主调函数中写上"ThisNull();"表明"这里要调用一个函数",而现在这个函数没有起作用,等以后扩充函数功能时补充上。在程序设计中往往根据需要确定若干模块,分别由一些函数来实现。而在第一阶段只设计最基本的模块,其他一些次要功能或锦上添花的功能则在以后需要时陆续补上。在编写程序的开始阶段,可以在将来准备扩充功能的地方写上一个空函数(函数名取将来采用的实际函数名,如用 merge、oncatenate、shell 等,分别代表合并、字符串连接、希尔法排序等),只是这些函数未编好,先占一个位置,以后用一个编好的函数代替它。这样做,程序的结构清楚,可读性好,以后扩充新功能方便,对程序结构影响不大。空函数在程序设计中常常是有用的。特别在VC++6.0 由向导生成的工程文件中,大量使用了空函数占位技术。

8.4　函数参数

在调用函数时,大多数情况下,主调函数和被调用函数之间有数据传递关系。在函数定义时定义了形式参数表的函数称为有参数函数(简称有参函数),也称为带参函数。在函数定义及函数声明时都有参数,称为形式参数(简称形参)。在函数调用时也必须给出参数,称为实际参数(简称实参)。函数调用时,主调函数将把实参的值传送给形参,供被调函数使用。

形式参数:在定义函数时函数名后面括弧中的变量名,简称形参。

实际参数:在调用函数时函数名后面括弧中的常数、变量或者表达式,简称实参。

形参声明的传统方式。在旧版本 C 语言中,对形参类型的声明是放在函数定义的第 2 行,也就是不在第 1 行的括号内指定形参的类型,而在括号外单独指定,例如上面定义的Count2,函数可以写成以下形式:

```
void Count2(m,n)
    /*指定形参 m,n */
int   m,n;               /*对形参指定类型 */
{
    ……
}
```

一般把这种方法称为传统的形参的声明方式,而把前面介绍过的方法称为现代声明方式。VC 和目前使用的多数 C 版本对这两种方法都允许使用,两种用法等价,ANSI 新标准推荐前一种方法,即现代方式。本书中的程序采用新标准推荐的现代方式。但由于有些过去写的书籍和程序使用传统方式,因此读者应对它有所了解,以便能方便地阅读它们。

【例 8.6】　由计算机生成三个随机数,求出其中的最大数并输出。

【编程思想】

获取随机数用的函数:

    int rand();

该函数在 stdlib.h 中有原型说明。

【程序实现】

```
# include "stdafx.h"
# include "stdio.h"
# include "stdlib.h"
    // 给定两个整数,求出最大者返回 */
int max2(int x,int y)
{
    return((x>y)? x:y);
}
    // 给定三个整数,求出最大者返回
```

```
    // 基本思想:两次利用 max2 函数,第一求 max2
    // 和 y 二者的最大者,即 max2(x,y)
    // 第二次用 max2 函数,求出 z 与 max2(x,y)之间的最大者。
int max3(int x,int y,int z)
{
    return(max2(max2(x,y),z));
}
void main()
{
    int ia,ib,ic;
    ia＝rand();
    ib＝rand();
    ic＝rand();
    printf("获取的三随机数为:(%d,%d,%d)\n",ia,ib,ic);
    printf("最大的随机数为：%d \n",max3(ia,ib,ic));
    getchar();
    return;
}
```

【输出结果】

获取的三随机数为:(41,16467,6334)

最大的随机数为:16467

在例 8.6 中,两个函数定义:

int max2(int x,int y)

int max3(int x,int y,int z)

其中:x,y 和 z 均为形参,在函数定义时,告诉系统为形参分配必要的存储空间。而调用函数语句:

return(max2(max2(x,y),z));

在运行时,首先把实参 x,y 传给函数 max2,然后,又把 max2 的返回值和 z 作为实参传给函数 max2。即形参是在定义时设定的参数,实参是程序运行中传入的参数。

关于函数参数讨论:

(1)形式参数。形参调用前不占内存单元,调用时占用,调用后释放。定义函数时,必须指定形参类型。ANSI 新标准规定形参在形参表列中同时说明,例如:

int   max(int x,int y)

(2)实际参数。实参必须有确定的值,可以是常量、变量或表达式。实参与形参的类型应一致;实参对形参的数据传递是值传递,即单向传递,只由实参传递给形参,反之不可。调用结束后,只有形参单元被释放,实参单元中的值不变。

(3)一个函数可以有多少参数。一个函数的参数的数目没有明确的限制,但是参数过多(如超过 8 个)显然是一种不可取的编程风格。参数的数目直接影响调用函数的速度,参数越多,调用函数就越慢。参数的数目少,程序就显得精炼、简洁,这有助于检查和发现程序中的错误。因此,通常应该尽可能减少参数的数目,如果一个函数的参数超过 4 个,就应该考虑一下函数是否编写得当。如果一个函数不得不使用很多参数,可以通过定义一个结构来容纳这些参数(参阅本书的 11 章),这是一种非常好的解决方法。

在 C 语言中,用 void 关键字说明的函数是没有返回值的,并且也没有必要加入 return 语句;在有些情况下,一个函数可能会引起严重的错误,并且要求立即退出该函数,这时就应该加入一个 return 语句,以跳过函数体内还未执行的代码。

8.5 函数的返回值

函数的值是指函数被调用之后,执行函数体中的程序段所取得的、并返回给主调函数的值。一般函数计算后总有一个返回值,通过函数内部的 return 语句来实现这个返回值,格式是:

return 表达式;

return 返回一个数据类型与函数返回类型一致的表达式,该表达式的值就是函数的返回值。一个函数可以有一个以上的 return 语句,也可以没有。如果被调用函数没有 return 语句,或 return 语句不带表达式,函数的值不确定。一个函数中可以有一个以上的 return 语句,函数执行到第一个 return 语句时就返回主调函数。return 语句后面的括弧可以要,也可以不要。如:

return((x > y) ? x:y);

return(x > y) ? x:y;

return (1);

return 1;

是否需要括弧对于 return 语句书写稍有影响:使用括弧时,返回的表达式可以与 return 连起来写,可以不需要空格;不要括弧时,必须在 return 和表达式之间留至少一个空格,即两部分分开写。这样要求,实际是为了保证 C 语言保留关键字 return 可以被编译程序准确分解出来,不会与后面的表达式构成新的、编译程序无法辨认的字符串。如果函数不返回值,可以将函数定义为"空类型"void。例如:

void input()

如果被调用函数中没有 return 语句,函数并不是不带回值,只是不带回有用的值,带回的是一个不确定的值。当函数由 main 函数调用,在程序执行结束后,返回主调函数。既然函数有返回值,这个值当然应属于某一个确定的类型,应当在定义函数时指定函数值的类型。例如:

int max(float x,float y) /*函数值为整型 */

char letter(char c1,char c2) /*函数值为字符型 */

double min(int x,int y)   /*函数值为双精度型 */

如果函数值的类型和 return 语句中表达式的值不一致,则以函数类型为准。对数值型数据,可以自动进行类型转换,即函数类型决定返回值的类型。

【例 8.7】 分别输入三个人的工资,相加后输出。

【程序实现】

```
int Sum(float fa,float fb,float fc)
{
  float fd;
  fd= fa + fb + fc;
```

```
        printf("工资分别为:%f,%f,%f ;\n 合计(精确)为: %f \n",fa,fb,fc,fd);
        return((int)fd);
    }
int    main(int argc,_TCHAr * argv[])
{
    float fa,fb,fc;
    printf("请输入三人的工资:\n");
    scanf("%f,%f,%f",&fa,&fb,&fc);
    printf("三人工资合计(元):%d \n",Sum(fa,fb,fc));
    getchar();
    return 0;
}
```

【输出结果】

请输入三人的工资:3456.78,4567.89,5678.90

工资分别为:3456.780039,4567.890137,5678.899902

合计(精确)为:13703.570313

三人工资合计(元):13705

例 8.7 在调试中,当 sum 函数最后的 return 语句为:

return(fd);

编译时,系统给出警告提示:

warning C4244:return 从 float 转换到 int,可能丢失数据。

原因在于,函数的返回必须与函数定义时一致,即必须把浮点数 fd 作为整数返回。故编译程序给出警告提示。为了消除警告提示,对于 return 语句进行了修改,增加了强制转换功能(告诉编译系统,我是有意地把 float 转换到 int,考虑到了"丢失数据"的结果),修改为:

return((int)fd);

对于专业程序员而言,更重视警告提示。因为,编译出错程序必须处理,而编译警告可以不处理,这样,可能埋下了隐患。所以,更应该重视编译警告的处理。

【程序分析】

函数 Sum 定义为整型,而 return 语句中的 fd 为浮点类实型,作为返回变量必须和 Sum 定义类型相一致,所以,进行了 float 转换到 int 的强制转换,然后返回。在上例中,三人合计工资在 Sum 函数与 main 函数中显示的值是不相同的,一种按浮点数显示,另一种按整数显示。

在实际编程序中,常常利用这一特点进行类型转换,如在函数中进行实型运算,希望返回的是整型量,可让系统去自动完成类型转换。但这种做法往往使程序不清晰,可读性降低,容易弄错,而且并不是所有的类型都能互相转换的(如实数与字符类型数据之间)。因此,建议初学者不要采用这种方法,而应做到使函数类型与 return 返回值的类型一致。

为使程序减少出错,保证正确调用,凡不要求带回函数值的函数,一般应定义为 void 类型。C 语言程序研制中,如果函数返回值可以不使用,一般均定义为 void 类型函数。

exit 和 return 有什么不同？用 exit 函数可以退出程序并将控制权返回给操作系统,而用 return 语句可以从一个函数中返回并将控制权返回给调用该函数的函数。

8.6 函数调用

一个函数一旦被定义,就可在程序的其他函数中使用它,这个过程称为函数调用。函数调用是比较简单的,调用自己编写的函数就像调用 C 语言库函数一样。有返回值的函数可以放在合适的表达式中去计算,当然也可以单独作为一条语句执行。而 void 类型的函数不能用在任何一个表达式中去参加计算,只能作为单独的一条语句执行。但 C 语言中规定,函数必须先定义才可以调用,即在调用函数时编译器必须已经事先知道该函数的参数结构,不然编译会出错误。对库函数的调用不需要再作说明,但必须把该函数的头文件用 include 命令包含在源文件前部,实际上 include 命令包含的头文件中就是库函数声明。

main 函数是 C 语言中的主函数,程序是从 main 函数的第一条语句开始的,当 main 的最后一条语句执行完毕后,整个程序才执行完毕。一个复杂的 C 程序中 main 函数要去调用别的函数,而被 main 调用的函数又有可能再去调用别的函数,这样形成函数的层层调用,从而完成一个复杂的任务。

1. 函数调用的形式

根据是否为有参函数或者为无参函数,函数调用的形式一般是有差别的,基本差别在于:有参函数在调用时必须根据函数定义时的形参表列,为函数传入实参表列。而无参函数则无需传入任何实参。有参函数调用的一般形式为:

函数名(表达式 1,表达式 2……表达式 n);

而无参函数调用的一般形式为:

函数名( );

函数调用的执行过程基本可以归结为形参赋值、执行代码和返回三个过程。对于无参函数调用直接进入执行代码过程。而有参函数调用执行过程首先计算各个表达式,得到值 v1,…,vn,把 v1,…,vn 赋给对应的形参,然后转入执行代码过程。代码执行过程根据函数体的程序代码,逐条执行。当执行完函数的最后一个语句或者遇到 return 语句后,返回到函数调用处。

对于有参函数的调用,C 语言有严格规定,多个实参间用逗号隔开;实参与形参个数相等,类型应一致;实参与形参按顺序对应,一一传递数据。至于实参表求值的顺序,往往与运行的C 语言系统有关。

2. 函数调用的方式

无论是有参函数还是无参函数,函数调用的方式基本是一致的。而能否使用何种调用方式主要与函数是否具有返回值有关。对于无返回值的函数,其调用方式与其他语言的过程调用方式相一致,把函数调用作为一个语句。此时不要求函数带回值,只要求函数完成一定的操作。

【例 8.8】 函数 Count2 定义为:

void Count2(int　m,int　n)

```
    {
        return m + n;
    }
```

例 8.8 的调用方式为：

```
void main()
{
    int n,m;
    printf("请输入两个正整数:\n");
    scanf("%d,%d",&m,&n);
    Count2(m,n);
    getchar();
    return;
}
```

在 C 语言程序设计中，无返回值的函数一般都作为其他语言的过程使用，这类函数往往用于进行一种独立的操作过程。而对于具有返回值的函数，通常可以支持多种调用方式。

(1)把有返回值的函数当做无返回值的函数使用，不使用函数带回的值，只要求函数完成一定的操作。对于 getchar 函数，主要用途是通过键盘获取用户输入一个字符，在数据接收程序中被广泛使用。而在本书多个例题中，使用如下语句：

```
getchar();
```

其主要目标是让程序在屏幕显示了运行信息后，不要立即从程序返回，让用户没有时间看清执行结果，通过 getchar 函数使可以使程序暂停，直到用户按任意一键时，方可继续运行。至于用户输入什么字符，例题中的程序并不关心。即只要程序执行暂停这一操作过程而已。

(2)函数调用作为一个函数的实参。如例 8.6 中，函数 max3 对于函数 max2 的调用：

```
int max3(int x,int y,int z)
{
    return(max2(max2(x,y),z));
}
```

(3)函数作为函数表达式中的一个数据项。函数出现在一个表达式中，这种表达式称为函数表达式。这时要求函数带回一个确定的值以参加表达式的运算。例如：

```
c=3+max3(a,b);
```

3. 函数原型

在一个函数中调用另一函数(即被调用函数)需要具备哪些条件呢？①首先被调用的函数必须是已经存在的函数(库函数或用户自己定义的函数)。但光有这一条件还不够。②如果使用库函数，一般还应该在本文件开头用 #include 命令将调用有关库函数时所需用到的信息"包含"到本文件中来。例如，前几章中已经用过的 #include 〈studio.h〉，其中，"studio.h"是一个"头文件"。在 studio.h 文件中包含了输入输出库函数所用到的一些宏定义信息。如果不包含"studio.h"文件中的信息，就无法使用输入输出库中的函数。同样，使用数学库中的函数，应该用 #include 〈math.h〉，.h 是头文件所用的后缀。如果使用用户自己定义的函数，而且该函数与调用它的函数(即主调函数)在同一个文件中，一般还应该在主调函数中对被调用的函数作声明，即向编译系统声明将要调用此函数，并将有关信息通知编译系统。"声明"一词的原文是 declaration，过去在许多书中译为"说明"，近年来，愈来愈多的计算机专家提出应称为声明,作者也认为称为"声明"更确切,表意更清楚。函数声明又称为函数原型,有人也称为函数原型声明。

函数原型也称为函数说明。函数原型能告诉编译程序一个函数将接受什么样的参数,将返回什么样的返回值,这样编译程序就能检查对函数的调用是否正确,是否存在错误的类型转换。例如,现有以下函数原型:

int some_func(int,char,long);

编译程序就会检查所有对该函数的引用(包括该函数的定义)是否使用了三个参数并且返回一个 int 类型的值。如果编译程序发现函数的调用或定义与函数原型不匹配,编译程序就会报告出错或警告消息。

函数原型定义形式:

类型标识符　被调函数名([形参类型 1 ［形参名 1],]……[,形参类型 n ［形参名 n]］);

【例 8.9】 求浮点数之和,并输出。

【程序实现】

```
# include  "stdafx. h"
# include  "stdlib. h"
int main(int argc,char * argv[])
{
   float add(float,float);   // 函数原型
   float a,b,c;
    printf("请输入两个浮点数:\n");
   scanf("%f,%f",&a,&b);
   c=printf("数字:%f+%f=  %f\n",a,b,add(a,b));
   getchar();
   return 0;
}
float add (float x,float y)
{
   float z;
   z=x+y;
   return (z);
}
```

【输出结果】

请输入两个浮点数:

3456. 89,9876. 56

数字:3456. 889893+9876. 559570 =13333. 449219

函数原型可以有多种格式:

float add (float x,float y);

float add (float,float); // 不带形参,与上式效力相同

通常,函数原型与函数定义是初学者容易混淆的两个概念。值得重点提醒的是:函数原型最后一定以")"结束。而且,应特别注意最后一个";"不能少。否则,被编译系统作为函数定义进行编译,可能报出大量的出错提示。同样,函数定义时,函数右小括号前,函数体前不能有";",如:

```
float   add (float x,float y);// 多加了一个";"
{
        float z;
        z=x+y;
        return (z);
}
```

因为多了一个";",对于 C 语言编译系统而言,函数定义变成了完全符合定义的函数原型。整个函数体无法与函数名及形参构成一体。编译将大批量出错。这是初学者很容易犯的错误。

函数定义和函数说明的区别:函数的定义是确定函数的功能,包括函数名、函数值类型、形参及类型和函数体全部内容。函数的声明只是对要被调用的函数的参数及返回值进行说明,它只包括函数名、函数类型或形参类型,不包括函数体。

8.7 函数的嵌套调用

函数定义和函数调用是两个密切相关的概念,都存在着相互嵌套问题:嵌套定义和嵌套调用。所谓嵌套定义,是指在定义一个函数时,该函数体内包含另一个函数的定义。而嵌套调用,是指在调用一个函数的过程中,又调用另一个函数。C 语言的函数定义都是互相平行、独立的,也就是说在定义函数时,一个函数内不能包含另一个函数。C 语言不能嵌套定义函数。

C 语言不能嵌套定义函数,但可以嵌套调用函数。也就是说,在调用一个函数的过程中,又调用另一个函数。其关系如图 8.1 所示,其执行过程是:执行 main 函数中调用 f1 函数的语句时,即转去执行 f1 函数,在 f1 函数中调用 f2 函数时,又转去执行 f2 函数,f2 函数执行完毕返回 f1 函数的断点继续执行,f1 函数执行完毕返回 main 函数的断点继续执行。

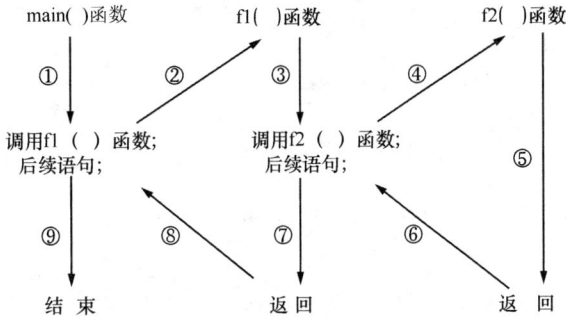

图 8.1 函数的嵌套调用示意图

【例 8.10】 采用函数多重嵌套调用求方程 $ax2+bx+c=0(a$ 不为 0)的实根。
【程序实现】

```
# include  "stdafx. h"
# include  "stdio. h"
# include  "stdlib. h"
# include  <math. h>
int  main(int argc,_char * argv[])
{
    float a,b,c,x1,x2;
    int dict(float,float,float);
```

```
      float dt(float,float,float);
      float root(float,float,float,int);
      printf("请输入一元二次方程的系数 a,b,c:\n");
      scanf("%f,%f,%f",&a,&b,&c);
      if(dict(a,b,c))
      {
        x1=root(a,b,c,1); /*调用函数 root */
        x2=root(a,b,c,0);
        printf("实根 x1=%f,x2=%f\n",x1,x2);
      }
      else
      printf("无实根! \n");
      getchar();
      return 0;
}
float dt(float a,float b,float c)
{
    return b*b-4*a*c;
}
int dict(float a,float b,float c)
{
    int f;
    if (dt(a,b,c)>=0)
      f=1;
    else
      f=0;
    return f;
}
float root(float a,float b,float c,int flag)
{
    float d,x;
    d=(float)dict(a,b,c); /*调用函数 dict */
    if (d)
      x=flag ? (-b+sqrt(dt(a,b,c)))/(2*a):(-b-sqrt(dt(a,b,c)))/(2*a);
    return x;
}
```

【输出结果】

输入一元二次方程的系数 a,b,c:

23,456,78

X1=-0,172554,x2=-19.653532

【程序分析】

　　整个程序函数 dt 功能为求系数(b^2-4ac),函数 dict 的功能为判别式,返回 1 时,有实根;否则,无实根,函数 root 功能为求根。程序嵌套调用关系为 main 函数调用:判别式函数 dict,根据 dict 返回值确定是否有实根,获取实根的值并显示。判别式函数 dict 调用求系数函数 dt,根据 dt 返回值确定是否有实根。求根函数 root 调用判别式函数 dict 确定是否有实根,如果有,求出实根。

8.8 递归调用

1. 递归调用和递归函数

C 语言的特点之一,就是允许函数的递归调用。其特点是在函数内部直接或者间接地调用自己。递归函数的结构十分简练,对于可以使用递归算法实现功能的函数,在 C 语言中都可以把它们编写成递归函数。一个函数直接或间接地调用自身,这种现象就是函数的递归调用。这种函数称为递归函数。在递归调用中,主调函数又是被调函数。执行递归函数将反复调用其自身。例如有函数 func 如下:

```
int func (int x)
{
    int y;
    z＝func (y);
    return z;
}
```

这个函数是一个递归函数。但是运行该函数将无休止地调用其自身,这当然是不正确的。为了防止递归调用无终止地进行,必须在函数内有终止递归调用的手段。常用的办法是加条件判断,满足某种条件后就不再作递归调用,然后逐层返回。构造递归函数的关键是寻找递归算法和终结条件。数学中的递推函数,都可以用 C 语言中的递归函数来实现。

利用函数的递归调用,可将一个复杂问题分解为一个相对简单且可直接求解的子问题("递推"阶段);然后将这个子问题的结果逐层进行回代求值,最终求得原来复杂问题的解("回归"阶段)。

2. 直接递归和间接递归

递归调用有两种方式:直接递归调用和间接递归调用。直接递归调用即在一个函数中调用自身,间接递归调用即在一个函数中调用了其他函数,而在该其他函数中又调用了本函数。

(1)直接递归

```
int   func (int x)
{
    ……
    z＝func(y);
    ……
}
```

(2)间接递归

```
int func1(int x)              int func2(int x)
{                             {
    ……                            ……
    z＝func2(y);                   t＝func1(z);
    ……                            ……
}                             }
```

无论是直接还是间接递归,两者都是无终止的调用自身。要避免这种情况的发生,使用递归解决的问题应满足两个基本条件:①问题的转化。有些问题不能直接求解或难以求解,但它可以转化为一个新问题,这个新问题相对原问题简单或更接近解决方法。这个新问题的解决与原问题一样,可以转化为下一个新问题。②转化的终止条件。原问题到新问题的转化是有条件的、次数是有限的,不能无限次数地转化下去。这个终止条件也称为边界条件,相当于递推关系中的初始条件。

递归函数的典型例子是计算阶乘的函数。首先,我们来分析一下阶乘计算的公式,并从中找出递归算法和终结条件。

递归算法:$n! = 1 * 2 * 3 * \cdots * n = n * (n-1) * \cdots * 3 * 2 * 1 = n * (n-1)!$

递归条件:$1! = 1$

因此,要想计算出 $n!$,必须计算出 $(n-1)!$;计算出 $(n-1)!$,必须计算出 $(n-2)!$;…;由此类推,直到推到 $1! = 1$,返回后即可依次计算出 $2!, 3!, \cdots, (n-1)!, n!$

例如,计算 $4!$,其递归过程是:

分解:$4! = 4 * 3!$、$3! = 3 * 2!$、$2! = 2 * 1!$、$1! = 1$

从 $1! = 1$ 开始迭代,可以求出 $4!$ 的值。迭代过程为:$1! = 1$、$2! = 2 * 1! = 2$、$3! = 3 * 2! = 3 * 2 = 6$、$4! = 4 * 3! = 4 * 6 = 24$。

【例 8.11】 利用递归方式计算阶乘。

【程序实现】

```
# include "stdafx. h"
# include "stdio. h"
// 使用递归方式计算 n!
float fac(int n)
{
  if(n < 2)
    return 1;
  else
    return n * fac(n - 1);
}
void main()
{
  float fa;
  int n;
  printf("请输入阶乘数:\n");
  scanf("%d", &n);
  fa = fac(n);
  printf("%d 的阶乘为:%f\n", n, fa);
  getchar();
  return;
}
```

【输出结果】

请输入阶乘数:

9

9 的阶乘为:36280.000000

【程序分析】

下面以 9! 为例,讨论迭代过程如图 8.2 所示。

在递归调用过程中,图 8.2 中所谓下推是指函数执行过程中把图中标注的参数压入堆栈的过程,而回代是指把压入堆栈内的函数参数弹出并计算的过程。执行 9! 过程,下推操作需要把 fac(9)、fac(8)……fac(3) 及 fac(2) 等全部压入堆栈。然后,回代过程分别把堆栈内的函数参数弹出并计算。

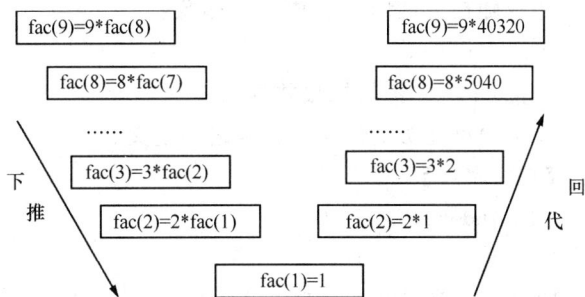

图 8.2 递归程序下推及回代过程

从以上分析可以看出,递归函数执行过程需要使用更多堆栈,即内存空间,而且由于反复出栈、进栈过程,程序执行的速度相对较慢,而且递归次数过多容易造成栈溢出等。因此,同一个问题,如有可能,应尽量选择非递归方式进行解决。当然,对于许多必须使用递归方式解决的问题,人们一直在探索使用非递归方式解决问题的算法,而且取得了许多骄人的成果。

3. 递归算法及程序的应用

程序调用自身的编程技巧称为递归(recursion)。递归作为一种算法在程序设计语言中广泛应用。一个过程或函数在其定义或说明中有直接或间接调用自身的一种方法,它通常把一个大型复杂的问题层层转化为一个与原问题相似的规模较小的问题来求解,递归策略只需少量的程序就可描述出解题过程所需的多次重复计算,大大地减少了程序的代码量。递归的能力在于用有限的语句来定义对象的无限集合。一般来说,递归需要有边界条件、递归前进段和递归返回段。当边界条件不满足时,递归前进;当边界条件满足时,递归返回。

递归算法一般用于解决按递归定义的数据计算、按递归算法描述的问题以及按递归定义的数据结构实现等问题,特别是广泛应用于计算机编译程序的设计之中,如词法分析、语法分析及表达式分析等。

8.9 数组作函数参数

前面已经介绍了可以用变量作函数参数,此外,数组元素也可以作函数实参,其用法与简单变量相同。数组名也可以作实参和形参,传递的不是整个数组,而是由数组名代表的整个数组区域首地址。

1. 数组元素作函数的实参

由于表达式可以做实参,数组元素可以作为表达式的组成部分,因此,数组元素可以做函数的实参,并且可以单向传递给形参。比如:

```
int iset[10];// 定义数组
……
ia＝max3(iset[1],iset[2],iset[3]);
```

【例 8.12】 定义两个元素个数为 16 的整数数组,为数组生成两组随机数(共 32 个)。对于两个数字逐对比较,输出比较结果。

【函数说明】

生成随机数调用了 C 语言库函数。

int   rand();

功能:生成一个随机数并返回。

函数原型在头文件 stdlib.h 之中定义。

【程序实现】

```c
# include"stdlib.h"
# include < stdlib.h >
int    IntCmp(int ia,int ib)
{
    if (ia > ib)
      return 1;
    else
    if (ia== ib)
      return 0;
    else
      return(-1);
}
    // 生成两组 16 个随机数
void main()
{
    int ino,largenum= 0,smallnum= 0,ia;
    int iseta[16],isetb[16];
    for (ino= 0;ino < 16;ino ++)
    {
      iseta[ino]= rand();
      isetb[ino]= rand();
    }
    printf("\n");
    for (ino= 0;ino < 16;ino ++)
    {
        if ((ino > 0) &&(ino! = 8))
          printf(",");
        if (ino== 8)
          printf("\n");
    printf(" %d ",iseta[ino]);
    }
    printf("\n");
    printf("数组 B 的元素为:\n");
    for (ino= 0;ino < 16;ino ++)
    {
    if ((ino > 0)&&(ino! = 8))
```

```
      printf(",");
    if (ino==8)
      printf("\n");
      printf(" %d ",isetb[ino]);
    }
    for (ino=0;ino<16;ino++)
    {
    ia=IntCmp(iseta[ino],isetb[ino]);
    if (!ia)
      continue;
    if (ia>0)
      ++largenum;
    else
      ++smallnum;
    }
    printf("\n数组 A 与数组 B 元素分别比较的结果为:\n");
    printf("元素大于的个数为:%d\n",largenum);
    printf("元素小于的个数为:%d\n",smallnum);
    printf("元素相等的个数为:%d\n",16-largenum-smallnum);
    getchar();
    return;
}
```

【输出结果】

数组 A 的元素为:

41,6334,19169,11478,26962,5705,23281,9961

2995,4827,32391,3902,292,17421,19718,5447

数组 B 的元素为:

18467,26500,15724,29358,24464,28145,16827,491

11942,5436,14604.153,12382,18716,19895,21726

数组 A 与数组 B 元素分别比较的结果为:

元素大于的个数为:6

元素小于的个数为:10

元素相等的个数为:0

【程序分析】

main 函数中,显示数组元素的程序利用了两种小控制:

(1)从第二个元素开始,为前面添加一个",",第八个元素时,因为是第一行结尾,不再添加。

(2)第八个元素后加换行符,保证数组元素平均分两行显示。

2. 一维数组作函数参数

可以用数组名作函数参数,此时实参与形参都应用数组名。

一维数组作函数参数,形参的写法为:

类型说明符　形参名[]

关于用数组名作参数讨论如下：

在 C 语言中，数组名本身指向一个数组数据存储区，数组名是该数据区的首地址，C 语言也称其为数组指针（参阅第 10 章）。程序研发中，一般在主调函数和被调用函数中分别定义数组，实际操作数组由主调函数定义，被调用函数定义数组的使用。函数使用数组时，实参数组和形参数组类型应一致。因为形参可以被多个主调函数以不同个数的数组元素使用，所以实参数组和形参数组大小不一定一致，由于形参数组使用由实参传入的数组，故实参一般可以不指定大小。函数调用时，形参数组将获得实参数组的起始地址，该地址指向存储数组数据的存储区。数组名做函数是"地址传递"。在函数体中对形参数组的元素操作就是对实参数组的元素进行操作。因此，形参数组各元素的值如果发生变化会使实参数组各元素的值发生同样的变化。

【例 8.13】 有一个一维数组 iset，内放某职工一年的工资数据，求平均工资并输出。

【程序实现】

```
# include "stdafx. h"
# include < stdio. h >
/*输出数组内容*/
void PrintOut(int iset[],int items)
{
  int ino;
  for (ino=0;ino < items;ino ++)
  {
    if ((ino > 0)&&(ino! = 6))
      printf(",");
      if (ino= =6)
      printf("\n");
    printf(" %d ",iset[ino]);
  }
    return;
}
  // 求平均值
int average(int iset[],int items)
{
  int ino,ia=0;
  for (ino=0;ino < items;ino ++)
    ia +=iset[ino];
  return ia/items;
}

int main(int argc,char * argv[])
{
    int iset[12]={4567,5680,5432,6789,8976,4579,
          8765,7653,6787,3479,8756,8956};
    printf("全年工资清单(元):\n");
    PrintOut(iset,12);
    printf("\n 每月平均 %d 元!",average(iset,12));
```

```
      getchar();
      return 0;
}
```

【输出结果】

全年工资清单(元):

4567,5680,5432,6789,8976,4579,

8765,7653,6787,3479,8756,8956

每月平均 6701 元!

【例 8.14】 为了显示美观,通常需要把给定字符在指定的长度内居中(取中),试编写一个居中函数。

【程序实现】

```
// 字符数组拷贝
void StringCopy(char tostring[],char fromstring[])
{
    int ino=0;
    while (fromstring[ino])
    {
        tostring[ino]=fromstring[ino];
        ++ino;
    }
        // 注意:一定要保证字符数组最后一位为'\0',
        // 否则,会造成字符数组越界操作,后果很严重!
    tostring[ino]='\0';
    return;
}
    // 计算给定字符数组的字节数
int StringCount(char string[])
{
    int ino=0;
    while (string[ino])
    ++ino;
    return ino;
}
    /*    void  CentreString (char * str,int slen);
          功能:  对字符串 str 加工,在给定长度 slen 内取中
          返回值: 无    */
void CentreString(char * str,int slen)
{
    int inlen,leftlen,ino1,ino2=0;
    // 设置一个临时字符数组,保存输入字符串
            char tps[256];
    // 把输入的字符数组拷贝到临时数组中
StringCopy(tps,str);
```

```
    // 计算原字符串长度
inlen＝StringCount(tps);
if (inlen＞＝slen－1)    // 无需进行取中操作
    return;
leftlen＝(slen－inlen)/2; // 计算左边应加入的空格个数
    // 在 str 数组内,由 tps 生成新字符串数组
    // 在字符数组左边加入 leftlen 个空格
for (ino1＝0;ino1＜leftlen;ino1＋＋)
  str[ino1]='';
    // 加入输入字符数组
while (tps[ino2])
    str[ino1＋＋]=tps[ino2＋＋];
    // 为字符数组右边补空格
for (;ino1＜slen;ino1＋＋)
  str[ino1]='';;
str[ino1]='\0';
return;
}
void main()
{
  char string[126];
  StringCopy(string,(char /*) "欲穷千里目,更上一层楼。");
  printf("原字符数组的内容:\n");
  printf("%s\n",string);
  CentreString(string,48);
  printf("取中后字符数组的内容:\n");
  printf("%s\n",string);
  getchar();
  return;
}
```

【输出结果】

```
                原字符数组的内容:
                欲穷千里目,更上一层楼。
                取中后字符数组的内容:
                欲穷千里目,更上一层楼。
```

3. 二维数组作函数参数

多维数组元素可以作为实参,这点与前述相同。可以用多维数组名作为实参和形参,在被调用函数中对形参数组定义时可以指定每一维的大小,也可以省略第一维的大小说明。如:

```
int array[3][10];
```
或:int array[ ][10];

二者都合法而且等价。但是不能把第二维以及其他高维的大小说明省略。如下面是不合法的:

int array[ ][ ];

因为从实参传送来的是数组起始地址,在内存中各元素是一行接一行地顺序存放的,而并不区分行和列,如果在形参中不说明列数,则系统无法决定应为多少行多少列。不能只指定第一维而省略第二维,下面写法是错误的:

int array[3][ ];

形参数组第一维的大小可以是任意的。例如,实参数组定义为:

int score[5][10];

而形参数组定义为 int array[3][10];均可以,C 编译不检查第一维的大小。这就是所谓的"传递地址"(参阅第 10 章)。

【例 8.15】 使用一个二维数组,为其赋予一组随机数集合。通过函数,找出数组中的最大值、最小值,每行的最大值、最小值,并显示。

【程序实现】

```
# include "stdafx. h"
# include "stdio. h"
# include "STDLIB. H"
void ParaCount(int iset[][16])
{
  int zmax, zmin, rowmax, rowmin;
  int rowno, colno;
  zmax=iset[0][0];
  zmin=iset[0][0];
  for (rowno=0; rowno < 8; rowno ++)
  {
    rowmax=rowmin=iset[rowno][0];
    for (colno=0; colno < 16; colno ++)
    {
      if (iset[rowno][colno]> rowmax)
        rowmax=iset[rowno][colno];
      if (iset[rowno][colno]< rowmin)
        rowmin=iset[rowno][colno];
    }
    printf("第 %d 行:最大值=%d,最小值=%d \n", rowno, rowmax, rowmin);
    if (rowmax > zmax)
      zmax=rowmax;
    if (rowmin < zmin)
      zmin=rowmin;
  }
  printf("整个数组:最大值=%d,最小值=%d \n", zmax, zmin);
  getchar();
  return;
}

void main()
```

```
{
    int iset[8][16];
    int rowno,colno;
    for (rowno＝0;rowno＜8;rowno＋＋)
    {
        for (colno＝0;colno＜16;colno＋＋)
            iset[rowno][colno]＝rand();
    }
    ParaCount(iset);
    return;
}
```

【输出结果】

第 0 行:最大值＝29358,最小值＝41

第 1 行:最大值＝32391,最小值＝153

第 2 行:最大值＝31322,最小值＝1869

第 3 行:最大值＝32757,最小值＝778

第 4 行:最大值＝31101,最小值＝288

第 5 行:最大值＝32439,最小值＝4966

第 6 行:最大值＝31673,最小值＝2082

第 7 行:最大值＝26924,最小值＝5097

整个数组:最大值＝32757,最小值＝41

8.10　变量的存储类型

第 3 章讨论了变量的数据类型,主要作用是决定变量应占用的内存空间大小,以及变量在存储空间分配时所限定的边界条件。一般而言,变量的数据类型、变量存储类型、变量的作用域、变量的生存期共同决定着变量的性质。下面分别讨论有关变量的这些性质。

8.10.1　变量的生存期、作用域及存储类别

在讨论函数的形参变量时曾经提到,形参变量只在被调用期间才分配内存单元,调用结束立即释放。这一点表明形参变量只有在函数内才是有效的,离开该函数就不能再使用了。这种变量有效性的范围称变量的作用域。不仅对于形参变量,C 语言中所有的变量都有自己的作用域。C 语言规定:凡是在函数内定义的变量,它的作用域仅仅是包含这个变量定义的函数内;而在函数体外定义的变量,它的作用域是从定义点到文件尾。变量说明的方式不同,其作用域也不同。C 语言中的变量,按作用域范围可分为两种,即局部变量和全局变量。变量的生存期指程序在执行期间变量存在的时间间隔,即从给变量分配内存至所分配内存被系统收回的那段时间。C 语言规定:凡是出现在静态数据区的变量,生存期都是从程序开始执行到程序结束;而出现在静态区之外的变量,生存期仅仅是从函数开始执行到函数执行结束这段时间。

变量的存储类别是指程序区内变量的存储方式。主要包括静态存储方式和动态存储方式两类。静态存储方式是指在程序运行期间,由系统分配给程序所用的固定存储空间的方式。静态存储变量特点是:在静态存储区分配存储单元,整个程序运行期间都不释放。而动态存储方式是指程序运行期间根据需要进行动态的分配存储空间的方式,该方式一般由程序开发者

通过 C 语言的库函数,动态申请、程序使用,使用结束后动态释放,把动态的申请存储空间还回给系统,以供其他程序继续使用。动态存储变量特点为函数开始调用时为变量分配存储空间,函数结束时释放这些空间。一个程序两次调用同一函数,其中同一个局部变量的内存地址可能不同。

程序中涉及变量和变量的属性通常指数据类型和存储类别。C 语言数据类型主要包括整型、实型、字符型等。而存储类别是指静态存储和动态存储。具体分类主要包括自动(auto)、静态(static)、寄存器(register)及外部(extern)变量等。根据变量的存储类别,可以知道变量的作用域和生存期。

8.10.2 局部变量

在一个函数内部定义的变量是内部变量,它只在本函数范围内有效,也就是说,只有在本函数内才能使用它们,在此函数以外是不能使用这些变量的,称为“局部变量”。其作用域仅限于函数内,离开该函数后再使用这种变量是非法的。如:

```
void func(float array[ ][5],int m,int n)
{ int   i,j;
  for(i=0;i<m;i++){
    array[i][n]=0;
    for(j=0;j<n;j++)
      array[i][n]+=array[i][j];
    array[i][n]/=n;
  }
}
```

从函数 func 分析,局部变量包括形参 array、m 和 n,函数体内定义的变量 i 和 j。局部变量与函数相关,每个函数中定义的变量只能在该函数中有效,每个函数把自己的局部变量封装起来,构成一个程序模块。在多个不同函数中可以使用相同名字的变量,每个变量在不同的函数中,代表了不同的数据对象,不同函数中的同名变量,无论类型是否相同,均毫无关联关系,使用时互不干扰。函数定义时的形式参数,在使用时,函数体内不允许再定义与形式参数同名的变量,否则,由于二者无法区别,C 语言编译时,会给出出错提示,形式参数在函数中,其使用与局部变量同样对待,所以形式参数也是局部变量。在一个函数内部,可以在复合语句中定义变量,这些变量只在本复合语句中有效,这种复合语句也可称为“分程序”或“程序块”。

局部变量指定了变量的作用域和生存期。C 语言对于变量可以进一步设置存储类别,指导系统对于变量的存储。

1. 自动变量 (auto)

函数中的局部变量、不做任何存储类别的说明均为自动变量。也可以在变量名前面加关键字 auto。

说明方式:[auto] 类型说明符 变量名;

例如:

int b,c=3;

等价于

auto int b,c=3;

自动变量的作用域仅仅是包含变量定义的复合语句;它属于动态存储方式,随函数的调用为其分配内存,随函数执行结束系统收回内存;它的生存期是从包含该变量定义的函数开始执行至函数执行结束的这段时间。

2. 静态局部(内部)变量

静态变量的类型说明符是 static。静态变量当然是属于静态存储方式,但是属于静态存储方式的量不一定就是静态变量,如外部变量虽属于静态存储方式,但不一定是静态变量,必须由 static 加以定义后才能成为静态外部变量,或称静态全局变量。对于自动变量,前面已经介绍它属于动态存储方式。但是也可以用 static 定义它为静态自动变量,或称静态局部变量。静态存储方式,整个程序运行期间都不释放。说明方式:在变量名前面加关键字 static。

static 类型说明符变量名;

编译时赋初值,每次调用时不赋初值,只保留调用结束时变量的值。而自动变量调用一次,重新赋值一次。如果静态局部变量不赋初值,编译时自动赋 0,而自动变量不赋初值,其值不确定。静态局部变量只允许所在函数引用,其他函数不能引用。

【例 8.16】 静态局部变量保留上次值的演示程序。

【程序实现】

```
# include "stdafx. h"
# include "stdio. h"
int Fstatic(int ina)
{
    int iauto＝0;
    int iall;
    static int  istatic＝3;
    iauto＝iauto＋1;
    istatic＝istatic＋1;
    iall＝ina＋iauto＋istatic;
    printf("执行次数:%d \n",ina);
    printf("自动变量:%d,静态变量:%d,所有值和:%d \n",iauto,istatic,iall);
    return iall;
}
void main()
{
    int i;
    for(i＝0; i＜3; i++)
        Fstatic(i);
    getchar();
    return;
}
```

【输出结果】

```
执行次数:0
自动变量:1,静态变量:4,所有值和:5
自动变量:1,静态变量:5,所有值和:7
自动变量:1,静态变量:6,所有值和:9
```

【程序分析】

自动变量 iauto 每次被赋予 0 值，加 1 后，其值为 1. 而静态变量 istatic 只赋初值 3 一次，函数每调用一次，其值增加一次（加 1）。

3. 寄存器变量（register）

这是 C 语言通过程序优化利用计算机硬件方面比较典型的例子。寄存器变量的基本思想是，对于某一变量，系统应尽可能将其放置在寄存器中，快速存取、快速运算。所谓寄存器变量，就是建议系统直接放置在运算器的寄存器中的变量。说明方式：在变量名前面加关键字 register。

register 类型说明符 变量名；

由于寄存器为计算机 CPU 的核心单元之一，不允许长期为一个变量所占有。所以，只有局部自动变量和形式参数可作为寄存器变量，其他如静态局部变量和全局变量不行。寄存器变量属于动态存储方式，函数开始调用时为变量分配寄存器空间，函数结束时释放寄存器空间。程序编写中，由编程者根据实际情况选择寄存器变量。通常，对于使用频繁的变量（如循环控制变量），定义为寄存器变量，不必从内存而是直接使用寄存器进行运算，从而提高程序的执行效率。

8.10.3 全局变量

程序的编译单位是源程序文件，一个源文件可以包含一个或若干个函数。在函数内定义的变量是局部变量；而在函数之外定义的变量称为外部变量，外部变量是全局变量（也称全程变量）。全局变量可以为本文件中其他函数所共用。它的有效范围为从定义变量的位置开始到本源文件结束。如以下多个函数，定义了全局变量：

```
int p=1,q=5;        /*全局变量 */
float func1(int  a)    /*定义函数 func1 */
{ int b,c;
  ...
}
char c1,c2;    /*外部变量*/
char func2 (int x,int y)     /*定义函数 func2 */
{
  int i,j;
  ...
}
main()   /*主函数*/
```

p、q、c1、c2 都是全局变量，但它们的作用范围不同，在 main 函数和 func2 函数中可以使用全局变量 p、q、c1、c2，但在函数 func1 中只能使用全局变量 p、q，而不能使用 c1 和 c2。

在一个函数中既可以使用本函数中的局部变量，又可以使用有效的全局变量。

【例 8.17】 有一个一维数组内放 16 个学生成绩，写一个函数，求出平均分、最高分和最低分。

【编程思想】本程序需要从函数中获取 3 个参数，所以，可以使用全局变量来实现。

【程序实现】

```
# include "stdafx. h"
# include "stdio. h"
/*全局变量,可以不赋初值*/
float Max＝0,Min＝0;
/*  定义函数,形参为数组 */
float average(float array[],int n)
{
    int i;
    float aver,sum＝array[0];
    Max＝Min＝array[0];
    for (i＝1;i＜n;i++)
    {
        if (array[i]＞Max)
            Max＝array[i];
        if (array[i]＜Min)
            Min＝array[i];
        sum+＝array[i];
    }
    aver＝sum/n;
    return(aver);
}
void main()
{
    float fset[16]＝{89,56,78,90,67,89,87,65,
                73,93,78,67,83,63,58,43};
    float fa;
    fa＝average(fset,16);
    printf("学生的最好成绩:％f\n",Max);
    printf("      最差成绩:％f\n",Min);
    printf("      平均成绩:％f\n",fa);
    getchar();
    return;
}
```

【输出结果】

学生的最好成绩:93.000000
      最差成绩:43.000000
      平均成绩:73.687500

【程序分析】

设全局变量的作用是增加了函数间数据联系的渠道。由于同一文件中的所有函数都能引用全局变量的值,因此如果在一个函数中改变了全局变量的值,就能影响到其他函数,相当于各个函数间有直接的传递通道。

从例子可以看出形参 array 和 n 的值由 main 函数传递给形参,函数 average 中 aver 的值通过 return 语句带回 main 函数。Max 和 Min 是全局变量,是公用的,它的值可以供各函数使用,如果在一个函数中,改变了它们的值,在其他函数中也可以使用这个已改变的值。由此看出,可以利用全局变量以减少函数实参与形参的个数,从而减少内存空间以及传递数据时的时间消耗。建议不在必要时不要使用全局变量。如果全局变量与局部变量同名,则在局部变量的作用范围内,全局变量被"屏蔽",即它不起作用。

【例 8.18】 全局变量与局部变量重名问题。

【程序实现】

```
# include "stdafx. h"
# include "stdio. h"
int ivar1＝10,ivar2＝16;
int add(int  ivar1,int  ivar2)
{
  int ia;
  printf("ivar1＝%d,ivar2＝%d \n",ivar1,ivar2);
  ia＝ivar1＋ivar2;
  return ia;
}
void main()
{
  cnt  ivar1＝1;
  printf("ivar1＝%d,ivar2＝%d \n",ivar1,ivar2);
  printf("ivar1＝%d, ivar2＝%d, add(%d, 3)＝%d\n", ivar1, ivar2, ivar1, add(ivar1,
3));
  getchar();
  return;
}
```

【输出结果】

```
ivar1＝1, ivar2＝16
ivar1＝1, ivar2＝3
ivar1＝1, ivar2＝16, add(1, 3)＝4
```

【程序分析】

在 add 函数内,全局变量 ivar1 和 ivar2 被屏蔽,使用 add 形式参数(值分别为 1 和 3)。在 main 函数中,由于定义了 ivar1 变量,ivar2 为定义局部变量,全局变量 ivar1 被屏蔽,而 main 函数中的 ivar2 使用全局变量。

8.10.4 外部变量

外部变量(即全局变量)是在函数的外部定义的,它的作用域为从变量的定义处开始,到本程序文件的末尾。在此作用域内,全局变量可以为程序中各个函数所引用。编译时,将外部变量分配在静态存储区。有时需要用 extern 来声明外部变量,以扩展外部变量的作用域。

1. 在一个文件内声明外部变量

如果外部变量不在文件的开头定义,其有效的作用范围只限于定义处到文件终了。如果在定义点之前的函数想引用该外部变量,则应该在引用之前用关键字 extern 对该变量作"外部变量声明"。表示该变量是一个已经定义的外部变量。有了此声明,就可以从"声明"处起,合法地使用该外部变量。

2. 在多文件的程序中声明外部变量

一个 C 程序可以由一个或多个源程序文件组成,如果程序只由一个源文件组成,使用外部变量的方法前面已经介绍。如果程序由多个源程序文件组成,那么在一个文件中想引用另一个文件中已定义的外部变量,有什么办法呢? 如果一个程序包含两个文件,在两个文件中都要用到同一个外部变量 num,不能分别在两个文件中各自定义一个外部变量 num,否则在进行程序的连接时会出现"重复定义"的错误。

正确的做法是:在任一个文件中定义外部变量 num,而在另一文件中用 extern 对 num 作"外部变量声明"。即

```
extern num;
```

在编译和连接时,系统会由此知道 num 是一个已在别处定义的外部变量,并将在另一文件中定义的外部变量的作用域扩展到本文件,在本文件中可以合法地引用外部变量 num。

分配内存。本来外部变量 A 的作用域是 file1.c,但现在用 extern 声明将其作用域扩大到 file2.c 文件。假如程序有 5 个源文件,在一个文件中定义外部整型变量 x,其他 4 个文件都可以引用 x,但必须在每一个文件中都加上一个 extern x;声明。在各文件经过编译后,将各目标文件联接成一个可执行的目标文件。

但是用这样的全局变量应十分慎重,因为在执行一个文件中的函数时,可能会改变了该全局变量的值,它会影响到另一文件中的函数执行结果。

3. 静态外部变量

定义方法:定义静态外部变量,在定义外部变量时加一个关键字 static

　　static　类型说明符　变量名;

外部变量和静态外部变量都属于静态存储变量。外部变量可以被多个文件引用,而静态外部变量仅在定义它的文件内有效,在程序的其他文件中不可使用。例如:

　　file1.c　　　　　　　　file2.c

　　static int a;　　　　　　extern int a;

static int a 只能用于 file1.c,虽然 file2.c 中将同名变量 int a 说明为 extern,但仍无法使用 file1.c 中的 a 变量。外部变量的类型说明符为 extern。

8.10.5　关于变量的声明和定义

变量类型定义及存储类别声明是 C 语言中比较容易混淆的两个概念。一个函数一般由两部分组成:变量(及函数)声明部分和执行语句部分。声明部分的作用是对有关的标识符(如变量、函数、结构体、共用体等)的属性进行说明。对于函数,声明和定义的区别是明显的,函数的声明是函数的原型,而函数的定义是函数的本身。

对函数的声明是放在声明部分中的,而函数的定义显然不在声明部分的范围内,它是一个独立的模块。对变量而言,声明与定义的关系稍微复杂一些。在声明部分出现的变量有两种情况:一种需要建立存储空间,如:

```
int a;
```

另一种不需要建立存储空间(如 extern a;)。前者称为"定义性声明"(defining declaration),

或称定义(definition)。后者称为"引用性声明"(referenceing declaration)。广义地说,声明包括定义,但并非所有的声明都是定义。

对"int a;"而言,它既是声明,又是定义。而对"extern a;"而言,它是声明而不是定义。一般为了叙述方便,把建立存储空间的声明称为定义,而把不需要建立存储空间的声明称为声明。显然这里指的声明是狭义的,即非定义性声明。例如:

```
main()
{extern x;   /*是声明不是定义。
            声明 x 是一个已定义的外部变量 */

  ...

}
int x       /*是定义,定义 x 为整型外部变量*/
```

外部变量定义和外部变量声明的含义是不同的。外部变量的定义只能有一次,它的位置在所有函数之外,而同一文件中的外部变量的声明可以有多次,它的位置可以在函数之内(哪个函数要用就在哪个函数中声明),也可以在函数之外(在外部变量的定义点之前)。

系统根据外部变量的定义(而不是根据外部变量的声明)分配存储单元。对外部变量的初始化只能在"定义"时进行,而不能在"声明"中进行。所谓"声明",其作用是声明该变量是一个已在后面定义过的外部变量,仅仅是为了"提前"引用该变量而作的"声明"。extern 只用作声明,而不用于定义。

用 static 来声明一个变量的作用有二:①对局部变量用 static 声明,则为该变量分配的空间在整个程序执行期间始终存在。②全局变量用 static 声明,则该变量的作用域只限于本文件模块(即被声明的文件中)。

请注意,用 auto、register、static 声明变量时,是在定义变量的基础上加上这些关键字,而不能单独使用。

8.11　函数的存储类别

在一个文件中,对于处于全局变量定义位置之前的函数,是无法使用之后定义的全局变量的。函数而不同,对于同一个文件的所有函数而言,均为全局函数。一个函数可以访问同一个文件中的所有函数,需要附加的编程工作为:如果被调用的函数在调用函数之后,只需要在调用处之前进行函数原型声明即可。

而对于定义于多个文件之中的函数,也可以指定本文件中的某一(些)函数不能被其他文件调用。根据函数能否被其他源文件调用,将函数区分为内部函数与外部函数。

1. 内部函数

如果一个函数只能被本文件中其他函数所调用,它称为内部函数。在定义内部函数时,在函数名和函数类型的前面加 static。定义格式:

static 类型标识符 函数名(形参表)函数体

例如:

```
static int fun(a,b)
{
  ......
}
```

内部函数的作用是函数的作用域限于所在文件,不同文件中同名函数互不干扰。这样不同的人可以分别编写不同的函数,而不必担心所用函数是否会与其他文件中函数同名。

2. 外部函数

在定义函数时,如果在函数首部的最左端冠以关键字 extern,则表示此函数是外部函数,可供其他文件调用。C 语言规定,如果在定义函数时省略 extern,则隐含为外部函数。在需要调用此函数的文件中,用 extern 声明所用的函数是外部函数。定义格式:

〔extern〕类型标识符 函数名(形参表)函数体

例如:

```
extern int fun(int a,int b)
{
   ......
}
```

或

```
int fun(int a,int b)
{
   ......
}
```

通常不加 static 标识符的函数都是外部函数。

等级考试实训

一、考试内容

1. 库函数的正确调用。

2. 函数的定义方法。

3. 函数的类型和返回值。

4. 形式参数与实际参数,参数值的传递。

5. 函数的正确调用,嵌套调用,递归调用。

6. 局部变量和全局变量。

7. 变量的存储类别(自动,静态,寄存器,外部),变量的作用域和生存期。

8. 内部函数与外部函数。

二、掌握了解程度

1. 掌握函数的定义。

2. 掌握有参函数的形参与实参的对应关系,及函数返回值问题。

3. 掌握函数的调用方式和参数的传递过程。

4. 了解函数的嵌套调用。

5. 掌握数组元素和数组名作函数参数的用法。

6. 理解局部变量和全局变量的区别。

三、主要知识点及考点

知识点	分值	考核概率/%	专家点评
库函数	1-2	60	简单,重点识记知识点
函数的定义	0-1	50	简单,重点识记知识点

知识点	分值	考核概率/%	专家点评
形参和实参及函数调用	2-3	80	难度适中,重点理解,重点掌握
函数调用的一般形式和调用方式	2-3	90	偏难,重点掌握,重点理解
函数的说明及其位置	0-1	60	简单识记
函数的嵌套调用	1-3	90	偏难,重点掌握,重点理解
函数的递归调用	1-2	80	偏难,重点掌握,重点理解
局部变量	1-2	100	难度适中,重点理解,重点掌握
全局变量	1-2	100	难度适中,重点理解,重点掌握
auto 变量	0-1	70	难度适中,重点理解
register 变量	0-1	70	难度适中,重点理解
静态局部变量	1-2	60	简单识记
用 static 声明外部变量	1-2	70	难度适中,重点理解
用 extern 声明外部变量	1-2	70	难度适中,重点理解
内部函数	2-3	90	简单,重点理解,重点掌握
外部函数	2-3	90	简单,重点理解,重点掌握

实战锦囊

1. 函数概述

(1)一个源程序文件由一个或多个函数组成。

(2)一个 C 程序由一个或多个源程序文件组成。

(3)C 程序的执行从 main 函数开始到 main() 函数结束。

(4)所有函数都是平行的,函数不能嵌套定义。

2. 函数定义形式

函数类型　函数名(形参列表)

{

函数体

return(表达式);

}

(1)形参列表样式：int x,int y,注意：每个形参都有类型；

(2)函数类型原则上要求与 return 后表达式类型一致,如不一致,表达式类型强制转换成函数的类型；如函数的确不需要返回值,设为 void 型；

(3)return 语句作用,一是：带返回值到函数调用处；二是：将流程返回函数调用处；如果该函数没有返回值,可以省略 return,最后的 } 也具有将流程返回调用处的功能。

如:int　Max(int x,int　y)

　　{　int　z；

　　　z=x>y？x：y；

　　　return(z)；

　　}

(4)如何确定一个函数是否需要返回值？即是否需要 return 语句——看函数调用语句是否被使用,如函数调用语句是一个独立语句,就不需要返回值,函数类型为 void 型；如函数调用语句是表达式或语句的一个成分,则需要返回值,返回值类型决定函数类型。

3. 函数调用形式

函数明(实参列表);

(1)实参列表:如 Max(a,b);a,b 必须是已有值的;

(2)注意区分:实参与形参;

函数定义时,是形参,每个形参前要有类型;

函数调用时,是实参,可以是常量、常量表达式、已赋值的变量等;

(3)要求:实参与形参,个数相等,类型一致——即匹配;

(4)传值调用机制:当函数调用时,系统给形参分配临时存储空间,实参传值给形参,当函数调用结束,流程返回主调函数,形参的存储空间被释放。

传值调用是单向的,即形参的改变不影响实参。

4. 函数声明

当函数定义在后,调用在前时,要在调用前添加函数声明语句;函数声明语句的格式:

如: int Max(int x,int y);

当函数定义在前,调用在后时,可以不加函数声明。

5. 函数的嵌套调用

(1)C 语言的函数定义都是互相平行、独立的,即在定义函数时,一个函数内不能包含另一个函数——函数定义不能嵌套;

(2)C 语言的函数调用可以嵌套,即在调用一个函数的过程中,可以再调用另一个函数。

6. 函数的递归调用

(1)在调用一个函数的过程中,又出现直接或间接地调用该函数本身,称为函数的递归调用;

(2)递归的基本格式:以求年龄为例

int age(int n)

{ int c;

//如果没有这个条件语句,递归就没有终止点

if(n==1) c=10;

else c=age(n-1)+2;

return c;

}

(3)注意:递归就是递推+回归;因此,在写递归调用的结果时,一定注意要回归到函数调用处执行,然后接着执行它的下一个语句。

7. 数组元素作为函数实参

(1)数组元素作函数实参,等价简单变量作实参;形参必须是简单变量;

(2)数组元素作函数实参,实现的就是:传值调用。

8. 数组名作为函数实参

(1)数组名代表数组的首地址;

(2)数组名作函数实参,传递的是数组的首地址——称为传地址调用;

(3)数组名作函数实参,形参也必须是数组,但形参数组可以指定大小,也可以不指定大小,因为 C 编译系统对形参数组大小不做检查,只是将实参数组的首地址传给形参数组;

(4)传地址调用机制:当函数调用时,传实参数组首地址给形参数组,系统并不给形参数组分配存储空间,形参数组与实参数组共用存储空间,因此,形参数组中元素的改变,就是实参数组中元素的改变;传地址调用往往不需要返回值。

9. 变量的作用域

(1)变量的作用域:是指变量的有效范围;

(2)根据变量作用域的不同,可以将变量分为:局部变量和全局变量;

(3)局部变量——是指定义在函数内部或程序块内的变量;局部变量局部有效;函数内定义的变量、形参是局部变量;

(4)全局变量——是指定义在所有函数之外的变量;全局变量从定义点,一直到程序末尾均有效;

(5)由于局部变量局部有效,所以可以在不同函数中使用相同名字的变量;

(6)设置全局变量的作用是为了增加函数间数据联系的渠道;例如:当有多个返回值需要带回时,可以使用全局变量。

10. 变量的生存期

(1)变量的生存期:是指变量值存在的时间长短;

(2)根据变量生存期的不同,可以将变量分为:动态存储和静态存储;

(3)动态存储——是指在程序运行期间根据需要动态分配存储空间的存储方式;即需要时分配给存储空间,不需要时就释放;如:形参;

(4)静态存储——是指在程序运行期间分配固定的存储空间的存储方式;如:全局变量。

11. 变量的存储类别

根据变量的作用域和生存期不同,可以将变量分为以下四类存储类别:

存储类别	作用域	生存期	存储位置
auto	局部	动态	内存
reginster	局部	动态	寄存器
static	局部	静态	内存
extern	全局	静态	内存

(1)auto,默认存储类别,函数内、复合语句中定义变量,形参均是 auto 型;

(2)reginster,与 auto 类似,只是存储位置不同,频繁使用的变量可以定义为 reginster;

(3)请重视 static:

被定义为 static 类型的变量,具有固定的存储空间,即使调用结束,其存储空间也不被释放;

被定义为 static 类型的变量,是在编译时赋初值的,即只赋初值一次;以后每次调用函数时,不再重新赋初值,而只是保留上次函数调用结束时的值;

如在定义局部变量时不赋初值,则对 static 类型的变量来说,编译时自动赋初值 0(对数值型变量)或 ' '(空字符,对字符型变量)。

(4)extern,有两种情况使用 extern:

其一:全局变量定义在下,引用在上,要在引用之前用 extern 对该变量作声明;如:extern x,y;

其二:在多文件的程序中,在一个源程序中想引用另一个源程序中的全局变量,需要先用 extern 对该变量作声明。

12. 内部函数和外部函数了解概念即可

(1)内部函数——指只能被本文件中其他函数调用的函数;

定义内部函数:在函数类型前加 static;

(2)外部函数——指能被其他程序文件调用的函数;

定义外部函数:在函数类型前加 extern;

在定义函数时,如果不写 static、extern,系统默认为外部函数;

在其他文件中想要调用外部函数,需要用 extern 先做声明。

习题

一、填空题

1. C语言函数返回类型的默认定义类型是 ＿＿＿＿＿＿＿。

2. 函数的实参传递到形参有两种方式：＿＿＿＿＿＿＿和＿＿＿＿＿＿＿。

3. 在一个函数内部调用另一个函数的调用方式称为＿＿＿＿＿＿＿。在一个函数内部直接或间接调用该函数成为函数＿＿＿＿＿＿＿的调用方式。

4. C语言变量按其作用域分为＿＿＿＿＿＿＿和＿＿＿＿＿＿＿。按其生存期分为＿＿＿＿＿＿＿和＿＿＿＿＿＿＿。

5. 已知函数定义：void dothat(int n,double x)｛……｝,其函数声明的两种写法为＿＿＿＿＿＿＿，＿＿＿＿＿＿＿。

6. C语言变量的存储类别有＿＿＿＿＿＿＿，＿＿＿＿＿＿＿，＿＿＿＿＿＿＿和＿＿＿＿＿＿＿。

7. 在一个C程序中，若要定义一个只允许本源程序文件中所有函数使用的全局变量，则该变量需要定义的存储类别为＿＿＿＿＿＿＿。

8. 变量被赋初值可以分为两个阶段：即＿＿＿＿＿＿＿和＿＿＿＿＿＿＿。

9. C语言规定，可执行程序的开始执行点是＿＿＿＿＿＿＿。

10. 从用户使用的角度看，函数有＿＿＿＿＿＿＿和＿＿＿＿＿＿＿两种。

11. 从函数的形式看，函数分为＿＿＿＿＿＿＿和＿＿＿＿＿＿＿两类。

12. 对于有返回值函数，要结束函数运行必须使用语句＿＿＿＿＿＿＿。

13. 如果使用库函数，一般还应该在本文件开头用＿＿＿＿＿＿＿命令将调用有关库函数时所需用到的信息"包含"到本文件中。

14. C语言规定，简单变量做实参时，它和对应形参之间的数据传递方式是：＿＿＿＿＿＿＿。

15. 实参对形参的数据传送是单向的，即只能把＿＿＿＿＿＿＿的值传送给＿＿＿＿＿＿＿。

16. 用数组名作为函数的实参时，不是把数组元素的＿＿＿＿＿＿＿传递给形参，而是把实参数组的＿＿＿＿＿＿＿传递给形参数组，是＿＿＿＿＿＿＿传递，这样两个数组就共占同一段内存单元。

17. 用多维数组名作为实参和形参时，可以省略＿＿＿＿＿＿＿的大小说明，而不能把第二维以及其他高维的大小省略。

18. 如果一函数只允许同一程序文件中的函数调用，则应在该函数定义前加上＿＿＿＿＿＿＿修饰。

19. 已知 double var ;是文件 F1.C 一个全局变量定义，若文件 F2.C 中的某个函获得也需要访问 var,则在文件 F2.CPP 中 var 应说明为＿＿＿＿＿＿＿。

20. 在函数外定义的变量称为＿＿＿＿＿＿＿变量。

二、编程题

8.1 请编写一个 fun 函数，它的功能是：求出 1 到 m 之间（含 m)能被 7 或 11 整除的所有整数放在数组 a 中，通过 n 返回这些数的个数。

8.2 请编写一个函数 fun,将 ss 所指字符串中所有下标为奇数位置上的字母转换为大写(若该位置上不是字母，则不转换)。

8.3 有一个一维数组 score,内放 10 个学生成绩，求平均成绩。

8.4 有一个 3×4 的矩阵，求所有元素中的最大值。

8.5 写两个函数，分别求两个整数的最大公约数和最小公倍数，用主函数调用这两个函数，并输出结果，两个整数由键盘输入。

8.6 写一个判素数的函数，在主函数输入一个整数，输出是否素数的信息。

8.7 写一函数，使输入的一个字符串按反序存放，在主函数中输入和输出字符串。

8.8 写一函数，将两个字符串连接。

8.9 请编写一个函数 void fun(char ∗ tt,int pp[ ]),统计在 tt 所指字符串中'a'至'z'26 个小写字母各自出现的次数,并依次放在 pp 数组中。

8.10　判断素数:在主函数中输入一个整数,输出是否是素数。

8.11　编写函数 order(int * a,int * b),使得函数中的第一个实参总是存放两个数中的最小数,第二个参数存放两个数中较大的数。

8.12　请用自定义函数的形式编程实现,求 s＝m!＋n!＋k!,m、n、k 从键盘输入(值均小于 7)。

8.13　请用自定义函数的形式编程实现求 10 名学生 1 门课程成绩的平均分。

8.14　已知二阶 Fibonacci 数列:

$$Fin(n) \begin{cases} 0 & n=0 \\ 1 & n=1 \\ Fin(n-1)+Fin(n-2) & \text{其他情况} \end{cases}$$

请编写一个递归函数,实现求 Fib(n)。

8.15　根据公式

$$f(b,n)= \begin{cases} 1 & n \leqslant 0 \\ b * f(b,n-1) & \text{其他情况} \end{cases}$$

设计函数 int f(int b,int n);。

8.16　设计函数 void　selsort(int data[],int size);,它用选择法将数组 data 中的数据排列为升序。参数 size 是数组 data 的元素个数。

8.17　有两个数组 a、b,各有 10 个元素,将它们对应地逐个相比(即 a[0]与 b[0]比,a[1]与 b[1]比……)。

三、选择题

1. 以下对 C 语言函数的有关描述中,正确的是(　　)。

    A. 在 C 语言中调用函数时,只能把实参的值传给形参,形参的值不能传送给实参

    B. C 函数既可以嵌套定义又可以递归调用

    C. 函数必须有返回值,否则不能使用函数

    D. 函数必须有返回值,返回值类型不定

2. 若函数调用时的实参为变量时,以下关于函数形参和实参的叙述中正确的是(　　)。

    A. 函数的实参和其对应的形参共占同一存储单元

    B. 形参只是形式上的存在,不占用具体存储单元

    C. 同名的实参和形参占同一存储单元

    D. 函数的形参和实参分别占用不同的存储单元

3. 以下叙述中错误的是(　　)。

    A. 改变函数形参的值,不会改变对应实参的值

    B. 函数可以返回地址值

    C. 可以给指针变量赋一个整数作为地址值

    D. 当在程序的开头包含头文件 stdio.h 时,可以给指针变量赋 NULL

4. 若在一个 C 源程序文件中定义了一个允许其他源文件引用的实型外部变量 a,则在另一文件中可使用的引用说明是(　　)。

    A. extern static float a;
    B. float a;
    C. extern auto float a;
    D. extern float a;

5. 关于函数返回值说法不正确的是(　　)。

    A. 用 return 语句返回的值是用户所希望的值

    B. 如果被调用函数中没有 return 语句,则函数不返回值

    C. 为了明确表示"不返回值"可以用"void"定义无类型函数

    D. 以上答案都不对

6. 在 C 语言中,函数返回值的类型最终取决于( )。

    A. 函数定义时在函数首部所说明的函数类型　　B. return 语句中表达式值的类型

    C. 调用函数时主调函数所传递的实参类型　　D. 函数定义时形参的类型

7. C 语言规定,程序中各函数之间( )。

    A. 既允许直接递归调用,也允许间接递归调用

    B. 不允许直接递归调用,也不允许间接递归调用

    C. 允许直接递归调用,不允许间接递归调用

    D. 不允许直接递归调用,允许间接递归调用

8. 以下叙述中不正确的是( )。

    A. 在 C 语言中,函数中的自动变量可以赋初值,每调用一次,赋一次初值

    B. 在 C 语言中,在调用函数时,实参和对应形参在类型上只需赋值兼容

    C. 在 C 语言中,外部变量的隐含类别是自动存储类别

    D. 在 C 语言中,函数形参可以说明为 register 变量

9. 一个数据类型为 void 的函数中可以没有 return 语句,那么函数在被调用时( )。

    A. 没有返回值　　　　　　　　　　　　B. 返回一个系统默认值

    C. 返回值由用户临时决定　　　　　　　　D. 返回一个不确定的值

10. 以下正确的说法是( )。

    A. 用户若需要调用标准库函数,调用前必须重新定义

    B. 用户可以重新定义标准库函数,如若此,该函数将失去原有定义

    C. 系统不允许用户重新定义标准库函数

    D. 用户若需要使用标准库函数,调用前不必使用预处理命令将该函数所在的头文件包含编译,系统会自
       动调用

11. 若调用一个函数,且此函数中没有 return 语句,则正确的说法是( )。

    A. 该函数没有返回值　　　　　　　　　　B. 该函数返回若干个系统默认值

    C. 能返回一个用户所希望的函数值　　　　D. 返回一个不确定的值

12. 以下不正确的说法是( )。

    A. 在不同函数中可以使用相同名字的变量

    B. 形式参数是局部变量

    C. 在函数内定义的变量只在本函数范围内有定义

    D. 在函数内的复合语句中定义的变量在本函数范围内有定义

13. 已知一个函数的定义如下:

double fun(int x,double y)

{ …… }

则该函数正确的函数原型声明为( )。

    A. double fun (int x,double y)　　　　　　B. fun (int x,double y)

    C. double fun(int,double);　　　　　　　D. fun(x,y);

14. 在函数的定义格式中,必须使用 C 语言保留字的部分是( )。

    A. 类型修饰符　　　　B. 函数名　　　　C. 形式参数表　　　　D. 函数体

15. 对于某个函数调用,不用给出被调用函数的原形的情况是( )。

    A. 被调用函数是无参函数　　　　　　　　B. 被调用函数是无返回值的函数

    C. 函数的定义在调用处之前　　　　　　　D. 函获的定义在别的程序文件中

16. 在 C 语言的函数调用过程中,如果函数 funA 调用了函数 funB,函数 funB 又调用了函数
    funA,则( )。

    A. 称为函数的直接递归　　　　　　　　　B. 称为函数的间接递归

C. 称为函数的递归定义　　　　　　　　D. C 语言中不允许这样的递归形式

17. 已知 int f(int);和 int g(int);是函数 f 和 g 的原形。下列语句中,将函数 f 作为函数参数的有(　　)。

    A. f(3);　　　　　　B. p＝f(3);　　　　　　C. g(f(3));　　　　　　D. f(g(3));

18. 若用数组名作为函数调用的实参,传递给形参的是(　　)。

    A. 数组的首地址　　　　　　　　　　　　B. 数组第一个元素的值

    C. 数组中全部元素的值　　　　　　　　　D. 数组元素的个数

19. 请读程序:

```
# include<stdio.h>
f(in b[],int n)
{ int i,r;
  r＝1;
for(i＝0; i<=n; i++)r=r*b[i];
  return r;
}
main()
{ int x,a[]＝{ 2,3,4,5,6,7,8,9};
x＝f(a,3);
printf("%d\n",x);
}
```

上面程序的输出结果是(　　)。

    A. 720　　　　　　　　B. 120　　　　　　　　C. 24　　　　　　　　D. 6

20. 以下程序的输出结果是(　　)。

```
int   a,b;
void fun()
{   a＝100; b＝200;   }
main()
{   int   a＝5,b＝7;
    fun();
    printf("%d%d \n",a,b);
}
```

    A. 100200　　　　　　　B. 57　　　　　　　　C. 200100　　　　　　　D. 75

第9章 编译预处理

当为善于重复同一类操作过程的计算机编写程序时,如果同一个数字(如 3.14159)或者同一个较长的字符串,需要在多个 C 语言文件编辑中由键盘重复输入;一个数十行的程序因为稍有差别(只有几个单词不一样),需要在一个或者多个文件中反复输入数十次,甚至上百次,这种重复不仅增加了代码输入的工作量,而且常常会出错。更有甚者:一处修改(如为了提高精度,3.14159 改为 3.14159925)可能涉及数十处,甚至上百次处的同步、而且准确无误的修改。针对这种情况,程序设计者必然会想到使用一种既能提高编程效率,又能提高编程质量的机制,这就是所谓的宏定义。

C 语言具有跨平台、跨系统及可移植性好等特色,常用于单片机智能化产品研制、嵌入式系统开发、计算机操作系统、计算机语言等诸领域的设计之中。更值得一提的是,许多 C 语言的核心算法及主要程序都可以跨平台、编译、链接及执行,支持这种 C 语言独有而其他语言又无法与之抗衡的重要机制是:条件编译。

在一个较大的 C 语言项目研制中,一个包含多个函数原型声明、多个宏定义、多个结构等的头文件可能被多个、甚至所有的程序所包含(include),一个源程序可能包含数十余个头文件,多个头文件可能互相包含(形成所谓的嵌套包含,文件 A 包含文件 B,文件 B 包含文件 C,文件 C 又可能同时包含文件 A 和文件 B)。以上多种情况,往往是不可避免地存在,稍有不慎,会引起成百上千条编译错误。解决以上问题的唯一出路是:掌握编译预处理机制,熟悉它,驾驭它。

编译预处理有许多非常有用的功能,如宏定义、条件编译、在源代码中插入预定义的环境变量、打开或关闭某个编译选项等。对专业程序员来说,深入了解预处理程序的各种特征是高水平编写程序的关键技术之一。

对于许多 C 语言初学者而言,常常因为未能正确使用编译预处理机制,或者与其他同行实施程序联调,修改另一个程序员的程序时,由于修改了某一个宏单元,从而造成编译过程成百上千条出错提示等,导致其对于编译预处理望而生畏者大有人在。

9.1 预处理器(C 语言集成开发环境(IDE)的幕后英雄)

编译预处理是 C 语言不同于其他计算机语言的一个显著的特点。使用编译预处理功能,可以改善程序的设计环境,提高编程效率,增强程序的通用性、可修改性、可调试性和可移植性,易于模块化。C 语言由源代码生成可执行文件的各阶段如下:

C 源程序→编译预处理→编译→优化程序→汇编程序→链接程序→可执行文件

其中,编译预处理阶段读取 C 源程序,对其中的伪指令(以♯开头的指令)和特殊符号进行处理。或者说是扫描源代码,对其进行初步的转换,产生新的源代码提供给 C 语言编译器。预处理过程先于编译器对源代码进行处理。对于 C 语言研制人员而言,几乎从来没有见过这个程序,因为它通常在幕后运行,程序员是看不见它的,然而,这个程序非常有用。对于细心的程序员而言,可能只是感觉到所有宏指令均在程序调试中消失了。

在 C 语言中,并没有任何内在的机制来完成如下一些功能:在编译时包含其他源文件、定义宏;根据条件决定编译时是否包含某些代码。要完成这些工作,就需要使用预处理程序。尽管在目前绝大多数编译器都包含了预处理程序,但通常认为它们是独立于编译器的。预处理过程读入源代码,检查包含预处理指令的语句和宏定义,并对源代码进行相应的转换。预处理过程还会删除程序中的注释和多余的空白字符。

预处理命令有以下两个特点:①预处理命令是一种特殊的命令,为了区别一般的语句,必须以♯开头,结尾不加分号。②预处理命令可以放在程序中的任何位置,其有效范围是从定义开始的位置到文件结束。

C语言预处理命令有许多,特别是 VC++语言,大量地、随心所欲地自行引入了大批预处理命令,已形成一道对于初学者学习的障碍,被人称为“宏灾”。本章介绍常用的几种预处理功能。

9.2 宏定义

在 C 语言源程序中允许用一个标识符来表示一个字符串,称为“宏”。被定义为“宏”的标识符称为“宏名”。在编译预处理时,对程序中所有出现的“宏名”,都用宏定义中的字符串去代换,这种代换过程称为“宏代换”或“宏展开”。宏定义是由源程序中的宏定义命令完成的,宏代换是由预处理程序自动完成的。

宏是用“♯define”语句定义的。如果用♯define 指令说明常量,常量只需说明一次,就可多次在程序中使用,而且维护程序时只需修改♯define 语句,不必一一修改宏定义所在的程序。例如,如果在程序中要多次使用 PI(约 3.14159),就可以像下面这样说明一个常量:

```
# define PI 3.14159
```

如果想提高 PI 的精度,只需修改在♯define 语句中定义的 PI 值,不必在程序中到处修改。最好将♯define 语句放在一个头文件中,这样多个模块就可以使用同一个宏定义了。

9.2.1 无参宏定义

无参宏定义是使用最广的宏定义,无参宏的宏名后不带参数。其定义的一般形式为:

```
♯define 标识符 字符串
```

其中的“♯”表示这是一条预处理命令。凡是以“♯”开头的均为预处理命令。“define”为宏定义命令,宏名通常使用大写英文字母和有直观意义的标识符命名,以区别于源程序中的其他标识符,字符串可以是常数、表达式、格式串等。在前面介绍过的常量 PI 的定义就是一种无参宏定义。宏定义不是 C 语句,后面不加分号。宏定义不作语法检查,如果因为宏定义引起的错,编译过程不会检查出来,因此,定义时要仔细。一般宏定义命令写在文件的开头、函数之前,其有效范围为整个文件。如果,宏只在函数体内起作用,也可以把宏定义在函数内,此时,宏的有效范围是从定义处到函数结束。对于双引号内与宏名相同的常数字符串,宏替换将不作置换。

【例 9.1】 定义宏 PRICE 代表每吨水泥的单价,根据输入的数据求总值。

【程序实现】

```
# include "stdafx. h"
# include "stdio. h"
# define  PRICE  1000
void main()
```

```
{
    float x,y;
    printf("请输入购买的吨数:");
    scanf("%f",&x);
    y=PRICE*x;
    printf("水泥单价:每吨 %d元,购买 %f 吨,应付 %f 元! \n",PRICE,x,y);
    getchar();
    return;
}
```

【输出结果】

请输入购买的吨数:234.5

水泥单价:每吨 1000 元,购买 234.500000 吨,应付 234500.000000 元!

【程序分析】

(1)使用宏名代替一个字符串,可以减少程序中重复书写某些字符串的工作量,增加程序的可读性,而且用宏名代替不易出错。

(2)编译预处理时,将程序中 PRICE 用 1000 代替,与宏调用的过程相反,这种将宏名替换成字符串的过程称为"宏展开"。

(3)C 语言中,用宏名替换一个字符串是简单的转换过程,不作语法检查。若将宏体的字符串中符号写错了,宏展开时照样代入,只有在编译宏展开后的源程序时才会提示语法错误。

(4)宏名的作用域可以使用♯undef 命令终止,形式如下:

♯undef   标识符

(5)在宏定义中,允许在宏体字符串中使用已定义过的宏名,这个过程称为嵌套宏定义。

9.2.2　带参宏定义

C 语言允许宏带有参数。在宏定义中的参数称为形式参数,在宏调用中的参数称为实际参数。对带参数的宏,在调用中,不仅要宏展开,而且要用实参去代换形参。带参宏定义的一般形式为:

♯define 宏名(形参表)字符串

在字符串中含有各个形参。带参宏调用的一般形式为:

宏名(实参表)

例如:

```
# define M(y)   y*y+3*y
```

对于以下语句

```
k=M(5);
```

在宏调用时,用实参 5 去代替形参 y,经预处理宏展开后的语句为:

```
k=5*5+3*5;
```

【例 9.2】　利用宏定义实现输入两个整数,求出最大值。

【程序实现】

```
# include "stdafx. h"
# include "stdio. h"
# define MAX(a,b)   (a>b)? a:b
```

```
void main()
{
  int x,y,max;
  printf("请输入两个整数： ");
  scanf("%d,%d",&x,&y);
  max=MAX(x,y);
  printf("输入整数的最大值=%d\n",max);
  getchar();
  return;
}
```

【输出结果】

请输入两个整数：234,789

输入整数的最大值=789

带参数的宏名与函数名相似,都是在宏名或函数名后跟一对圆括号;带参数的宏调用形式与带参数的函数的调用形式类似,都要求实参个数、次序与对应的形参一致。但两者是有区别的。

(1)宏定义与宏调用是为了减少书写量和提高运行速度;而函数定义、函数调用是为了实现模块化程序设计,实现代码共享,便于软件系统的设计及实现。

(2)宏调用展开后的代码是嵌入源程序中的,且每调用一次,嵌入一次代码。因此,宏调用时总的程序代码是增加的;而函数调用是执行时转入对应的函数,执行后返回主调函数,无论调用多少次,函数体的代码都不会增加。

(3)宏定义的参数是字符,不需说明类型;而函数定义的参数是数据,不仅要说明其类型,而且在调用时必须检查实参与形参在类型上的一致性。具有不同实参的宏调用,经展开后可得到源程序一级的不同代码;而具有不同实参的函数调用,执行后可得到不同的函数值。

(4)宏调用在编译的预处理时完成宏展开;而函数调用在程序运行过程中被执行。

(5)除了将宏展开结果嵌入源程序外,宏调用不存在内存分配问题;而对于函数,可能需要系统分配临时空间以存放函数调用的结果。

【例 9.3】 带参数的宏与函数的区别。

【程序实现】

```
# include "stdafx.h"
# include "stdio.h"
# define  MacroS(a,b)  a*b
int FuncS(int a,int b)
{
int s;
  s=a*b;
  return(s);
}
void main()
{
  int x=50,y=40;
  printf("宏定义 MacroS(x+y,x-y)=%d\n",MacroS(x+y,x-y));
```

```
printf("函数 FuncS(x+y,x-y)=%d\n",FuncS (x+y,x-y));
getchar();
return;
}
```

【输出结果】

宏定义 MacroS(x+y,x-y)=2010

函数 FuncS(x+y,x-y)=900

【程序分析】

（1）MacroS(x+y,x-y)为宏替换，会被替换成 x+y*x-y。其结果为：

50+40*50-40=2010

（2）函数 FuncS(x+y,x-y)=FuncS(90,10)=900。

（3）宏只是编译前简单替换代码内容，而函数真正产生代码。宏是在编译期的替换而成，函数是运行期的代码集合运行。宏不是实体，而函数是一个可寻址的实体。

（4）宏没有生存期、作用域之类的概念，而函数有。函数在运行过程中会在堆栈中产生函数调用过程的活动记录，而宏则没有。

9.2.3　C 语言常用宏定义

1. 得到指定地址上的一个字节或字

```
# define   MEM_B(x)(*((byte*)(x)))
# define   MEM_W(x)(*((word*)(x)))
```

2. 求最大值和最小值

```
# define   MAX(x,y) (((x)>(y))? (x): (y))
# define   MIN(x,y) (((x)< (y))? (x): (y))
```

3. 得到一个变量的地址（word 宽度）

```
# define B_PTR(var)   ((byte *)(void *)&(var))
# define W_PTR(var)   ((word *)(void *)&(var))
```

4. 得到一个字的高位和低位字节

```
# define WORD_LO(xxx)   ((byte)((word)(xxx)& 255))
# define WORD_HI(xxx)   ((byte)((word)(xxx)>> 8))
```

5. 返回一个比 x 大的最接近的 8 的倍数

```
# define RND8(x) ((((x)+7)/8)*8)
```

6. 将一个字母转换为大写

```
# define UPCASE(c) (((c)>='a' && (c)<='z')? ((c)-0x20): (c))
```

7. 判断字符是不是 10 进值的数字

```
# define   DECCHK(c) ((c)>='0' && (c)<='9')
```

8. 判断字符是不是 16 进值的数字

```
# define HEXCHK(c) (((c)>='0' && (c)<='9') ((c)>='A' && (c)<='F')\ ((c)>='a' && (c)<='f'))
```

9.3 文件包含

文件包含是 C 预处理程序的重要功能。文件包含命令行的一般形式为：

♯include "文件名"

在前面我们已多次用此命令包含过库函数的头文件。例如：

include "stdio.h"

include "math.h"

文件包含命令的功能是把指定的文件插入到该命令行位置取代该命令行，从而把指定的文件和当前的源程序文件连成一个源文件。在程序设计中，文件包含是很有用的，一个大的程序可以分为多个模块，由多个程序员分别编程。有些公用的符号常量或宏定义等可单独组成一个文件，在其他文件的开头用包含命令包含该文件即可使用。这样，可避免在每个文件开头都去书写那些公用变量，从而节省时间，并减少出错。对文件包含命令还要说明以下几点：

（1）包含命令中的文件名可以用双引号括起来，也可以用尖括号括起来。例如，以下写法都是允许的：

include < math.h >

include "stdio.h"

但是这两种形式是有区别的：使用尖括号表示在包含文件目录中去查找（包含目录是由用户在设置环境时设置的），而不在源文件目录去查找；使用双引号则表示首先在当前的源文件目录中查找，若未找到才到包含目录中去查找。用户编程时可根据自己文件所在的目录来选择某一种命令形式。

（2）一个 include 命令只能指定一个被包含文件，若有多个文件要包含，则需用多个include 命令。

（3）文件包含允许嵌套，即在一个被包含的文件中又可以包含另一个文件。

（4）文件包含通常以头文件为主要包含文件，头文件中一般以宏定义、函数原型、数组定义等。对于任何使用包含功能的 C 语言文件（源文件或者头文件），任何宏定义、函数原型、数组定义等只允许出现一次，否则，将给出被重复定义等多条出错提示。换句话说，C 语言文件中，通过文件包含插入的文件只能一次。插入一次以上，在编译时，将大批量出错。这就是所谓包含冲突，即在同一个 C 语言文件中，同一个头文件被多次包含，并且已插入。

（5）避免多次包含同一个头文件的方法。通过 ♯ifndef 和 ♯define 指令，可以避免多次包含同一个头文件。在创建一个头文件时，可以用 ♯define 指令为它定义一个唯一的标识符名称。可以通过 ♯ifndef 指令检查这个标识符名称是否已被定义，如果已被定义，则说明该头文件已经被包含了，就不要再次包含该头文件；反之，则定义这个标识符名称，以避免以后再次包含该头文件。这是 C 语言头文件常用的基本技术。以 C 语言为例，简化后的 string.h 文件如下：

```
// string standard header
# ifndef _INC_STRING
# define _INC_STRING
……
_ void * memcpy(void *,const void *,size_t);
_ int       memcmp(const void *,const void *,size_t);
```

```
_ void*    memset(void*,int,size_t);
_ char*    _strset(char*,int);
_ char*    strcpy(char*,const char /*);
_ char*    strcat(char*,const char /*);
_ int      strcmp(const char*,const char /*);
_ size_t   strlen(const char /*);
  void*    memcpy(void*,const void*,size_t);
  int      memcmp(const void*,const void*,size_t);
  void*    memset(void*,int,size_t);
  char*    _strset(char*,int);
char*   strcpy(char*,const char /*);
  char*    strcat(char*,const char /*);
int       strcmp(const char*,const char /*);
  int       strlen(const char /*);
_ void*    _memccpy(void*,const void*,int,unsigned int);
_ void*    memchr(const void*,int,size_t);
_ int      _memicmp(const void*,const void*,unsigned int);
…….

# endif
```

当预处理程序处理上述头文件时,它首先检查标识符名称_INC_STRING 是否已被定义,如果没有被定义,预处理程序就对此后的语句进行预处理,直到最后一个♯endif 语句;反之,预处理程序就不再对此后的语句进行预处理。

9.4   条件编译

一般情况下,C 语言的源程序中所有的行都参加编译。但是有时希望对其中一部分内容只在满足一定条件下才进行编译,即对一部分内容指定编译条件,这就是"条件编译"(conditional compile)。条件编译指令将决定哪些代码被编译,而哪些是不被编译的。所谓不编译是指,由预编译器交付给 C 语言编译器时,不满足条件的 C 语句集合已被删除掉,即由满足未设置编译条件的内容和符合编译条件的内容按照原有的顺序构成预编译后的文件,交给 C 语言编译器进行后续编译工作。编译可以根据表达式的值或某个特定的宏是否被定义来确定编译条件。使用条件编译功能为程序的调试和移植提供了有力的支持,使程序可以适应不同系统和不同的硬件环境,提高程序的通用性和灵活性。

条件编译命令最常见的形式为:

♯ifdef 标识符
    程序段 1
♯else
    程序段 2
♯endif

它的作用是:当标识符已经被定义过(一般是用♯define 命令定义),则对程序段 1 进行编译,否则编译程序段 2。其中♯else 部分也可以没有,即:

♯ifdef 标识符

程序段 1

　　# endif

　　这里的"程序段"可以是语句组,也可以是命令行。这种条件编译可以提高 C 源程序的通用性。如果一个 C 源程序在不同计算机系统上运行,而不同的计算机又有一定的差异。例如,我们有一个数据类型,在 Windows 平台中,应该使用 long 类型表示,而在其他平台应该使用 float 表示,这样往往需要对源程序作必要的修改,这就降低了程序的通用性。可以用以下的条件编译:

```
# ifdef WINDOWS
   # define MYTYPE long
# else
   # define MYTYPE float
# endif
```

　　如果在 Windows 上编译程序,则可以在程序的开始加上

```
# define WINDOWS
```

这样则编译下面的命令行:

```
# define MYTYPE long
```

　　如果在这组条件编译命令之前曾出现以下命令行:

```
# define WINDOWS 0
```

则预编译后程序中的 MYTYPE 都用 float 代替。这样,源程序可以不必做任何修改就可以用于不同类型的计算机系统。

　　例如,在调试程序时,常常希望输出一些所需的信息,而在调试完成后不再输出这些信息。可以在源程序中插入以下的条件编译段:

```
. # ifdef DEBUG
    print ("device_open(%p)\n",file);
  # endif
```

如果在它的前面有以下命令行:

```
# define DEBUG
```

则在程序运行时输出 file 指针的值,以便调试分析。调试完成后只需将这个 define 命令行删除即可。有人可能觉得不用条件编译也可达此目的,即在调试时加一批 printf 语句,调试后一一将 printf 语句删除去。的确,这是可以的。但是,当调试时加的 printf 语句比较多时,修改的工作量是很大的。用条件编译,则不必一一删除 printf 语句,只需删除前面的一条"＃define DEBUG"命令即可,这时所有的用 DEBUG 作标识符的条件编译段都使其中的 printf 语句不起作用,即起到统一控制的作用,如同一个"开关"一样。

　　应该注意的是:变量特别是大体积的数组变量一般不要在 .h 文件中定义。原因在于,在头文件中定义的变量,当该头文件被任意一个 C 语言程序包含后,无论是否使用头文件中定义的变量,系统都将为其分配内存空间。这样,很可能造成不必要的内存空间浪费。

9.5　其他常用预处理命令

　　ANSI 标准定义的 C 语言预处理程序包括下列命令:＃define,＃error,＃include,＃if,＃else,＃elif,＃endif,＃ifdef,＃ifndef,＃undef,＃line,＃pragma 等。非常明显,所有预处理命令均以符号＃开头。常用预处理命令如表 9.1 所示。

表 9.1　常用预处理命令

命令	功能描述	用格式及举例
＃error	命令＃error 强迫编译程序停止编译,主要用于程序调试	＃error error－message
＃pragma	命令＃pragma 为实现时定义的命令,它允许向编译程序传送各种指令	＃pragma message("消息文本")
code_seg 参数	它能够设置程序中函数代码存放的代码段,当我们开发驱动程序的时候就会使用到它	＃pragma code_seg(["section－name" [,"section－class"]])
＃pragma once	只要在头文件的最开始加入这条指令就能够保证头文件被编译一次。这条指令实际上在 VC6 中就已经有了,但是考虑到兼容性并没有太多地使用它	＃pragma once
＃undef	＃undef 指令删除前面定义的宏名字。也就是说,它"不定义"宏	＃undef macro－name
＃line	＃line 指令改变__LINE__和__FILE__的内容。__LINE__和__FILE__都是编译程序中预定义的标识符。标识符__LINE__的内容是当前被编译代码行的行号,__FILE__的内容是当前被编译源文件的文件名	＃line number "filename"
__LINE__	包含正在编译的程序的行号	
__FILE__	包含正在编译的程序的文件名	
__DATE__	内容形如 month/day/year(月/日/年)的串,代表源文件翻译成目标码的日期	
__TIME__	代表源代码编译成目标码的时间,形如 hour:minute:second(时:分:秒)	
__STDC__	内容是十进制常数 1,则表示编译程序的实现符合标准 C	

9.6　合理使用预处理命令

尽管预处理编译器不属于 C 语言编译器的组成部分,但由于预处理命令对于 C 语言编译功能的补充、可移植性、简化程序编辑的无法替代的作用,预处理命令设计已成为 C 语言事实上不可或缺的一个重要组成部分。C 语言项目研发中,合理、适度地使用预处理命令机制,是 C 语言编程者必须掌握的基本功。然而,应尽可能避免预处理命令对于程序的调试、系统集成及程序维护等造成的无法规避的缺憾,特别是:不应过度使用宏,造成所谓的"宏灾"。下面讨论程序中宏定义可能造成的瑕疵。

1. 宏定义难于调试,出错原因无法确定

编译时,宏定义不会产生用于调试的名字符号。如:

```
# define MAX_PATH 260
```

在调试时,无法找到其符号名 MAX_PATH,而只是 260 数字,常量式宏可以用 const 和 enum 代替,在调试中可以查看 const、enum 的符号名,并且 const、enum 和宏的运行时开销是相同的(有使用 const、enum 时才会分配内存)。这种宏定义无法调试,不能精确指定出错原因及位置,在程序研制中,对于使用带参数宏定义一个小体积的函数体时,整个程序语义、语法等,在不使用宏时,该函数完全能正确编译、运行,使用带参数宏后,无缘无故编译出错,未进行改动,换个地方又可以执行。

2. 宏定义的使用缺陷

宏定义的使用缺陷主要表现有两种。

(1)宏定义以字面形式展开,有副作用。宏参数不加括号展开时改变逻辑,如:

```
# define RECT_AREA(x,y)(x * y)
```

其设计目标是由宏定义解决两个数字相乘之积。但当输入的实参为变量表达式时,这种以字面形式展开机制会造成逻辑改变,如:

```
RECT_AREA(50 + 40,50 - 40)
```

原意为:

$(50 + 40) * (50 - 40) = 900$

宏定义展开后操作语言为:

$50 + 40 * 50 - 40 = 2010$

解决方法:定义宏时给参数的使用加上括号,如:

```
# define RECT_AREA(x,y)((x) * (y))
```

(2)宏对参数没有类型检查,宏的返回也不具有类型。由于 C 语言强类型匹配机制,常常因为使用无类型检查的宏定义机制,引起编译时出错、被警告。

3. 宏定义造成全局名字空间污染,查错纠错比较困难

宏定义是全局名字空间的,容易造成名字污染和干扰。一个调试基本成功的程序,常常因为与其他已定义的宏定义同名,引起大批量的错误提示。因为对于头文件的包含编程者一般不太慎重,而且头文件通常体积庞大,宏定义多,更重要的是:宏定义造成的名字同名的错误,编译系统很少能给出提示。因此,对于宏定义造成的全局名字空间污染,查错纠错比较困难。

4. 宏定义使用者与程序阅读者的思路难一致,程序可读性差

当程序中包含大量的宏定义,对于程序中的每一个宏定义,必须追根溯源,弄清其被代替的字符串或者程序体。因此,宏定义毫无疑问是程序可读性的直接破坏者,宏定义为程序的可读性修筑了一道非常严实的屏障。

5. 由于大量使用了宏定义,学习使用 VC++者成了程序设计者的"马拉松"

当简洁明了、结构简单、保留关键字少、易学易用的 C 语言被 VC++包装后,宏定义车载斗量、不可胜数,足足可以编印一本数百页的书。编译预处理机制大量扩展、随意设置,造成名副其实的"宏灾":令 C 语言初学者见 VC++胆寒;熟悉 Turboc、C++ Builder 者,由于担心自己抗"宏"救灾能力,迟迟徘徊在 VC++大门之外;要成为 VC++的高手,必须要有恒心、耐心,必须具备突破 VC++宏定义这座天天加固的阅读防线。

等级考试实训

一、考试内容

1. 宏定义:不带参数的宏定义;带参数的宏定义。

2."文件包含"处理。

二、掌握了解程度

1.掌握不带参数的宏定义

2.掌握文件包含处理

三、主要知识点及考点

知识点	分值	考核概率/%	专家点评
带参数的宏定义	1－2	80	简单,重点掌握
不带参数的宏定义	1－3	100	简单,重点掌握
文件包含	3－4	100	难度适中,重点掌握,重点理解
calloc()函数	1－2	20	偏难,重点理解
free()函数	3－4	20	难度适中,重点理解
malloc()函数	1－2	30	难度适中,重点理解

实战锦囊

1. 预处理命令

C语言中有三种预处理命令:宏定义、文件包含和条件编译;

预处理命令均以＃开头,结尾没有分号;

预处理命令在编译时执行。

2. 不带参数的宏定义

(1)概念:用一个符号代替一个字符串;

(2)格式:＃define 符号 字符串

　　如 ＃define PI 3.1415926

宏常常用大写。

3. 带参数的宏定义

(1)概念:用一个带参数的符号代替字符串;不是简单的替换,还要进行参数替换;

(2)格式:＃define 符号(参数) 字符串

如 ＃define S(a,b) a * b

注意:在带参数的宏定义中,参数如果是表达式,要注意将被替换的字符串中的参数加()括起来,否则,替换结果不正确;

如:＃define S(a,b) a / b

//执行 S(2＋3,5＋7);

编译时替换的结果是: 2＋3 / 5＋7 ,显然不是想要得到的结果;

如改成 ＃define S(a,b) (a)/(b)

//执行 S(2＋3,5＋7);

编译时替换的结果是:(2＋3)/(5＋7)

4. 文件包含

(1)概念:文件包含是指一个源文件可以将另一个源文件的全部内容包含进来;

(2)格式:＃include 〈文件名．扩展名〉

　　＃include "文件名．扩展名"

(3)两种格式的区别:

用〈 〉时,系统到存放C库函数头文件所在的目录中寻找要包含的文件;如果为调用库函数使用文件包含命令,往往用尖括号,以省略时间;

用""时,系统先到用户当前目录(即存放当前程序的目录)查找要包含的文件,若找不到,再到C库函数头文件所在的目录中寻找;如果要包含的是用户自己编写的文件(这种文件一般都在当前目录中),一般用双引号；

(4)常用包含的 C 库文件：

使用数学函数时：♯ include 〈math. h〉

使用字符串函数时：♯ include 〈string. h〉

使用输入输出函数时：♯ include 〈stdio. h〉

5. 条件编译

(1)概念：条件编译是指符合条件就编译，不符合条件就不编译；

(2)格式：♯ifdef 　标识符

{

程序段 1

}

♯ else

{

程序段 2

}

♯ endif

还有另外两种格式，了解即可；

(3)注意区分：条件编译和选择结构；两者发生的阶段不同；

选择结构内容，全部编译，到运行时，根据条件是否成立决定运行哪一段代码；

条件编译内容，不是全部编译，根据条件是否成立决定编译哪一段代码；注意区分：条件编译和函数调用；

习题

一、填空题

1. C 语言中有三种预处理命令：_____、_____、_____。

2. 预处理命令均以_____符号开头。

3. 文件包含有哪两种格式：_____和_____。

4. 定义宏的关键字是_____。

5. 宏定义分为_____的宏定义和_____的宏定义。

6. 预处理命令不是 C 语句，不必在行末加_____。

7. 要使用 strcpy()函数，需要在使用前包含_____文件。

   要使用 sqrt()，fabs()函数，需要在使用前包含_____文件。

8. 设有如下宏定义

   # define 　MYSWAP(z,x,y) 　{z=x; 　x=y; y=z;}

   以下程序段通过宏调用实现变量 a、b 内容交换，请填空。

   float 　a=5,b=16,c;

   MYSWAP(_____,a,b);

9. 以下程序的输出结果是(　　)。

   # define 　MAX(x,y) 　(x)>(y) 　? (x):(y)

   main()

   { int 　a=5,b=2,c=3,d=3,t;

   t=MAX(a+b,c+d)*10;

   printf("%d\n",t);}

二、编程题

9.1 　请分析一下一组宏所定义的输出格式：

```
# define   NL   putchar('\n')
# define   PR(value)   printf("value=%d \t",(value))
# define   PRTINT1(x1)   PR(x1); NL
# define   PRTINT2(x1,x2)   PR(x1); PRTINT1(x2)
```
如果在程序中有以下的宏引用:
```
PR(x);
PRINT1(x);
PRINT2(x1,x2);
```
写出宏展开后的情况,并写出应输出的结果,设 x=12,x1=9,x2=38。

9.2 根据输出半径 r,分别求圆的面积 S,周长 L,用带参宏实现,并输出结果。

9.3 输入圆的半径,求圆的周长、面积和球的体积。要求使用无参宏定义圆周率。

9.4 根据给定的条件编译,使给定的字符串以小写字母或大写字母形式输出。

9.5 定义一个带参数的宏,使两个参数的值互换,并写出程序,输入两个数作为使用宏时的实参。输出已交换后的两个值。

9.6 输入两个整数,求它们相除的余数。用带参的宏来实现。

9.7 分别用函数和带参的宏,从 3 个数中找出最大数。

9.8 用条件编译方法实现以下功能:

输入一行电报文字,可以任选两种输出,一为原文输出;一为将字母变成其下一字母(如'a'变成'b'…'z'变成'a',其他字符不变)。用命令来控制是否要译成密码。例如:

♯define CHANGE 1

则输出密码。若:

♯define CHANGE 0

则不译为密码,按原码输出。

♯define CHANGE 1

9.9 设计所需的各种各样的输出格式(包括整数、实数、字符串等),用一个文件名"fornat. h",把信息都放到这个文件内,另编一个程序文件,用命令♯include "fornat. h"以确保能使用这些格式。

9.10 给年份 year 定义一个宏,以判别该年份是否是闰年。提示:宏名可以定义为 LEAP_YEAR,形参为 y,即定义宏的形式为

♯define LEAP_YEAR(y)(读者设计的字符串)

三、选择题

1. 以下正确的描述是(   )。

   A. C 语言的预处理功能是指完成宏替换和包含文件的调用

   B. 预处理指令只能位于 C 源程序文件的首部

   C. 凡是 C 源程序中行首以"♯"标识的控制行都是预处理指令

   D. C 语言的编译预处理就是对源程序进行初步的语法检查

2. C 语言的编译系统对宏命令的处理是(   )。

   A. 在程序运行时进行的   B. 在程序连接时进行的

   C. 和 C 程序中的其他语句同时进行编译的   D. 在对源程序中其他成分正式编译之前进行的

3. 在"文件包含"预处理语句的使用形式中,当♯include 后面的文件名用〈 〉(尖括号)括起时,找寻被包含文件的方式是(   )。

   A. 仅搜索当前目录

   B. 仅搜索源程序所在目录

   C. 按系统设定的标准方式搜索目录

   D. 先在源程序所在目录搜索,再按照系统设定的标准方式搜索

4. 以下程序的运行结果是( )。

```
# define  MIN(x,y)  (x)<(y)?(x):(y)
main()
{int i=10,j=15,k;
 k=10*MIN(i,j);
 printf("%d\n",k);
 }
```

A. 10   B. 15   C. 100   D. 150

5. 程序段:

```
# define  A  3
# define  B(a)  ((A+1)*a)
 x=3*(A+B(7));
```

正确的判断是( )。

A. 程序错误,不许嵌套宏定义   B. x=93

C. x=21   D. 程序错误,宏定义不许有参数

6. 以下在任何情况下计算平方数时都不会引起二义性的宏定义是( )。

A. #define POWER(x) x*x   B. #define POWER(x) (x)*x

C. #define POWER(x) (x*x)   D. #define POWER(x) ((x)*(x))

7. 下列程序执行后的输出结果是( )。

```
# define  MA(x) x*(x-1)
main()
{ int a=1,b=2;  printf("%d \n",MA(1+a+b)); }
```

A. 6   B. 8   C. 10   D. 12

8. 以下程序的输出结果是( )。

```
# define  SQR(X)  X*x
main()
{ int  a=16,k=2,m=1;
  a/=SQR(k+m)/SQR(k+m);
  printf("d\n",a);
}
```

A. 16   B. 2   C. 9   D. 1

9. 程序中头文件 type1.h 的内容是:

```
# define  N    5
# define  M1   N*3
```

程序如下:

```
# define  "type1.h"
# define  M2   N*2
main()
{ int i;
i=M1+M2;  printf("%d\n",i);
}
```

程序编译后运行的输出结果是( )。

A. 10   B. 20   C. 25   D. 30

10. 请读程序：

```
# include<stdio.h>
# define SUB(X,Y)(X)*Y
main()
{ int a=3,b=4;
printf("%d",SUB(a++,b++));
}
```

上面程序的输出结果是(　　)。

A. 12　　　　　　　　　B. 15　　　　　　　　C. 16　　　　　　　　D. 20

第10章 指　　针

指针是 C 语言中的重要概念,也是 C 语言的重要特色。使用指针,可以使程序更加简洁、紧凑、高效、资源节约、机制灵活、功能丰富。指针可以看做一个指示器,指向数据块或者程序代码段,其主要特点可概括如下:

(1)用活数据。结构化或者自描述类数据是网络数据源、文件存储内容、声像视频资料以及数据库记录等的主要特点,借助于指向 void 类型指针,指向各种类型的数据或者将各种数据对象读入内存,调用相应的程序对其实施处理或者管理,解决了不同数据对象的灵活处理等问题。

(2)用活内存。内存是程序运行的重要资源,使用固定尺寸的内存,内存太小程序无法运行,太大可能造成浪费,而使用指针申请内存、使用内存以及释放内存可以十分方便地实现内存按需使用、动态伸缩以及用后释放等功能,实现了用活内存的目标。

(3)用活代码。借助于函数指针机制,可以实现同一函数完成不同任务的目的。比如,视频播放函数主要功能是在屏幕指定位置播放视频,而视频格式是多样的,需要不同解码器(函数)。为实现多媒体同屏播放,只需根据视频格式把相应的解码函数指针传入视频播放函数即可实现,解决了完成同一任务,使用不同代码集合,播放不同格式的视频等问题。

(4)用活链表。链表是一种物理存储单元上非连续、非顺序的存储结构,数据元素的逻辑顺序是通过链表中的指针链接来实现的。借助于指针申请、指针成员操作以及指针释放机制,可以高效地实现动态链表操作功能,即实现链表插入、添加、修改、查找、删除以及链表释放等功能,解决了链表活用问题。

10.1　排序函数

所谓排序,就是使一串记录,按照其中的某个或某些关键字的大小,按递增或递减的排列起来的操作。现实生活中的排序是一个十分敏感的难题,往往与所谓的地位相关(座次)。信息处理技术中排序(Sorting)是计算机程序设计中的一种重要操作,它的功能是将一个数据元素(或记录)的任意序列,重新排列成一个关键字有序的序列。考虑到计算机硬件的速度和存储空间的有限性,如何提高计算机速度并节省存储空间一直成为软件编制人员努力的方向,在众多措施中,排序操作成为程序设计人员考虑的因素之一,排序方法选择得当与否直接影响程序执行的速度和辅助存储空间的占有量,进而影响整个软件的性能。排序算法研究一直是计算数学研究的一个重要领域。

下面以人员基本情况为例,讨论排序算法需要解决的问题。

```
typedef  struct  personnel    /*人员基本情况 */
{
  char   sfz[18]      /*身份证号 */
  char   name[16];      /*姓名  */
```

```
date   birthday;      /*出生年月 */
char   adreess[36]; /*家庭住址 */
date   workdate;       /*工作年月 */
    ……
} PERSON;
```

对于通用排序函数,应该满足以下基本需求:①排序项选择问题。可以选择身份证、姓名、出生年月、工作年月等不同项进行排序,或者多个项进行组合排序。②排序方式选择问题。可以选择升序、降序方式,或者多个升序项或者降序项进行组合。③排序对象的多样性。排序应用领域非常广泛,排序对象千差万别,所包含的数据项(结构成员)一般均有差别。④排序对象体积的可变性。排序数据的体积可大可小,可以为内存排序、磁盘文件排序或者内外存组合排序。

为了适应以上基本需求,在 C 语言快速排序函数中引入了指针机制。C 语言快速排序函数定义如下:

```
void qsort(void * base,int nelem,int width,
   int (* fcmp)(const void *,const void *));
```

其中:void * base;// 为待排序数组的首地址(指针)。

int   nelem;   // 数组中待排序元素个数。

int   width,   // 各元素的占用空间大小。

int (* fcmp)(const void *,const void *)指向排序函数的指针,用于确定排序的顺序。

qsort 函数借助于两个指针,分别指向数据区和程序代码集合,满足了排序函数的基本需求。void * base 指针可以排序对象的多样性;与 nelem 及 width 参数配合,解决了排序对象体积的可变性问题;通过指向排序函数的指针,可以灵活运行用户根据实际需要编写的排序函数,可以十分方便地解决排序项及排序方式的选择等问题。

指针是 C 语言中广泛使用的一种数据类型,以其运行高效、功能强大而备受程序设计者青睐,利用指针程序可以操作任何类型的数据对象;可以将数据写入内存中的任意位置;对于内存中的数据集合,指针允许以多种类型对其使用、解释或者引用;指针支持对于内存的动态申请和释放,从而保证任意体积的数据对象可以根据实际需要申请任意尺寸的内存,并保证计算机内存的高效利用以及动态回收(包括重新分配);由于计算机的程序代码同样是在内存中运行,借助于函数指针即指向内存中的程序代码区,实现函数的动态调用,支持同一个程序运行不同的函数,实现不同的功能,如 qsort 函数。指针的安全问题一直是 C 语言遭受非议、备受关注的核心问题,常令许多 C 语言编程者望而生畏。理解指针并正确掌握指针是 C 语言设计的关键门槛,而精准、灵活及巧妙使用指针是 C 语言程序高手必备的基本功。

10.2 变量的指针

10.2.1 C 语言的指针

在计算机语言设计中,"内存"、"缓冲区"是两个使用频率非常高的专业术语,一般而言,均指内存储器,通常也泛称为主存储器,是计算机中的主要部件。所谓内存,主要是相对于外部存储器(简称为外存,如磁盘、光盘、U 盘或者磁带)而言的。与外存相比,内存的数据读写速度要高出几个数量级,因此计算机运行的程序以及程序中操作的数据都存放在内存中。从硬件设计出发,计算机可以独立访问的最小单位为一个字节(8 位二进制数),因此,一般把存储器中的一个字节称为一个内存单元。对于 C 语言而言,不同的数据类型所占用的内存单元数可以不同(也可以相同)、同一数据类型不同的 C 语言编译环境(不同的版本)也可能不相同,如字符变量占 1 个单元,整型变量占 2 个单元(VC++占 4 个单元),双精度类型(double)长度为 8 个单元。具体而言,C 语言中判断数据类型长度应使用 sizeof 操作符完成,如 sizeof(int)、sizeof(float)或者 sizeof(double)等。

为了方便批量邮件投递,国家设置了邮政编码;为了有利于交往中人群的走访互访、信件邮寄等,政府为所有城乡街道编排了街区、门牌编号等;更进一步,为了便于人口管理,公安部门为每个公民设置了身份证号;为了资金存取便捷,银行为每个储户设置了银行储蓄卡号。同样,在计算机精准、高效的管理中,为了正确地访问数以兆计的内存单元,必须为每个内存单元编上号。根据一个内存单元的编号即可准确地找到该内存单元,内存单元的编号也叫做地址。随着硬件技术的不断进步,根据内存单元的编号定位内存单元、实施读写操作(特别是批量化、连续内存空间内数据的读写访问)通常是一种高效率、硬件类的基本操作(简称为内存访问),这种内存访问与计算机语言中的变量或者标识符无关。

在计算机语言中,为了支持程序以编程者的思维方式使用内存,程序中数据的存储、交换、运算等均是通过定义变量或者变量数组实现的,每个变量(或者变量数组)被标识为程序员易于记忆的标识符,定义成所需尺寸的类型变量,这些必定占用一定的内存空间,C 语言把该变量占据的第一个内存单元编号称为该变量的首地址,称为变量地址。为了高效地引用(或者使用)变量地址,C 语言引入了指针变量(一种新的变量机制),由一个指针(变量)指向一个变量地址,即一个变量的地址称为该变量的指针。在 C 语言程序中,变量指针和变量内容是两个不同的概念。对于一个变量来说,变量的地址即为指针,其中变量的数据才是该变量的内容。在 C 语言中,允许用一个变量专用于存放另一个变量的地址(指针),这种变量称为指针变量。因此,一个指针变量的值就是某个变量的地址或称为某变量的指针。指针是一个特殊的变量,它里面存储的数值被解释成为内存里的一个地址。

若指针变量 p 的值等于变量 a 的地址,则说指针变量 p 指向变量 a。其基本概念如图 10.1 所示。

p 的值为 2000,为变量 a 的内存地址,234 为变量 a 的值(内容)。换句话说,变量 a 占用了 2000 号内存单元,p 是指向变量 a 的指针。

【例 10.1】 变量定义。

【程序实现】

```
int a,b,c; /*定义三个整数变量 */
/*  变量直接访问访问方式 */
a＝234;
b＝345;
c＝9078;
```

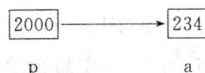

图 10.1 指针与变量

图 10.2　变量访问示意图

图 10.2 为例 10.1 的变量访问示意图。编译系统为 a、b 和 c 分别分配了内存单元，编号分别为（2000，2001）、（2002，2003）和（2004，2005）。执行 a＝234 赋值语句时，系统根据变量名 a 查出其相应地址为 2000，然后将整数 234 存放到起始地址为 2000 的存储单元中（占两个存储单元：2000 和 2001）。这种直接按照变量名进行的变量访问，称为"直接访问"方式。图 10.2 中的（3010，3011）单元，存储了变量 a_pointer，其值为 2000，即为变量 a 的地址，故变量 a_pointer 即为指针变量。根据直接访问方式的过程，也可以设计出另一种"间接访问"方式，基本思想是：将变量 a 的地址存放在另一个变量（地址变量，如 a_pointer）之中，然后使用该变量实施对于变量 a 的访问。

间接访问方式的效率分析。为了模拟信息处理中的各种具体客体对象，可以根据需要在 C 语言程序中定义任意多个类型变量（包括数组变量），变量的定义、管理及访问涉及内存的动态分配、标识符管理、数据有效性检测等多种综合操作，由 C 语言系统程序承担。直接访问方式可以简化为两步：①通过查找、定位以及计算等综合操作过程由变量名获得指定变量的地址，为了讨论方便，将该过程称为变量地址定位。②根据变量地址实施对于变量访问操作，即内存访问。比较变量的直接访问方式和间接访问方式可知，不考虑 C 语言系统的优化过程，从原理上，直接访问比使用指针的间接访问多执行一次变量地址定位操作，基于指针的间接访问无疑效率更高。特别是对于大体积的数组访问过程，利用数组的首地址作为内存访问的指针，访问效率更为明显。比如，对于 char string[32768]字符数组执行逐元素的访问（读或者写操作）时，采用基于数组名及下标直接访问方式，必须对于 string[0]、string[1]……string[32767]进行多达 32768 次的变量地址定位操作；而以 string 作为指针，只需要进行简单的指针移动操作，即可完成整个数组的访问过程。因此，指针机制充分体现了 C 语言的简洁、紧凑、灵活、实用、高效等主要优点，与计算机硬件操作过程相一致，效率必然更高。

在 C 语言程序中，同数组名语义相一致，函数名指向内存中的程序代码的首地址。既然指针变量的值是一个地址，那么这个地址不仅可以是变量的地址，也可以是函数代码的地址。因此，C 语言同样引入了函数指针的程序代码访问机制。

10.2.2　指针变量的定义

变量的指针就是变量的地址。存放变量地址的变量是指针变量（简称为指针）。指针是一个特殊的变量，变量的数值被解释成为当前内存中的一个地址。

指针变量的定义包括三方面的内容：①指针类型说明，即定义变量为一个指针变量；②指针变量名；③变量值（指针）所指向的变量的数据类型。

指针变量定义的形式：

类型标识符 ＊ 标识符；

其中，＊ 表示这是一个指针变量，标识符即为定义的指针变量名，类型标识符表示本指针变量所指向的变量的数据类型。例如：

```
float   *pointer_x;
int     *pointer_i;
```

指针变量的作用:定义某些变量为指针类型,使之专门用于存放地址,或者指向由类型标识符限定的数据区(变量)。*用于说明为指针变量定义,但指针变量名不带*。如

```
int *pi;
```

定义的指针变量为 pi,不是*pi。一个指针变量只能指向同一类型的变量,如 pi 只能用于指向整型变量。至于 pi 究竟指向哪一个整型变量,应由赋给 pi 的地址来决定。

指针类型可以为 C 语言中所有类型(包括用户自定义类型,参阅第 11 章)。如:

```
int    *pi;      /* pi 是指向整型变量的指针变量 */
float  *pf;      /* pf 是指向浮点变量的指针变量 */
char   *pc;      /* pc 是指向字符变量的指针变量 */
void   *pv;      /* pv 是指向任何变量的指针变量 */
```

应该注意的是,指针类型往往影响指针的移动字节数及运算结果,除 void *指针外,一个指针变量只能指向同类型的变量,如 pf 只能指向浮点变量,指向非浮点变量时,系统编译会报错。

10.2.3 指针变量的引用

同其他类型变量一样,存放地址的指针变量使用之前需专门定义。由于指针变量主要作用为支持数据单元的间接访问,定义后的非指针变量与指针变量定义的语义是有差别的,其引用(或者)使用方法也不相同。以下面 C 语言定义语句为例:

```
int     vint;
double  vdouble;
char    vstring[256];
int     *pint;
double  *pdouble;
char    *pchar;
```

C 语言执行以上定义语句后,分别为非指针变量 vint、vstring 及 vdouble 分配了 sizeof(int)、256 及 sizeof(double)个字节的内存,允许直接引用,例如,利用赋值语句(或者字符串拷贝函数,如 strcpy)为其写入值。如:

```
vint=2013;
vdouble=3.14159;
strcpy(string,"中华人民共和国");
```

均为合法语句,可以正确执行。赋值后,可以同样进行读操作。如:

```
printf("%d,%f,%s\n",vint,vdouble,string);
```

如果,对于 vint、vstring 及 vdouble 未赋值(称为变量未初始化)直接输出。如:

```
printf("%d,%f,%s\n",vint,vdouble,string);
```

该语句合法,即使系统会给出警告提示"使用了未初始化的变量"仍然可以执行,即输出为随机数。因此,对于非指针变量,定义后系统会自动为其分配相应尺寸的内存,允许其直接进行访问。对于指针变量定义后,系统为 pint、pdouble 及 pchar 三个变量均分配了存放一个地址数据的内存(Turboc C 为 2 个字节,VC++为 4 个字节)。主要语义为:系统分配了三个可以分别指向(或者保存)一个整数地址、一个双精度地址和一个字符地址,如果需要对于指针变量实施访问,必须为其赋予具体的值。并且指针变量的赋值只能赋予地址,决不能赋予任何其他数据,否则将引起错误。为指针赋值的方式主要有三种:①指向同类型的变量或者数组变量;

②通过强制类型转换指向同类型的变量或者数组变量;③为该指针动态分配内存。未经赋值的指针变量不能使用,否则将造成系统混乱,甚至死机。变量的地址是由编译系统分配的,对用户完全透明,用户不知道变量的具体地址。因此,指针变量使用至少包含以下三个步骤:①指针变量定义;②为指针赋予合法的地址(值);③合法访问指针变量,即进行基于指针变量的间接访问方式。

1. 对于变量的地址操作

对于变量地址操作只有一个运算符:

&:取地址运算符。

C语言中提供了地址运算符 & 来表示变量的地址。其一般形式为:

&变量名;

如 &a 表示变量 a 的地址,&b 表示变量 b 的地址。变量本身必须预先定义。设有指向整型变量的指针变量 p,如要把整型变量 a 的地址赋予 p 可以有以下两种方式:

(1)指针变量初始化的方法。

```
int a;
int *p=&a;
```

(2)赋值语句的方法。

```
int a;
int *p;
p=&a;
```

对于数组变量,如果使用数组名,不必使用 &。换句话说,数组名称本身就是指向一个由同类型数据构成的一个内存区。但如果指定了数组的下标,即代表数组中的一个元素,必须用 & 符取其指定元素的地址。比如,对于数组:

```
int vintset[10];
```

以下语句均为合法语句:

```
/*指针变量 pint1 指向数组 vintset */
int *pint1=vintset;
int *pint2;     /*定义一个整数指针变量 pint2 */
pint2=vintset; /*指针变量 pint2 指向数组 vintset */
pint2=&vintset[3]; /* pint2 指向数组元素 vintset[3] */
```

不允许把一个数赋予指针变量,故下面的赋值是错误的:

```
int *pint;
pint=3010;
```

数组名本身即为一个该数组的首地址,如果对其实施取地址操作,相当于取数组首地址的地址,故下面对于数组取地址的赋值语句编译时会出错:

```
int *pint;
int  vintset[10];
pint=&vintset;
```

对于以上取地址的赋值语句增加数组下标,其赋值语句将被正确执行:

```
int *pint;
int  vintset[10];
pint=&vintset[0];
```

其中,语句 pint=vintset[0];与语句 pint=&vintset;相同,均指向整数数组 vintset 的第一个元素(该数组的首地址)。

2. 对于指针变量的运算符

指针变量是提供对变量的一种间接访问形式。对指针变量的引用形式为:

*指针变量

符号*表示指针运算符(或称"间接访问"运算符)。其含义是指针变量所指向的值。*运算符的作用为通过指针变量实施间接访问变量,即由指针变量读出该指针所指向的变量的值;或者为指针所指向的变量赋值。分析以下程序:

```
int vint=2048,xint;
int *pint;
```

该程序定义了两个整型变量 vint,xint,还定义了一个指向整型数的指针变量 *pint。vint,xint 中可存放整数,而 pint 中只能存放整型变量的地址。采用变量直接访问方式可以把变量 vint 的值赋给变量 xint:

```
xint=vint;
```

借助于指针 pint,利用间接访问方式,同样可以实现 xint=vint;语句的功能。

方法 1:

```
pint=&vint;
xint=*pint;
```

由指针变量 pint 指向变量 vint,由*读出指针变量 pint 指向的值赋给变量 xint。

方法 2:

```
pint=&xint;
*pint=vint;
```

由指针变量 pint 指向变量 xint,将变量 vint 赋值给由指针变量 pint 指向的变量 xint。

3. 变量指针的使用

前面对于指针变量的使用,均采用定义一个指针变量和一个同类型变量,通过取地址(&)操作,把变量地址赋给指针变量,即由指针变量指向已定义的变量,然后使用指针变量实施对于变量的间接访问。在程序设计中,可以直接使用变量地址(作为一个固定地址的指针)完成间接访问操作。编程实践中,变量如何获取相应指针、变量指针与指针变量之间区别等常常引起疑惑,下面就相关的主要概念简述如下:

(1)变量与变量指针。对于可以直接赋值的变量,必须使用:

&变量名称

获取变量的地址。如:对于以下定义:

```
int vint,vintset1[10],vintset2[5][10],vone[1];
```

对于上句的定义,以下获取一个整数变量指针的 & 符使用均为正确合法的:

&vint、&vintset1[0]、&vintset1[5]、&vintset2[0][1]及 &vone[0]

在 C 语言中数组名和函数名称,均指向一个内存数据单元集合或者内存程序单元集合,因此,数组名称、函数名称均可以作为变量指针和函数指针。对于上面定义,以下变量名均可以作为合法的整数变量指针:

vintset1、vintset2[0]、vintset2[4]及 vone

而以下 & 符的使用,无法获取一个整数变量指针,只能获取指向的一个整数变量指针的指针:

&vintset1、&vintset2[0]、&vintset2[4]及 &vone

在前述函数时,我们知道,对于传入函数的实际参数,在函数体内,形式参数均为局部变量,即在函数体内对于形式参数改变并不影响传入的实参。

【例 10.2】 函数作用域验证程序。

【程序实现】

```
# include "stdafx. h"
# include "stdio. h"
int funx(int x,int y)
{
    x=x*100;
    y=y*1000;
/*输出函数内改变后的 x 和 y 的值 */
    printf("函数内 x=%d,y=%d\n",x,y);
    return x;
}
main()
{
    int x=1234,y=987;
    printf("x=%d,y=%d \n",x,y);      /*输出 x 和 y 的值 */
    funx(x,y);                       /*调用函数 */
    printf("x=%d,y=%d \n",x,y);      /*重新输出 x 和 y 的值 */
    getchar();                       /*屏幕暂停 */
}
```

【输出结果】

```
x=1234,y=987
函数内 x=123400,y=987000
x=1234,y=987
```

在函数 funx 内,形式参数 x 和 y 均为局部变量,在函数体内值的修改并不影响 main 函数中的 x 和 y 的值。传入函数的实际参数,一般无法返回到调用函数,通常只能使用全局变量或者依靠函数返回值。而过多使用全局变量有悖于模块化程序设计的基本原则,而函数返回值只能有一个,对于函数体内发生改变的一个以上的实际参数无法返回到调用函数。

如果把变量指针传入被调函数,在被调函数内,变量指针的值保持不变,而变量指针指向的值却可以改变。通过变量指针机制获取由被调用函数改变后的变量值(集合),是 C 语言常用的编程方法。

【例 10.3】 由键盘输入两个整数,从小到大在屏幕输出。

【程序实现】

```
# include "stdafx. h"
# include "stdio. h"
    /*  数据交换函数 */
void swap(int * x,int * y)
{
    int z=* x;   /*保存 * x 的值 */
```

```
    *x=*y;      /*交换*x 和*y 的值 */
    *y=z;
    return;
}
main()
{
    int min,max;
    printf("请输入两个整数:");  /*屏幕提示 */
    scanf("%d,%d\n",&min. &max);
    if (min>max)     /*输入的 min 值大于 max 值
        swap(&min,&max);
    printf("最小值=%d,最大值=%d \n",min,max);
    getchar();               /*屏幕暂停 */
}
```

【输出结果】

请输入两个整数:234,89

最小值=89,最大值=234

在 main 函数中,swap(&min,&max);把 min 和 max 的地址作为指针传入函数 swap,而 swap 保持了输入实际参数指针的不改变,只改变了 min 和 max 指针指向的整数变量值。

(2)变量指针与指针变量的区别。

变量指针通常为指向单个变量的地址或者数组的首地址,在变量作用域是一个固定地址常数。指针变量是一个可以指向同类变量地址的变量,其值是可变化的。如:

```
int *pint;
int aint,bint,cint;
pint=&aint;    /*指向 aint 变量的地址 */
pint=&bint;    /*指向 bint 变量的地址 */
pint=&cint;    /*指向 cint 变量的地址 */
    /*申请可以放置 50 个整数的内存 */
pint=(int /*)malloc(sizeof(int)*50);
```

(3)指针变量的直接访问与间接访问。

在 C 语言中,指针变量和其他变量一样,可以进行直接访问,即存放在指针变量中的值可以读出、修改。所谓修改,是指改变指针变量的指向(指向新的变量地址),对于以下程序:

```
        int ia,ib,*pa,*pb;
        ia='a';
        ib='b';
        pa=&ia;
        pb=&ib;
```

即指针变量 pa,pb 分别指向变量 ia,ib 的地址。对于 pb 进行直接访问的赋值表达式为:pb=pa 。即使 pb 与 pa 指向同一对象 ia,此时*p2 就等价于 ia,而不是 ib。而对于 pb 进行间接访问的赋值表达式为:*pb=*pa;则表示把 pa 指向的内容赋给 pb 所指的区域。指针变量可出现在表达式中,设 int x,y,*px=&x;指针变量 px 指向整数 x,则*px 可出现在 x 能出现的任何地方。例如：

```
y=*px+5;    /*表示把 x 的内容加 5 并赋给 y*/
y=++*px;    /*px 的内容加上 1 之后赋给 y,
++*px 相当于++(*px)*/
y=*px++;    /*相当于 y=*px; px++*/
```

内存越界

这种错误经常是由于操作数组或指针时出现"多 1"或"少 1"。比如：

```
int a[10]={0};
for (i=0; i<=10; i++)
{
  a[i]=i;
}
```

由于 a[10]为越界操作，指向何处无法确定，所以该程序可能造成不可预知的（错误）结果。

10.2.4 指针变量作函数参数

以指针变量作函数参数，是 C 语言的重要特色之一：①指针指定需要被调用函数修改、使用以及回传的一个或者多个参数（集合），可以支持多个函数（程序）共同使用同一个（或块）内存，可以避免语义上同一个变量程序运行中多次使用内存。②被调用函数可以返回多个处理后的变量（内容）。③以指针参数指定大体积的数组类数据，支持多个函数对于同一内存数据的多功能处理或者多种加工，特别是在计算机处理对象内容日趋多媒体化、体积海量化以及使用多样化的今天，以指针作为函数或者 API 接口函数的参数，极大地方便了程序设计及多语言的模块集成化工作。值得一提的是：C 语言提供了大批量的、以指针作为参数的库函数。如：

（1）函数原型：int stricmp(char * str1,char * str2);

函数说明：以大小写不敏感方式比较两个串。

（2）函数原型：int memcmp(void * buf1,void * buf2,unsigned int count);

函数说明：比较内存区域 buf1 和 buf2 的前 count 个字节。void *是指任何类型的指针。

（3）函数原型：char * strstr(char * src,char * find);

函数说明：从字符串 src 中寻找 find 第一次出现的位置（不比较结束符 NULL）。返回值：返回指向第一次出现 find 位置的指针，如果没有找到则返回 NULL。

（4）函数原型：char * strcpy(char * dest,char * src);

函数说明：把 src 所指由 NULL 结束的字符串复制到 dest 所指的数组中。返回值：返回指向 dest 的指针。

（5）函数原型：void * memcpy(void * dest,void * src,unsigned int count);

函数说明：src 和 dest 所指内存区域不能重叠；由 src 所致内存区域复制 count 个字节到 dest 所指内存区域中。返回值：返回指向 dest 的指针。

（6）函数原型：char * strcat(char * dest,char * src);

函数说明：把 src 所指字符串添加到 dest 结尾处（覆盖 dest 结尾处的' \0'）并添加' \0'。

【例 10.4】 从键盘输入日期,显示其指定年份的第几天。

【编程思想】

此题实现方法可以有多种。但需要解决的核心问题是给定的日期年份是否为闰年,是否闰年可能会影响其在给定年份第几天的数值。其中,闰年时,二月份为 29 天;否则,为 28 天。关于闰年的条件是:

(1)能被 4 整除,但不能被 100 整除的年份;

(2)能被 100 整除,又能被 400 整除的年份。

关于计算天数的方式有多种,考虑到本章为指针变量作函数参数,设置了两维数组,分别存储闰年和非闰年各月的天数,称为月天数表:

day_tab[2][12]={{31,28,31,30,31,30,31,31,30,31,30,31},

{31,29,31,30,31,30,31,31,30,31,30,31} };

设计一个函数,只要给定月天数表、月份及日期,即可计算出为指定年份的第几天。

【函数说明】

本程序设置了三个函数:IsLeapYear、DayOfYear 及主函数 main。各函数的主要功能简述如下:

int IsLeapyear(int year);

int year; /*给定年份,1000 到 3000 年有效。*/

功能:给定年份,判断是否为闰年。是闰年时返回 1;否则,返回 0。

int DayOfYear(int * ptab,int month,int day);

int * ptab;   /*给定年份内每月天数表 */

int month; /*月份 */

int day;   /*日数 */

功能:给定指定年的每月天数表、月数和日数,返回本年的第几天。

void main();

功能:键盘输入,判定有效性以及结果输出。

【程序实现】

```
# include "stdafx. h"
# include "stdio. h"
# include "stdlib. h"
/*给定年份,判断是否为闰年。是闰年时返回 1;否则,返回 0。*/
int IsLeapYear(int year)
{
If  (year %100==0 && year %400==0)    /*百年闰年 */
   return 1;
else
   if(year %100! =0 && year %4==0)    /*普通闰年 */
        return 1;
      else
        return 0;
}
/*给定指定年的每月天数表,月数和日数,返回本年的第几天。*/
```

```
int  DayOfYear(int  *ptab,int  month,int  day)
{
    int enddays=0,ino;
    if  (month>1)   /*月份大于 1 月 */
    {
      for (ino=0;ino<month;ino++)   /*计算前几个月的天数 */
          enddays+=ptan[ino];
    }
    enddays+=day;
    return enddays;
}
void main()
{
    int year,month,day,tabno,endday;
    int day_tab[2][12]={{31,28,31,30,31,30,31,31,30,31,30,31},
    {31,29,31,30,31,30,31,31,30,31,30,31} };
    printf("请输入日期(年月日):"); /*操作提示 */
    scanf("%d,%d,%d\n",&year,&month,&day);
        /*检测输入值的有效性 */
    if  ((year<1000)||(year>3000)||(month<1)||(month>12)||(day<1)||(day>31))
     goto errorloca;   /*转到出错提示 */
        /*检测是否为闰年 */
    if (IsLeapYear(year)) /*如果为闰年 */
    tabno=1;   /*使用 day_tab 的第 1 行 tabno=1 */
    else
    tabno=0;   /*使用 day_tab 的第 0 行 tabno=0 */
        /*检测输入日期是否有效 */
    if (day>day_tab[tabno][month-1]) /*检测输入的日期出错 */
     goto errorloca;   /*转到出错提示 */
    endday=DayOfYear(day_tab[tabno],month,day); /*计算第几天 */
    printf("输入日期为%d 年,第 %d 天。\n",year,endday); /*显示计算结果 */
    getchar();
    return;
errorloca:      /*输入日期出错提示 */
    printf("输入的日期为:%d 年%d 月%d 日,不正确! \n",
year,month,day);
    getchar();
    return;
}
```

【运行结果 1】

请输入日期(年月日):2013,3,12

输入日期为:2013 年,第 102 天。

【运行结果 2】

请输入日期(年月日):2013,2,30

输入的日期为:2013 年 2 月 30 日,不正确!

【程序分析】

检测输入年度的有效范围假定在 1000～3000 年,月份必须在 1～12 之间,只要月份和是否为闰年确定了,即可决定使用 day_tab 的行,从而测定输入日期是否有效。函数 DayOfYear 是以整数指针为参数(指定了一个整数数组)。在 main 函数中,检测输入月份必须有效 (1～12),这样可以保证 DayOfYear 函数有效执行。如果检测输入月份,当输入的月份大于 12 时,函数 DayOfYear 中的 ptab 指针指向的数组将被越界访问,这样,程序可能会出现不可预料的问题,这就是所谓指针的安全性问题。

以指针作为函数的参数,可以实现多个函数之间的参数传递和交换。对于以指针传入函数参数,本函数可以利用间接访问的方式使用指针参数,函数运行结束后,同样,借助于指针机制将间接方式访问过的参数传出函数。例 10.4 中,函数 main 和 DayOfYear 分别使用了 day_tab 数组,其中,DayOfYear 函数是以指针方式使用了 main 函数中定义的数组 day_tab,是由 main 函数使用指针机制传入的。

10.3 数组的指针

前面已讨论过数组各代表一个数组集合,即数组各也可以看作指针。为了支持大体积数据的描述以及引入循环机制实施对于数据的处理,C 语言引入了数组和指针机制。数组通过定义同类型数据的维数、元素个数,由系统分配指定尺寸的内存空间;而指针既可以指向已定义的数组,也可以向系统动态申请(使用 calloc、malloc 等函数)所需空间。

在支持数据访问方式等方面,指针及数组具有许多相同之处,比如,系统为其分配的内存空间均是按一定的存储顺序组成的连续空间,数组名与指针使用基本一致,数组名可以作为一个常量指针支持指针间接访问,或者支持指针[下标]方式的直接访问。在 C 语言中,数组和指针定义及引用时,方法灵活、形式多样,是非常容易引起混淆的地方,本节将着重讨论。

10.3.1 指向数组元素的指针变量的定义与赋值

对于单个独立定义的变量(非数组元素变量)使用指针通常用于作为函数的参数,主要作用:由调用函数向被调用函数由指针传入参数;被调用函数对于传入的参数进行值修改或者赋值,将操作结果返回到调用函数。非函数方式使用指针操作,单个独立定义的变量等于多定义一个指针使用一个该独立定义的变量,在书本中常见,但编程实践中很少使用。如:

```
int ia;
int * pint;
pint = &ia;
* pint = 10;
```

一个简单的赋值语句:

```
int ia = 10;
```

由于引入指针变量,所需内存及程序量都增加了,显然是不可取的。而通过指针变量操作数组是一种经常使用的编程方式。

```
int    iset[16];
char   cset[32] = "遥知不是雪,为有暗香来。";
double dset[8];
```

```
int     *pint;
char    *pchar;
double  *pdouble;
pint=iset;      (或 pint=&iset[0])
pchar=cset;     (或 pchar=&cset[0];)
pdouble=dset;   (或 pdouble=&dset[0])
```

对于以上举例,以 pint 为例,讨论指针变量的主要特点。上例表明指针 pint 指向数组 iset 的首地址,实现 pint 指向数组 iset 的首地址操作也可以改为以下语句:

```
pint=&iset[0];
```

当指针变量指向同类型的数组元素集合时,指针变量主要作用是移动指针位置,指定数组中的不同元素,实施对于数组数据的间接访问。关于变量(数组变量)的指针及指针变量的操作,讨论如下:

(1)指针变量的自增或者自减。即指针指向当前指针的下一个单元。例如:

```
++pint;     /*或者 pint++、--pint,pint--*/
++pchar;    /*或者 pchar++、-- pchar、pchar--*/
++pdouble;  /*或者 pdouble++、-- pdouble、pdouble--*/
```

分别指从 pint、pchar 及 pdouble 当前所指向的数组元素,向后(或者向前)移动一个单元,指向下一个(或者上一个)整数、字符或者双精度类型元素。其中,指针变量移动的绝对字节数由指针定义时的类型决定。如 pint、pchar 及 pdouble 移动的绝对位置为 sizeof(int)(TC 为 2 字节,VC++为 4 字节)、sizeof(char)(1 字节)及 sizeof(double)(8 字节)。

(2)数组变量指针和指针变量与一个整数相加。如:

```
pint+5;     /*或者 iset+5*/
pchar+5;    /*或者 cset+5*/
pdouble+5;  /*或者 dset+5*/
```

分别指从 pint(iset)、pchar(cset)及 pdouble(dset)当前所指向的数组元素起算,向后偏移第 5 个整数、字符或者双精度的数组元素的位置。向后偏移的绝对字节数为 sizeof(指针类型)*5。所以,绝对移动的字节数为 5 * sizeof(int)(TC 为 10 字节,VC++为 20 字节)、5 * sizeof(char)(5 字节)及 5 * sizeof(double)(40 字节)。

注意:pint、pchar 及 pdouble 是从当前位置移动到(当前位置不一定指向 iset、cset 及 dset 的第一个元素)。而 iset、cset 及 dset 均为数组的起始位置,是一个常数地址,与整数相加,其偏移的移动均从第一个元素位置起算。依次类推,下面语句是合法的:

```
pint-5;
pchar-5;
pdouble-5;
```

下面语句是非法操作:

```
iset-5;
cset-5;
dset-5;
```

虽然上面的语句可以通过编译、链接及运行,但是一种典型的指针越界访问,该类语句将使得程序运行非常危险,其后果无法预期。

(3)指针变量比较及相减。

如果两个指针指向同一个数组,它们就可以相减,其结果为两个指针之间的元素数目。

【**例 10.5**】 指针变量相减及比较举例。

【**程序实现**】

```
# include < stdafxo. h >
# include < stdio. h >
void main()
{
int    iset[16],ia,ib,ic,id;
int    *pint1,*pint2;
pint1=&iset[3];
pint2=&iset[6];
ia=pint2－pint1;
ib=pint2－iset;
ic=pint1－pint2;
pint1=&iset[6];
id=pint2－pint1;
printf("ia=%d,ib=%d. ic=%d,id=%d\n",ia,ib,ic,id);
getchar();
return;
}
```

【**输出结果**】

Ia＝3,ib＝6,ic＝－3,id＝0;

【**程序分析**】

指针相减结果显示了在同一数组中,指针所指数组元素位置的差别,正负值反映了指针位置的先后。指针同样可以比较,如果相等,表示两个指针指向同一个元素;否则,表示没有指向同一个数组的元素。如果两个指针不是指向同一个数组,它们相减就没有意义。

数组变量由数组名进行代表和引用,数组名是指向数组第一个元素的首地址。

在 C 语言中,void 的字面意思是"无类型",即类型无法确定,所以 void 主要有二种使用方式:设置函数的类型(返回值)为 void,意指函数不返回值;定义一个 void 指针,即可以指向任何类型的数据或者数组变量的地址。由于 void 无法确定所需内存大小,所以下面语句是非法的:

void va;// 类型无法确定,内存无法分配

同样,由于无法确定指针位移的尺寸,所以 void 指针变量不支持指针相减、指针与整数相加的运算。由于数组名作为指针为该数组的首地址,是一个常数,故不支持++和－－类的指针运算。

10.3.2 通过指针引用数组元素

C 语言中,数组变量本身可以作为指向数组元素首地址的指针。为了高效操作数组,C 语言编程时,通常定义一个与数组类型相同的指针变量,借助于指针自增、自减或者指针与整数相加等方式,改变指针变量的位置,实施对于数组的间接访问。

1. 指向数组元素的指针及不定元素个数数组

在 C 语言中,变量或者变量数组定义时,必须指定变量的类型(对于数组,应包括数组的

维数和元素个数)。但下面常用的数组定义方式同样也是合法的,而且能被正确执行。

```
char  * cset1="黄河远上白云间,一片孤城万仞山,";
char  cset2[]="羌笛何须怨杨柳,春风不度玉门关.";
```

cset1 和 cset2 均可以看作数组变量,也可以看作指向数组元素集合的指针。其中,cset2[]不能看作可变数组,因为 cset1 和 cset2 指定了数组初始化的内存内容,系统为其分配了固定尺寸的内存空间。

2. 一维数组的指针引用

在 C 语言中,数组名和指针变量均可以指向数组中的元素,其数组元素的值与指针变量的使用非常活,同时,也引起了 C 语言初学者的困惑和不解,下面进行系统讨论。

【例 10.6】 数组及指针变量的使用举例。

【程序实现】

```
# include "stdafx. h"
# include "stdio. h"
    /*函数以指针定义参数,直接访问 */
void PrintOut1(int startno,int * pint)
{
    int ino;
    for (ino=0;ino < 8;ino++)
      printf("intset[%d]=%d\n",startno+ino,pint[ino]);
    return;
}
    /*函数以数组定义参数,直接访问 */
void PrintOut2(int startno,int iset[])
{
    int ino;
    for (ino=0;ino < 8;ino++)
      printf("intset[%d]=%d\n",startno+ino,iset[ino]);
    return;
}
    /*函数以指针定义参数,间接访问 */
void PrintOut3(int startno,int * pint)
{
    int ino,*p;
    for (p=pint,ino=0;ino < 8;ino++,p++)
      printf("intset[%d]=%d\n",startno+ino,*p);
    return;
}
    /*函数以数组定义参数,间接访问 */
void PrintOut4(int startno,int iset[])
{
    int ino,*p;
    for (p=iset,ino=0;ino < 8;ino++,p++)
      printf("intset[%d]=%d\n",startno+ino,*p);
```

```
        return;
    }
    int  main()
    {
        int * pint, iset[16], ino;
        for (ino = 0; ino < 8; ino ++)
          iset[ino] = 256 + ino;
        PrintOut1(0, iset);
        PrintOut2(0, iset);
        PrintOut3(0, iset);
        PrintOut4(0, iset);
        for (pint = iset, ino = 0; ino < 8; ino ++, pint ++)
      * pint = 256 + ino;
        PrintOut1(0, iset);
        PrintOut2(0, iset);
        PrintOut3(0, iset);
        PrintOut4(0, iset);
        pint = &iset[8];
        for (ino = 0; ino < 8; ino ++, pint ++)
      * pint = 256 + ino + 8;
        pint = &iset[8];
        PrintOut1(8, pint);
        PrintOut2(8, pint);
        PrintOut3(8, pint);
        PrintOut4(8, pint);
        getchar();
        return 0;
    }
```

【输出结果】

```
intset[0] = 256
intset[1] = 257
intset[2] = 258
intset[3] = 259
intset[4] = 260
intset[5] = 261
intset[6] = 262
intset[7] = 263
......
intset[8] = 264
intset[9] = 265
intset[10] = 266
intset[11] = 267
intset[12] = 268
intset[13] = 269
```

```
intset[14]=270
intset[15]=271
```

【程序分析】

从以上程序可以总结以下结论：

(1)数组名和指针变量均可以作为指针使用,不同之处在于:数组名只能指向数组的首元素,是常数。例如,对于例 10.6 的 main 函数内,下面语句非法:

```
++iset;
--iset;
```

而对于指针变量 pint,下面语句可以正确执行:

```
pint=&iset[8];
++pint;
--pint;
*pint=256+4;
```

(2)数组名与指针变量的指针运算的功能相同:

数组名+整数;

指针变量+整数;

均为合法指针,二者的区别在于数组名指向的数组位置一定为数组的首元素;而指针变量指向的数组位置不一定为数组的首元素;在例 10.6 的 main 函数内,语句:

```
pint=&iset[8];
```

将指针变量指向数组 iset 的第 8 个元素(元素起始编号从 0 开始)。

(3)数组名与指针变量的指针间接访问数组元素的功能相同:

数组名[数组下标];

指针变量[数组下标];

(4)函数参数表中,数组名[]与指针变量的作用相同,如:

```
void PrintOut2(int startno,int iset[]);
void PrintOut1(int startno,int *pint);
```

定义了相同的数组,对于编程者语义上似乎有差别,

```
int iset[];
```

说明函数的形式参数为一个整数一维数组;而 int *pint 说明函数的参数为一个整数指针(不一定为数组)。

3. 二维数组的指针引用

在 C 语言中,二维数组是按行优先的规律转换为一维线性存放在内存中的,因此可以通过指针访问二维数组中的元素。

如果有:int iset[M][N];

则将二维数组中的元素 iset[i][j]转换为一维线性地址的一般公式是:

线性地址=iset+i×M+j

其中:iset 为数组的首地址,M 和 N 分别为二维数组行和列的元素个数。对于二维数组,不仅数组名可以看做指针,数组名[i](i 取值在 0 和 M-1 之间)也为指针,其含义为指向第 i 行的首地址。例如:

```
int iset[16][32],*pint;
pint=iset[1];        /*pint指向数组第1行的首地址*/
```

```
pint＝&iset[1][3] /* pint 指向数组第 1 行第 3 个元素的地址 */
```

【例 10.7】 输出二维数组任一行任一列元素的值。

【程序实现】

```
# include "stdafx.h"
# include "stdio.h"
void main()
{   int iset[3][4]＝{{1,3,5,7},{9,11,13,15},{17,19,21,23}};
    int (*pint)[4],i,j;
    pint＝iset;
    scanf("%d%d",&i,&j);
    printf("i＝%d,j＝%d\n",i,j);
    getchar();
    printf("iset[%d][%d]＝%d\n",i,j,*(*(pint＋i)＋j));
    getchar();
    return;
}
```

【输出结果】

```
2
3
I＝2,j＝3
iset[2][3]＝23
```

【程序分析】

语句：

```
printf("iset[%d][%d]＝%d\n",i,j,*(*(pint＋i)＋j));
```

说明了数组名[i][j]与指针运算决定设置元素位置的方法。

10.3.3 数组名作为函数参数

常量和变量可以用作函数实参,同样数组元素也可以作函数实参,其用法与变量相同。数组名也可以作实参和形参,传递的是数组的起始地址。

1. 数组元素作函数参数

C 语言中,一个变量可以作为函数的实参,另外数组中的每一个元素我们可以将它们看成一个一个的变量。所以如果将数组元素作为函数的参数,那么它的使用规则与变量作为函数参数的规则是一样的。在传递参数时,注意将数组元素写在实参位置上即可。

2. 数组名作函数参数

虽然这种方式只是将数组名传到函数中去,但主要目标是处理整个数组,即被调用函数是以指针方式访问数组,并把处理结果传回到调用函数,数组名作函数参数是 C 语言最常用的方式之一。在这种方式下,程序设计时在实参位置处写出数组名,在形参位置处写出数组名及其定义即可。以下多个定义函数的方式是相同的。

```
char * strcpy(char * dest,char * src);
char * strcpy(char dest[],char * src);
char * strcpy(char dest[],char src[]);
```

```
char * strcpy(char * dest,char src[]);
```

实际上,声明形参数组并不意味着真正建立一个包含若干元素的数组,在调用函数时也不对它分配存储单元,只是用 dest[]这样的形式表示 dest 是一维数组名,以接收实参传来的地址。因此,dest[]中方括号内的数值并无实际作用,编译系统对一维数组方括号内的内容不予处理。形参一维数组的声明中可以写元素个数,也可以不写。

(1)实参中的数组必须是已经定义过的,而形参中的数组定义只是说明这个形参是用来接收实参值的。

(2)实参数组与形参数组的类型应一致,如果不一致,则将按形参定义数组的方式来解释实参数组。

(3)在将数组名作为函数参数传递时,传递的只是实参数组的首地址,并不是将所有的数组元素全部复制到形参数组中,结果使得实参数组与形参数组占同一块内存单元。

(4)由于数组名作函数的参数只是传递的数组的首地址,所以在形参定义时可以不定义数组的大小。

【例 10.8】 用选择法对数组中 10 个整数按由小到大排序。

【编程思想】

所谓选择法就是先将 10 个数中最小的数与 a[0]对换;再将 a[1]到 a[9]中最小的数与 a[1]对换……每比较一轮,找出一个未经排序的数中最小的一个,共比较 9 轮。

【函数说明】

实现例 10.8 的项目由 3 个程序构成:PrintArray、select_sort 及 main 函数。由于 PrintArray、select_sort 函数均在调用函数(main 函数)之前定义,故不用进行函数的原型说明。

【程序实现】

```
# include "stdafx. h"
# include "stdio. h"
    /*给定数组及元素个数,在屏幕显示 */
void PrintArray(int * array, int n, char * title)
{
  int * pint,ino;
  printf("%s\n",title);
  for (pint＝array,ino＝0;ino＜n;ino++,pint ++) {
  if (ino＞0)    /*   如果为非第一列,添加一个","*/
    printf(",");
  printf("%d",*pint);
  }
  printf("\n"); /*换行 */
  getchar();
  return;
}
void select_sort(int array[],int n)    /*形参 array 是数组名 */
{
  int i,j,k,t;
  for(i=0;i＜n－1;i++)
```

```
        {
            k=i;
            for (j=i+1;j<n;j++)
             if (array[j]<array[k])
                k=j;
            t=array[k];
            array[k]=array[i];
            array[i]=t;
        }
    return;
    }
int main()
{
    int iset[10],i;
    printf("请输入10个整数:\n");
    for(i=0;i<10;i++)    /*输入10个数*/
        scanf("%d",&iset[i]);
    PrintArray(iset,10,"输入的数组内容为:");
    select_sort(iset,10); /*函数调用,数组名作实参*/
    PrintArray(iset,10,"排序后的数组内容为:");
    return 0;
}
```

【运行结果】

请输入10个整数:

12

88

89

21

34

16

1234

78

－2

46

输入的数组内容为:

12,88,89,21,34,16,1234,78,－2,46

排序后的数组内容为:

－2,12,16,21,34,46,78,88,89,1234

3. 用多维数组名作函数的参数

　　多维数组可以作为实参,可以用多维数组名作为实参和形参,多维数组名做函数的参数和一维数组名做函数的参数类似,也是将实参数组的首地址传递进来。而形参只知道这是一个数组的首地址,这个数组是几维的,长度是多少可就不得而知了,只有通过形参的定义才能知道。我们知道任何数组在内存中都是按照线性方式存储的,对一个多维的数组只是看待这串数列的方式不同。

在被调用函数中对形参数组定义时可以指定每一维的大小，也可以省略第一维的大小说明。如：

```
int array[3][10];
```

或

```
int array[][10];
```

在程序设计时，只要保证在形参数组中操作时，不要超过实参数组的长度即可。

【例 10.9】 有一个 $3×4$ 的矩阵，求矩阵中所有元素中的最大值，要求用函数处理。

【编程思想】

开始时把 array [0][0]的值赋给变量 max，接着让下一个元素与它比较，将二者中值大者保存在 max 中，然后再让下一个元素与新的 max 比，直到最后一个元素比完为止，max 最后的值就是数组所有元素中的最大值。

【函数说明】

整个项目由两个程序构成，由于 main 函数在 max_value 之前，所以在 main 函数中，必须对 max_value 进行原型说明。

【程序实现】

```
# include "stdafx.h"
# include "stdio.h"
int main()
{
    int max_value(int array[][4]),max;
    int iset[3][4]={{11,32,45,67},{22,44,66,88},{15,72,43,37}};
    max=max_value(iset);
    printf("最大值为:%d\n",max);
    getchar();
    return 0;
}
int  max_value(int  array[][4])
{
    int i,j,max;
    max=array[0][0];
    for(i=0;i<3;i++)
        for(j=0;j<4;j++)
            if(array[i][j]>max)
                max=array[i][j];
    return max;
}
```

【运行结果】

最大值为:88

10.3.4 指向多维数组的指针和指针变量

在 C 语言程序设计中，通过指针变量操作大体积的数组（特别是多维数组），或者通过定义一个指针变量后申请一个大体积的内存(这种申请内存往往可以看做一个一维数组),是 C 语言处理数据集合采用的一种基本方法。由于指针指向数组变量的首地址(或者申请内存) 后,程序即可根据数组类型以及对于指针的运算定位数组的元素,实施纯地址运算类指针操作 (其过程可以不再引用数组变量名称),这种指针机制与计算机硬件给定地址,访问内存的过程 相一致,为 C 语言处理数据赢得了高效率的美称;缺点是指针操作可能引起越界问题,即程序 的安全性问题。

【例 10.10】 有一个 3×4 的矩阵,显示各数组元素的地址(16 进制)。

【程序实现】

```
# include  "stdafx.h"
# include  "stdio.h"
int main(void)
{
  int rowno,colno;
  int a[3][4]={
    {2,4,6,8},
    {3,5,7,9},
    {12,10,8,6}
  };
  for (rowno=0;rowno < 3;rowno++)
  {
    for (colno=0;colno < 4;colno++)
      printf("a[%d][%d]: %p; ",rowno,colno,&a[rowno][colno]);
      printf("\n");
  }
  getchar();
  return 0;
}
```

【输出结果】

A[0][0]: 0012ff48 ; A[0][1]: 0012ff4c; A[0][2]: 0012ff50 ; A[0][3]: 0012ff54
A[1][0]: 0012ff58 ; A[1][1]: 0012ff5c; A[1][2]: 0012ff60 ; A[1][3]: 0012ff64
A[2][0]: 0012ff68 ; A[2][1]: 0012ff6c; A[2][2]: 0012ff70 ; A[2][3]: 0012ff74

二维数组指针变量说明的一般形式为:

类型说明符 (*指针变量名)[长度]

其中"类型说明符"为所指数组的数据类型。"*"表示其后的变量是指针类型。"长度"表示二 维数组分解为多个一维数组时,一维数组的长度,也就是二维数组的列数。应注意"(*指针变 量名)"两边的括号不可少,如缺少括号则表示是指针数组(本章后面介绍),意义就完全不 同了。

【例 10.11】 多维数组指针变量的使用。

【程序实现】

```
# include  "stdafx.h"
# include  "stdio.h"
void main()
```

```
{
    int a[3][4]={0,1,2,3,4,5,6,7,8,9,10,11};
    int (*p)[4];
    int i,j;
    p=a;
    for(i=0;i<3;i++)
    {
        for(j=0;j<4;j++)
        {
        if (j>0)
          printf(",");
          printf("a[%d][%d]=%d ",i,j,*(*(p+i)+j));
        }
        printf("\n");
    }
    getchar();
    return;
}
```

【输出结果】

```
a[0][0]=0 ;  a[0][1]=1;  a[0][2]=2;  a[0][3]=3
a[1][0]=4 ;  a[1][1]=5;  a[1][2]=6;  a[1][3]=7
a[2][0]=8 ;  a[2][1]=9;  a[2][2]=10;  a[2][3]=11
```

基于变量的多维数组访问技术

定义一个多维数组指针变量：

```
int (*p)[4];
```

利用 $*(*(p+i)+j)$ 方式实施对于多维数组的指针类访问,这只是多维数组访问的方法之一。程序开发中,可以使用更为简洁简便的指针方式访问多维数组。

【例 10.12】 有一个班,4 个学生,各学 5 门课,计算总平均分以及显示所有学生的成绩单。

【程序实现】

```
# include  "stdafx. h"
# include  "stdio. h"
void average (float fset[][5],int n)
{
    float sum=0,aver,*pfloat,ino;
    for(pfloat=fset[0],ino=0;ino<n;ino++,pfloat++)
        sum=sum+(*pfloat);
    aver=sum/n;
    printf("成绩总评=%6.2f\n",aver);
    getchar();
    return;
}
void search(float(*p)[5])
```

```
{
    int rowno,colno;
    for (rowno=0;rowno<4;rowno++)
    {
        printf("第%d个学生成绩单:",rowno+1);
        for (colno=0;colno<5;colno++)
        {
            if (colno>0)
            printf(",");
            printf("%6.2f",*(*(p+rowno)+colno));
        }
        printf("\n");
    }
    getchar();
    return;
}
void main()
{
    float score[4][5]={{67,89,90,67,95},{78,98,76,67,89},
    {73,81,75,89,90},{56,90,78,87,90}};
    average(score,20);
    search(score);
    return;
}
```

【输出结果】

成绩总评=81.25

第 1 个学生成绩单:67.00,89.00,90.00,67.00,95.00

第 2 个学生成绩单:78.00,98.00,76.00,67.00,89.00

第 3 个学生成绩单:73.00,81.00,75.00,89.00,90.00

第 4 个学生成绩单:56.00,90.00,78.00,87.00,90.00

　　对于程序例 10.12,由于数组的维数及元素的个数是已知的,故可以采用单指针变量的方式进行处理,其指针概念的使用、程序处理过程,以及对于将指针变量机制延伸到二维以上的数组的访问等,将更直观、更容易接受,是 C 语言编程实战中常用的方式。例 10.13 是例 10.12 的改进程序,也可以称作例 10.12 的又一个版本。

【例 10.13】　例 10.12 的另一个版本。

【程序实现】

```
# include   "stdafx.h"
# include   "stdio.h"
/* int rows 指定数组的行数 */
void average (float fset[][5],int rows)
{
    float sum=0,aver,* pfloat;
    int rowno,colno;
```

```c
    for (rowno=0;rowno<rows;rowno++)
    {
        for(pfloat=fset[rowno],colno=0;colno<5;colno++,pfloat++)
            sum=sum+(*pfloat);
    }
    aver=sum/(rows*5);
    printf("成绩总评=%6.2f\n",aver);
    getchar();
    return;
}
void search(float fset[][5])
{
    int    rowno,colno;
    float *pfloat;
    for (rowno=0;rowno<4;rowno++)
    {
        printf("第%d个学生成绩单:",rowno+1);
        for (pfloat=fset[rowno],colno=0;colno<5;colno++,pfloat++)
        {
            if (colno>0)
            printf(",");
            printf("%6.2f",*pfloat);
        }
        printf("\n");
    }
    getchar();
    return;
}
void main()
{
    float score[4][5]={{67,89,90,67,95},{78,98,76,67,89},
    {73,81,75,89,90},{56,90,78,87,90}};
    average(score,4);
    search(score);
    return;
}
```

【输出结果】

同例 10.12。

【程序分析】

主要差别有两点:

(1)average 和 search 函数输入直接以数组作为参数,未涉及多维数组指针变量的概念。

void   average (float fset[][5],int rows);

void   search(float fset[][5]);

（2）编程中定义了一个 float 类型的指针，通过每次初始化指向数组的每行，然后，对于列元素进行循环访问，完成了对于数组元素的单指针变量类访问。

10.4　字符串指针

字符串（character string）处理是 C 语言设计中涉及最多的内容，而字符串指针也是用途最广的指针。

（1）计算机需要处理大量的（可以说是海量的）文字信息。

（2）任何非文字对象（包括多媒体）为了更好、更方便地使用，基本需求是由字符串进行标识、描述以及详尽介绍。

（3）对于由 void 指针指定的内存数据，使用时，一般均强制转换为：

```
char * pchar;
unsigned char * puc;
```

指针指向的所谓字符串类型数组（以字符方式）进行处理。

（4）程序设计中，需要提示、指导选择以及帮助信息等均以字符串使用为主。

（5）C 语言提供了大量的、有关字符串操作的函数，而且几乎所有字符串函数均使用了字符串指针。

为此，下面对于字符串指针进行讨论。

在 C 语言中，没有专门定义字符串数据类型（如其他语言中的 string），所谓的字符串，只是对字符数组的一种特殊应用而已，它用以'\0'结尾的字符数组来表示一个逻辑意义上的字符串。与其他类型相同，字符串也有常量，字符串常量是指由双引号限定的一串字符，可以包含汉字（每个汉字占 2 个字节），如"坑灰未冷山东乱，刘项原来不读书。"、"只在此山中，云深不知处。"。由于字符串通常包含多个字符，所以保存字符串的变量通常定义为字符数组：

```
char string[64];
```

考虑到中文信息处理中，字符串有大量的汉字，汉字占两个字节，每个字节的值均大于等于 160，所以，通常把字符串变量定义为：

```
unsigned char string[64];
```

在数组函数中，通过指针传入一个数组指针的同时，指定元素个数。如：

```
int FindMax(int * pint, int n);
```

由于字符串常用，而且只占一个字节，数值为 0 到 255 之间，而数值 0（C 语言用'\0'表示）对于 ASCII 码值无对应的字符，所以选择'\0'作为字符串的结束符。这样，使用字符数组（字符串）或者用作函数的形参（或者实参）时，不再指定字符串的长度。关于字符串，总结如下：①字符串以'\0'作为结束标志，对于实际长度为 n 的字符串，应分配至少 n＋1 个字节的存储空间。②字符串变量为一个字符数组，根据需要，应设置字符数组的维数和元素的个数。③C 语言对于字符操作没有专门的赋值语句，但提供了系列化字符串操作函数。如下面的语句是非法的：

```
char    string[64];
string= 远上寒山石径斜，白云生处有人家。";
```

实现以上赋值语句，通常使用函数 strcpy，如：

```
char    string[64];
strcpy(string," 远上寒山石径斜，白云生处有人家。");
```

strcpy 函数的作用是把第二个参数指定的常数字符串拷贝到字符串变量。

为了方便,在 C 语言中,允许通过变量初始化的方式为字符串变量赋值。

(1)字符数组初始化法的形式如:

char string[]=" 劝君更尽一杯酒,西出阳关无故人。";

(2)字符指针初始化法的形式如:

char * string="本是同根生,相煎何太急。";

对于字符串变量 string 的两种赋值方式,只能在定义变量的同时实现,系统会根据字符串常量的长度为其分配内存。对于 string,两种定义法在使用中无差别。

【例 10.14】 C 语言提供了系列化字符串操作函数,根据需要,我们也可以自己重新编写某一个(些)函数。使用字符串指针,实现字符串拷贝(StringCopy)、添加(StringAppend)及计算字符串长度(StringCount)等。

【程序实现】

```
# include "stdafx. h"
# include "stdio. h"
# define UC unsigned char
// 字符串拷贝
// 把字符串 fromstring 内容逐字符拷贝到字符串 tostring 之中
void StringCopy(UC * tostring,UC * fromstring)
{
  UC * top=tostring,* fromp=fromstring;
  while (* fromp)
  {
    * top=* fromp;
    ++ top;
    ++ fromp;
  }
  // 为 tostring 添加结束字符
  * top='\0';
  return;
}
// 字符串添加
// 把字符串 fromstring 内容逐字符添加到到字符串 tostring 的尾部
void StringAppend(UC * tostring,UC * fromstring)
{
  UC * top=tostring,* fromp=fromstring;
    // 定位到 tostring 尾部
  while (* top)
  ++ top;
  while (* fromp)
  {
    * top=* fromp;
  ++ top;
  ++ fromp;
```

```
        }
    // 为 tostring 添加结束字符
    * top='\0';
    return;
}
// 计算字符串中字符的个数
int StringCount(UC string[])
{
    UC * pchar=string;
    int ia=0;
    while (* pchar)
    {
        ++pchar;
        ++ia;
    }
    return ia;
}
void main()
{
    UC string1[64],string2[64],string3[128];
    StringCopy(string1,(UC *)"岭外音书断,经冬复立春。");
    StringCopy(string2,(UC *)"近乡情更怯,不敢问来人。");
    StringCopy(string3,string1);
    StringAppend(string3,(UC *)"\n");
    StringAppend(string3,string2);
    printf("字符串 1 长度:%d\n 字符串 1:%s\n",StringCount(string1),string1);
    printf("字符串 2 长度:%d\n 字符串 2:%s\n",StringCount(string2),string2);
    printf("字符串 3 长度:%d\n 字符串 3:%s\n",StringCount(string3),string3);
    getchar();
    return;
}
```

【运行结果】

字符串 1 长度:24

字符串 1:岭外音书断,经冬复立春。

字符串 2 长度:24

字符串 2:近乡情更怯,不敢问来人。

字符串 3 长度:49

字符串 3:岭外音书断,经冬复立春。

近乡情更怯,不敢问来人。

【程序分析】

(1)考虑到字符串的内容为汉字,所以,利用宏定义:

```
# define UC unsigned char
```

简化了对于无符号字符串的定义。* pchar、* top、* fromp 等值为 0 时(即字符串结束符'\0')

表示字符串结束,故可以由其判断字符串是否结束。判定字符串是否结束的方式可以为:

```
while  (* pchar ! = 0)
```

(2)string3 的长度比 string1 和 string2 两个字符串长度之和多一个字节,因为在 string1 后,多加了一个换行符'\n',换行符为转义符,只控制屏幕显示时,光标走向下一行。屏幕内容不再显示。但字符串的内容还包含该字符。

(3)函数:

```
void StringCopy(UC * tostring, UC * fromstring);

void StringAppend(UC * tostring, UC * fromstring);

int StringCount(UC string[]);
```

原型定义的形式参数均为 UC 类型指针(或者数组),而字符串常量:"岭外音书断,经冬复立春。""近乡情更怯,不敢问来人。"及"\n"都是 char 指针,为了使实参与形参匹配,故采用类型强制转换方式实现:

```
StringCopy(string1,(UC *)"岭外音书断,经冬复立春。");

StringCopy(string2,(UC *)"近乡情更怯,不敢问来人。");

StringAppend(string3,(UC *)"\n");
```

以对于常数指针、数组或者数组指针进行类型强制转换方式,使其与调用函数类型完全匹配,完成设计功能。这是 C 语言程序设计中常用的函数调用方式。

【例 10.15】 给定一个整数,将其转换成给定长度的十进制的数组字符串。给定一个十进制的数组字符,将其转换成一个整数。

【编程思想】

(1)将整数转换成一个十进制的数字字符串的方式有多种,本程序采用除 10 取余数,余数 ASCII 化的方法。

对于一个整数 3456,利用整数除法规则:

```
①ia=3456;              // ia 值为 3456
ib=ia/10;              // ib=345;
ic=ia — ib*10;         // 等于 6,相当于取出 ia 的最后一位
ch=ic+'0';             // 将数组 6 转换为字符'6'
②ia=ib;                // ia 值为 345
ib=ia/10;              // ib=34;
ic=ia — ib*10;         // 等于 5,相当于取出 ia 的最后一位
ch=ic+'0';             // 将数组 5 转换为字符'5'
......
```

循环到 ib 的值为 0,把每次循环中的字符 ch 组合起来,经过其他处理,即可获得数字字符串"3456"。

(2)将十进制的数字字符串转换成整数的方法采用逐位相加及循环乘以 10 的基本思想。举例如下:

对于一个十进制数字字符串"3456",设转换后的整数为 ia=0,字符串操作位置 ib=0;

①取出 ib 指定的字符,赋值给 ch,ch='3';

```
ia=ia*10+ch-'0';      // ia=3
++ib;                 // 指向下一个字符
```

②取出 ib 指定的字符,赋值给 ch,ch='4';

ia＝ia＊10＋ch－'0'；   // ia＝34

++ib；   // 指向下一个字符

③取出 ib 指定的字符,赋值给 ch,ch='5';

ia＝ia＊10＋ch－'0'；   // ia＝345

++ib；   // 指向下一个字符

　……

直到 ib 指向被转换字符串结尾为止。

【程序实现】

```c
# include "stdafx. h"
# include "stdio. h"
# include < string. h >
// 给定一个整数,将其转换成字符串
char * IntToString(int num, char * numstr)
{
int a, b, c, len＝15, start＝0;
char tps[16];
if (num < 0)
  {
  numstr[start ++]='-'; // 为输出字符串添加一个负号
  num＝0 － num;         // 将输入数字转换为正整数
  }
  // 临时字符串初始化
for (a＝0; a < len; a ++)    // 整个字符串置'0',为:"000000000000000"
  tps[a]='0';
b＝num; // b 为将要转换的数
for (a＝len; (a >＝0) && (b! ＝0); a －－)
{ c＝b/10;
  tps[a]＝b － 10 ＊ c＋'0';
  b＝c;
}
  // 整理生成的字符串
for (a＝0; a < len; a ++)
  if (tps[a]! ='0')
    break;
b＝0;
while (a <＝len)
  numstr[start + b ++]＝tps[a ++];
numstr[start + b]='\0';
return numstr;
}
int StringToInt(char * string)
{
```

```c
    int flag,i,n,start=0;
    n=0;
    if (string[0]=='-')
    {
      flag=1;
      ++start;
    }
    for (i=start;(string[i]>='0')&&(string[i]<='9');i++)
      n=10*n+string[i]-'0';
// 未到字符串结束,表示字符串包含非'0'到'9'的非法字符
    if (string[i])
    return 0;
  if (flag==1)
    n=0-n;
  return(n);
}
void main()
{
  int ia=1231341234,ib;
  char string[16];
  IntToString(ia,string);
  printf("原整数为:%d,转换为字符:%s\n",ia,string);
  strcpy(string,"- 32579843");
  ib=StringToInt(string);
  printf("原字符串为:%s,转换整数为:%d\n",string,ib);
  getchar();
  return;
}
```

【运行结果】

原整数为:1231341234,转换为字符:1231341234

原字符串为:- 32579843,转换整数为:- 32579843

【程序分析】

(1)IntToString 函数对于负数的处理方式为:为转换后的数字串头部添加一个负号'-',把负数转换成正数:

num=0 - num;

(2)如果顺序保存直接转化后的字符串,整数 1231341234 对应的字符串应为"4321431321",需要进行字符串翻转。IntToString 采用首先转换为"0000001231341234",然后,清除前面的'0',获取最终的十进制数字字符串。

(3)StringToInt 函数对于带负号的数字串,通过判定是否为负号'-'。如果是,移动数字串转换的起始位置,并设置标志变量 flag=1。转换后的整数,根据标志变量 flag 值获取最终的十进制整数。

```c
  If  (flag==1)
    n=0-n;
```

(4)StringToInt 函数中,当输入字符串内包含非'0'到'9'的非法字符字符时,转换返回 0。

```
if (string[i])
  return 0;
```

【例 10.16】 int strcmp(char * str1,char * str2);为 C 语言提供的库函数,把一个字符串与另一个字符串进行比较,如果相等,返回 0;否则,返回非 0 值。对于两个人姓名,可以使用 strcmp()进行比较,确定是否为同名同姓,但在用户输入姓名时,考虑到"美观"及"习惯",通常在姓名之间人为地使用空格进行分隔,如"刘洋"、"景海鹏"分别输入为"刘　洋"和"景 海鹏",而对于"刘洋"与"刘 洋",如果利用 strcmp()函数进行比较,可能认为不是同一个人。设计一个函数,可以解决清理空格后的精确比较问题。

【编程思想】

经分析可知,分隔中文姓名使用英文的空格符(单字节,其值为32)或者中文全角空格符(双单字节,其值均为 161)。只要消除了这两种所谓的空格,即可解决精确比较问题。

【函数说明】例 10.16 主要涉及两个函数

(1)　char * trimspace(char str[]);

功能:删除输入字符串中的空格,并把删除空格后的字符串返回。

(2)int ChinaStrCmp(char name1[],char name2[]);

功能:删除 name1 和 name2 的中英文空格,并进行比较,相同时,返回 0,否则,返回非 0 值。

【程序实现】

```
# include "stdafx. h"
# include "stdio. h"
# include <string. h>
char * trimspace(char * str)
{
  int ino1=0,ino2=0;
  while (str[ino2])
  {
    // 判定是否为 ASCII 码空格或者中文全角空格
    if ((str[ino2]==' ')||(str[ino2]==161))
      {
      ++ino2;
      continue;
      }
    if (ino1!=ino2)  // 已有空格删除时,字符左移
    str[ino1]=str[ino2];
  ++ino1;
  ++ino2;
  }
  str[ino1]='\0';
  return str;
}
```

```c
int ChinaStrCmp(char * name1,char * name2)
{
    trimspace(name1);
    trimspace(name2);
    return(strcmp(name1,name2));
}
void main()
{
    char name1[32],name2[32];
    strcpy(name1,"刘  洋");
    strcpy(name2,"刘洋");
    if (!ChinaStrCmp(name1,name2))
       printf("刘  洋与刘洋比较后相同!");
    else
       printf("刘  洋与刘洋比较后不相同!");
    getchar();
    return;
}
```

【运行结果】

刘 洋与刘洋比较后相同!

【程序分析】

函数 trimspace 设置了两个指向字符串位置的整数 lno1 和 lno2。每检测一个空格字符时,lno1 不变,lno2 增 1;检测到非空格字符时,如果 lno1 不等于 lno2,把 lno 指向的字符赋给 lno1 指定的位置,即进行了空格删除。

C 语言程序设计常常涉及充分利用综合资源问题,包括了计算机对于外围设备控制接口和方法等。比如:

(1)通晓常用 C 语言库函数使用方法及用途,能准确、合理地在程序中利用,是高效率编写高水平的程序必备的基本功。

(2)巧用 ASCII 表中不可见字符及转义字符。例如,简单三个语句,可以发出短促提示音。

```c
printf("%c",7);
printf("%c",7);
printf("%c",7);
```

(3)了解汉字编码规则,例如,汉字空格的两个字节的值均为 161,可以编程消除英汉两种空格;掌握汉字每个字节的值均大于 160,即可保证汉字处理时,每两个连续的汉字一起使用,防止信息处理时出现半个汉字问题(屏幕显示为怪字符)。

(4)API(Application Programming Interface)函数的综合使用。对于一个编程初学者来说,API 函数也许是一个时常耳闻却感觉有些神秘的东西。通过精心组配,可以研制多种界面友好、操作方便及功能强大的 Windows 类应用系统。

【例 10.17】 设计一个函数,功能是给定一个包含汉字的字符串及存储的字节数,对其进行等距离分隔后并输出。

【编程思想】设字符串 tps,tps 长度为 wordlen、设定字节数(长度)为 setlen,该函数功能可以分解为：

（1）当 wordlen 大于或者等于 setlen 时，不分隔，居中后返回。

（2）把单个汉字或者连续非汉字字符作为一个独立可分隔单元，如"中"、"I"、"love"、"94568"等，均看作不允许再分隔的一个独立单元。确定分隔单元数 havewords。如果 havewords 为 1，居中后返回。

（3）根据设置长度 setlen，计算出每个独立单元应插入的字节数 addlen，即：

Addlen＝(setlen－wordslen)/(havewords－1);

（4）如果 addlen 小于 1，不分隔，居中后返回。

（5）确定分隔后字符串前面应添加的空格数 headlen，即：

headlen＝(setlen－wordslen－addlen＊(havewords－1))/2;

（6）执行字符分隔，即重新建立新字符串：首先添加 headlen 个空格，然后，逐次添加一个独立单元，添加 addlen 个空格，这样重复，直到添加完所有独立单元。

（7）计算出新字符串总长度，如果不足设置长度，补充必要的空格。

（8）汉字判定的基本原理：假定所有字符串数据都是键盘输入的，所以不存在半个汉字。汉字占两个字节，每个字节的值均大于等于 160。

【函数说明】

(1)程序中使用的 C 语言库函数简介

①原型：int strlen(const char＊s)；

功能：计算字符串 s 的(unsigned int 型)长度。

说明：返回 s 的长度，不包括结束符 NULL。

②原型：void＊memmove(void＊dest,const void＊src,int count)；

用法：♯include〈string.h〉或♯include〈memory.h〉

功能：由 src 所指内存区域复制 count 个字节到 dest 所指的内存区域。

说明：src 和 dest 所指内存区域可以重叠，但复制后 dest 内容会被更改。函数返回指向 dest 的指针。

③原型：char＊strcat(char＊dest,const char＊src)；

功能：把 src 所指字符串添加到 dest 结尾处(覆盖 dest 结尾处的'\0')并添加'\0'。

说明：src 和 dest 所指内存区域不可以重叠且 dest 必须有足够的空间来容纳 src 的字符串。

返回：指向 dest 的指针。

④原型：void＊memset(void＊s,int c,size_t n)；

功能：将已开辟内存空间 s 的首 n 个字节的值设为值 c。

⑤原型：char＊strcpy(char＊dest,const char＊src)；

说明：strcpy()会将参数 src 字符串拷贝至参数 dest 所指的地址。

返回值：返回参数 dest 的字符串起始地址。

(2)程序设计函数简介

①int judge_ch(UC＊str,int loca)

功能：判断字符串 loca 的位置是否为汉字。

返回：＝0，ASCII；＝1，汉字前部；＝2，汉字后部。

②UI in_insertstr(UC＊str,UC＊substr,UI index)

输入：字符串 1 str 、字符串 2 substr 及字符串 1 的开始位置,把字符串 2 插入字符串 1 中。

当 index〉strlen(str)＝strcat(str,substr);

返回值：字符串 1 中,插入字符串 2 后的一个非字符串 2 的字符位置。

③int in_deletestr(UC＊str,int index,int count)

输入:字符串 1 str 、字符串 1 的开始位置 index 及删除字符串的长度 count。

返回值:成功时＝1;否则＝0。

④void trim_ends(UC＊str,UC ch)

功能:截取字符串 str 左右两边的 ch 字符。

返回值:无。

⑤void pad_left(UC＊str,UC pad_char,UI num_chars)

功能:在字符串 str 的左边加 num_chars 个 pad_chars 字符。

返回值:无。

⑥void pad_right(UC＊str,UC pad_char,UI num_chars)

功能:在字符串 str 的右边加 num_chars 个 pad_chars 字符。

返回值:无。

⑦void centre_string(UC＊str,int slen)

功能:对字符串 str 加工,在长度 slen 内取中。

返回值:无。

⑧UC＊separate_string(UC＊str,int slen)

功能:对字符串 str 加工,在长度 slen 内分解扩大。

说明:①所谓分解扩大仅对汉字而言。②对全为非汉字字符串不分解扩大,仅仅取中。

返回值:返回分解扩大后的字符串。

【程序实现】

```
# include "stdafx. h"
# include "stdio. h"
# include < string. h >
# define UC unsigned char
#  define MIDWORDFLAG 4
#  define UI unsigned int
/＊判断字符串 loca 位置是否为汉字
    ＝0; ASCII
    ＝1; 汉字前部
    ＝2; 汉字后部 ＊/
int judge_ch(UC＊str,int loca)
{
register int regi;
int j＝0;
if ((loca>＝(int)strlen((const
    char＊)str))||(str[loca]< 0xa0)||(loca < 1))
  return(0);
```

```
regi = loca - 1;
while (regi >= 0)
{
    if (str[regi --] < 0xa0)
      break;
    else
      j = !j;
}
  return(j + 1);
}

    /* UI in_insertstr(UC * str, UC * substr, UI index)
  输入:字符串 1 str 、字符串 2 substr 及字符串 1 的开始位置,把字符串 2 插入字符串 1 中。
  当 index > strlen(str) = strcat(str, substr);
  返回值: 字符串 1 中,插入字符串 2 后的一个非字符串 2 的字符位置。*/
UI in_insertstr(UC * str, UC * substr, UI index)
{
UI m = strlen((const char *) substr);
UI n = strlen((const char *) str);
if (index < n)
{
  memmove((str + index + m), (str + index), n + 1 - index);
  memmove((str + index), substr, m);
  return(index + m);
}
else
{
  strcat((char *) str, (const char *) substr);
  return(m + n);
}
}
/* int in_deletestr(UC * str, int index, int count)
输入:字符串 1 str 、字符串 1 的开始位置 index 及删除字符串的长度 count。
返回值: 成功时 = 1;否则 = 0。*/
int   in_deletestr(UC * str, int index, int count)
{
int n = strlen((const char *) str);
if (index < 0)
  index = 0;
if (index < n)
  {if ((index + count - 1) >= n)
    *(str + n) = '\0';
  else
    memmove((str + index), (str + index + count), n - index - count + 1);
  return(1);}
```

```
      else
          return(0);
      }
/* void trim_ends(UC * str,UC ch)
功能:   截取字符串 str 左右两边的 ch 字符
返回值: 无。*/
void trim_ends(UC * str,UC ch)
{
    int no1=0,no2,no3;
        // 截取右部
    no2=strlen((const char*)str); // 获取字符串的长度
    while ((no2>0)&&(str[no2-1]==ch))
        --no2;
    str[no2]='\0';
    if (no2<1)
        return;
    while (str[no1]==ch)
        ++no1;
    if (no1<1)
        return;
    for (no3=0;no1<no2;no1++,no3++)
        str[no3]=str[no1];
    str[no3]='\0';
    return;
}
/* void pad_left(UC * str,UC pad_char,UI num_chars)
功能:   在字符串 str 的左边加 num_chars 个 pad_chars 字符。
返回值: 无。*/
void pad_left(UC * str,UC pad_char,UI num_chars)
{
 register int rega;
 UC pad_str[100];
 if (strlen((const char*)str)<1)
 {
    for (rega=0;rega<(int)num_chars;rega++)
        str[rega]=pad_char;
      str[rega]='\0';
      return;
 }
memset(pad_str,pad_char,num_chars);
pad_str[num_chars]='\0';
in_insertstr(str,pad_str,0);
return;
}
```

```
/* void pad_right(UC * str,UC pad_char,UI num_chars)
功能：   在字符串 str 的右边加 num_chars 个 pad_chars 字符。
返回值：无。*/
void pad_right(UC * str,UC pad_char,UI num_chars)
{
  register int rega;
  UC pad_str[100];
if (strlen((const char *) str)< 1)
{
    for (rega=0;rega<(int)num_chars;rega++)
     str[rega]=pad_char;
    str[rega]='\0';
    return;
}
memset(pad_str,pad_char,num_chars);
pad_str[num_chars]='\0';
in_insertstr(str,pad_str,strlen((const char *) str)+1);
return;
}
/* void centre_string(UC * str,int slen)
功能：对字符串 str 加工,在长度 slen 内取中
返回值: 无。*/
void centre_string(UC * str,int slen)
{
  int ta,tb,tc;
  trim_ends(str,'');
  if ((ta=strlen((const char *) str))>=slen)
  {
   *(str+slen)='\0';
    return;
  }
tb=(slen-ta)/2;
tc=slen-tb-ta;
pad_left(str,'',tb);
pad_right(str,'',tc);
return;
}
/* UC * separate_string(UC * str,int slen)
功能：对字符串 str 加工,在长度 slen 内分解扩大。
说明：①所谓分解扩大仅对汉字而言。②对全为非汉字字符串不分解,仅仅取中。
返回值：返回分解后的字符串。    */
UC * separate_string(UC * tps,int len)
{
UC midstr[256];
```

```c
register rega=0,regb=0,regc;
int resetlen,stlen=0,endlen=0,headlen,addlen,wordslen=0;
int wordno,havewords=0;
int slen=strlen((const char*)tps);
if (slen>=len)
{
  if ((slen>len)&&(judge_ch(tps,len)==2))
  tps[len-1]='\0';
  centre_string(tps,len);
  return(tps);
}
while (tps[stlen]=='')
  ++stlen;
if (stlen>=slen)
  return(tps);
while (tps[slen-endlen-1]=='')
  ++endlen;
slen-=(stlen+endlen);
if (stlen>0)
  in_deletestr(tps,0,stlen);
tps[slen]='\0';
resetlen=len-(stlen+endlen);
while (rega<slen)
{
  while ((tps[rega]=='')||(tps[rega]<0x20))
  {
    if ((regb>0)&&(midstr[regb-1]!=MIDWORDFLAG))
    {  midstr[regb++]=MIDWORDFLAG;
      ++havewords;
    }
      ++rega;}
  if ((tps[rega]>=0xa0)&&(tps[rega+1]>=0xa0))
  {  midstr[regb++]=tps[rega++];
    midstr[regb++]=tps[rega++];
    midstr[regb++]=MIDWORDFLAG;
    ++havewords;
    wordslen+=2;
    continue;
  }
  if ((tps[rega]>=0xa0)&&(tps[rega+1]<0xa0))
  {  tps[rega]='';
    continue;
  }
  while ((tps[rega]>0x20)&&(tps[rega]<0xa0)&&(rega<slen))
```

```c
        {
          midstr[regb++]=tps[rega++];
            ++wordslen;
        }
          midstr[regb++]=MIDWORDFLAG;
          ++havewords;
      }
      midstr[regb]='\0';
      if (havewords<2)
         goto centre_string_loca;
      if ((addlen=(resetlen-wordslen)/(havewords-1))<1)
         goto centre_string_loca;
      headlen=(resetlen-wordslen-addlen*(havewords-1))/2;
      for (rega=0;rega<headlen;rega++)
         tps[rega]='';
      for (regb=wordno=0;wordno<havewords;wordno++)
      {
         while (midstr[regb]!=MIDWORDFLAG)
            tps[rega++]=midstr[regb++];
        ++regb;
         for (regc=0;regc<addlen;regc++)
            tps[rega++]='';
      }
      while (rega<resetlen)
         tps[rega++]='';
      tps[resetlen]='\0';
      if (stlen>0)
         pad_left(tps,'',stlen);
      for (rega=strlen((const char*)tps);rega<len;rega++)
         tps[rega]='';
      tps[len]='\0';
      return(tps);
      centre_string_loca:
        centre_string(tps,len);
        return(tps);
      }
      void main()
      {
         UC string[128];
         strcpy((char*)string,(char*)"落花时节又逢君");
         printf("分解前:\n%s\n",string);
         separate_string(string,64);
         printf("分解后:\n%s\n",string);
         getchar();
```

```
    return;
}
```

【运行结果】

分解前:落花时节又逢君

分解后:落 花 时 节 又 逢 君

【程序分析】

宏定义:

```
# define MIDWORDFLAG 4
```

仅仅定义了一个临时分隔符,其值小于 32 即可。对于 strlen((const char *)str)、strcat((char *)str,(const char *)substr)、strcpy((char *)string,(char *)"落花时节又逢君")等语言的用法,是借助于强制转换,实现与函数原型的匹配。这是实战中经常使用的编程技术。

10.5 函数的指针

C 语言又称为函数语言,函数是程序的基本构成单元,但程序运行时,系统将为被调用的函数分配一段内存,存储函数代码集合。代码集合的首地址由函数名称指定。对于内存数组集合,C 语言引入了变量指针,同样,对于反复调用的函数代码集合,C 语言引入了函数指针及指针函数机制。函数指针不仅使得程序调用更加高效,更重要是为已有函数提供了更高的可扩展性。例如,对于同一个快速排序函数 qsort,借助于函数指针机制,允许程序设计者编写不同的排序函数,满足不同领域、不同体积、不同类型以及不同需求的排序需求。

10.5.1 指针函数

在 C 语言中,指针函数和函数指针是两个表面容易混淆,本质上差别较大的概念。指针函数是指带指针的函数,即本质是一个返回指针值的函数。函数返回类型是某一类型的指针:

类型标识符　　*函数名(参数表);

同所有函数一样,差别仅仅在于函数的返回值为一个指针而已。函数返回值必须用同类型的指针变量来接收,也就是说,指针函数一定有函数返回值,而且在主调函数中,函数返回值必须赋给同类型的指针变量。C 语言字符串处理库函数,许多都是指针函数。如:

```
void * memcpy(void *,const void *,int);
void * memset(void *,int,int);
char * strset(char *,int);
char * strcpy(char *,const char *);
char * strcat(char *,const char *);
void * memcpy(void *,const void *,int);
```

【例 10.18】 有若干学生的成绩(每人四门),要求输入序号后,能输出该生全部成绩。

【编程思想】

为了指针函数的应用,该程序使用返回函数指针的方式来实现。

【程序实现】

```
# include "stdafx.h"
# include "stdio.h"
# include < string.h >
// 获取数组指针的函数
```

```
// 给定成绩集合数据及编号,获取指向成绩数组的指针
// float(*pointer)[4] 指向包含 4 个元素的一维数组的指针变量
// int n;指向数组的编号
float * GetscoreSet(float(* pointer)[4],int n)
{
  float * pt;
  pt=*(pointer+n);
  return (pt);
}
void main()
{
  float score[ ][4]={{63,90,88,90},{56,89,78,90},{67,90,87,87}};
  float   * search();
  float   * p;
  int   i,m;
  printf("请输入学生成绩单编号:");
  scanf("%d",&m);
  if ((m<0)||(m>2))// 检测输入数组的编号的有效性
  {
    printf("输入学生成绩单编号: %d 无效!",m);
      getchar();
      return;
  }
  printf("第 %d 个同学的成绩是:\n",m);
  p=GetscoreSet(score,m);
  for(i=0;i<4;i++)
    printf("%5.2f\t",*(p+i));
  getchar();
  return;
}
```

【输出结果】

请输入学生成绩单编号: 6

输入学生成绩单编号: 6 无效!

请输入学生成绩单编号: 1

第 1 个同学的成绩是:

56.00   89.00   78.00   90.00

10.5.2 用函数指针变量调用函数

函数指针是指向函数的指针变量,即本质是一个指针变量。指向函数的指针包含了函数的地址,可以通过它来调用函数。

函数指针定义的一般形式:

函数返回值类型(*指针变量名)( )

301

例:int （*p)()

说明:(*p)()表示定义一个指向函数的指针变量,它不固定指向哪一个函数,它是专门用来存放函数的入口地址的,该函数返回一个整型值。p称为函数指针名,指针名和指针运算符外面的括号改变了默认的运算符优先级。如果没有圆括号,就变成了一个返回整型指针的函数的原型声明。

【例 10.19】 设计一个函数 report,功能是接收两个整数,如果两个数中有一个整数:大于等于 200000 时,输出最大值;大于等于 100000 时,输出最小值;否则,输出两个整数之和。

【编程思想】

为了阐述函数指针的应用,这个程序使用函数指针来实现。

【程序实现】

```
# include "stdafx.h"
# include "stdio.h"
  // 求最大值
int max(int x,int y)
{
  return((x > y)? x:y);
}
  // 求最小值
int min(int x,int y)
{
  return((x > y)? y:x);
}
  // 相加
int add(int x,int y)
{
  return(x + y);
}
  // 根据输入结果
void report(char * note,int x,int y,int(* fun)(int,int))
// 函数定义 int(* fun)(int,int)表示 fun 是指向函数的指针,
该函数是一个整型函数,有两个整型形参.
{
  int result;
  result = (* fun)(x,y);
  printf("%s%d\n",note,result);
  return;
}
void main()
{
  int a,b;
  scanf("%d,%d",&a,&b);
  if (max(a,b)>= 200000)
    report((char *)"注意最大值:",a,b,max);
```

302

```
   else
     if (max(a,b)>=100000)
       report((char*)"注意最小值:",a,b,min);
     else
       report((char*)"注意两个数之和:",a,b,add);
   getchar();
   return;
}
```

【输出结果】可以有多种,举例如下:

234,456

注意两个数之和:690

230000,244343

注意最大值: 230000

150000,56789

注意最小值: 56789

10.5.3 把指向函数的指针变量作为函数参数

在 C 语言中,函数的调用可以通过函数名调用,也可以通过函数指针调用,借助于函数指针变量,为了实现不同的功能,在一个程序中,一个指针变量可以先后指向不同的函数。例如:

```
int (*p)();
int  max();
int  min();
p=max;
c=(*p)(a,b);
……
p=min;
c=(*p)(a,b);
```

在给函数指针变量赋值时,只需给出函数名而不必给出参数,用函数指针变量调用函数时,只需将(*p)代替函数名即可(p 为指针变量名),(*p)后的括号中应加相应实参。对于同一个以函数指针变量作参数的函数,可以选择指向不同函数的指针变量作参数,以便实现同一个函数使用不同的其他函数的程序代码完成不同的功能。使用函数指针变量还应注意以下两点:①函数指针变量不能进行算术运算,这是与数组指针变量不同之处。数组指针变量加减一个整数可使指针移动指向后面或前面的数组元素,而函数指针的移动是毫无意义的。②函数调用中"(*指针变量名)"的两边的括号不可少,其中的*不应该理解为求值运算,在此处它只是一种表示符号。

【例 10.20】 某班有 12 名同学,编写程序,分别实现升序和降序排序,并输出排名结果。

【编程思想】

对于使用字符串数组存储的同学姓名表(考虑为汉字,所以使用 unsigned char 类字符串):

UC students[12][8]={"赵一","钱二","孙三","李四","周五","吴六","郑七","王八","冯九","陈十","朱十一","卫十二"};

排序使用函数 qsort,在 STDLIB. H 定义。

void qsort(void ∗ buff, int items, int itemlen, int (∗ cmpfun)
          (const void ∗, const void ∗));

该函数对于由 buff 指定内存区实施快速排序，内存区的数据项有 items，每块长度为 itemlen，即排序区的长度为 itemlen ∗ items 个字节。程序使用的函数指针为：

int (∗ cmpfun)(const void ∗, const void ∗);

该排序函数的输入参数为两个 const void 指针，其指针分别指向两个不同位置的数据项（为 itemlen 长度）。排序函数如何对于输入的两个数据项实施比较的程序由使用 qsort 函数的程序设计者承担。

C 语言库函数 qsort 函数的使用充分体现了函数指针的超强可扩展性：只要用户根据程序设计需求设计出能够根据两个输入参数（本例中为两个学生的姓名），返回 0（相等）、1（大于或者小于）及（−1）（小于或者大于），即可使用 qsort 函数。

【函数说明】

（1）本程序使用的 C 语言库函数

int strcmp(const char ∗, const char ∗);

功能：支持一种升序排序方式，当指定的第一个字符串大于第二个字符串时，返回 1；等于时，返回 0；否则，返回 −1。

（2）设计函数

①Display 函数，用于给定提示信息，按照一定格式显示姓名集合。

②sortcmpup 函数，本质上为 strcmp 函数作了一个接口，保证接收两个 const void 指针类实参，然后按照 strcmp 形参的要求，对于输入的参数进行强制类型转换后，调用了 strcmp，完成了升序排序功能。

③sortcmpdown 函数调用了 sortcmpup 函数。当 sortcmpup 返回 0 时，直接返回 0。而当 sortcmpup 函数返回 1 时，sortcmpdown 函数返回 −1；否则，返回 1。同样，完成了降序排序功能。

【程序实现】

```
# include "stdafx. h"
# include "stdio. h"
# include "string. h"
# include "STDLIB. H"
# define UC unsigned char
    //显示名称集合
void Display(UC ∗ note, UC sset[][8])
{
  int ino;
  printf("%s\n", note);
  for (ino＝0; ino < 12; ino++)
  {
    if ((ino > 0) && (ino! ＝6))
        printf(",");
    printf(" %s  ", sset[ino]);
    if (ino＝＝5)
```

```
        printf("\n");
    }
    printf("\n");
    return;
}
    // 升序排序函数
int sortcmpup(const void * pstr1, const void * pstr2)
{
    return(strcmp((char *)pstr1,(const char *)pstr2));
}
    // 降序排序函数
int sortcmpdown(const void * pstr1, const void * pstr2)
{
    int ia = strcmp((char *)pstr1,(const char *)pstr2);
    if (!ia)
        return ia;
    else
        return((ia < 0)? 1:(-1));
}
void main()
{
    UC   students[12][8] = {"赵一","钱二","孙三","李四","周五","吴六","郑
        七","王八","冯九","陈十","朱十一","卫十二"};
    Display((UC *)"未排序前:",students);
    qsort(students,12,8,sortcmpup);
    Display((UC *)"升序排序后:",students);
    qsort(students,12,8,sortcmpdown);
    Display((UC *)"降序排序后:",students);
    getchar();
    return;
}
```

【输出结果】

未排序前：

赵一,钱二,孙三,李四,周五,吴六,郑七,王八,冯九,陈十,朱十一,卫十二

升序排序后：

陈十,冯九,李四,钱二,孙三,王八,卫十二,吴六,赵一,郑七,周五,朱十一

降序排序后：

朱十一,周五,郑七,赵一,吴六,卫十二,王八,孙三,钱二,李四,冯九,陈十

10.6   指针数组和多级指针

10.6.1   高效指针的高效使用

在C语言程序实际研发中,高效指针的高效使用是专业程序员基本功。而最常用三种方

式为:

(1)定义与数组同类型的指针,实施对于数组(包括多维数组)元素的有效访问。

(2)以指针作为函数的参数或者返回参数,以指针实施多函数间的数据互传、交流或者共享。

(3)内存的动态使用。所谓内存的动态使用是针对内存的静态使用而言的。在 C 语言中,对于程序中的如下语句:

```
int iset[128];
```

程序运行时,系统会为 iset 分配 128 整数的内存供程序运行使用,这就是所谓的内存静态使用。而内存的动态使用是指当程序需要时,利用 C 语言库函数 calloc 或者 malloc 向系统申请指定尺寸的内存,使用结束后,利用 free 函数释放已申请的内存。内存的动态使用举例如下:

```
int *pint;    /*定义一个指针 */
          /*申请 128 个 int 类型的内存空间 */
pint＝(int *)malloc(sizeof(int)* 128); /*
…….        /*利用 pint,使用已申请的内存 */
free(pint);   /*释放已申请的内存空间 */
```

内存动态使用优点为:按需申请使用,使用后及时释放,使得计算机有限的内存可以充分利用。内存动态使用一直很普遍,内存动态申请、使用、释放(交回系统)的均由编程者负责,基本原则是谁申请,谁释放,谁使用,谁负责。

10.6.2　指针数组

一个数组,若其元素均为指针类型数据,称为指针数组。也就是说,指针数组中每一个元素都相当于一个指针变量。如:

```
int * pset[4];
```

其详细形式应该如下:* pset[0]、* pset[1]、* pset[2]及* pset[3] 每一个数组里面存储的是其指向的存储 int 的地址。指针数组是指由相同类型的指针变量排列而成的有序集合(每个元素都是指针变量)。一维指针数组的定义形式为:

类型名 *数组名[数组长度]

例如:int * pset[4],由于[]比*优先级更高,因此 p 先与[4]结合,形成 p[4]的形式,这显然是数组形式。然后再与 p 前面的*结合,*表示此数组是指针类型的,每个数组元素都指向一个整型变量。

【例 10.21】 字符类指针数组的使用。

【程序实现】

```
# include "stdafx. h"
# include "stdio. h"
void main()
{
char  *s[4]＝{"两只黄鹂鸣翠柳,","一行白鹭上青天。","窗前西岭千秋雪,","门泊东吴万里船。"};
int  i;
for (i＝0; i < 4;  i++)
```

```
    printf("%s\n",*(s+i));
getchar();
return;
}
```

【输出结果】

两只黄鹂鸣翠柳,

一行白鹭上青天。

窗前西岭千秋雪,

门泊东吴万里船。

利用指针或者指针数组实现内存动态使用时,为了解决指针正确释放、防止重复内存申请及空指针释放等问题,通常采用对于指针赋初值的方式解决。如定义指针时,为其赋 NULL 值,申请操作时,根据是否为 NULL,决定是否申请内存;释放操作时,根据指针是否为 NULL,决定是否释放该指针。

【例 10.22】 使用内存动态分配方式对于字符串集合进行排序。

【程序实现】

```
# include "stdafx. h"
# include "stdio. h"
# include "string. h"
# include "STDLIB. H"
# define UC unsigned char
void main()
{
UC * pname[20],* temp;
UC   note[32];
int i,j;
UC personset[20][32]={" 宋江·天魁星·呼保义(1) ","卢俊义·天罡星·玉麒麟(2) ","吴用·天
机星·智多星(3) ","公孙胜·天闲星·入云龙(4) ","关胜·天勇星·大刀(5) ","林冲·天雄星·豹子头
(6) ","秦明·天猛星·霹雳火(7) ","呼延灼·天威星·双鞭将(8) ","花荣·天英星·小李广(9) ","柴
进·天贵星·小旋风(10) ","李应·天富星·扑天雕(11) ","朱全·天满星·美髯公(12) ","鲁智深·天孤
星·花和尚(13) ","武松·天伤星·行者(14) ","董平·天立星·双枪将(15) ","张清·天捷星·没羽箭
(16) ","杨志·天暗星·青面兽(17) ","徐宁·天佑星·金枪手(18) ","索超·天空星·急先锋(19) ","戴
宗·天速星·神行太保(20) "};
    strcpy((char *)note, (char *)"排序成功!");
        // 清空指针,保证指针不被重复释放
    for (i=0;i<20;i++)
      pname[i]=NULL;
        // 申请内存及赋值
    for(i=0;i<20;i++)
    { // 为指针数组各指针分配 16 字节的存储空间
      if ((pname[i]=(UC *)malloc(32))==NULL)    // 申请失败
      {
      strcpy((char *)note, (char *)"申请失败!");
      goto endloca;
```

307

```
        }
        strcpy((char*)pname[i],(char*)personset[i]);
    }
    printf("排序前:\n");
    for(i=0;i<20;i++)
        printf("%s\n",pname[i]);
    for(i=0;i<20;i++)
        for(j=0;j<20-i-1;j++)
        if(strcmp((char*)pname[j],(char*)pname[j+1])>0)
        {
            temp=pname[j]; /*利用指向字符串的指针,进行指针地址的交换*/
            pname[j]=pname[j+1];
            pname[j+1]=temp;
        }
    printf("排序后:\n");
    for(i=0;i<20;i++)
        printf("%s\n",pname[i]);
endloca:
    // 释放已申请的内存
    for(i=0;i<20;i++)
    {
        if (pname[i]!=NULL)
        free(pname[i]);
    }
    printf("%s\n",note);
    getchar();
    return;
}
```

【输出结果】

排序前:

宋江·天魁星·呼保义 (1)

卢俊义·天罡星·玉麒麟 (2)

吴用·天机星·智多星 (3)

公孙胜·天闲星·入云龙 (4)

关胜·天勇星·大刀 (5)

林冲·天雄星·豹子头 (6)

秦明·天猛星·霹雳火 (7)

呼延灼·天威星·双鞭将 (8)

花荣·天英星·小李广 (9)

柴进·天贵星·小旋风 (10)

李应·天富星·扑天雕 (11)

朱仝·天满星·美髯公 (12)

鲁智深·天孤星·花和尚 (13)

武松·天伤星·行者 (14)

董平·天立星·双枪将 (15)

张清·天捷星·没羽箭 (16)

杨志·天暗星·青面兽 (17)

徐宁·天佑星·金枪手 (18)

索超·天空星·急先锋 (19)

戴宗·天速星·神行太保 (20)

排序后：

柴进·天贵星·小旋风 (10)

戴宗·天速星·神行太保 (20)

董平·天立星·双枪将 (15)

公孙胜·天闲星·入云龙 (4)

关胜·天勇星·大刀 (5)

呼延灼·天威星·双鞭将 (8)

花荣·天英星·小李广 (9)

李应·天富星·扑天雕 (11)

林冲·天雄星·豹子头 (6)

卢俊义·天罡星·玉麒麟 (2)

鲁智深·天孤星·花和尚 (13)

秦明·天猛星·霹雳火 (7)

宋江·天魁星·呼保义 (1)

索超·天空星·急先锋 (19)

吴用·天机星·智多星 (3)

武松·天伤星·行者 (14)

徐宁·天佑星·金枪手 (18)

杨志·天暗星·青面兽 (17)

张清·天捷星·没羽箭 (16)

朱仝·天满星·美髯公 (12)

排序成功！

【程序分析】

本例中通过定义指针数组、指针置 NULL、申请内存、检测指针、释放内存等过程，初步介绍了内存动态使用的基本过程。程序中：

$$if((pname[i]=(UC *)malloc(32))==NULL)$$

是常用的内存申请语句。(UC *)是一种强制类型转换(因为 malloc 函数返回一个 void 指针)，目的是与 pname 指针类型相一致。整个语句执行中，具有判定语句是否指针成功的检测功能。

10.6.3　指向指针的指针

一个指针可以指向任何一种数据类型，包括指向一个指针。当指针变量 p 中存放另一个指针 q 的地址时，则称 p 为指针型指针，也称多级指针。指针型指针的定义形式为：

类型标识符 **指针变量名；

例如：char **p；其含义是定义指针变量 p，用于存储另一个指针变量的地址。由于指针变量的类型是被指针所指的变量的类型。因此，上述定义中的类型标识符应为：被指针型指针所指的指针变量所指的那个变量的类型。为指针型指针初始化的方式是用指针的地址为其赋值，例如：

```
int  x ; /*定义整型变量 x*/
int  *p; /*定义指向整型变量的指针 p*/
```

```
int ** q;   /*定义多级指针 q */
p＝&x;      /*指针 p 指向变量 x */
```

在程序中,使用* p 等价于使用 x,成为对 x 的间接访问。对二级指针使用如下语句:

```
q＝&p;      /*指针型指针 q 指向指针 p */
```

即使用多级指针 q,即间接访问二级指针等价于使用 p。再次间接访问二级指针。则有:

```
** q＝*(* q)＝*'p＝x;
```

由此看来,对一个变量 x,可以通过变量名对其进行直接访问,也可以通过变量的指针对其进行间接访问(一级间接),还可以通过指针型指针对其进行多级间接访问。

10.6.4 main()函数的命令行参数

C 语言的设计原则是把函数作为程序的构成模块。main 函数称为主函数,一个 C 程序总是从 main 函数开始执行的。关于 main 与使用者、与操作系统以及命令行参数等之间的关系,一直是 C 语言初学者较为困惑之处。

1. 生成可执行文件

以后缀(也称为文件的扩展名)为.exe 的文件称为可执行程序,是一种标准格式的、可在操作系统存储空间中浮动定位的可执行程序,而操作系统通常指 MS-DOS 和 MS-Windows。所谓可执行文件是指在 MS-Windows 操作系统中通过选中该文件,然后双击,或者在 MS-DOS 命令行状态下键入可执行文件并回车,即可使用或者执行该文件所包含的程序。

当 C 语言程序(以工程为单位)编译、链接成功后,即生成一个以工程名命名的可执行文件。该可执行文件同操作系统其他同类文件一样(操作系统是由大量的可执行文件构成的)可供任何人、以多种方式使用。例如,网络诊断工具(利用它可以检查网络是否能够连通)ping.exe。在 DOS 命令提示符状态,键入:

ping 192.168.111.68如图 10.3 所示,即可运行 ping.exe。

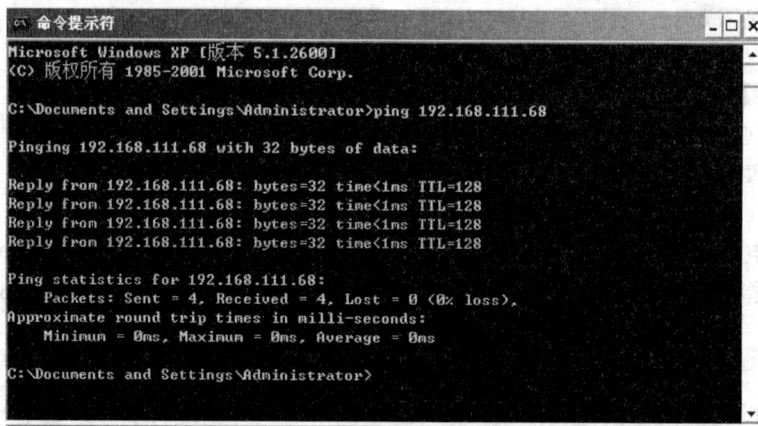

图 10.3　可执行文件的操作界面

2. 操作系统与生成可执行文件之间的信息交互

操作系统接收到"ping 192.168.111.68"启动指令后,立即运行 ping.exe,并自动把"ping"和"192.168.111.68"等参数传给 ping.exe。而 ping.exe 通过分析 C 语言程序中的 main 函数的参数,即可获得用户调用可执行文件时有意传入的参数。无论用户键入任意多个、任何内容的字符串信息,操作系统总是通过命令行参数方式,一字不漏地传送给可执行文件的 main 函数(把问题焦点又转到 main 函数设计方面)。

main 函数根据用户输入的一系列参数确定：

用户输入的参数是否合法？

输入的参数是否符合该程序设计要求？

输入的参数是否可执行？

如这些参数合法、符合设计要求即可执行，该可执行文件即启动运行；否则，通常给出出错提示。因此，main 函数的参数是用户在使用时通过命令行输入的参数(所以，称为命令行参数)，通过操作系统自动实现。

3. 可执行文件的返回值

可执行文件由操作系统启动、运行。当可执行文件运行结束时，需要向操作系统传递回退出状态码，报告运行情况。可执行文件的发送退出状态码与 main 函数是否接收命令行参数、main 函数是否定义返回值等均无关。如果程序运行是因为执行了 exit 函数而退出时，exit 指定的参数将作为退出的状态码。exit 函数在头文件 stdlib.h 中定义。

exit(0)：正常运行程序并退出程序；

exit(1)(或者 exit(-1))：非正常运行导致退出程序；

4. main 函数命令行参数的设计

main 函数的标准形式：

int main(int argc,char * argv[]);

int argc 表示命令行下输入的以空格分隔的命令个数(由操作系统自动检测)。char * * argv 或者 char * argv[]是个二维数组，也可以理解为一个存放字符指针的数组，字符指针数组。每个元素存放一个字符指针，而字符指针又是可以指向一个字符串的，所以当 int argc 为 n 时，就表示有 n 个字符串参数，这 n 个字符串分别由 argv[0]……argv[n-1]来指向，其中，argv[0]即为键入的可执行文件的名称(如 ping)。

一个可执行文件可以独立运行、与其他程序配合运行、命令行方式启动或者在其他程序内启动，可以在前台按可视状态或者在后台自动无窗口运行。main()函数命令行参数的设计是 C 程序设计的重要部分，常用功能为：①接收需要的输入参数。②介绍程序的功能。③指导用户使用方法或者程序调用方式等。

通常用于介绍软件功能、使用等。

【例 10.23】 下面为一个压缩工具的 main 函数程序。只给出 main 函数的代码，限于篇幅，其他函数不作介绍。

```
void main(int argc,char * argv[])
{
int opno=0;
if (argc<3)
{ pack_tool_first(); /*显示程序功能介绍和使用说明 */
    exit(0);}
switch (toupper(argv[3][1]))
{  case'R':
    opno=1;
    break;
```

```c
        case 'C':
            opno=2;
            break;
    }
    if (opno < 1)
    {printf("操作类型指定有错! \n");
      exit(0);
    }
    switch (opno)
    {
        case 1:
            if (!findfile(argv[2])) /*查找指定文件 */
            {
              printf("压缩模式描述文件 %s 不存在! \n",argv[2]);
              exit(0);
              }
            if (findfile (argv[1]))
            { printf("压缩模式文件 %s 已存在,覆盖吗(Y/N)? \n",argv[1]);
             if (!getyesno())    /*获取是或者非命令 */
                exit(0);
                }
            replace_pack_schem(argv[1],argv[2]); /*执行压缩函数 */
            break;
            default:
            if (!findfile(argv[1]))
             {
             printf("压缩模式描述文件 %s 不存在! \n",argv[1]);
            exit(0);
             }
            if (findfile(argv[2]))
             {
               printf("压缩模式文件 %s 已存在,覆盖吗(Y/N)? \n",argv[2]);
             if (!getyesno())
                exit(0);
             }
        copy_pack_schem(argv[1],argv[2]);
        break;
    }
    exit(0);
    }
```

关于函数指针

例：

```c
char *(* fun1)(char * p1,char * p2);        ------ A
```

```
char ** fun2(char * p1,char * p2);          ------B
char * fun3(char * p1,char * p2);           ------C
```

分析:A 既是函数指针也是指针函数,返回值类型都为 char *。B 是指针函数,返回值类型为 char **,是个二级指针。C 是指针函数,返回值类型为 char *,是个一级指针。

10.7   指针机制

指针机制功能强大,使用非常广。实战中,一般使用的主要功能并不多。下面对其作一总结,供使用时参考。

1. 有关指针的数据类型

语句或者语句的组成项	功能及作用
int i;	定义整型变量 i
int * p;	p 为指向整型数据的指针变量
int a[n];	定义整型数组 a,它有 n 个元素
int * p[n];	定义指针数组 p,它由 n 个指向整型数据指针元素组成
int (* p)[n];	定义指向含 n 个元素的一维数组的指针变量 p
int f();	f 为带回整型函数值的函数
int * p();	p 为带回一个指针的函数,该指针指向整型数据
int (* p)();	p 为指向函数的指针,该函数返回一个整型值
int ** p;	p 是一个指针变量,它指向一个指向整型数据的指针变量

2. 指针运算

赋值=

语法:指针变量=指针表达式

若有变量定义: int * p1,* p2, a,   array[10];

语句或者语句的组成项	功能及作用
p1=&a;	变量的地址
p2=array;	数组的首地址
p2=&array[i];	数组第 i 个元素的地址
p1=p2;	一个指针变量值赋给另一个指针变量

3. 取地址运算

语法: & 变量

设有变量说明 int a,b,* p,* q;

语句或者语句的组成项	功能及作用
p=&a;	把 a 的地址赋给 p,即让 p 指向 a
q=p;	让 q 也指向 a,现在 p,q 都指向 a
p=&b;	让 p 也指向 b,现在 q 指向 a,p 指向 b,其中 &a 表示 a 的地址值

4. 取内容运算

语法：*指针表达式

设 p 是一个指针表达式,则:①若*p 出现在赋值号左边,表示给 p 所指变量赋值;②若*p 不出现在赋值号左边,表示 p 所指变量的值;

若有变量说明:int a,*p;则:

语句或者语句的组成项	功能及作用
p＝&a;	让 p 指向变量 a
*p＝10;	*p 出现在赋值号左边,等价于 a＝10
printf("%d",*p);	*p 不出现在赋值号左边,打印 p 所指变量的值
scanf("%d",&a);	给变量 a 输入值
scanf("%d",p);	同上
*p＋25;	等价于 a＋25

5. 指针表达式与整数相加减

形式：p＋n 或 p－n

其中:p 是任意一个指针表达式,n 是任何一种整型表达式。

计算规则:

表达式 p＋n 的值＝p 的值+p 所指类型长度 n;

表达式 p－n 的值＝p 的值－p 所指类型长度 n。

说明:只有当 p 和 p＋n 或 p－n 都指向连续存放的同类型数据区域,例如数组时,指针加减才有实际意义。C 语言规定:表达式 p＋n 和 p－n 的类型与 p 相同。

6. 自增自减运算

语法:p++; p--; ++p; --p;

例如:设有变量定义:int a[ ]＝{1,2,3,4,5},*p,*q;

p＝q＝&a[3];

*p++＝100; a[3]变成 100

*++q＝100; a[4]变成 100

p++与++p 的区别:

表达式 p++的值等于 p 的原来值;

表达式++p 的值等于 p 的新值;

7. 关系运算

只有同类指针进行比较才有意义。

＝＝和!＝运算符,比较的是两个指针表达式是否指向同一个内存单元;<、<＝、>、>＝,比较的是两个指针所指内存区域的先后次序。

语法：指针表达式　关系运算符　指针表达式

若有变量定义:int a[10]; int *p＝a,*q＝a＋3;

试判断以下表达式的值

p ＝＝&a[0]、p ＝＝&a[1]、p＝＝q、p＋4＝＝q＋2、p<a＋5、q>a＋2、p>q。

可用以下语句给数组 a 输入 10 个数

```
for (p=a,q=a+10;p<q;p++)
  scanf("%d",p);
```

8. 同类指针相减

同类指针相减时,两个指针应该指向连续存放的同类数据区域。

语法:p-q

说明:p-q 的值,等于(p 的值-q 的值)/所指类型长度,即 p,q 两个指针之间数据元素的个数。

例如:若有 int a[10],*p,*q;

p=a;

q=&a[5];

则 p,q 之间有 5 个整型数据。

9. 逻辑运算

对指针进行逻辑运算,主要判断指针是否为空。

语句或者语句的组成项	功能及作用
p&&q	当且仅当 p,q 都不是空指针时为真
p||q	当且仅当 p,q 至少有一个不是空指针时为真
!p	当且仅当 p 为空指针时为真

10. 强制转换运算

语法:(类型名 *)指针表达式

例如:

```
int  *p;
double d,*q=&d;
p=(int *)q;
```


等级考试实训

一、考试内容

1. 指针与指针变量的概念,指针与地址运算符。

2. 变量、数组、字符串、函数、结构体的指针以及指向变量、数组、字符串、函数、结构体的指针变量。通过指针引用以上各类型数据。

3. 用指针作函数参数。

4. 返回指针值的指针函数。

5. 指针数组,指向指针的指针,main 函数的命令行参数。

二、掌握了解程度

1. 理解地址和指针的概念;

2. 重点掌握指针变量的定义和引用;

3. 重点掌握指向数组的指针和通过指向数组的指针操纵数组;

4. 重点掌握指向字符串的指针和通过指向字符串的指针操纵字符串;

5.理解指向指针的指针、指针数组等概念。

三、主要知识点及考点

知识点	分值	考核概率/%	专家点评
指针变量的定义和引用	2-3	60	简单识记
指针变量作为函数参数	2-3	90	简单,重点掌握
指向数组元素的指针	3-4	100	难度适中,重点掌握,重点理解
用数组名作为函数参数	2-3	90	难度适中,重点掌握
指向多维数组的指针	3-4	100	偏难,重点理解
返回指针值的函数	1-2	80	简单,重点掌握
二级指针及指针数组	1-3	90	偏难,重点掌握,重点理解
字符串及字符指针	1-2	70	简单识记
字符指针和字符数组的区别	0-1	50	简单识记
函数指针	2-3	90	难度偏上,重点掌握

实战锦囊

1. 地址和指针的概念

(1)地址:内存区的每一个字节的编号;

(2)指针:一个变量的地址称为该变量的指针,即地址就是指针,指针就是地址。

2. 指向变量的指针变量

(1)指针变量:是指专门用来存放变量地址的一类变量。

(2)注意区分指针和指针变量的概念;

指针是地址;指针变量是存放地址的变量;平时所说的定义一个指针,实际上是指定义一个指针变量。

3. 指针变量的定义和引用

(1)定义指针变量格式:基类型*指针变量名;

(2)如何确定指针变量的类型?

要定义的指针准备指向什么类型变量,该指针就是什么类型;

(3)如何让一个指针指向一个变量? 将变量的地址赋值给指针变量;

&——取地址运算符;

如:int   a=5;

int   *pa;

int   pa=&a;

(4)指针变量的引用

*——取内容运算符,该运算符与指针变量结合,表示指针所指向的变量的内容;

如:printf ("% d,%d\n",*pa,a);

下面是错误的:

int *pa;

printf ("%d \n",*pa);

//一个指针在没有指向一个确切的存储空间时,不能使用* pa

4. 指针总结

int a=5;

int *pa=&a;

在定义指针,并指向某个变量后,我们可以得出如下结论:①* pa 等价于 a;②pa 等价于 &a;③& * pa 等

价于 &a 、pa；④*&a 等价于 a。

5. 指针变量做实参
　　(1)指针变量做实参,实质传的是指针所指向的变量的地址,即传地址调用;
　　(2)指针变量做实参,形参必须是指针,即通过形参指针操纵主调函数中的变量。

6. 指向数组的指针变量
　　(1)定义一个指向数组元素的指针变量的方法,与定义指向变量的指针变量相同;
　　(2)使指针指向数组首地址:将数组名赋值给已定义的指针变量;
　　使指针指向数组的某一元素:将数组元素地址赋值给已定义的指针变量;
　　　如:int arr[10];
　　　　int *p ; //定义指针变量,类型与将要指向的数组类型一致;
　　　p=arr ; //p 指针指向 arr 数组的首地址;等价于 p=&arr[0];
　　　p=&a[9] ;// p 指针指向 arr 数组的最后一个元素 arr[9]。

7. 通过指针引用数组元素
　　int arr[10];
　　int *p=arr;
　　在定义指针,并指向某个数组的首地址后,我们可以得出如下结论:
　　(1)p+i=arr+i=&arr[i],均表示 arr 数组的第 i 个元素的地址;指针变量加1,即在指针当前所指向的元素的地址基础上加 一个数组元素的字节数;
　　　　p+i*d //d 是一个数组元素的字节数;
　　(2)*(p+i)=*(arr+i)=arr[i],均表示 arr 数组的第 i 个元素;
　　(3)数组元素的两种表示方法:
　　下标法:arr[i],p[i] // 均表示 arr 数组的第 i 个元素;
　　指针法:*(p+i),*(arr+i)//均表示 arr 数组的第 i 个元素。

8. 在使用指向数组的指针变量时,应注意的问题:
　　int arr[10];
　　int *p=arr;
　　在定义指针,并指向某个数组的首地址后:
　　(1)p++;正确;但 arr++; 不正确;因为 arr 表示数组名,是常量,不能执行 arr=arr+1 ;
　　(2)要注意指针变量的当前值;
　　(3)(*p)++——表示 p 所指向的元素值加一;即 arr[0]++;
　　p++、(p++)——先取指针所指向空间的内容,即 arr[0],然后指针 p 下移一个存储空间,指向 arr[1];
　　(4)*++pa ——指针 pa 先下移一个存储空间,然后取指针所指向空间的内容。

9. 二维数组的地址问题
　　　int a[3][4]={ 1,2,3,4,5,6,7,8,9,10,11,12 };
　　　int *p=a ;
　　(1)a ——数组名表示数组的首地址;等价于 &(a+0)、a;
　　(2)a[i] ——表示数组的第 i 行的行地址,即 第 i 行第一个元素的地址;等价于(a+i)、(p+i);
　　(3)&a[i][j] ——表示数组的第 i 行第 j 列元素的地址;等价于 *(a+i)+j 和*(p+i)+j;
　　(4)a[i][j]——表示数组的第 i 行第 j 列元素;等价于 *(*(a+i)+j);和*(*(p+i)+j)。

10. 指向二维数组的行指针
　　int a[3][4]={ 1,2,3,4,5,6,7,8,9,10,11,12 };
　　int (*p)[4] =a ;
　　(1)int (*p)[4]=a ; 表示 p 是一个指向二维数组(一行有四个元素的)行地址的行指针;
　　(2)p+1; 行指针加 1,是加 一行元素的字节数的和;

p＝p＋1;行指针从当前行指向下一行。

11. 指向字符串的指针变量

(1)定义指向字符串的指针：

char ＊指针名＝字符串；

如 char ＊ps＝"I am a teacher."；

//这里是将字符串的首地址存放在字符指针中,而不是将字符串中的字符存入指针;

(2)比较：

char ＊ps＝"I am a   teacher."；   √

分开：

char ＊ps；

ps＝"I am a   teacher."；   √

　　//因为可以将字符串的首地址存放在指针中;

　　char s[20]＝"I am a teacher."；   √

分开：

char s[20]；

　　s＝"I am a   teacher."；   ×

　　//因为 s 表示字符数组的首地址,是常量,不能在赋值号的左端,不能将字符串的首地址赋值给数组名。

(3)再比较：

char s[20]；

scanf("%s",s)；   √

变换：char ＊ps；

scanf("%s",ps)；   ×

// 错在字符指针没有指向任何存储空间,不能给它输入字符串;

改成：char s[20],＊ps；

ps＝s；

scanf("%s",ps)；   √

　　//字符指针在没有指向一个确切的字符数组时,不能使用%s格式符,输入字符串。

12. 指针数组

(1)　概念:一个数组,其元素均为指针类型数据,称为指针类型;指针数组中的每一个元素都相当于一个指针变量;

(2)　格式:类型名 ＊数组名［常量］;

如： char＊str[3]＝{"China","America","Canada"}。

//三个字符串的首地址依次放入 str[0],str[1],str[2] 中。

13. 指向指针的指针

(1)概念:专门用来存放指针变量地址的指针变量,称为指向指针的指针;

(2)　定义格式:int a＝5;

int ＊pa＝＆a；

int ＊＊pp＝＆pa；

printf("%d,%d,%d \n",a,＊pa,＊＊pp)；

　　所以,a,＊pa,＊＊pp 等价。

习题

一、填空题

1. 要使指针变量与变量之间建立联系,可以用运算符＿＿＿＿＿＿＿＿＿＿ 来定义一个指针变量,用运算符

_____来建立指针变量与变量之间的联系。

2. 已知:int a＝10,＊p＝&a;则"printf("%d,%d\n",a,＊p);"的输出结果是_____。

3. 已知:float f1＝3.2,f2,＊pf1＝&f1;现在希望变量 f2 的值为 3.2,可使用赋值语句_____或____

_____。

4. 已知:int b＝5,＊p＝&b;并且 b 的地址为4000,则"printf("%d,%d",p,＊p);"的输出结果是 _____

_____。

5. 在 C 语言中,指针变量的值增 1,表示指针变量指向下一个 _____,指针变量中具体增加的
字节数由系统自动根据指针变量的 _____ 决定。

6. 已知:int a[5],＊p＝a;则 p 指向数组元素 a[0],那么 p＋1 指向_____。

7. 对数组元素的引用方法有两种:_____ 和 _____。设 int a[10],＊p＝a;则对
a[3]的引用可以是 _____ 或 _____。

8. 在 C 程序中,可以通过三种运算来移动指针:_____、_____、_____。

9. 设有如下定义:
   int a[5]＝{0,1,2,3,4},＊p1＝&a[1],＊p2＝&a[4];则 p2－p1 的值为 _____,＊p2－＊p1 的值
   为_____。

10. 已知:下面程序段中第一个 printf 语句的输出是 200,则第二个 printf 语句的输出是_____。
    int a[3][4],＊p＝a;
    printf("%d",a);
    printf("%d",＊p);
    printf("%d",p＋1);

11. 已知:int a[2][3]＝{1,2,3,4,5,6},＊p＝&a[0][0];则表示元素 a[0][0]的方法有指针法:_____
    ____,数组名法:_____,＊(p＋1)的值为 _____。

12. 已知:char ＊s1＝"abc\\\"de",＊s2＝"abc\101＋101\' de",＊s3＝"abc\089＋980\\";则语句"printf("%s\
    t%s\t%s\n",s1,s2,s3);"的结果是_____。

13. 若:char ＊s1＝"China\\\bBeijing\t",＊s2＝"123\078\0x5",＊s3＝"123\087\0xa";则语句"printf("%d,%
    d,%d\n",strlen(s1),strlen(s2),strlen(s3));"的结果是_____。

14. 对于"int a[4];"可理解为数组 a 有 4 个元素,每个元素都是整型数据,那么,对于"int ＊a[4];"的理解就是
    数组 a 有 4 个元素,每个元素都是 _____,又因为指针变量可指向与其同类型的变量,
    故每个元素都只能指向 _____ 变量。

15. 访问变量的方式有两种:_____ 和 _____,指向指针的指针采用的是
    "二级间址"方法。现定义一个指向指针数据的指针变量,其基类型是字符型定义的语句是:_____

    _____。

16. 设 int a[10]＝{1,2,3};则＊(a＋3)的值是_____。

17. 设 int a[3][4]＝{{10},{113}};若数组 a 的起始地址为 2000,则 a＋1 的地址值是_____

    ___。

18. 设 int a[2][4],(＊p)[4]＝a;用指针变量 p 表示数组元素 a[1][2]为 _____。

19. 对于数据定义及说明:"int ＊ p,＊ q[10],(＊ r)(),＊ s();",其中 p,q,r,s 的含义
    分别:_____。

20. 若有定义:int a[2][3]＝{12,34,46,68,710,412};则＊(&a[0][0]＋2＊2＋1)的值是 _____,＊(a
    [1]＋2)的值是_____。

二、编程题

10.1 用指针方法编写一个程序,输入 3 个整数,将它们按由小到大的顺序输出。

10.2 编程输入一行文字,找出其中的大写字母、小写字母、空格、数字及其他字符的个数。

10.3 编一程序,用指针数组在主函数中输入十个等长的字符串。用另一函数对它们排序,然后在主函数中

输出 10 个已排好序的字符串。

10.4　编一个程序,输入月份号,输出该月的英文月名。例如,输入"2",则输出"February",要求用指针数组处理。

10.5　写一函数,实现两个字符串的比较。即自己写一个 strcmp 函数,函数原型为:int strcmp(char * p1,char * p2),设 p1 指向字符串 s1,p2 指向字符串 s2。要求:当 s1=s2 时,返回值为 0。当 s1 不等于 s2 时,返回它们二者的第一个不同字符的 ASCII 码差值(如"BOY"与"BAD",第二字母不同,"O"与"A"之差为 79−65=14);如果 s1>s2,则输出正值;如果 s1<s2,则输出负值。

10.6　编写两个函数,分别完成一维数组的输入和输出。

10.7　写一个函数,求一个字符串的长度。在主函数中输入字符串,并输出字符串长度,用指针法处理。

10.8　输入数组,最大的与第一个元素交换,最小的与最后一个元素交换,输出数组。

10.9　有 n 个整数,使其前面各数顺序向后移 m 个位置,最后 m 个数变成最前面的 m 个数。

10.10　编写一个函数,输入 n 为偶数时,调用函数求 $1/2+1/4+\cdots+1/n$,当输入 n 为奇数时,调用函数 $1/1+1/3+\cdots+1/n$(利用指针函数)。

10.11　八进制转换为十进制。

10.12　编一个函数 fun(int * a,int n,int * odd,int * even),函数的功能是分别求出数组中所有奇数之和以及所有偶数之和。形参 n 给了数组中数据的个数;利用指针 odd 返回奇数之和,利用指针 even 返回偶数之和。例如:数组中的值依次为:1,8,2,3,11,6;则利用指针 odd 返回奇数之和 24;利用指针 even 返回偶数之和 8。

10.13　请写复制字符串函数,stringcopy(不采用库函数 strcpy())。

10.14　输入 10 个整数,将其中最小的数与第一个数对换,把最大的数与最后一个数对换。编写 3 个函数:(1)输入 10 个数;(2)进行处理;(3)输出 10 个数。

10.15　输入三个字符串,按由小到大的顺序输出。

10.16　有一字符串,包含 n 个字符,写一函数,将此字符串中从第 m 个字符开始的全部字符复制成为另一个字符串。

三、选择题

1. 若有定义:int w[3][5];则以下不能正确表示该数组元素的表达式是(　　)。

　　A. *(* w+3)　　　　B. *(w+1)[4]　　　　C. *(*(w+1))　　　　D. *(&w[0][0]+1)

2. 以下程序的运行结果是(　　)。

```
int a[ ]={1,2,3,4,5,6,7,8,9,10,11,12};
int *p=a+5,*q=NULL;
*q=*(p+5);
printf("%d,%d\n",*p,*q);
```

　　A.6,11　　　　　　B.5,10　　　　　　　C.6,6　　　　　　　D. 运行有错

3. 以下程序的运行结果是(　　)。

```
int a[5]={1,3,5,7,9};
a+=2;  printf("%d",a[0]);
```

　　A.1　　　　　　　B.3　　　　　　　　C.5　　　　　　　　D. 程序出错

4. 设有定义:int a[5],*p=a;则对 a 数组元素的正确引用是(　　)。

　　A. *(a+3)　　　　B. * &a[5]　　　　　C. *(p+5)　　　　　D. p+3

5. 若有定义语句:int a,* p=&a;以下叙述中错误的是(　　)。

　　A. 定义语句中的*号是一个间址运算符

　　B. 定义语句中的*号只是一个说明符

　　C. 定义语句中的 p 只能存放 int 类型变量的地址

　　D. 定义中,* p=&a 把变量 a 的地址作为初值赋给指针变量 p

6. 设有:double x[10],*p＝x;以下能给 x[6]读入数据的正确语句是(   )。
   A. scanf("%f",&x[6]);   B. scanf("%lf",*(x+6));
   C. scanf("%lf",p+6);   D. scanf("%lf",p[6]);

7. 设有定义:double *p,a;则以下 scanf 语句中能正确为变量 a 读入数据的是(   )。
   A. *p=&a; scanf("%lf",p);   B. *p=&a; scanf("%f",p);
   C. p=&a; scanf("%lf",*p);   D. p=&a; scanf("%lf",p);

8. 以下程序段完全正确的是(   )。
   A. int *p; scanf("%d",&p);   B. int *p; scanf("%d",p);
   C. int k,*p=&k; scanf("%d",p);   D. int k,*p; *p=&k; scanf("%d",p);

9. 若有定义语句:int a=2,*p=&a;以下不能使变量 a 中的值增至 3 的语句是(   )。
   A. *p+=1;   B. (*p)++;   C. ++(*p);   D. *p++;

10. avg 函数的功能是求整型数组中的前若干个元素的平均值,设数组元素个数最多不超过 10,则函数说明语
    句错误的是(   )。
    A. int avg(int *a,int n);   B. int avg(int a[10],int n);
    C. int avg(int a,int n);   D. int avg(int a[ ],int n);

11. 下面程序运行结果是(   )。
    char st[ ]="Game";
    st+=2;
    printf("%d",st[0]);
    A. 输出'G'的 ASCII 码   B. 输出'm'的 ASCII 码
    C. 输出'I'的 ASCII 码   D. 程序有错

12. 以下不能将 s 所指字符串正确复制到 t 所指存储空间的是(   )。
    A. while (*t=*s){ t++; s++; }   B. for (i=0; t[i]=s[i]; i++);
    C. do{*t++=*s++;}while (*s);   D. for (i=j=0; t[i++]=s[j++];);

13. 以下存在语法错误的是(   )。
    A. char ss[6][20];   ss[1]="right?";   B. char ss[ ][20]={"right?"};
    C. char *ss="right?";   D. char *ss[ ]={"right?"};

14. 若有:char *line[5];,以下正确的是(   )。
    A. line 是一个数组,每个元素是一个类型为 char 的指针变量
    B. line 是一个指针变量,该变量可以指向一个长度为 5 的字符型数组
    C. line 是一个指针数组,语句中的*号称为间址运算符
    D. line 是一个指向字符型函数的指针

15. 若有:int k[2][3],*pk[3];则各选项中正确的是(   )。
    A. pk=k;   B. pk=k[0];   C. pk[1]=&k;   D. pk[0]=&k[1][2];

16. 若有：int (*p)[3];则正确选项是(   )。
    A. 定义了类型为 int 的三个指针变量
    B. p 是基类型为 int 的具有三个元素的指针数组
    C. 定义了名为*p,具有三个元素的整型数组
    D. 定义了一个名为 p 的指针变量,它可以指向每行有三个整数元素的二维数组

17. 选项中能正确引用 c 数组元素的是(   )。
    int c[4][5],(*p)[5];
    p=c;
    A. p+1   B. *(p+3)   C. *(p+1)+3   D. *(p[0]+2)

18. 以下对函数 fun 的正确调用语句是(　　　)。

```
char fun(char*);
main()
{
    char*s='one',a[5]={0},(*f1)()=fun,ch;
    _____
}
```

　　A. (*f1)(a);　　　　　　B. *f1(*s);　　　　　　C. fun(&a);　　　　　　D. ch=*f1(s)

19. 函数有说明:void*fun();含义是(　　　)。

　　A. fun 函数无返回值

　　B. fun 函数的返回值可以是任意的数据类型

　　C. fun 函数的返回值是无值型的指针类型

　　D. 指针 fun 指向一个函数,该函数无返回值

20. 以下叙述中错误的是(　　　)。

　　A. 改变函数形参的值,不会改变对应实参的值

　　B. 函数可以返回地址值

　　C. 可以给指针变量赋一个整数作为地址值

　　D. 当包含 stdio.h 时,可以给指针变量赋 NULL

第11章　结构体、共同体及枚举类型

以结构模拟客观世界的客体、实现数据内容的结构化处理以及多媒体对象的自描述式存储等是 C 语言编程的常用技术。结构体（简称结构）根据数据对象各个属性之间已经存在的相互联系，或者计算机处理中编程需要而设置的多个数据成员，由数据成员组合成一个整体，结构的成员既可以为 C 语言的基本类型，也可以为其他已定义过的结构。结构把客观对象的自然关联关系与程序处理的数据对象的成员组合关系相统一；数据聚合、整体处理及语义关联保证了程序设计及内存使用的同样高效；提高了数据永久性存储的簇聚性；根据结构内一个或者几个成员的内容即可确定数据块的数据对象结构，是实现数据库系统自描述性管理的主要机制。

共同体是一种实现多个不同类型或者不同体积的成员公用一段内存的机制，该机制涉及两个重要概念：对于共同体使用的公用内存，可以使用共同体中的任何一个成员对其进行读写；对于共同体公用内存中的数据，可以按照成员的类型进行不同解释或者使用。借用共同体实现数据类型的转换是 C 语言程序设计中常用的基本技巧。

枚举是一个被命名的整型常数的集合，其中，一段整型常数的集合限定了该枚举类型的变量取值范围；命名主要为了清晰枚举集合元素的语义以及方便程序设计中的使用。

结构、共同体及枚举类型是 C 语言实现自主构造类型的三种基本机制，正确理解、领会内涵以及熟练使用它们是编程实战中必须具备的素养。有人甚至提出可以根据程序中对于自主构造类型的使用情况，即可对编程者的编程经验和水平进行评估。

11.1　结构化数据集合

以 C 语言数据构造机制，设计数据类型集合，实现对于生活、工作以及多个领域业务等计算机管理或者辅助决策功能，是程序研发的主要任务之一。对于大体积的数据集合，使用基于基本类型数据（整型、浮点型、字符型数据）的构造类数据——数组，无疑是一种有效的数据结构及程序设计的方法。

【例 11.1】　利用数组研发一个学生成绩管理程序，可以输入学生成绩及显示学生成绩的基本情况。

【程序实现】

```
# include "stdafx. h"
# include < stdio. h>
void main()
{
    // 学生学号数组
  char no[20][12]= {"123456789","123456790"};
    // 学生姓名数组
```

```
char name[20][9]={"李超","张菲"};
    // 学生性别数组
char sex[20][3]={"男","女"};
    //学生课程名称数组
char coursename[20][32]={"英语","计算机应用基础"};
    // 学生课程分数数组
float score[20]={78,98};
int    students=2;        // 学生个数
int    ino;
    // 输入学生的成绩
printf("请输入第 %d 位学生的信息:\n",students+1);
printf("学号:");
scanf("%s",no[students]);
printf("姓名:");
scanf("%s",name[students]);
printf("性别:");
scanf("%s",sex[students]);
printf("课程名称: ");
scanf("%s",coursename[students]);
printf("分数:");
scanf("%f",&score[students]);
++students;
printf("学生基本情况如下:\n");
    /*输出学生全部情况 */
for (ino=0;ino<students;ino++)
printf("%d,%s,%s,%s,%s,%f \n",ino+1,no[ino],name[ino],sex[ino],coursename
[ino],score[ino]);
getchar();
return;
}
```

【输出结果】

请输入第 3 位学生的信息:

学号:123456791;

姓名:刘坤

性别:男

课程名称:C 语言程序设计

分数:97

学生基本情况如下:

1,123456789　,李超,男,英语,78

2,123456790　,张菲,女,计算机应用基础,98

3,123456791　,刘坤,男,C 语言程序设计,97

【程序分析】

　　(1)每个学生的情况被分配到不同的数组之中,这种关联关系,程序借助于数组编号来
体现。

（2）只要任何一个数组的次序发生改变，由编号关联的学生情况一定会出现错误。

（3）学生增加、删除及修改等操作，必须同时修改所有相关数组，程序编写及维护工作量大。

（4）栏目增加（如增加一个学生的手机号，如 tno[20]），必须按照已有数组的顺序，一个不少地输入全部数组的内容（内容可以为空，但必须输入）。

（5）根据学生情况，选择一项或者多项排序（如成绩）升序或者降序进行排序问题，采用独立数组方式，一般困难特别大（一定能够解决，但无法使用经典的算法来实现）。

同一个数据对象逻辑相关的数值属性分别分解到多个变量或者数组变量之中，由程序设计者对于这种关联关系记忆或者理解编写程序，这无形中增大了程序设计的思路规划、算法利用以及编程实现的复杂性和难度。在第 4 章讲述的顺序程序设计方法中，把编程过程与解决问题的思路统一起来：按照解决问题的流程顺序，设计相应的程序，即思路与程序的统一。同理，对于客观世界中存在着自然关联关系的数据对象的多个数字化属性，使用一种构造类型机制，对于单一对象有许多相关信息，这些信息彼此相关，物理上（文件/内存）连续，要求能用统一、简单的方法引用整体或各个关联属性，即将相关对象的关联信息进行打包，打包的结果就是结构。因此，结构的引入必然能提高程序设计的逻辑严密性、编程工作的效率质量以及程序运行的可靠性等。

C 语言引入的结构、共同体及枚举类型，本质上是一种由用户自己设计构造的、具有组配能力的自主组织类数据类型，支持用户把描述同一个数据对象的多个特征（通常称为属性）、不同体积的多个数据变量以及一个应用领域的多个具有数字化描述信息等，分别以结构、共同体及枚举类型三种机制对其提供高效的支持。本书把数组、结构、共同体及枚举类型等统称为自主构造类型。

借助于自主构造类型，根据处理数据对象的特点、业务需求的种类以及信息共享（以及加工、存储以及传输等）的范围等，设计专门数据结构，按照结构化定义进行数据存储、操作及引用（该过程涉及的所有数据，通称为结构化数据），是 C 语言程序研发采用的基本思路。因此，掌握数组、结构、共同体及枚举类型等自主构造类型的基本概念、基本方法以及基本应用，是 C 语言课程学习的基本要求。

值得一提的是：结构化数据构成了计算机应用领域的数据主体；VC++6.0 建立了大批量自主构造类型，建立支持设计 C 语言高质量程序的优质平台；自主构造类型是实现自主软件研制、创新程序设计的核心技术。

（1）所有专用的数据文件基本都是由结构化数据构成的。数据文件种类繁多，不可胜数，从后缀上区分，常用的文件，如 doc（Word 文档）、WPS（WPS 文档）、xls（Excel 电子表格）、ppt（Powerpoint 演示文稿）、rar（WinRAR 压缩文件）、pdf（用 pdf 阅读器打开）、dwg（CAD 图形文件）、exe（可执行文件）、jpg（图形文件）、bmp（位图文件）及 swf（flash 影片）等通常使用自描述文件形式，由专用软件或者工具使用。

（2）网络传输着多种媒体的数据，支持着多种协议。一种数据能被其他软件、系统以及环境所共享，公开的、通用的、符合某种规范等特点的结构化数据（包）是网通天下的重要基础。

（3）在 VC++6.0 系统自带的上千个头文件中，定义了数以百计的数据结构，构成了被多个程序共享、多个函数参数传递共同、多个 API（包括多个类）共同遵从的优质研发平台。

（4）以相关多个成员与一个或者两个指针构成的结构（简称链表单元），可以作为实现单链表、双链表的理想模型。以链表单元集合构成的链表具有按需分配存储单元、物理地址不连续、链表单元删除(或者插入)操作无需数据大面积移动、顺序查找方便等特点,通常作为队列、堆栈、索引等程序设计的主要结构。同时,由于具有结构以及内存动态申请机制,是C语言毫无悬念地成为实现动态链表的首选语言。

(5)以自主构造的结构作为数据类型,对于相对业务量、数据体积相对较小的计算机应用领域,如网吧管理、小型旅馆管理、小型营销网站等,通过静态定义或者动态申请多个结构类型的数组,组织自描述类数据文件,实现无需商业数据库(如SQL server、oracle等)支持的数据库应用系统,因其界面友好、操作简单方便及成本低廉而深受程序研发者和企业的青睐。在国内,采用该方式研制软件的成功案例比比皆是。

(6)随着计算机技术、网络技术、数据库技术的不断进步,应用领域的不断深入,在国内依托自主构造类型机制,建立自描述类结构化数据组织体系,建立自己的数据库系统,汉语计算机语言系统以及智能化信息组配平台等,已经形成一种势不可挡的趋势,不久的将来,必然会结出累累硕果。

基于TCP/IP协议,实现计算机网络、有线电视网络及电信网络三网合一,构建5A(Anytime、Anywhere、Anyone、AnyMedia、Anyinformation)世界,是计算机网络发展的必然趋势。在5A世界中,数据海量化是其主要特征,而数据组织主要依托自主设计的结构。因此,结构化数据集合是人类5A世界的数字细胞。

11.2　结构体类型

程序中所处理的数据并非总是一个简单的整型、实型或字符型数据。如处理的对象是学生,不可能孤立地考虑学生的成绩,而割裂学生成绩与学生其他属性之间的内在联系。学生的成绩、姓名、学号等是一组逻辑相关的数据,孤立地考虑这些属性,将导致操作不便或逻辑错乱。

解决以上问题的方法就是引入结构体类型,将逻辑相关的数据有机组合在一起,称为结构体。结构体可以将若干个不同类型的数据(通过逻辑上存在着关联关系)组合成一个复合数据类型。组成结构体的数据项称为结构体的成分或成员。结构体类型成员的数量必须固定,但各个成员的类型可以不同。

结构体类型说明语句的形式如下:

struct　结构体名〈成员说明序列〉;

结构体名是结构类型说明的标志,如果所定义的结构体类型在程序中很少使用,可以省略结构名,在说明类型的同时定义结构体变量;如果所定义的结构体类型,在程序中要多次使用,应该使用结构体名说明结构类型,以后在程序需要该结构体类型的地方,用"struct 结构体名"的形式代表整个说明,相当于一个类型名。

成员表列由若干个成员组成,每个成员都是该结构体的一个组成部分。对结构体中的每个成员必须作类型声明,声明形式同变量定义,成员名的命名应符合标识符的书写规定,声明结构体形式为:

类型说明符 成员名;

结构体声明如下:

```
struct student    //学生信息结构
{
  char  no[12];          // 学号
```

```
char   name[9];          // 姓名
char   sex[3];            // 性别
char   coursename[32]; // 课程名称
float  score;             // 课程分数
};
```

注意,结构体定义不要忽略最后的分号。在这个结构体定义中,结构名为 student,该结构由 5 个成员组成。其中,no(学号)、name(姓名)、sex(性别)及 coursename(课程名称)均为字符型数组,而 score(课程分数)为浮点型。也可以把"成员表列"称为"域表"。每一个成员也称为结构体中的一个域。成员名取名规则与变量命名方式及要求相同。"结构体"这个词是根据英文单词 structure 译出的。有些 C 语言书把 structure 直译为"结构",即结构类型,简称结构(下同)。在结构 student 中,所有成员的类型均为 C 语言的基本数据类型。但是,如果需要,结构内的成员类型也可以为用户自己构造类型,如数组、结构及共同体等,即允许结构内包含其他结构成员实现结构嵌套定义。在结构(称为嵌套定义结构)内定义其他结构成员(称为成员结构)的条件是:成员结构的结构定义必须在嵌套定义结构定义之前已经定义。如:

```
struct   date   // 日期类型结构
{
  int year;     //年度
  int month;    //月份
  int day;      //日
};
```

有了日期结构,可以对结构 student 的成员进一步充实,增加出生日期的成员,结构 student 定义如下:

```
struct student    //学生信息结构
{
  char no[12];          // 学号
  char name[9];         // 姓名
  char sex[3];          // 性别
  struct date dt;       // 出生日期
  char coursename[32]; // 课程名称
  float score;          // 课程分数
};
```

由此可见,结构是一种复杂的构造数据类型,其成员数目不固定,成员的类型既可以为 C 语言的基本类型,也可以为其他构造数据类型,如数组、结构及共同体等,结构允许与其他结构嵌套定义,嵌套层数不限(多于三层的嵌套类结构,使用已不太方便,因此,一般建议结构嵌套不要超过三层),但成员类型的结构嵌套不可直接或间接递归嵌套。C 语言编译系统设置有检测结构直接或间接递归嵌套的机制,会及时给出出错提示。

11.3 结构类型变量的定义

前面只是指定了一个结构类型,它相当于一个模型,但其中并无具体数据,系统对之也不分配实际内存单元。为了能在程序中使用结构类型的数据,应当定义结构类型的变量,并在其中存放具体的数据。可以采取以下三种方法定义结构类型变量。

1. 先定义结构类型再定义结构变量

在先前声明的结构类型后加上以下形式：

struct〈结构名〉〈结构变量表列〉；

如上面已定义了一个结构类型 struct student，可以用它来定义变量。如：

struct student student1，student2；

结构类型长度可以使用 sizeof(struct student)获取。其长度等于所有成员类型长度之和。在定义了结构变量后，系统会为其分配内存单元。例如，student1 和 student2 在内存中各占 sizeof(struct student)个字节。

这是一种面向共享、面向共用及着眼于全局的结构变量定义方法，是 C 语言构成自己结构的一种有效方法。将一个变量定义为标准类型（基本数据类型）与定义为结构类型不同之处在于后者不仅要求指定变量为结构类型，而且要求指定为某一特定的结构类型（例如 struct student 类型）。因为可以定义出许许多多种具体的结构类型，而在定义变量为整型时，只需指定为 int 型即可。

如果程序规模比较大，往往将对结构类型的声明集中放到一个文件(以.h 为后缀的"头文件")中。哪个源文件需用到此结构类型，则可用♯include 命令将该头文件包含到源文件中。这样做便于装配、便于修改、便于使用。

C 语言(特别是 VC++6.0)设置了大量的常用结构(简称库结构)，程序中也可以使用库结构定义程序内使用的变量，这是 C 语言编程中常用的技术，使用时必须了解所用库结构的成员，程序开头必须包含定义所用库结构的头文件。

【例 11.2】 检测 C 语言部分基本类型、结构类型的尺寸。

【程序实现】

```c
# include "stdafx. h"
# include < stdio. h >
void main()
{
  struct  date   // 日期类型结构
  {
    int year;   //年度
    int month;  //月份
    int day;    //日
  };
  struct student          //学生信息结构
  {
    char  no[12];         // 学号
    char  name[9];        // 姓名
    char  sex[3];         // 性别
    struct  date dt;      // 出生日期
    char  coursename[32]; // 课程名称
    float score;          // 课程分数
  };
  printf("基本类型的尺寸:\n");
```

```
printf("sizeof(int)＝%d,sizeof(char)＝%d,sizeof(float)＝%d \n",
    sizeof(int),sizeof(char),sizeof(float));
printf("构造类型的尺寸:\n");
printf("sizeof(struct date)＝%d,sizeof(struct student)＝%d \n",
    sizeof(struct date),sizeof(struct student));
getchar();
return;
}
```

【输出结果】

基本类型的尺寸:

`sizeof(int)＝4,sizeof(char)＝1,sizeof(float)＝4`

构造类型的尺寸:

`sizeof(struct date)＝12,sizeof(struct student)＝72`

对例 11.2 分析可知:结构的长度等于所有成员长度之和。每个整数占 4 个字节,struct date 结构包含三个整数成员,所以长度为 12。每个字符占 1 个字节,浮点数占 4 个字节,所以 struct student 结构占 72 个字节(12＋9＋3＋12＋32＋4)。

2. 在定义结构类型的同时定义结构变量

定义的结构变量直接在结构类型声明的"}"后给出。一般形式为:

struct〈结构名〉

{

　〈成员表列〉

}〈结构变量表列〉;

注意,分号";"在〈结构变量表列〉之后,而不是在结构定义的"}"之后。例如:

```
struct student
{
    char   no[12];
    char   name[9];
    char   sex[3];
    char   coursename[32];
    float  score;
} student1,student2;
```

它的作用与第一种方法相同,即定义了两个 struct student 类型的变量 student1、student2。这种定义变量方式一般是面向同一源文件或者同一函数的定义方式,因为可以通过 struct〈结构名〉在同一源文件(或者同一函数体内)多次定义其他结构变量。该方法定义的结构一般不在共同的头文件中定义,因为头文件一般不包含任何变量的定义。由于不能独立构成头文件,所以别的源文件内的函数无法共享其定义的结构。不在头文件中定义变量的原因如下:在头文件中定义的变量,只要别的源程序文件包含了该头文件,无论源文件中使用了头文件中定义的变量,还是没有使用,系统都会为其分配内存空间,这样,会造成系统资源无谓的消耗。

3. 直接定义结构类型变量

其一般形式为

```
struct
{
    〈成员表列〉
}〈结构变量表列〉;
```

即只定义了一种结构以及一组结构类型变量,没有为结构命名。因此,通过该方式定义的结构无法重新(在别处)在本定义以外定义其他同结构类型的变量,即结构类型只能用一次。本质上,直接定义结构类型变量的方式的基本含义为:只使用结构变量,不可能重新使用结构类型。通常用于:①一个函数体内定义局部结构变量。②一个源文件内定义全局结构变量。直接定义结构类型变量举例如下:

```
struct
    {
        char    no[12];
        char    name[9];
        char    sex[3];
        char    coursename[32];
        float   score;
    } student1,student2;
```

由于没有定义结构名称,程序的其他地方无法再使用该结构定义与 student1 和 student2 同结构的变量了。

4. 关于结构讨论

结构是一种构造类型,涉及结构名、成员名、结构变量等多种概念,容易引起混淆。因此,对于主要概念阐述如下:类型与变量是不同的概念,不要混同。只能对变量赋值、存取或运算,而不能对一个类型赋值、存取或运算。在编译时,对类型是不分配空间的,只对变量分配空间。对结构中的成员(即"域")可以单独使用,它的作用与地位相当于普通变量。成员也可以是一个结构变量,如例 11.2 中的 struct date 结构。成员名可以与程序中的变量名相同,二者不代表同一对象。例如,程序中可以另定义一个变量 name,它与 struct student 中的 name 是两回事,互不干扰。

🐻 **混淆结构体类型名和结构体变量名**

若定义了结构:

```
struct student
    {
    char    no[12];
    char    name[9];
    char    sex[3];
    char    coursename[32];
    float   score;
    };
```

则赋值语句:

```
student score= 99.8;
```

是错误的。因为 struct student 是一种自定义结构,与 int 类型一样通过定义变量来使用,以上语句相当于：

```
int=9899;
```

是一种严重的概念错误。

11.4 结构变量的引用

借助于结构实现了多个相关成员的逻辑关联,带来了程序设计的便捷及以数据包方式访问的高效。对一个结构类型变量的引用是通过引用它的每一个成员来实现的,包括赋值、输入、输出和运算等都是通过结构变量的成员来实现的。表示结构变量成员的一般结构是：

结构变量名.成员名

或

结构变量名.结构类型成员名.成员名

其中,“.”称为结构成员运算符,将结构变量名与成员名连接起来,它具有最高级别的优先级。结构变量可以单独引用其成员,也可作为一个整体引用,还可以引用结构变量或成员的地址。若成员本身又属一个结构类型,只能对最低级的成员进行赋值或存取以及运算。

1. 单独引用结构变量的成员

```
struct  clock  // 时钟结构
{
  int hour;  // 时
  int minute;// 分
  int second;// 秒
};
struct  date  // 日期结构
{
  int year; // 年
  int month;// 月
  int day;  // 日
  struct  clock  time;  // 时间
};
```

成员变量可以像普通变量一样进行各种运算。下面的赋值语句是合法的。

```
struct date today;
today.year=2013;
today.month=4;
today.day=12;
today.time.hour=16;
today.time.minute=47;
today.time.second=15;
```

由于“.”是成员(分量)运算符,因此可以把 today.time 作为一个整体来看待。struct clock 成员本身又属一个结构类型,则要用若干个成员运算符一级一级地找到最低一级的成员。只能对最低级的成员进行赋值或存取以及运算。注意:不能用 today.clock 来访问 today 变量中的成员 clock,因为 clock 本身是一个结构类型。

2. 结构变量作为一个整体引用

结构变量不可以作为整体进行输入输出,但可以作为函数的参数或返回值而被整体引用,也可以将一个结构变量作为一个整体赋给另一个具有相同类型的结构变量。举例如下:

```
struct   date
{
  int year;
  int month;
  int day;
};
  /*函数,获取下一个结构的指针 */
struct   date * nextday(struct date  * day)
{
  struct   date temp;
  ...
  return(&temp);
}
```

函数 nextday 的形参 day 为结构类型,它将整体接受同类型实参的值。所谓整体使用,主要指返回一个指向结构变量的结构指针。后面将进行详细讨论。

3. 引用结构变量的地址或成员的地址

引用结构变量的成员地址,要在结构成员引用的前面再加"&"运算符,引用结构变量 vdate 的成员 day:

```
struct   date vdate;
printf("%p",&vdate. day);
```

输出结构变量 vdate 日期成员的地址。

【例 11.3】 利用结构研发一个学生成绩管理程序,可以输入学生成绩及显示学生的基本情况。

【程序实现】

```
# include "stdafx. h"
# include < stdio. h >
void main()
{
  struct student // 学生信息结构
  {
    char   no[12];   // 学号
    char   name[9];   // 姓名
    char   sex[3];    // 性别
    float score;       // 课程分数
  };
  struct student stdset[20]={
    {"123456789","李超","男",78.0},
    {"123456790","张菲","女",98.0}};
  int num=2;      // 学生个数
```

```
    int ino;
        // 输入学生的成绩
    printf("请输入第 %d 位学生的信息:\n",num+1);
    printf("学号:");
    scanf("%s",stdset[num].no);
    printf("姓名:");
    scanf("%s",stdset[num].name);
    printf("性别:");
    scanf("%s",stdset[num].sex);
    printf("分数:");
    scanf("%f",&stdset[num].score);
    ++num;
    printf("学生基本情况如下:\n");
        /*输出学生全部情况 */
    for (ino=0;ino<num;ino++)
        printf("%d,%s,%s,%s,%f \n",ino+1,stdset[num].no,
        stdset[ino].name,stdset[ino].sex,stdset[ino].score);
    getchar();
    return;
}
```

【输出结果】

请输入第 3 位学生的信息:

学号:123456791;

姓名:刘坤

性别:男

分数:97

学生基本情况如下:

1,123456789 ,李超,男,78

2,123456790 ,张菲,女,98

3,123456791 ,刘坤,男,97

从例 11.3 可以看出,对于结构变量的数值访问只能对于其成员实施,但结构变量的初始化机制,允许以成员值集合的形式集体赋值,下节讨论结构变量的初始化。

11.5 结构变量的初始化

一个结构变量中可以存放一组数据(如一个学生的学号、姓名、成绩等数据)。如果有 10 个学生的数据需要参加运算,显然应该用数组,这就是结构数组。结构数组与以前介绍过的数值型数组的不同之处在于每个数组元素都是一个结构类型的数据,它们都分别包括各个成员(分量)项。

结构数组的每一个元素都是结构类型数据,均包含结构类型的所有成员。

同基本类型变量、数组变量相同,结构变量可以在声明的同时初始化。举例如下:

```
struct  clock
{
```

```
    int hour;
    int minute;
    int second;
};
struct  date
{
    int year;
    int month;
    int day;
    struct  clock  time;
};
struct date today＝{2004,4,12,{17,4,30}};
```

结构变量包含着多个不同类型的成员或者结构成员,由于对于结构变量的引用(这里指赋值)只能对于每个成员直接进行,对于数值类变量可以使用"＝"(赋值符号)赋值;如果为字符数组,只能使用字符串函数赋值;对于结构变量的子结构变量,只能逐层的、一个一个成员的赋值。特别对于有结构定义的数组变量,对其各个数组的各个成员赋值,这种赋值过程需要对于每个成员编写赋值语句或者使用字符串函数,比如,对于由 20 个成员构成的结构,如果定义了100 个结构数组变量(这在程序设计中是一种非常普遍的应用),如果对于该结构数组赋值需要 2000 句。因此,对于结构数组(变量)赋值,程序量往往急剧增加,而且很容易出错。因此,结构变量,特别是结构数组变量的赋值程序,一直是程序设计人员尽可能避免编写的程序。结构变量或者结构变量数组的初始化,是一种高效率的结构变量或者结构数组变量赋值的方法,因此,在程序研发中被大量使用。

在 C 语言中,除使用双引号("")括起来汉字外,任何其他地方出现的汉字均为非法字符。换句话说,基于类英语母语的 C 语言,没有给汉字应有的"国民待遇"。在程序编写中输入中文的标点符号,这种错误很难发现,但程序编译时将会大片出错,这是 C 语言程序调试中的一件棘手的难题,出错误原因看不见,但编译系统能查得出,特别是输入了汉字空格,更无法发现,常用的方法是:把所有空格全部删除,确保在非汉字状态下,重新输入英文空格字符。下面为不小心输入汉字标点符号后编译时的出错信息(节选):

error C2018：unknown character '0xa3'

error C2018：unknown character '0xbb'

error C2018：unknown character '0xa3'

error C2018：unknown character '0xbb'

error C2018：unknown character '0xa3'

error C2018：unknown character '0xbb'

error C2018：unknown character '0xa3'

error C2018：unknown character '0xbb'

为了消除这种现象,我们在研发表达式编译器时,为了保证汉字、英文输入的标点符号、大写小写、全角半角等均同等对待,编写了一个转换程序(转换成英文的单字节 ASCII 码)。转换程序的核心是一个汉字(双字节)和英文(单字节)的对照表。限于篇幅,仅给出对照表的初始化程序。

【例 11.4】 汉英字标点符号转换对照表的初始化。程序代码(略)。

【程序实现】

```c
struct tran_table
{
  char hz[3];
  char yw;
};
struct tran_table
  g_trantable[107]=
{
  {"″",'`'},  {"　",''},  {"0",'0'},  {"1",'1'},
  {"2",'2'},  {"3",'3'},  {"4",'4'},  {"5",'5'},
  {"6",'6'},  {"7",'7'},  {"8",'8'},  {"9",'9'},
  {"-",'-'},  {"=",'='},  {"\",'\\'},  {"～",'~'},
  {"!",'! '},  {"@",'@ '},  {"#",'# '},  {"$ ",'MYM'},
  {"%",'%'},  {"＾",'^'},  {"&",'&'},  {"*",'*'},
  {"(",'('},  {")",')'},  {"_",'_'},  {"+",'+'},
  {"|",'|'},  {"、",'\\'},  {" • ",'.'},  {"￥",'MYM'},
  {"…",'_'},  {"—",'-'},  {"A",'A'},  {"B",'B'},
  {"C",'B'},  {"D",'D'},  {"E",'E'},  {"F",'F'},
  {"G",'G'},  {"H",'H'},  {"I",'I'},  {"J",'J'},
  {"K",'K'},  {"L",'L'},  {"M",'M'},  {"N",'N'},
  {"O",'O'},  {"P",'P'},  {"Q",'Q'},  {"R",'R'},
  {"S",'S'},  {"T",'T'},  {"U",'U'},  {"V",'V'},
  {"W",'W'},  {"X",'X'},  {"Y",'Y'},  {"Z",'Z'},
  {"a",'a'},  {"b",'b'},  {"c",'c'},  {"d",'d'},
  {"e",'e'},  {"f",'f'},  {"g",'g'},  {"h",'h'},
  {"i",'i'},  {"j",'j'},  {"k",'k'},  {"l",'l'},
  {"m",'m'},  {"n",'n'},{"o",'o'},{"p",'p'},
  {"q",'q'},  {"r",'r'},  {"s",'s'},  {"t",'t'},
  {"u",'u'},  {"v",'v'},  {"w",'w'},  {"x",'x'},
  {"y",'y'},  {"z",'z'},  {"[",'['},  {"]",']'},
  {";",';'},  {"″",'\"'},  {",",','},  {".",'.'},
  {"/",'/'},  {"{",'{'},  {"}",'}'},  {":",':'},
  {"″",'\"'},  {">",'<'},  {"<",'>'},  {"?",'? '},
  {"'",'\"'},  {"。",'.'},  {"″",'\"'},  {"《",'<'},
  {"》",'>'},  {"'",'\"'},  {"″",'\"'}};
```

由于输入内容不同,最少需要 200 多个赋值语句和字符串拷贝(strcpy 函数)语句。输入密密麻麻一片汉字和英文字母,编写这样一批赋值语句,不错都难。

11.6 结构数组

1. 结构数组的定义

与结构变量的定义方式相同,结构数组变量(简称结构数组)的定义方式也有三种。

(1)先定义结构类型,后定义结构数组。

struct student students[100];

(2)结构数组与结构类型同时定义。

(3)不定义结构类型名,直接定义结构数组。

2. 结构数组的初始化

对结构数组可以进行初始化,它的作用是把成批的数据传递给结构数组中的各个元素。初始化的一般形式为:

struct 〈结构名〉〈结构数组〉[n]={〈初始表列〉};

其中,n 为元素的个数。在初始表列中,以一个元素内容为单位,用一对"{ }"括起来,各元素之间用","分隔。

当对数组中的全部元素初始化时,也可将"[ ]"中的数组元素个数省略。在编译时,系统会根据给出初值的结构常量的个数来确定数组元素的个数。数组的初始化也可以先声明结构类型,然后再定义数组,并在定义数组时初始化。举例见例 11.3。

3. 应用举例

【例 11.5】 使用结构数组变量,保存 20 个学生的情况,利用选择排序算法,按照成绩从高到低排序后输出。

【算法描述】

选择排序的思路为:每一趟从待排序的数据元素中选出最小(或最大)的一个元素,顺序放在已排好序的数列的最后,直到全部待排序的数据元素排完。

选择排序法对于排序数组采用两层循环结构。第一层循环从起始元素开始选到倒数第二个元素,主要是在每次进入的第二层循环之前,将外层循环的下标赋值给临时变量,接下来的第二层循环中,如果发现有比这个最小(或者最大)位置处的元素更小(或者更大)的元素,则将那个更小(或者更大)的元素的下标赋给临时变量,最后,在二层循环退出后,如果临时变量改变,则说明有比当前外层循环位置更小(或者更大)的元素,需要将这两个元素交换。

【程序实现】

```
# include "stdafx. h"
# include < stdio. h >
# include < string. h >
# define MAXITEMS 20
void main()
{
  struct student // 学生信息结构
  {
    char   no[12];      // 学号
    char   name[9];   // 姓名
```

```
    char   sex[3];      // 性别
    float score;        // 课程分数
};
struct student  iset[MAXITEMS]={
    {"1000001","李超","男",78.0},
    {"1100002","张菲","女",98.0},
    {"1000003","王辉","男",58.0},
    {"1000004","李楠","女",88.0},
    {"1000005","蔡涛","男",68.0},
    {"1000006","郭大","女",77.0},
    {"1000007","葛正","男",87.0},
    {"1000008","哈就","女",97.0},
    {"1000009","纳家","男",67.0},
    {"1000010","马伟","女",57.0},
    {"1000011","李波","男",66.0},
    {"1100012","黄鑫","女",76.0},
    {"1000013","董哥","男",86.0},
    {"1000014","李华","女",96.0},
    {"1000015","龙好","男",99.0},
    {"1000016","面哈","女",89.0},
    {"1000017","李长","男",79.0},
    {"1000018","段宁","女",69.0},
    {"1000019","谢成","男",59.0},
    {"1000020","东方虹","女",93.0}};
int   ino1,ino2,flag=0;
float temp=0.0;
struct student  stu;
    // 大循环,用于控制程序不再对已经排好序的数进行操作
for (ino1=0; ino1 < MAXITEMS-1; ino1++)
{
    temp=iset[ino1].score;
    flag=ino1;
        // 小循环,用于从前往后扫描数组并选择最大数
    for (ino2=ino1+1; ino2 < MAXITEMS; ino2++)
    {
    if (iset[ino2].score > temp)
      {
        temp=iset[ino2].score;
        flag=ino2; // 目前最大的元素的下标
      }
    }
    // 如果最大的元素不是进行筛选的数据中的第一个,则将最大数据与第一个筛选数据交换
    if (flag !=ino1)
    {
```

```
        strcpy(stu.no,iset[flag].no);
        strcpy(stu.name,iset[flag].name);
        strcpy(stu.sex,iset[flag].sex);
        stu.score=iset[flag].score;
        strcpy(iset[flag].no,iset[ino1].no);
        strcpy(iset[flag].name,iset[ino1].name);
        strcpy(iset[flag].sex,iset[ino1].sex);
        iset[flag].score=iset[ino1].score;
        strcpy(iset[ino1].no,stu.no);
        strcpy(iset[ino1].name,stu.name);
        strcpy(iset[ino1].sex,stu.sex);
        iset[ino1].score=stu.score;
    }
}
printf("排序后的学生成绩:\n");
    /*输出学生全部情况 */
for (ino1=0;ino1<MAXITEMS;ino1++)
  printf(" %f,%s,%s,%s \n",iset[ino1].score,
  iset[ino1].no,iset[ino1].name,iset[ino1].sex);
getchar();
return;
}
```

【输出结果】

排序后的学生成绩：

99.000000	,1000015	,龙好,	男
98.000000	,1100002	,张菲,	女
97.000000	,1000008	,哈就,	女
96.000000	,1000014	,李华,	女
93.000000	,1000020	,东方虹,	女
89.000000	,1000016	,面哈,	女
88.000000	,1000004	,李楠,	女
87.000000	,1000007	,葛正,	男
86.000000	,1000013	,董哥,	男
79.000000	,1000017	,李长,	男
78.000000	,1000001	,李超,	男
77.000000	,1000006	,郭大,	女
76.000000	,1100012	,黄鑫,	女
69.000000	,1000018	,段宁,	女
68.000000	,1000005	,蔡涛,	男
67.000000	,1000009	,纳家,	男
66.000000	,1000011	,李波,	男
59.000000	,1000019	,谢成,	男
58.000000	,1000003	,王辉,	男
57.000000	,1000010	,马伟,	女

【程序分析】

例 11.5 是一个值得仔细研究的排序程序。这是结构数组常用的排序方式。

从算法描述可以看出,所谓排序是针对直接可以比较大小的数组进行的。当对结构数组排序时,应考虑排序用得比较数据对象和比较后实施数据交换的数据对象不一样。每个结构数组的元素由多个不同类型的成员(具体)值构成,排序一般只选一个或者几个成员,但排序过程的数据交换或者移动,必须以整个数组元素为单位。以例 11.5 为例,简述如下。

(1)排序成员为学员的分数:float score。排序的方法为降序。排序比较的语句为:

```
if (iset[ino2].score > temp)
```

(2)排序中,需要借助于中间变量实施结构数组元素交换的是全部结构数组的所有成员:

```
char    no[12];        // 学号
char    name[9];       // 姓名
char    sex[3];        // 性别
float   score;         // 课程分数
```

由于该交换必须使用一个中间结构变量:

```
struct   student   stu;
```

因此,实现结构数组元素交换语句共 12 句。

(3)结构数组排序的基本思路为:①确定结构数组中用于排序的成员(或者成员集合,可以不止一个)及排序方式(升序或者降序)。②定义一个用于进行结构数组元素交换的结构变量,称为中间结构变量。③按照算法,以排序成员为比较变量,逐遍扫描,当找到最大(或者最小)数组元素时,实施数组元素交换。④使用中间结构变量实施两个数组元素之间的数据交换。

11.7 结构指针

给定结构数组的起始地址实施对于相应内存区内物理毗邻数据的访问,其过程与计算机硬件工作程序相一致,节省了由变量名通过 C 语言系统定位数据物理地址这一耗时的计算过程,通过与变量名称无关的指针直接位移访问内存数据,同时,充分发挥了计算机善于循环运行的特长,因此,当使用指针操作结构数组时,无疑等于驶入计算机内部的信息高速公路。

11.7.1 指向结构变量的指针

一个结构变量的指针就是该变量所占据的内存段的起始地址。可以设一个指针变量,用来指向一个结构变量,此时该指针变量的值是结构变量的起始地址。指针变量也可以用来指向结构数组中的元素。当一个指针变量指向一个结构变量时,称为结构指针变量。结构指针变量中的值是所指向的结构变量的首地址。通常利用结构指针可访问该结构变量,这点与数组指针和函数指针的情况是相同的。结构指针变量说明的一般形式为:

struct 结构名称 *结构指针变量名;

这样说明的含义是:规定了指针的数据特性;为结构指针本身分配了一定的内存空间。结构指针变量必须要先赋值后才能使用,赋的值应是一个地址值。有了结构指针变量,就能更方便地访问结构变量的各个成员。其访问的一般形式为:

〈(*结构指针变量)〉.〈成员名〉

或为:

〈结构指针变量〉->〈成员名〉

例如,在前面示例中定义的结构 student,声明一个指向 student 的结构指针变量 pstu,可写为:

```
struct student *pstu;
```

赋值是把结构变量的首地址赋予该指针变量,不能把结构名赋予该指针变量。赋值方式:

结构指针变量＝＆结构变量;

这里的结构变量为结构指针变量。通过指向结构变量的指针来访问结构变量的成员,与直接使用结构变量的效果一样。一般地说,如果指针变量已指向结构变量,则以下三种形式等价。例如:

```
struct person // 个人信息结构
{
    Int ID;       // 身份标号
    char name[9]; // 姓名
    char sex[3];  // 性别
};
struct person per,*pper;
pper＝&per;
```

(1)结构变量. 成员名

```
per.ID
```

(2)(*结构指针). 成员名

```
(*pper).ID
```

(3)结构指针->成员名

```
pper->ID
```

其中,"->"为结构指针运算符,也称为指向运算符。对于结构成员的引用形式为:

结构指针->结构成员

为了理清相关概念,请注意分析下面几种运算:

pper->ID 得到 pper 指向的结构变量中的成员 ID 的值。

pper->ID++ 得到 pper 指向的结构变量中的成员 ID 的值,用完该值后为 ID 成员增加一个 1。

++pper->ID 得到 pper 指向的结构变量中成员 ID 的值使其增加 1。

11.7.2 指向结构数组的指针

指针变量可以指向一个结构数组,这时结构指针变量的值是整个结构数组的首地址。结构指针变量也可指向结构数组的一个元素,这时结构指针变量的值是该结构数组元素的地址。假设,pstu 为指向结构数组的指针变量,则 pstu 也指向该结构数组的 0 号元素,pstu＋1 指向 1 号元素,pstu＋i 则指向 i 号元素,该规则与普通数组的规则是相一致的。下面举例讨论结构指针及结构数组的指针使用问题。

【例 11.6】 以结构数组初始化方式为 struct student 结构数组集合赋值,使用变量指针输出学生情况一览表

【程序实现】

```
# include "stdafx.h"
# include < stdio.h >
```

```
void main()
{
    struct student  // 学生信息结构
    {
        char   no[12];     // 学号
        char   name[9];    // 姓名
        char   sex[3];     // 性别
        float score;        // 课程分数
    };
    struct student iset[10]={
        {"1000001","李超","男",78.0},
        {"1100002","张菲","女",98.0},
        {"1000003","王辉","男",58.0},
        {"1000004","李楠","女",88.0},
        {"1000005","蔡涛","男",68.0},
        {"1000006","郭大","女",77.0},
        {"1000007","葛正","男",87.0},
        {"1000008","哈就","女",97.0},
        {"1000009","纳家","男",67.0},
        {"1000010","马伟","女",57.0}};
    student * pstu;    /*定义一个变量体指针 */
    int ino;
    printf("同学成绩及基本情况一览表:\n");
    pstu=iset; /*等效于 pstu=&iset[0]; */
        /*输出学生全部情况 */
    for (ino=0;ino<10;ino++,pstu++)
    printf("%s,%s,%s,%f,\n",
        pstu->no,pstu->name,pstu->sex,pstu->score);
    getchar();
    return;
}
```

【输出结果】

```
同学成绩及基本情况一览表:
1000001. 李超 . 男 . 78.000000
1100002. 张菲 . 女 . 98.000000
1000003. 王辉 . 男 . 58.000000
1000004. 李楠 . 女 . 88.000000
1000005. 蔡涛 . 男 . 68.000000
1000006. 郭大 . 女 . 77.000000
1000007. 葛正 . 男 . 87.000000
1000008. 哈就 . 女 . 97.000000
1000009. 纳家 . 男 . 67.000000
1000010. 马伟 . 女 . 57.000000
```

例 11.6 是结构指针标准用法。同 C 语言其他数组一样,结构数组名也代表变量数组在

内存连续存储数据区的首地址。所以,以下两个语句是等效的:

```
pstu＝iset;
pstr＝&iset[0];
```

其中,iset 本身就是一个地址(指针)。而 iset[0]是结构数组中的第一个结构元素(编号为 0)。所以,必须对于 iset[0]实施取地址操作。而 &iset[5]是指向第 6 个结构数组元素的地址(指针)。例 11.6 对于学生情况输出语句比较常用的循环程序:

```
for (pstu＝iset,ino＝0;ino＜10;ino++,pstu++)
    printf("%s,%s,%s,%f,\n",pstu-> no,pstu-> name,pstu-> sex,pstu-> score);
```

是一个 for 语句,即可搞定整个结构数组的所有元素内容的输出。其中,pstu++的含义为指针移动到下一个单元,也就是说,移动了 sizeof(struct student)(28)个字节,指针位置移动的字节数由结构类型决定。值得提醒的是:当以上循环过程结束后,pstu 已指向并不存在的 iset 第 11 个元素(编号为 10),C 语言系统既不保存,也不控制其使用。这时再使用 pstu,称为指针的越界使用,使用越界指针可能造成不可预料的结果。所以,使用指针变量时,一定要清楚使用时指针变量指向哪里。因为,在 C 语言中,指针的安全使用由程序研发者负责。

11.7.3 结构与函数

将一个结构变量的值传递给另一个函数,有 3 种方法:①用结构变量的成员作参数。例如,用 stu[1].no 或 stu[2].name 作函数实参,将实参值传给形参。用法和用普通变量作实参是一样的,属于"值传递"方式。应当注意实参与形参的类型保持一致。②用结构变量作实参。旧版本的 C 系统不允许用结构变量作实参,ANSI C 取消了这一限制。但是用结构变量作实参时,采取的是"值传递"的方式,将结构变量所占的内存单元的内容全部顺序传递给形参。形参也必须是同类型的结构变量。在函数调用期间形参也要占用内存单元。这种传递方式在空间和时间上开销较大,如果结构的规模很大时,开销是很可观的。③用指向结构变量(或数组)的指针作实参,将结构变量(或数组)的地址传给形参。函数之间利用结构指针实施数据交换是 C 语言程序设计中使用最多的方法。

【例 11.7】 计算一组商品的平均价格及价格较高的商品数量。要求用结构指针变量作函数参数编程。

【编程思想】

(1)定义商品结构名称为 article,并定义该结构的成员列表,成员列表主要包括以下信息:商品代码 code、商品名称 name、商品规格 model、计量单位 measure、零售单价 price、库存数量 num。其中,code、name、model、measure 是字符型变量,price、num 是浮点型变量,金额单位为元。

(2)声明结构 article 的结构数组 article1[6],并对其初始化赋值。

(3)声明结构 article 的 1 个指向结构数组的指针变量 * particle,调用 particle 指针之前,将结构数组的地址赋值给 particle。

(4)为计算商品的平均价格,及价格较高商品的品种与数量,需要编写一个函数 calculate (* p),要求传入指向结构数据的指针作为参数。本示例将较高价格定义为大于等于 1000 元,并在函数中利用 for 语句遍历结构成员,并引入了？条件表达式计算较高单价商品的统计信息。具体规则是:

平均单价＝商品单价之和/商品品种;

较高单价商品品种＝(商品单价>=1000)? 1:0;

较高单价商品数量＝(商品单价>=1000)? 商品数量:0

【程序实现】

```
# include "stdafx. h"
# include < stdio. h >
# include < string. h >
    /*商品结构定义 */
struct article {
    char   code[10];     // 代码
    char   name[7];      // 名称
    char   model[10];    // 产地
    char   measure[10];  // 单位
    float price;         // 单价
    float num;           // 数量
};
    /*对商品进行价格汇总,以及获取单价较高的商品的品种及其数量*/
void calculate (struct article * ps)
{
    int c＝0,ino;
    float ave,s＝0,t＝0;
    for(ino＝0;ino < 6;ino++,ps++){
        s＋＝ps -> price;
        c＋＝(ps -> price >＝1000)? 1:0;
        t＋＝(ps -> price >＝1000)? ps -> num:0; }
    printf("所有商品单价之和＝%f\n",s);
    ave＝s/6.0;
    printf("所有商品平均单价＝%f\n",ave);
    printf("单价较高的商品品种数量＝%d\n",c);
    printf("单价较高的商品数量之和＝%f\n",t);
    return;
}
void main()
{
    struct article art1[6]＝{
        {"1234","笔","天津","个",10.06,1234},
        {"2345","台灯","上海","台",120.00,343432},
        {"3456","复印纸","蓝莓","包",23.45,232.98},
        {"7890","水笔","内蒙古","盒",10,23423},
        {"8898","打印机","HP","台",1200,123},
        {"9887","复印机","EPSON","台",1300,232}};
        void calculate (struct article * ps);
        // 调用函数 */
    calculate(art1);
    getchar();
```

```
    return;
}
```

【输出结果】
所有商品单价之和＝2663.510010

所有商品平均单价＝443.918335

单价较高的商品品种数量＝2

单价较高的商品数量之和＝355.000000

本程序中定义了函数 calculate,其形参为结构指针变量。以 art1 的首地址赋予函数 calculate。在函数 calculate 中完成计算平均单价以及对单价较高的商品的统计,并将结果输出到屏幕。

11.8 动态链表

11.8.1 大体积数据集合的存储及管理

大体积数据集合的存储空间的有效使用,存储、加工及访问的时间效率,一直是 C 语言程序设计中具有探索性的难题。每当谈到大体积数据时,人们必然会想到使用数组,特别是结构数组。C 语言程序研发中,对于集合数据的存储,数组一直是首选。数组存储的主要优点是提供了一种顺序存储结构,能保证顺序访问操作简单高效,该特点基本符合绝大多数程序的实际访问需求;逻辑关系上相邻的两个元素在物理位置上也相邻,保证了物理访问的高效率;随机存取简单,只要指定数组的下标即可。

数组的致命弱点也非常突出:数组的长度是固定的而且必须预先定义,数组的长度难以缩放,对长度变化较大的数据对象要预先按最大空间分配,通常应用中,存储空间一般不能得到充分利用。比如,有的班级有 100 人,而有的班只有 30 人,如果要用同一个数组先后存放不同班级的学生数据,则必须定义长度为 100 的数组。如果事先难以确定一个班的最多人数,则必须把数组定义得足够大,以能存放任何班级的学生数据。显然这将会浪费内存;另一个弱点是:当在对数组进行插入或删除操作时,为了保证物理毗邻,需要移动大量的数组元素。

为了克服以上罗列的数组短板,C 语言引入了动态内存分配及链表机制。

11.8.2 链表

链表的特点是将数据存储在位置任意的结构存储块中,用结构指针将这些存储块连接在一起,从第一个存储块顺着指针可以访问到所有的数据。链表中的每一个存储块称为一个结点。实现链表需要使用结构指针和动态存储管理机制。链表是动态存储分配的一种结构,本节称之为动态链表。

使用链表可以克服使用数组的不足,主要优点有:它包含的数据对象的个数及其相互关系可以按需要改变;存储空间是程序根据需要在程序运行过程中向系统申请获得;不要求逻辑上相邻的元素在物理位置上也相邻;克服了数组结构中,因为数组元素插入或者删除造成数据大面积移动的弱点。

图 11.1 的链表结构中只有一个方向的指针,因此又称为单链表。一般地,用户可根据链表存放的信息类型称呼链表,如存放学生信息就称为学生链表,存放职工信息就称为职工链表。

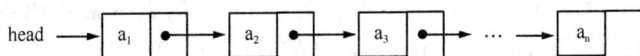

图 11.1　单链表的结构

在单链表中,通常它的数据元素为结点,每个结点都是一个结构,至少包括两个成员:存储数据元素信息的成员称为数据域;存储直接后继结点存储位置的成员称为指针域。显然,链表结点的指针域存放的地址类型与它自身的类型是相同的。这就是 C 语言中较为特殊的递归结构或自引用结构,这种结构具有指向自身结构的指针,一般在实现链表、树等数据结构时都会用到这种特殊的结构。

每个链表都有一个"头指针"head,整个链表的访问必须从头指针开始进行,头指针指示链表中的第一个结点的存储位置,习惯上将"头指针"head 指示的链表简称为链表 head。同时,由于最后一个数据元素没有直接后继结点,则链表中最后一个结点的直接后继指针为"空"(NULL,即空地址)。

数据元素之间的逻辑关系是由结点中的指针关联的,逻辑上相邻的两个数据元素其存储的物理位置不要求紧邻,即链表中的数据元素在内存中不是顺序存放的,要访问其数据元素不能像数组一样按下标去查找。要找一个元素,必须先找到上一个元素,根据上一个元素的指针域才能找到下一个元素。

因此,链表的数据元素访问必须从头指针开始,逐个访问链表的每个结点,直到元素的指针域为空为止。

要使用链表,首先应定义结点的类型,再定义相应的结构变量。例如,前面链表中结点的结构类型可以定义为:

```
struct   student
{
    char   no[12];
    char   name[9];
    char   sex[3];
    float score;
    struct student * next;
};
```

其中,next 为指针变量,其类型为结构类型 student,它可存储一个 student 结构类型变量的地址,即实现链表中指向下一个结点的指针域。这是一个递归定义,结构 student 的定义未完成时又引用它定义其他的变量(指针变量)。

引入链表后,用户就可以根据需要在程序的运行过程中动态分配存储空间了。

11.8.3　动态存储分配

前面讲过,链表结构是动态地分配存储空间的,即在需要时才开辟一个结点的存储单元。怎样动态地开辟和释放存储单元呢? C 语言库函数提供了以下有关函数。

(1)函数 malloc

函数原型:void　＊malloc(unsigned int size);

函数功能:在内存的动态存储区中分配一个长度为 size 的连续存储空间。其中,形参 size 为无符号整数,是函数 malloc 要求分配存储空间的字节个数。函数返回值为一个指针,它指向所分配存储空间的起始地址。若函数返回值为 NULL,则表示未能成功申请到内存空间。函数类型为 void 指针,表示返回的指针不指向任何具体的类型。例如:

```
char * pc;
pc=(char /*)malloc(100);
```

表示分配 100 个字节的内存空间,并强制转换为字符数组类型,函数的返回值为指向该字符数组的指针,把该指针赋予指针变量 pc。

(2)函数 calloc

函数原型:void * calloc(unsigned int n,unsigned int size);

函数功能:在内存的动态存储区域中分配 n 个长度为 size 的连续存储空间。函数的返回值为分配域的起始地址;如果分配不成功,则返回值为 NULL。例如:

```
struct student * pstu;
pstu=(struct student *)calloc(2,sizeof(struct student));
```

其中,sizeof(struct student)是求 student 的结构长度,是按结构 student 的长度分配 2 块连续区域,并强制转换为结构 student 类型,并把其首地址赋予指针变量 pstu。

malloc 和 calloc 功能基本相同,唯一的区别在于对于申请到的存储空间有无初始化(设置存储空间每个字节均为 0)操作,calloc 具有初始化功能,占用了时间。malloc 不进行初始化,故速度较快。

(3)函数 free

函数原型:void   free(void * ptr);

函数功能:释放由指针变量 ptr 为所指示的内存区域。其中,ptr 为一个指针变量,指向最近一次调用函数 malloc 或 calloc 时所分配的连续存储空间的首地址。通过函数 free 将已分配的内存区域交还系统,使系统可以重新对其进行分配。例如:

```
int * p;
p=(int *)calloc(3,8);
……
free(p);
```

分配 3 个 8 字节的连续存储空间,并将其起始地址赋给整型指针 p。当使用结束后,释放了已申请的内存。

11.8.4 建立链表

链表与数组不同,不是程序定义时就可建立,而是在程序运行过程中一个结点一个结点地建立起来的,并在结点之间形式链接关系。因此,链表的建立是一个动态存储空间分配和形成链接关系的过程。链表分为单链表、双向链表和循环链表等。一个链表的结构类型主要分为数据域(用来存储本身数据)和链域或指针域(用来存储下一个结点地址或者指向其直接后继的指针)。无论哪种链表,其主要操作包括:①创建链表,是指从无到有地建立起一个链表,即往空链表中依次插入若干结点,并保持结点之间的前驱和后继关系。②检索操作,是指按给定的结点索引号或检索条件查找某个结点。如果找到指定的结点,则称为检索成功;否则,称为检索失败。③插入操作,是指在结点 k_i-1 与 k_i 之间插入一个新的结点 k_i,使线性表的长度增 1。④删除操作,是指删除结点 k_i,使线性表的长度减 1。

【例 11.8】 建立一个个人情况单链表,存放相关数据,实现链表的基本功能。

【程序实现】

```
# include "stdafx. h"
# include < stdio. h >
# include < stdlib. h >
# include < string. h >
    // 人员链表单元
struct person
{
  int   ID;             // 标识
  char  name[9];        // 姓名;
  struct person * pnext; // 指向下一个单元
};
    // 相关函数申明
int    CreateLink(int ID, char * pname);
void   PersonInit(struct person * plink, int ID, char * pname);
struct person * GetPerson(int ID, char * pname);
int    PersonAppend(int ID, char * pname);
int    PersonLocate(int ID);
struct person * UpLocate(struct person * pfind);
int    PersonInsert(int ID, char * pname);
void   PersonDelete();
void   FreeLink();
void   PersonPrint();
struct person * pfirst = NULL;   // 首个单元
struct person * plast  = NULL;   // 最后一个单元
struct person * pnow   = NULL;   // 当前操作单元
int   g_persons = 0;            // 链表单元个数
    // 链表环境初始化
void EnviInit()
{
  pfirst = plast = pnow = NULL;
  g_persons = 0;
  return;
}
    // 给定标识、人员名称,对于指针初始化
void PersonInit(struct person * plink, int ID, char * pname)
{
  plink -> ID = ID;
  strcpy(plink -> name, pname);
  plink -> pnext = NULL;
  return;
}
    // 给定标识和人员名称,申请一个结构项。成功时,返回申请项;否则,返回 NULL。
```

```
struct person * GetPerson(int ID, char * pname)
{
  struct person * ptemp;
  if  ((ptemp= (struct person *)
        malloc(sizeof(struct person)))==NULL)
    return NULL;
  PersonInit(ptemp, ID, pname);
  return ptemp;
}
    // 给定标识和人员名称,链表,创建人员链表。成功时,返回 1;否则,返回 0
int CreateLink(int ID, char * pname)
{
  struct person * ptemp;
      // 当链表已建立时,执行添加操作
  if (g_persons > 0)
    return(PersonAppend(ID, pname));
  if ((ptemp=GetPerson(ID, pname))==NULL)
    return 0;
      // 指针初始化
  pfirst=plast=pnow=ptemp;
  g_persons=1;
  return 1;
}
    // 给定标识和人员名称,链表,为链表添加一个单元。成功时,返回 1;否则,返回 0
int PersonAppend(int ID, char * pname)
{
  struct person * ptemp;
      // 如果链表未创建,创建之
  if (g_persons < 1)
    return(CreateLink(ID, pname));
  if ((ptemp=GetPerson(ID, pname))==NULL)
    return 0;
      // 建立链接关系
  plast -> pnext=ptemp;
  plast=ptemp;
  ++g_persons;
  return 1;
}
    // 给定标识,定位一个链表项。成功时,返回 1;否则,返回 0
int PersonLocate(int ID)
{
  struct person * ptemp;
  if (g_persons < 1)
    return 0;
```

```
    ptemp=pfirst;
    while (ptemp!=NULL)
    {
        if (ptemp->ID==ID)
        {
            pnow=ptemp;
            return 1;
        }
        // 指向下一个链表单元
        ptemp=ptemp->pnext;
    }
    return 0;
}
    // 给定当前指针,查找当前指针的上一个指针
struct person * UpLocate(struct person * pfind)
{
    struct person * ptemp;
        // 给定的指针是首指针,无上一个关联指针
    if (pfind==pfirst)
        return NULL;
    ptemp=pfirst;
    while (ptemp!=NULL)
    {
        if (ptemp->pnext==pfind)
            return ptemp;
    ptemp=ptemp->pnext;
    }
    return NULL;
}
    // 给定标识和人员名称,在当前位置,插入一个链表单元
int PersonInsert(int ID, char * pname)
    // 成功时,返回 1;否则,返回 0
{
    struct person * ptemp1,* ptemp2;
        // 如果链表未创建,创建之
    if (g_persons<1)
        return(CreateLink(ID, pname));
    if ((ptemp1=GetPerson(ID, pname))==NULL)
        return 0;
        // 如果当前链表位置在首个链表项,插在最前头
    if (pnow==pfirst)
    {
        // 建立链表关联关系
        ptemp1->pnext=pfirst;
```

```
                // 改变首指针和当前指针的位置
        pfirst＝pnow＝ptemp1；
        ++g_persons；
        return 1；
        }
        ptemp2＝UpLocate(pnow)；
            // 建立链接关系
        ptemp2->pnext＝ptemp1；
        ptemp1->pnext＝pnow；
        pnow＝ptemp1；
        ++g_persons；
        return 1；
}
        // 删除当前链表单元
void PersonDelete()
{
    struct person * ptemp1,* ptemp2；
        // 空链表
    if (g_persons＜1)
        return；
            // 只有一个链表单元
    if (g_persons＜2)
    {
        free(pfirst)；// 释放首个链表项
        EnviInit()；   // 初始化化链表环境
    }
        // 当前为链表首单元
    if (pnow＝＝pfirst)
    {
        ptemp1＝pnow->pnext；
            // 释放档期链表单元
    free(pnow)；
        // 改变首指针和当前指针的位置
    pfirst＝pnow＝ptemp1；
    --g_persons；
    if (g_persons＜2)
        plast＝pfirst；
    return；
    }
    ptemp2＝UpLocate(pnow)；
        // 建立链接关系
    ptemp1＝pnow->pnext；
        // 释放档期链表单元
    free(pnow)；
```

```
    ptemp2 -> pnext＝ptemp1;
        // 保证 plast、pnow 指针不为空
    if (ptemp1!＝NULL)
      pnow＝ptemp1;
    else
    {
      pnow＝ptemp2;
      plast＝ptemp2;
    }
    ---g_persons;
    return;
}
        // 释放所有链表空间
void FreeLink()
{
    struct person * ptemp1,* ptemp2;
    if (g_persons＜1)
      return;
    ptemp1＝pfirst;
    while (ptemp1!＝NULL)
    {
      ptemp2＝ptemp1 -> pnext;
          // 释放当前指针
    free(ptemp1);
    ptemp1＝ptemp2;
    }
        // 链表环境初始化
    EnviInit();
    return;
}
    // 单元链表内容
void PersonPrint()
{
    struct person * ptemp;
    if (g_persons＜1)
      return;
    printf("职工情况一览表:\n");
    ptemp＝pfirst;
    while (ptemp!＝NULL)
    {
      printf(" %d  ,  %s \n",ptemp -> ID,ptemp -> name);
      ptemp＝ptemp -> pnext;
    }
    return;
```

```
    }
    void main()
    {
        int ids＝100;
        // 创建链表
    CreateLink(ids++,"刘备");
        // 添加
    PersonAppend(ids++,"关羽");
    PersonAppend(ids++,"张飞");
        // 插入
    PersonInsert(ids++,"赵云");
    PersonInsert(ids++,"黄忠");
    PersonInsert(ids++,"魏延");
    PersonInsert(ids++,"孙权");
        // 删除
    PersonDelete();
        // 添加
    PersonAppend(ids++,"周瑜");
    PersonAppend(ids++,"鲁肃");
    PersonAppend(ids++,"吕蒙");
    PersonAppend(ids++,"张辽");
        // 显示
    PersonPrint();
        // 必须要释放申请的内存
    FreeLink();
    getchar();
    return;
    }
```

【输出结果】

职工情况一览表：

105 ， 魏延

104 ， 黄忠

103 ， 赵云

100 ， 刘备

101 ， 关羽

102 ， 张飞

107 ， 周瑜

108 ， 鲁肃

109 ， 吕蒙

110 ， 张辽

例 11.8 是一个以多个函数构成的单链表建立、维护及环境释放程序,是单链表管理程序的简化版。设计思想简述如下：

(1)由于程序中需要使用字符串拷贝函数 strcpy,所以程序包含了 string. h 头文件,

malloc 函数原型在 stdlib.h 文件中定义,所以包含了该头文件。

(2)多个函数要实现参数共享,所以在程序的开始部分即定义了 struct person 结构。

(3)考虑到函数之间需要互相调用,把程序中的所有函数在程序的开始部分做了声明,这是程序设计中常用的方法:把源程序编写以后,在调试以前,对所有函数在源文件的开始进行总体声明。

(4)定义了一组全局变量,其中,pfirst、plast、pnow 及 g_persons 记录着链表的头单元、尾单元、当前操作单元以及链表单元的个数。使用该组变量控制整个链表的管理过程。

(5)函数 EnviInit 的作用是进行链表环境的初始化。

(6)函数 PersonInit 是公用函数,供多个函数调用,主要功能是根据给定标识、人员名称,对输入指针参数赋值,并初始化 pnext 成员为 NULL。

(7)函数 GetPerson 的作用是申请一个链表单元,PersonInit 对其进行赋值和初始化。

(8)函数 CreateLink 的主要功能是创建链表,其功能为如果链表已经创建,则调用 PersonAppend 执行添加操作。创建成功后,设置 pfirst、plast、pnow 以及 g_persons 的值。

(9)函数 PersonAppend 的主要功能是根据给定标识和人员名称,为链表添加一个单元。其功能包括如果链表未创建,则调用 CreateLink 执行链表创建操作。如果已建成,GetPerson 申请、并初始化一个链表单元,然后,设置 plast、pnow 以及 g_persons 的值。关键是 plast -> pnext 必须指向新申请的链表单元。

(10)函数 UpLocate 的主要功能是给定当前指针,查找当前指针的上一级指针,这是链表插入和删除必须使用的函数。由于是单向链表,查找当前指针的上一级指针只能从 pfirst 开始,当某一指针的 pnext 等于当前指针时,即为当前指针的上一级指针。

(11)函数 PersonInsert 的主要功能是给定标识和人员名称,在当前位置(由 pnow 指定)插入一个链表单元。该函数分别考虑了当前函数是首单元的情况,申请链表单元插入操作的关键技术是保证整个链表关联关系(相关链指针的指向)正确无误。

(12)函数 PersonDelete 的主要功能是删除当前链表单元,需要解决的核心问题是删除指定单元后,保证整个链表关联关系必须正确。

(13)函数 PersonLocate 的主要功能是给定标识,定位一个链表单元,这是链表遍历功能的具体实现。

(14)函数 FreeLink 的主要功能是释放所有链表空间,这项工作必须进行,否则,将会造成资源浪费。释放过程的核心在于先保存欲释放指针的下一级指针,然后,再释放保存了下级指针的指针。

(15)函数 PersonPrint 是打印单元链表内容的函数,主要用作调试。main 函数主要作为调试过程的程序。

11.9 共同体

在基本内存(计算机能用的最大内存)仅 640KB 时代、嵌入式系统、单片机智能化产品 C 语言设计系统等环境中,内存资源非常有限。为了节省有限的内存资源,C 语言引入了共同体(又称为联合体、共用体等)机制。核心理念是把不同类型的变量存放到同一段内存单元,或对同一段内存单元的数据按不同类型处理,这就是所谓的共同体的数据结构。

1. 共同体的概念

共同体也是 C 语言的一种构造机制,一个共同体通常由几个类型不同的成员组成,这些成员共享同一个位置开始的存储区。每一个时刻,共同体只能保持它的某一个成员的值。

共同体类型的定义形式同结构类型的定义,一般形式为:

union 共同体类型名

{

成员列表;

};

成员名的命名应符合标识符的规定。例如:

```
union   udata
{
char      onechar;
int       oneint;
float     onefloat;
double    onedouble;
char      onestring[256];
};
```

共同体类型声明之后,就可以进行共同变量的定义,被定义为 union udata 类型的变量,可以存放整型量 oneint 或字符型数组 onestring。虽然结构与共同体定义方式以及引用方法十分类似,但共同体在机制和基本概念上有别于结构体。①对于相同的二进制码,共同体可以有不同的数据含义。②同一个内存地址的值,从不同的类型/角度观察,有不同的数据结果。③共同体使设计者可以从不同数据角度使用数据。④结构类型变量所占内存长度是各成员占用内存长度之和,而共同体类型变量所占内存长度等于最长的成员的长度。

【例 11.9】 检测共同体运行所需的内存长度。

【程序实现】

```
# include "stdafx. h"
# include < stdio. h>
void main()
{
  union  ubasedata
  {
    char      onechar;
    int       oneint;
    float     onefloat;
    double    onedouble;
  };
  union  udata
  {
    char      onechar;
    int       oneint;
    float     onefloat;
    double    onedouble;
    char      onestring[256];
  };
```

```
    printf("siziof(double)=%d \n",sizeof(double));
    printf("siziof(union ubasedata)=%d \n",
        sizeof(union ubasedata));
    printf("siziof(union udata)=%d \n",
        sizeof(union udata));
    getchar();
    return;
}
```

【输出结果】

```
siziof(double)=8
siziof(union ubasedata)=8,
siziof(union udata)=256
```

2. 共同体变量的定义

共同体类型声明之后,就可以进行共同变量的定义,被定义为 union udata 类型的变量,可以分别存放 onechar、oneint、onefloat、onedouble 及 onestring 的值。共同体变量的定义和结构变量的定义方式相似,也有三种形式。

(1)先定义类型,再定义变量,例如:

```
union   udata
{
    char      onechar;
    int       oneint;
    float     onefloat;
};
union udata a,b,c;  /*共同体类型变量定义*/
```

(2)定义类型时同时说明变量,例如:

```
union   udata
{
    char      onechar;
    int       oneint;
    float     onefloat;
} a,b,c;
```

(3)不定义类型而直接定义变量,例如:

```
union
{
    char      onechar;
    int       oneint;
    float     onefloat;
} a,b,c;
```

3. 共同体变量的引用方式

只有先定义了共同体变量才能引用。不能引用共同体变量,只能引用共同体变量中的成员。例如,前面定义了 a、b、c 为共同体变量,下面的引用方式是正确的:

```
a.oneint     // 引用共同体变量中的类型变量 oneint
```

```
a.onechar   // 引用共同体变量中的字符变量 onechar
a.onefloat   // 引用共同体变量中的实型变量 onefloat
```
不能只引用共同体变量,例如:
```
printf("%d",a);
```
是错误的,a 的存储区有好几种类型,分别占不同长度的存储区,仅写共同体变量名 a,难以使系统确定究竟输出的是哪一个成员的值。应该写成:
```
 printf("%d",a.oneint);
```
或者:
```
printf("%c",a.onechar);
```

4. 共同体类型数据的特点

在使用共同体类型数据时要注意以下一些特点:

(1)同一个内存段可以用来存放几种不同类型的成员,但在每一瞬时只能存放其中一种,而不是同时存放几种。也就是说,每一瞬时只有一个成员起作用,其他的成员不起作用,即成员不是同时都存在和起作用。

(2)共同体变量中起作用的成员是最后一次存放的成员,在存入一个新的成员后原有的成员就失去作用。如有以下赋值语句:
```
a.oneint=1;
a.onechar='a';
a.onefloat=1.5;
```
在完成以上 3 个赋值运算以后,只有 a.onefloat 是有效的,a.oneint 和 a.onechar 已经无意义了。此时用 printf("%d",a.oneint)的值无意义,而用 printf("%f",a.onefloat)是可以的,因为最后一次的赋值是向 a.onefloat 赋值。因此,在引用共同体变量时应注意当前存放在共同体变量中的究竟是哪个成员。

(3)共同体变量的地址和它的各成员的地址都是同一地址。例如,&a、&a.oneint、&a.onechar、&a.onefloat 都是同一地址值,其原因是显然的。

(4)不能把共同体变量作为函数参数,也不能使函数带回共同体变量,但可以使用指向共同体变量的指针(与结构变量这种用法相仿)。

(5)共同体类型可以出现在结构类型定义中,也可以定义共同体数组。反之,结构也可以出现在共同体类型定义中,数组也可以作为共同体的成员。

【例 11.10】 使用共同体结构实现把汉字转换成一个整数。

【编程思想】

由一个整数与四字节的字符构成一个共同体。存储一个函数,以整数方式读出即可。

【程序实现】
```
# include "stdafx.h"
# include <stdio.h>
# include <string.h>
void main()
{
    union
    {
        char string[4];
```

```
    int   oneint;
  } udata;
  udata.oneint=0;
  strcpy(udata.string,"赵");
  printf("%s=%d\n",udata.string,udata.oneint);
  udata.oneint=0;
  strcpy(udata.string,"钱");
  printf("%s=%d\n",udata.string,udata.oneint);
  udata.oneint=0;
  strcpy(udata.string,"孙");
  printf("%s=%d\n",udata.string,udata.oneint);
  udata.oneint=0;
  strcpy(udata.string,"李");
  printf("%s=%d\n",udata.string,udata.oneint);
  getchar();
  return;
}
```

【输出结果】

赵=54485

钱=44743

孙=61387

李=61120

随着硬件技术的进步,在计算机内存大幅度增加的今天,共同体结构已很少使用了。但利用共同体实现数据类型转换,也是一种值得借用的技巧,经常使用。

11.10 枚举类型

1. 枚举类型的概念

在处理实际问题时,常常要涉及一些非数值型数据,而这些数据难以用前面介绍的标准类型准确描述,只好采用一些替代方法。例如,性别有男女之分,用整数 0、1 分别表示;红、橙、黄、绿、青、蓝、紫七种颜色,用 1、2、3、4、5、6、7 分别表示;一周有七天,用 0、1、2、3、4、5、6 分别表示;一年有 12 个月,用 1、2、3……12 分别表示。

显然,这种用数值代码来代表某一具体非数值数据的方法在程序设计中属于个别约定,虽可采用,但使用起来有诸多的不便:一方面,这种描述方法不易明确数据与代码的对应关系,不直观,可读性差;另一方面,这些数值代码的整数形式容易混淆其真实含义,对这些数字代码进行的某些语法正确的运算,可能毫无意义,更可能导致不必要的错误。

枚举类型是 ANSI C 新标准所增加的,它是 C 语言中的简单类型而非构造类型,它的值域是有穷的,可以一一列举出来,变量的取值只限于列举出来的值的范围。所谓枚举,是将具有相同属性的一类数据值一一列举。

2. 枚举类型的定义

枚举是 C 语言中用于定义一组命名常量的机制。如果一个变量只有可能的几种值,可以定义为枚举类型。枚举是指将变量的值一一列举出来,变量的值只限于列举出来的值的范围。

枚举说明：

　　enum 枚举类型名〔标识符1,标识符2,…,标识符n〕;

　　enum 是枚举类型定义的关键字;枚举类型名是用户命名的标识符,它与 enum 构成枚举类型的标识符;花括号中"标识符1,标识符2,…,标识符n"是所定义枚举类型的全部取值,通常称这些标识符为"枚举元"或"枚举常量"。这些标识符是用户定义的标识符,一般是所代表事物的名称,但这些标识符并不自动地代表事物本身。例如：

```
enum color{red,blue,green,black};
enum weekday {sun,mon,tue,wed,thu,fri,sat};
```

　　关于枚举类型说明如下:枚举元素为常量,不是变量,故不能对它们赋值;枚举常量有值。如上面定义中,sun、mon、tue……sat 的值依次为0、1、2……7。也可改变枚举元素的值,在定义时指出,如：

```
enum weekday{sun=7,mon=1,tue,wed,thu,fri,sat};
```

　　枚举类型是有序类型,一般地,枚举类型中各枚举元素按定义时的先后次序分别编号为0、1、2、…、n-1。枚举值可用来作判断比较,如：

　　if （workday==mon）

　　if （workday>sun）

　　red<blue 值为真,各枚举元素可根据其序号进行大小比较和相应的运算,green-red 值为2。枚举值标识符是常量不是变量,系统自动给予它们0,1,2,3……值,因此枚举类型是基本数据类型。枚举值只能是一些标识符(以字母开头,由字母、数字和下划线组合),不能是基本类型常量。

3. 枚举类型变量的定义

　　同结构、共同体变量定义方式基本一致,定义方式有三种。

　　(1)先定义枚举类型,再定义枚举类型变量。例如：

```
enum week {sun,mon,tue,wed,thu,fri,sat};
enum week weekday,workday;
```

　　(2)定义枚举类型的同时定义枚举变量。例如：

```
enum color{red,blue,green,black}　a,b,c;
```

　　(3)不定义枚举类型名,直接定义枚举变量。例如：

```
enum　{male,female}sex1,sex2;
```

　　枚举常量表中枚举常量是用户定义的标识符,它们的值从0开始从左向右递增。说明中可以用赋值号改变枚举常量的值,随后的枚举常量的值顺序递增,直到下一个指定特定值的枚举常量为止。作为枚举常量的标识符不能再做常量、变量的名字。枚举变量的定义形式为：

　　enum 枚举类型名 枚举变量1,枚举变量2…;

　　也可以在说明枚举类型的同时定义枚举变量。

4. 枚举类型变量的引用

　　下面举例说明枚举类型变量的引用。例如：

```
enum color {red,yellow,blue,white,black};
color vcolor;　　　// 定义枚举变量 vcolor
```

　　(1)枚举变量定义以后就可以对它赋枚举常量值或者其对应的整数值,例如,变量 vcolor可以赋5个枚举值之一：

```
vcolor＝red;    // 或 vcolor＝0;
vcolor＝blue;   // 或 vcolor＝2;
```

但 vcolor＝green;或 vcolor＝10;均不合法,因为 green 不是枚举值,而 10 已超过枚举常量对应的内存值。

（2）因枚举常量对应整数值,因此枚举变量、常量和常量对应的整数之间可以比较大小,如：

```
If  (vcolor＝＝red)    // 或 if(vcolor＝＝0)
    printf("red");
if  (vcolor!＝black)
    printf("The color is not black!");
if  (vcolor＞white)
    printf("It is black. ");
```

（3）枚举变量不能通过 scanf 或 gets 函数输入枚举常量,只能通过赋值取得枚举常量值。但是枚举变量可以通过 scanf（"％d",&枚举变量）;输入枚举常量对应的整数值。

（4）枚举变量和枚举常量可以用 printf（"％d",…）;输出对应的整数值,若想输出枚举值字符串,则只能间接进行,如：

```
vcolor＝red;
if  (vcolor＝＝red)
    printf("red");
```

由于枚举变量可以作为循环变量,因此可以利用循环和 switch 语句打印全部的枚举值字符串。

【例 11. 11】 输出全部的枚举值字符串。

【程序实现】

```
# include "stdafx. h"
# include < stdio. h >
void main()
{
enum color {red,yellow,blue,white,black} vcolor;
int ino;
printf("定义枚举类型 color 的所有字符串是: \n");
for (ino＝0;ino＜5;ino＋＋)
  { vcolor＝ (enum color) ino;
    switch(vcolor)
    {
    case red:
      printf("red\n");
    break;
    case yellow:
      printf("yellow\n");
      break;
    case blue:
        printf("blue\n");
        break;
```

```
        case white:
            printf("white\n");
            break;
        case black:
            printf("black\n");
            break;
        }
    }
    getchar();
    return;
}
```

【输出结果】

定义枚举类型 color 的所有字符串是：

Red
Yellow
Blue
White
Black

【例 11.12】 输入星期几的整数，输出"工作日"或"休息日"的信息。

【程序实现】

```
# include "stdafx. h"
# include < stdio. h >
void main()
{
    enum   day{mon=1,tue,wed,thu,fri,sat,sun}x;
    printf("请输入 1 到 7 之间的一个整数:\n");
    scanf("%d",&x);
    switch(x)
    {
        case mon:
        case tue:
        case wed:
        case thu:
        case fri:
            printf("工作日\n");
            break;
        case sat:
        case sun:
            printf("休息日\n");
        break;
        default:
            printf("输入错误！\n");
    }
    getchar();
```

```
    return;
}
```
【输出结果 1】

请输入 1 到 7 之间的一个整数：

6

休息日

【输出结果 2】

请输入 1 到 7 之间的一个整数：

2

工作日

11.11　typedef 的使用及辨析

1. 学会用 typedef 定义自己的类型，理解 typedef 能由名称找到原类型

随着 C 语言程序研发的日积月累，自定义的结构、共同体、枚举类型等的记忆、回忆以及使用等已成为一种负担，通常可以利用 C 语言类型说明机制 typedef 为自定义类型重新命名，使其更容易记忆、更容易使用。同样，由于 C 语言版本的不断升级、功能日益强大、系统定义类型的增多，宏定义、新标识、新类型等铺天盖地，令人目不暇接、头昏脑涨，特别是 VC++6.0 等，typedef 命名的类型成百上千，而且，同样一个结构可能由 typedef 进行过多次命名，给人的印象是随心所欲。这一切无形中为 C 语言的学习设置了道道障碍。C 语言研发环境就是这样，无法改变，初学者必须学会使用 typedef，透过 typedef 重命名的现象，追根溯源，找到其原始的类型定义，理解它、使用它。

2. 用 typedef 定义类型

除了可以直接使用 C 语言提供的标准类型名（如 int、char、float、double、long 等）和自己声明的结构、共同体、指针、枚举类型外，还可以用 typedef 声明新的类型名来代替已有的类型名。用 typedef 定义新类型的一般形式为：

typedef　类型标识符 1　类型标识符 2；

其中，类型标识符 1 通常为标准类型或用户已定义标识，而类型标识符 2 为定义者选择的新的类型的标识符。具体使用讨论如下：

(1)定义"替代"类型名。定义的形式为：

typedef　类型名　标识符；

注意："类型名"必须是系统提供的数据类型或用户已定义的数据类型。定义替代类型名的作用是：给已有的类型起个别名标识符，例如：

```
typedef  int   INTEGER;
typedef  float  REAL;
```

指定用 INTEGER 代表 int 类型，REAL 代表 float。这样，以下两行等价：

```
int i,j; // 等价 INTEGER  i,j;
float a,b;// 等价 REAL   a,b;
```

(2)定义"构造"类型名。定义的形式为：

typedef　类型名　标识符；

注意："类型名"必须是系统提供的数据类型或用户已定义的数据类型。定义构造类型名的作用是自己定义新"构造"类型名标识符。如：

定义字符型指针类型名 CHARP

```
typedef char*CHARP;
```

以后可用它来定义指针变量,例如:

```
CHARP  p,q;// 等价于:char  *p,*q;
```

定义具有 3 个元素的整型数组名 NUM。

```
typedef  int  NUM[3];
```

以后可用它来定义有三个元素的 int 型数组,如:

```
NUM  a,b,c;//  相当于 int  a[3],b[3],c[3];
```

定义某结构类型名 STUDENT

```
typedef  struct
{
    int  num;
    char  name[10];
    char  sex;
    float  score[3];
}STUDENT;
```

以后可用它来定义该种结构类型变量、指针变量等,例如:

```
STUDENT  stu1,stu2,*st;
```

就定义了该结构类型的变量和指针变量。

3. typedef 使用说明

typedef 可以用来定义各种类型名,但不能定义变量;用 typedef 只是对已有的类型增加一个类型名,并没有创造新的类型,创建这个新的类型名可能是为了使类型名的引用更简单、方便(如对结构、共同体等创建新的类型),也可能是为了使类型名的引用更符合某些人的习惯和喜好;在有时也可用宏定义来代替 typedef 的功能,但事实上,二者是不同的。宏定义是在预编译时处理完成的,只是简单的字符串替换;而 typedef 则是在编译时完成的,后者更为灵活方便。在程序中,用户可以同时使用原有的类型名和新创建的类型名来定义变量。当不同源文件中用到同一类型数据(尤其是像数组、指针、结构、共同体等类型数据)时,常用 typedef 声明一些数据类型,把它们单独放在一个文件中,然后在需要用到它们的文件中用 #include 命令把它们包含进来。使用 typedef 有利于程序的通用与移植。有时程序会依赖于硬件特性,用 typedef 便于移植。例如,有的计算机系统 int 型数据用两个字节,数值范围为-32768~32767,而另外一些机器则以 4 个字节存放一个整数,数值范围为±21亿。如果把一个 C 程序从一个以 4 个字节存放整数的计算机系统移植到以 2 个字节存放整数的系统,按一般办法需要将定义变量中的每个 int 改为 long。例如,将"int a,b,c;"改为"long a,b,c;",如果程序中有多处用 int 定义变量,则要改动多处。现可以用一个INTEGER 来声明 int:

```
typedef  int  INTEGER;
```

在程序中所有整型变量都用 INTEGER 定义。在移植时只需改 typedef 定义体即可:

```
typedef  long  INTEGER;
```

等级考试实训

一、考试内容

1. 结构体和共同体类型数据的定义方法和引用方法。

2. 用指针和结构体构成链表,单向链表的建立、输出、删除与插入。

二、掌握了解程度

1. 掌握结构体变量的定义与引用;

2. 重点掌握链表的建立、插入、删除、输出等操作;

3. 了解共同体变量的定义与引用。

三、主要知识点及考点

知识点	分值	考核概率/%	专家点评
用 typedef 说明一种新类型	1-2	100	简单识记,重点理解
结构体类型的变量定义	2-3	90	重点理解,重点掌握
指向结构体变量的指针	0-2	80	难度适中,重点理解
指向结构体数组的指针	0-2	50	重点理解,重点掌握
共同体类型的说明和变量定义	0-1	80	简单识记
共同体变量中成员的引用	0-2	60	难度适中,重点掌握
链表	1-3	80	重点理解,重点掌握
建立单向链表	1-3	60	难度适中,重点掌握
顺序访问链表中各节点的数据域	1-2	60	偏难,重点理解
在链表中插入和删除结点	1-3	100	重点理解,重点掌握

实战锦囊

1. 结构体和结构体变量的定义

   格式一:

   struct   结构体名   //定义结构体

   　{

   　类型   成员名;

   　};此处分号不能少;

   　　//定义结构体变量

   　struct   结构体名   变量名1,变量名2……;

   格式二:

   　struct   结构体名   //定义结构体与变量

   　{

   　类型   成员名;

   　}   变量名1,变量名2……;

   (1)注意:只能对结构体变量赋值、存取或运算,而不能对结构体赋值、存取或运算;结构体是一个数据类型,与int、folat一样,都是数据类型,所以数据类型本身不能赋值,只不过结构体类型是一个构造数据类型,与数组类似;

   (2)一个结构体变量所占的存储空间是各个成员所占空间的和。

2. 结构体变量的引用

   格式:结构体变量名.成员名;

(1)不能将一个结构体变量作为一个整体进行输入和输出,只能对结构体变量中的各个成员分别进行输入和输出;结构体变量中的各个成员等价于普通变量;

(2). 是成员运算符;它在所有运算符中优先级最高;

(3)结构体变量的成员可以进行各种运算;

如: struct strdent

{ int   num ;

  char   name [10] ;

  int   age ;

  float   score ;

} student1 ;

scanf("%d %s%d%f",&student1. num,student1. name,&student1. age,&student1. score);

student1. age++;

3. 结构体数组

(1)先定义结构体类型;

(2)然后定义结构体类型数组,方法同普通类型数组的定义;

struct strdent

{ int   num ;

  char   name [10] ;

  int   age ;

  float   score ;

} student [5] ;

student[0]. score=480;

4. 指向结构体变量或数组的指针

(1)通过指向结构体变量或数组的指针,访问结构体变量或数组的成员的格式:

(*p). 成员名;

p->成员名;

等价于   结构体变量. 成员名;

(2)->称为指向运算符;与成员运算符(.)一样,级别最高

如: struct strdent

{ int   num ;

char   name [10] ;

int   age ;

float   score ;

} student1 ;

struct strdent p ;

p=&student1 ;

(*p). num=1001;

strcpy(p -> name,"Wanglin");

(*p). age=20;

p -> score=480 ;

5. 链表概述

(1)链表有一个"头指针"变量;它存放链表第一个结点的地址;

(2)链表中每一个元素称为一个结点,每个结点都包括两部分:一个是数据域;一个是指针域;数据域用来存放用户数据,指针域用来存放下一个结点的地址;

(3)链表的最后一个结点的指针域常常设置为 NULL（空），表示链表到此结束；

(4)常常用结构体变量作为链表中的结点。

6. 链表的操作

(1)链表的静态创建；

(2)链表的动态创建。

三个函数：

malloc()函数

calloc()函数

free()函数

(3)链表的删除操作；

(4)链表的插入操作；

(5)链表的输出。

7. 共同体

(1)概念：使几个不同的变量共占同一段内存的结构，称为共同体；

(2)共同体定义格式：三种，

union　　共同体名

{ 成员表列；

} 变量表列；

如：union

　　{ int　i;

　　char　ch;

　　float　f;

　　} a,b,c;

(3)共同体变量所占的内存长度等于最长的成员的长度；

(4)不能直接引用共同体变量，只能引用共同体变量中的成员；

引用格式：共同体变量 . 成员名；

如：　a. i,a. ch,a. f

(5)在同一段内存段中可以用来存放几种不同类型的成员，但在每一瞬间只能存放其中一种，而不是同时存放几种；共同体变量中起作用的成员是最后一次存放的成员，在存入一个新的成员后原有成员就失去作用；引用共同体变量应注意当前存放在共同体变量中的究竟是哪一个成员？

(6)共同体变量的地址和它的各成员的地址都是同一个地址。

8. 枚举类型

(1)概念：是指将变量的值一一列举出来，变量的值只限于列举出来的值的范围内；

(2)声明枚举类型：enum 枚举类型名(枚举常量列表)；

如：enum　weekday(sun,mon,tue,wed,thu,fri,sat)；

(3)枚举变量的定义格式：enum 枚举类型名　枚举变量名；

(4)枚举常量是有值的，C 语言按定义时的顺序使它们的值为 0,1,2,…也可以改变枚举元素的值，在定义时由程序员指定；

(5)一个整数不能直接赋给一个枚举变量，应先进行强制类型转换才能赋值。

9. 用 typedef 定义类型

(1)概念：用 typedef 声明新的类型名来代替已有的类型名；

(2)格式：typedef　　原有类型　　新声明的类型别名；

常常将一个复杂类型给他一个别名，以便好书写；用 typedef 声明的类型别名，常常用大写；

(3)注意：typedef 的作用仅仅是给已有类型一个别名，typedef 本身并不具有定义一个新的类型的能力。

习题

一、填空题

1. 结构体变量成员的引用方式是使用_____运算符,结构体指针变量成员的引用方式是使用_____运算符。

2. 设 struct student｛ int no；char name[12]；float score[3]；｝ s1,* p＝& s1；用指针法给 s1 的成员 no 赋值 1234 的语句是_____。

3. 运算 sizeof 是求变量或类型的_____,typedef 的功能是_____。

4. C 语言可以定义枚举类型,其关键字字为_____。

5. 设 union student ｛ int n；char a[100]；｝ b；则 sizeof(b)的值是_____。

6. 定义结构体的关键字是_____。

7. 一个结构体变量所占用的空间是_____。

8. 指向结构体数组的指针的类型是_____。

9. 通过指针访问结构体变量成员的两种格式是_____和_____。

10. 链表有一个"头指针"变量,专门用来存放_____。

11. 常常用结构体变量作为链表中的结点,每个结点都包括两部分:一个是_____;一个是_____。

12. 链表的最后一个结点的指针域常常设置为_____,表示链表到此结束。

13. 共同体变量所占内存长度等于_____。

14. 在下列程序段中,枚举变量 c1 和 c2 的值分别是_____和_____。
```
void main()
{ enum   color{red,yellow,blue＝4,green,white} c1,c2 ;
c1＝yellow;
c2＝white ;
printf("%d,%d\n",c1,c2);
}
```

15. 设有以下定义和语句,请在 printf 语句的_____中填上正确输出的变量及相应的格式说明。
```
union
{ int  n;
double  x;
} num ;
num. n＝10;
num. x＝10.5;
printf("_____",_____);
```

二、判断题

1. 共同体类型的变量的字节数等于各成员字节数之和。(   )

2. 结构体类型的变量的字节数等于各成员字节数之和。(   )

3. typedef 实际上是用来定义新的数据类型。(   )

三、编程题

11.1 定义一个结构变量(包括年、月、日)。计算该日在本年中是第几天?注意闰年问题。

11.2 写一个函数 days,实现题 11.1 的计算。由主函数将年、月、日传递给 days 函数,计算后将日子数传回主函数输出。

11.3 请编写程序,利用 malloc 函数开辟动态存储单元,存放输入的三个整数。然后按从小到大的顺序输出这三个数。

11.4 设有结构类型说明:struct stud {

    char num[5],name[10];

    int s[4];

    double ave; };

    请编写:

    (1)函数 readrec 把 30 名学生的学号、姓名、四项成绩以及平均分放在一个结构数组中,学生的学号、姓名和四项成绩由键盘输入,然后计算平均分放在结构对应的域中。

    (2)函数 writerec 输出 30 名学生的记录。

    (3)main 函数调用 readrec 函数和 writerec 函数,实现全部程序功能(注:不允许使用全局变量,函数之间的数据全部使用参数传递)。

11.5 已有 a、b 两个链表,每个链表中的结构包括学号、成绩。要求把两个链表合并,按学号升序排序。

11.6 假设 13 个人围成一圈,从第 1 个人开始顺序报号 1、2、3。凡报到 3 者退出圈子。找出最后留在圈子中的人原来的序号。

11.7 有两个链表 a、b,设结点中包含学号、姓名。从链表 a 中删去与 b 链表中有相同学号的那些结点。

11.8 将一个链表按逆序排列,即将链头当链尾,链尾当链头。

11.9 编写一个函数 new,对 n 个字符开辟连续的存储空间,此函数应返回一个指针(地址),指向字符串开始的空间。new(a)表示分配 n 个字节的内存空间。

11.10 写一个函数 free,将题 11.9 用 new 函数占用的空间释放。free(p)表示将 p(地址)指向的单元以后的内存段释放。

11.11 编写一个函数 print,打印一个学生的成绩数组,该数组中有 5 个学生的数据记录,每个记录包括 num、name、score[3],用主函数输入这些记录,用 print 函数输出这些记录。

四、选择题

1. C 语言结构体类型变量在程序运行期间(   )。

  A. VC 环境在内存中仅仅开辟一个存放结构体变量地址的单元

  B. 所有的成员一直驻留在内存中

  C. 只有最开始的成员驻留在内存中

  D. 部分成员驻留在内存中

2. 设有以下说明语句

  typedef struct

  { int n;

  char ch[8];

  } PER;

  则下面叙述中正确的是(   )。

  A. PER 是结构体变量名   B. PER 是结构体类型名

  C. typedef struct 是结构体类型   D. struct 是结构体类型名

3. 在 VC 环境内,变量 a 所占的内存字节数是(   )。

  union U

  { char   st[4];

    int   d;

  long   m;   };

  struct A

  { int   c;

    union   U   u;   }a;

  A. 6   B. 8   C. 10   D. 12

4. 以下结构体类型说明和变量定义中正确的是（　　）。

A. typedef struct

{int n；char c；}REC；

REC t1，t2；

B. typedef struct

{int n；char c；}；

REC t1，t2；

C. typedef struct REC；

{int n＝0；char c＝' A '；}t1，t2；

D. struct

{int n；char c；}REC；

REC t1，t2；

5. 以下程序的输出结果是（　　）。

```
# include< stdio. h>
typedef union {
        long x[2];
        int y[4];
        char z[8];
        }MYTYPE;
        MYTYPE them;
        main()
        {printf("%d\n",sizeof(MYTYPE));
}
```

A. 32   B. 16   C. 8   D. 24

6. 以下程序的运行结果是（　　）。

```
# include< stdio. h>
main()
{   struct date{
        int year,month,day;
      } today;
  printf("%d\n",sizeof(struct date));
   }
```

A. 6   B. 8   C. 10   D. 12

7. 若有以下结构体定义：

```
struct example{
 int x;
 int y;
 };
```

则（　　）是正确的引用或定义。

A. example. x＝10；

B. example v2；v2. x＝10；

C. struct v2；v2. x＝10；

D. struct example v2＝{10}；

8. 有以下程序：

```
# include< stdio. h>
main()
{ struct cmplx{int x;int y;}cnum[2]={1,3,2,7};
   printf("%d\n",cnum[0]. y/cnum[0]. x*cnum[1]. x);
 }
```

则正确的输出结果是（　　）。

A. 0   B. 1   C. 3   D. 6

9. 设有以下定义：

```
struct sk
{  int a;
    float b;
}data;
    int * p;
```

若要使 p 指向 data 中的 a 域,正确的赋值语句是(   )。

A. p=&a;   B. p=data.a;   C. p=&data.a;   D. *p=data.a;

10. 以下程序的输出结果是(   )。

```
# include < stdio. h >
main()
{ struct   s1{int x; int y; };
struct   s1 a={1,3};
struct   s1 * b= &a;
b-> x=10;
printf("%d%d\n",a. x,a. y);
}
```

A. 13   B. 103   C. 310   D. 31

11. 以下程序的执行结果是(   )。

```
# include < stdio. h >
union un
{short int i;
  char c[2];
};
  main()
{ union un x;
  x. c[0]=10;
  x. c[1]=1;
  printf("\n%d",x. i);
}
```

A. 266   B. 11   C. 265   D. 138

12. 以下程序的执行结果是(   )。

```
union myun
{ struct
  {int x,y,z;}u;
    int k;
}a;
main()
{a. u. x=4;a. u. y=5;a. u. z=6;
  a. k=0;
  printf("%d\n",a. u. x);
}
```

A. 4   B. 5   C. 6   D. 0

369

13. 已知字符 0 的 ASCII 代码值的十进制数为 48,有以下程序:

```
# include< stdio. h>
main()
{ union {
      short int i[2];
       long k;
       char c[4];
      }r,* s=&r;
    s -> i[0]=0x39; s -> i[1]=0x38;
    printf("%x\n",s -> c[0]);
  }
```

其输出结果是( )。

A. 39　　　　　　　　B. 9　　　　　　　　C. 38　　　　　　　　D. 8

14. 若程序中有以下的说明和定义:

```
struct abc
{ int x; char y; }
struct abc s1,s2;
```

则会发生的情况是( )。

A. 编译时错

B. 程序将顺序编译、链接、执行

C. 能顺序通过编译、链接,但不能执行

D. 能顺序通过编译,但链接出错

15. 有以下程序段

```
struct st
{ int x;  int * y; }* pt;
int a[]={1,2}; b[]={3,4};
struct st  c[2]={10,a,20,b};
pt=c;
```

以下选项中表达式的值为 11 的是( )。

A. * pt -> y

B. pt -> x

C. ++ pt -> x

D. (pt ++)-> x

16. 有以下说明和定义语句

```
struct student
{ int age; char num[8]; };
struct student stu[3]={{20,"200401"},{21,"200402"},{19,"200403"}};
struct student * p=stu;
```

以下选项中引用结构体变量成员的表达式错误的是( )。

A. (p ++)-> num　　　B. p -> num　　　C. (* p). num　　　D. stu[3]. age

17. 设有如下枚举类型定义

```
enum language
{Basic=3,Assembly=6,Ada=100,COBOL,Fortran};
```

枚举量 Fortran 的值为( )。

A. 4　　　　　　　　B. 7　　　　　　　　C. 102　　　　　　　　D. 103

18. 以下叙述中错误的是( )。

A. 可以通过 typedef 增加新的类型

B. 可以用 typedef 将已存在的类型用一个新的名字来代表

C. 用 typedef 定义新的类型名后,原有类型名仍有效

D. 用 typedef 可以为各种类型起别名,但不能为变量起别名

19. 有以下程序段

```
typedef  struct NODE
{ int  num;      struct NODE  *next;
} OLD;
```

以下叙述中正确的是(   )。

A. 以上的说明形式非法   B. NODE 是一个结构体类型

C. OLD 是一个结构体类型   D. OLD 是一个结构体变量

20. 设有以下语句

```
typedef  struct S
{  int g; char  h;} T;
```

则下面叙述中正确的是(   )。

A. 可用 S 定义结构体变量   B. 可以用 T 定义结构体变量

C. S 是 struct 类型的变量   D. T 是 struct S 类型的变量

第12章 位 运 算

C语言既具有高级语言的先进思想又能进行位运算。因为其同时具有高级语言和汇编语言的特色，通常称为中级语言。位运算可以方便地设置或屏蔽内存中某个字节的某一位，从而使C语言可以代替汇编语言编写各种控制程序、通信程序和设备驱动程序。

C语言通过位运算的操作，可以直接对计算机硬件和物理地址访问，从而被广泛应用于研制操作系统、计算机语言以及系统软件。

计算机语言数据操作的最小单位为字节，对于存储0和1组成的状态集合，借助于C语言的位运算，可以节省硬盘（包括内存）空间约7/8；同时，C语言灵活的位操作可以有效地提高程序运行的效率。

C语言常用编写涉及位操作的算法程序，如Huffmen（霍夫曼）数据压缩、字符串匹配、图像加密等算法。

12.1 位运算

前已叙及，C语言是伴随UNIX操作系统发展起来的一种中级语言，因拥有汇编语言的强大能力以及便利性而著称。汇编语言是直接面向处理器（Processor）、面向输入输出设备的程序设计语言，为了实施对硬件的精准控制以及提高运行效率，控制指令或者命令序列均采用二进制方式，以二进制的位（bit）组合成状态控制序列以及操作命令集合。因此，C语言必须具备位操作、位运算的能力。

操作系统（Operating System，OS）的主要目标是综合提高资源利用率，全面增强计算机系统性能，负责管理与配置内存，决定系统资源供需的优先次序，控制输入与输出设备、操作网络、管理文件系统以及用户图形图像等基本任务。特别是现代OS，通常都有一个使用的绘图设备的图形用户界面（GUI），并附加鼠标或触控面板等有别于键盘的输入设备。对于OS而言，所有硬件设备以及用户界面等均作为管理或者操作对象（简称对象），根据用户日益变化的需求，对象的属性、状态以及风格等一般均为多种多组控制字（或者控制位）的组合，如Windows界面的创建风格、扩展风格可以为上百种参数的组合以及检测，通常每种参数本质上是设置窗口风格控制状态的一个二进制的位（bit），因此，OS研制（升级）必须涉及二进制数字的位操作功能。正是得益于这种位运算功能，在成百上千种计算机语言中，C语言成为OS、计算机语言以及系统软件的首选研制平台。

一般而言，"位运算"可以更为高效地完成所有的算术类或者逻辑类运算和操作。而数据压缩（如Huffmen压缩）、数据加密（如128位加密法）、遗传、信息隐藏算法等均为基于位操作的算法。因此，在算法研究、设计及编程实现领域，C语言具有其他语言无法替代的地位。

位指的是二进制系统中的一位，它是最小的信息单位。而对于无位运算机制的语言而言，表示（或者描述）一个具有两种状态的特性，最少需要分配一个字节（等于8个二进制的位）的内存或者占据一个字节的外存储单元。对于大量（甚至海量）的对象状态的标识领域，使用位表示真或假(是或否)可以大量节省内存及外存资源。

12.2　数值的表示及位运算符

12.2.1　数值在计算机中的表示

1. 二进制位与字节

计算机系统的内存储器,是由许多称为字节的单元组成的,1 个字节由 8 个二进制位构成,每位的取值为 0/1。最右端的那 1 位称为"最低位",编号为 0;最左端的那 1 位称为"最高位",而且从最低位到最高位顺序依次编号。图 12.1 是 1 个字节各二进制位的编号。

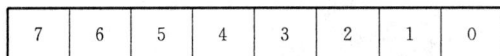

7	6	5	4	3	2	1	0

图 12.1　1 个字节各二进制位的编号

计算机中数是用二进制来表示的,数的符号也是用二进制表示的。一般用最高位作为符号位,0 表示正数,1 表示负数。

2. 数值的原码表示

数值的原码表示是指,将最高位用作符号位(0 表示正数,1 表示负数),其余各位代表数值本身的绝对值(以二进制形式表示)的表示形式。为简化描述起见,本节约定用 1 个字节表示 1 个整数。

例如,+9 的原码是 00001001

　　　　　　　↳符号位上的 0 表示正数

　　　　－9 的原码是 10001001。

　　　　　　　↳符号位上的 1 表示负数

3. 数值的反码表示

数值的反码表示分两种情况:

(1)正数的反码:与原码相同。

例如,+9 的反码是 00001001。

(2)负数的反码:符号位为 1,其余各位为该数绝对值的原码按位取反(1 变 0,0 变 1)。

例如,－9 的反码:因为是负数,则符号位为"1";其余 7 位为－9 的绝对值+9 的原码 0001001,按位取反为 1110110,所以－9 的反码是 11110110。

4. 数值的补码表示

数值的补码表示也分两种情况:

(1)正数的补码:与原码相同。

例如,+9 的补码是 00001001。

(2)负数的补码:符号位为 1,其余位为该数绝对值的原码按位取反;然后整个数加 1。

例如,－9 的补码:因为是负数,则符号位为"1";其余 7 位为－9 的绝对值+9 的原码 0001001,按位取反为 1110110;再加 1,所以－9 的补码是 11110111。

已知一个数的补码,求原码的操作分两种情况:

（1）如果补码的符号位为"0"，表示是一个正数，所以补码就是该数的原码。

（2）如果补码的符号位为"1"，表示是一个负数，求原码的操作可以是：符号位不变，其余各位取反，然后再整个数加 1。

例如，已知一个补码为 11111001，则原码是 10000111（-7）：因为符号位为"1"，表示是一个负数，所以该位不变，仍为"1"；其余 7 位 1111001 取反后为 0000110；再加 1，所以是 10000111。

5. 数值在计算机中的表示

在计算机系统中，数值一律用补码表示（存储），原因在于：使用补码，可以将符号位和其他位统一处理；同时，减法也可按加法来处理。另外，两个用补码表示的数相加时，如果最高位（符号位）有进位，则进位被舍弃。

12.2.2　位操作符

在系统软件中，常常需要处理二进制位运算的问题。位运算是指，按二进制位进行的运算，即从具有 0 或 1 的运算对象出发，计算得出具有 0 或 1 的运算结果。C 语言的位运算又分为按位操作和移位操作，位操作包括按位与、或、异或和求反运算；移位操作包括左移和右移操作。C 语言提供了 6 个位操作运算符如表 12.1 所示。这些运算符只能用于整型操作数，即只能用于带符号或无符号的 char，short，int 与 long 类型。

表 12.1　位运算符（Bitwise Operators）

运算符	名称	举例	优先级
～	按位取反	～flag	（高）
			（算术运算符）
<<	左移	a << 2	
>>	右移	b >> 3	
			（关系运算符）
&	按位与	flag & 0x37	
ˆ	按位异或	flag ˆ 0xC4	
|	按位或	flag | 0x5A	
			（赋值运算符）

关于位运算及位运算符，特作以下说明：

（1）位运算的优先级：由高到低的顺序是：～ → << →>> → & → ｜ → ˆ；即六个位运算符的优先级由高到低依次为：取反、左移和右移、按位与、按位异或、按位或。

（2）位运算的运算对象只能是整型（int）或字符型（char）的数据；两个不同长度的数据进行位运算时，系统会将二者按右端对齐。在 C 语言中，可作为整数变量的值可以为：一个字节的字符；两个字节的短整数以及 4 个字节的整数。对其进行位运算时，首先要解决的问题是不同长度数据的位运算规则。①两个操作数右端对齐。②短的数据左端用符号位补齐。③正数或无符号数左端用 0 补满。④负数左端用 1 补满。⑤两个操作数长度相等后再运算。

（3）位运算是对运算量的每一个二进制位分别进行；

12.3 位运算

12.3.1 位运算的概念

在计算机用于检测和控制等诸多领域中要用到位运算的知识,因此读者应当学习和掌握本章的内容。位运算是指进行二进制位运算。例如,将一个存储单元中的各二进位左移或右移一位,两个数按位相加等。关于位运算,必须建立以下主要概念:

按二进制位进行运算,位运算的运算对象是二进制的位。位运算通常在计算机寄存器内进行,因此,速度快,效率高,节省存储空间;所有位运算只能对整型数据(包括字符型)进行位运算;负数以补码形式参与运算;特别要注意位的与操作(&)与逻辑运算(&&)的符号区别和含义差别。

12.3.2 按位与(&)操作符

按位与运算符"&"是双目运算符。其功能是参与运算的两数各对应的二进位相与。只有对应的两个二进位均为1时,结果位才为1,否则为0。运算规则为

0 & 0＝0；

0 & 1＝0；

1 & 0＝0；

1 & 1＝1；

例如:9&5可写算式如下:

```
   00001001 (9 的二进制补码)
&  00000101 (5 的二进制补码)
   00000001 (1 的二进制补码)
```

可见9&5＝1。位与有一些特殊的用途:

(1)全部清零。如果想将一个单元清零,即使其全部二进制位为0,只要找一个二进制数,其中各个位符合以下条件:原来的数中为1的位,新数中相应位为0。然后使二者进行 & 运算,即可达到清零目的。

如:原有数为00101011,另找一个数,设它为10010100,它符合以上条件,即在原数为1的位置上,它的位值均为0。将两个数进行 & 运算:

```
    00101011
&   10010100
    00000000
```

其道理是显然的。当然也可以不用10010100这个数而用其他数(如01000100),只要符合上述条件即可。

(2)将一个数的某位清零。如果想将某个数的某个比特清零,只要另找一个数,让对应的该比特置0,然后使两数进行按位与 & 运算,即可达到将此数的特定比特清零的目的。

如:有数为00101011,想让该数从右数的第4比特变成0,其他位保持不变。我们另找一个数,该数从右数的第4比特设它为0,其他位全为1:11110111,将两个数进行 & 运算:

$$
\begin{array}{r}
0\,0\,1\,0\,1\,0\,1\,1 \\
\&\quad 1\,1\,1\,1\,0\,1\,1\,1 \\
\hline
0\,0\,1\,0\,0\,0\,1\,1
\end{array}
$$

(3)取一个数中某些指定位。如有一个整数 a(2 个字节),想要其中的低字节。只需将 a 与(377)$_8$ 按位与即可,如图 12.2 所示。

a	00	10	11	00	10	10	11	00
b	00	00	00	00	11	11	11	11
c	00	00	00	00	10	10	11	00

图 12.2　取一个数(二字节)的低字节

c=a&b,b 为八进制数的 377,运算后 c 只保留 a 的低字节,高字节为 0。如果想取两个字节中的高字节,只需 c=a & 0177400　(0177400 表示八进制数的 177400),如图 12.3 所示。

a	00	10	11	00	10	10	11	00
b	11	11	11	11	00	00	00	00
c	00	10	11	00	00	00	00	00

图 12.3　取一个数(二字节)的高字节

12.3.3　按位或(|)操作符

按位或运算符"|"是双目运算符。其功能是参与运算的两数各对应的二进位相或。只要对应的两个二进位有一个为 1 时,结果位就为 1。运算规则:

0|0=0;

0|1=1;

1|0=1;

1|1=1;

用法:按位置 1。

应用:常用来将原操作数某些位置 1,其他位不变。要是某个数的某个固定位上为 1,就可使用或运算来实现。

例如:(060)$_8$ | (017)$_8$,将八进制数 60 与八进制数 17 进行按位或运算:

$$
\begin{array}{r}
(060)_8 = (0\,0\,1\,1\,0\,0\,0\,0)_2 \\
|\quad (017)_8 = (0\,0\,0\,0\,1\,1\,1\,1)_2 \\
\hline
(077)_8 = (0\,0\,1\,1\,1\,1\,1\,1)_2
\end{array}
$$

按位或常用来对一个数据的某些位定值为 1。例如,a 是一个整数(16 位),有表达式 a |0377,0377 为八进制数。则低 8 位全置为 1。高 8 位保留原样。

低 4 位全为 1。如果想使一个数 a 的低 4 位改为 1,只需将 a 与 017 进行按位或运算即可。

12.3.4　异或(^)操作符

按位异或运算符"^"是双目运算符。其功能是参与运算的两数各对应的二进位相异或,当

两对应的二进位相异时,结果为 1。运算规则:

0^0=0;

0^1=1;

1^0=1;

1^1=0;

说明

(1)相"异"则为 1,相"同"则为 0。

(2)相当于按位且无进位的加法

特定位翻转

    1010,1101（0xAD）

^ 0110,1001（0x69）

————————————————

    1100,0100（0xC4）

(3)与 0 相异或,保持原值不变。

(4)与自身相异或,则全部位清零。

(5)参与运算数仍以补码出现,例如 9^5 可写成算式如下:

  00001001

^00000101

————————————

  00001100(十进制为 12)

应用:

(6)使特定位的值取反（mask 中特定位置 1,其他位为 0,s=s^mask）。

(7)不引入第三变量,交换两个变量的值（设 a=a1,b=b1）。

目标操作操作后状态

a=a1^b1 a=a^b a=a1^b1,b=b1

b=a1^b1^b1 b=a^b a=a1^b1,b=a1

a=b1^a1^a1 a=a^b a=b1,b=a1

【例 12.1】 交换两个值,不用临时变量。

【程序实现】

```c
# include "stdafx. h"
# include < stdio. h >
void main()
{
  int a=108,b=289;
  printf("交换前:a=%d,b=%d \n",a,b);
  a=a^b;
  b=b^a;
  a=a^b;
```

```
    printf("交换后:a=%d,b=%d \n",a,b);
    getchar();
    return;
}
```

【输出结果】

交换前:a=108,b=289

交换后:a=289,b=108

12.3.5 取反(~)操作符

取反运算符~为单目运算符,具有右结合性。其功能是对参与运算的数的各二进位按位求反。例如,~9 的运算为 ~(0000000000001001),结果为 1111111111110110。

运算规则为

~ 0=1;

~ 1=0。

用法:①所有位翻转;②获得适用于不同系统的位运算模板。

运算举例:

~ 1010,1101（0xAD）

   0101,0010（0x52）

位运算模板:

对一个 int 类型的整数最后四位清零

16 位整数： a & 0xFFF0

32 位整数： a & 0xFFFFFFF0

可以使用： a & ~(int)0xF

12.3.6 左移运算符(<<)

左移运算符"<<"是双目运算符。其功能是把"<<"左边的运算数的各二进位全部左移若干位,由"<<"右边的数指定移动的位数,高位丢弃,低位补 0。左移 1 位其值相当于乘 2。例如,a <<4 是指把 a 的各二进位向左移动 4 位。如 a=00000011(十进制 3),左移 4 位后为 00110000(十进制 48)。

运算规则为

i << n

把 i 各位全部向左移动 n 位,最左端的 n 位被移出丢弃,最右端的 n 位用 0 补齐。

用法:①若没有溢出,则左移 n 位相当于乘上 2^n;②运算速度比真正的乘法和幂运算快得多。

运算举例:

   1010,1101   << 3

   (101)0110,1000

溢出举例:

若左移后的数据超出表示范围,则发生溢出,如

int i,j;

i=0x2431;

```
j=i≪2; /*j=-0x6F3C,溢出 */
j=i≪3; /*j=0x2188,溢出 */
```

12.3.7 "按位右移"运算符（>>）

运算规则：

i >> n

把 i 各位全部向右移动 n 位，最右端的 n 位被移出丢弃，最左端的 n 位用 0 补齐（逻辑右移），或最左端的 n 位用符号位补齐（算术右移）。

用法：①右移 n 位相当于除以 2^n，并舍去小数部分；②运算速度比真正的除法和幂运算快得多。

运算举例：

0101,1101 >> 3

0000,1011(101)

逻辑右移和算术右移如下：

```
int i,j;
i=-0x2431;
j=i>>2; /*j=0x36F3,逻辑右移 */
j=i>>2; /*j=0xF6F3,算术右移 */
```

右移运算符">>"是双目运算符。其功能是把">>"左边的运算数的各二进位全部右移若干位，">>"右边的数指定移动的位数。向右移 1 位其值相当于除 2。

例如：设 a=15,a>>2 表示把 000001111 右移为 00000011（十进制 3）。对于左边移出的空位，假如是正数则空位补 0；若为负数，可能补 0 或补 1，这取决于所用的计算机系统。移入 0 的叫逻辑右移，移入 1 的叫算术右移。

【例 12.2】 从键盘输入一个正整数，将其右移五位后，进行输出。

【程序实现】

```
# include "stdafx. h"
# include < stdio. h>
void main()
{
  unsigned  a,b;
  printf("输入一个整数:\n"); /*提示 */
  scanf("%d",&a);            /*接收输入到变量 a */
  b=a>>5;                    /*变量右移五位，赋值到变量 b*/
  b=b&15;                    /*变量 b 与 00001111 相与 */
  printf("a=%d,b=%d ",a,b); /*输出 */
  getchar();
  return;
}
```

【输出结果】

输入一个整数:

56

a=56,b=1

在 VC++6.0 中,整数占 4 个字节,对其进行 8 位位移、与 0xff 相与等,只影响整数的最低两位。

【例 12.3】 对整数的相与、相或及位移操作举例。

【程序实现】

```c
# include "stdafx.h"
# include < stdio.h >
void main()
{
    char a='a',b='b';
    int p,c,d;
    p=a;
    p=(p << 8)|b;
    d=p&0xff;
    c=(p&0xff00)>> 8;
    printf("a=%d b=%d c=%d d=%d ",a,b,c,d);
    getchar();
    return;
}
```

【输出结果】

a=98 b=98 c=97 d=98

12.4 应用举例

【例 12.4】 将十六进制短整数按二进制打印输出。

【程序实现】

```c
# include "stdafx.h"
# include < stdio.h >
void main()
{
    int i;
    short a;
    printf("请输入十六进制的整数:\n");
    scanf("%x",&a);
    printf("输入数的十进制=%d,十六进制=%x \n",a,a);
    printf("输入数的二进制=");
    for (i=15;i>=0;i--)
    printf("%1d",a&1 << i  ? 1:0);
    getchar();
    return;
}
```

【输出结果】

请输入十六进制的整数:

7fff

输入数的十进制＝32767　，十六进制＝7fff

输入数的二进制＝0111111111111111

【例 12.5】 从键盘上输入 1 个正整数给 int 变量 num，输出由 8～11 位构成的数（从低位、0 号开始编号）。

【编程思想】

(1)使变量 num 右移 8 位，将 8～11 位移到低 4 位上。

(2)构造 1 个低 4 位为 1、其余各位为 0 的整数。

(3)与 num 进行按位与运算。

【程序实现】

```
# include "stdafx.h"
# include <stdio.h>
void main()
{
    int num,mask;
    printf("请输入一个整数:\n");
    scanf("%d",&num);
    num>>=8;              /*右移 8 位，将 8～11 位移到低 4 位上*/
    mask=~(~0<<4);        /*间接构造 1 个低 4 位为 1、其余各位为 0 的整数*/
    printf("计算结果=0x%x\n",num & mask);
    getchar();
    return;
}
```

【输出结果】

请输入一个整数:

5678

计算结果＝0x6

【程序分析】

语句：

```
mask=~(~0<<4);
```

为取 0 的反，为全 1；左移 4 位后，其低 4 位为 0，其余各位为 1；再按位取反，则其低 4 位为 1，其余各位为 0。这个整数正是我们所需要的。

对于数学矩阵、状态矢量等，其值为 0 或者 1，对于 FORTRAN 这类计算类语言，通常用整数存储状态，每个整数占 4 个字节，对于 1024×1024 矩阵，需要 4MB 内存空间保存这个矩阵。为了节省空间，人们提出了大量的状态矩阵压缩算法。为了节省空间，C 语言完全可以使用二进制的位去保存状态矩阵的内容，每个二进制 bit 保存一个状态，1024×1024 矩阵，只需 128KB。所有借助于 C 语言的位运算，对于状态矩阵存储，可以大量节省存储空间。

使用二进制存储状态，必须能够设置指定编号的状态和读出指定位置的状态。

【例 12.6】 由 1024 个字符，作为矢量状态数组，存储 0 或者 1 两个状态，可以存储状态数组的个数为 8k。试编写状态写入和读出等函数。

【程序实现】

```
# include "stdafx.h"
# include <stdio.h>
```

```c
# include < string. h>
# define UC unsigned char
    /*设置状态数组用的字符数组,考虑到必须能够使用字符的二进制的第 7 位,所以必须用无符号字
符数组 */
UC   g_buff[1024];
    /*状态初始化,置 0 */
void StateInit()
{
  memset(g_buff,0,1024);
  return;
}
// 获取给定字符中的第 n 位状态,并返回
int GetBit(UC ch,int n)
{
  return((int)(ch>>n)&1);
}
    /*设置指定的字符第 n 位的值 */
void PutBit(UC * ch,int bit,int n)
{
  if (bit)
  * ch|=(1<<n);
  else
    * ch&=~(1<<n);
}
    // 给定状态编号及状态(1 或者 0)
    // 设置状态
void SetState(int no,int state)
{
  int charloca,bitloca;
    /*根据指定编号,确定字符的位置
      每个字符有 8 个状态,确定存储字符的位置 */
  charloca=no/8;
    /*确定字符内的位置 */
  bitloca=no%8;
  PutBit(&g_buff[charloca],state,bitloca);
  return;
}
    /*给定状态编号,获取状态*/
int GetState(int no)
{
  int charloca,bitloca;
    /*根据指定编号,确定字符的位置
      每个字符有 8 个状态,确定存储字符的位置 */
  charloca=no/8;
```

```
    /*确定字符内的位置 */
  bitloca=no%8;
  return(GetBit(g_buff[charloca],bitloca));
}
void main()
{
  int ino,errors=0;
    // 设置的状态
  int setstateset[40]={1,0,0,1,0,1,1,1,0,1,1,0,0,1,0,1,1,1,0,1,1,0,0,1,0,1,1,1,0,
1,1,0,0,1,0,1,1,1,0,1};
        // 读出的状态
  int getstateset[40];
    /*状态初始化,置 0 */
  StateInit();
    // 从第 100 个位置开始设置状态
  for (ino=0;ino<40;ino++)
   SetState(100+ino,setstateset[ino]);
      // 从第 100 个位置开始读出状态
  for (ino=0;ino<40;ino++)
    getstateset[ino]=GetState(100+ino);
      // 状态比较
  for (ino=0;ino<40;ino++)
  if (setstateset[ino]!=getstateset[ino])
    ++errors;
  if (errors<1)
    printf("状态写入和读出全部正确!");
  else
    printf("状态写入和读出不正确!");
  getchar();
  return;
}
```

【输出结果】

状态写入和读出全部正确!

【程序分析】

这是一个项目研发中的实用程序的简化版,主要是使用一个字符数组构建一个可以以二进制方式存储状态的一个状态数组。能保存的状态是字符数组个数的 8 倍。

(1)字符数组定义为:

```
UC  g_buff[1024]; // 为无符号字符数组
```

(2)函数 StateInit 的功能为:对于 g_buff 初始化,全部置为 0。由于使用了 memset 函数,所以包含了相应的头文件:

```
# include <string.h>
```

(3)函数 GetBit 的功能为:获取给定字符中的第 n 位信息,并返回。

(4)函数 PutBit 的功能为:设置指定的字符第 n 位的值。注意,由于要修改指定字符的值，所以，必须以字符指针作为参数。

（5）函数 SetState 的功能为：以整个二进制状态数组的角度使用整个状态表，给定位置编号 no 的取值范围为：0 到 1024 * 8。设置指定第 no 个状态数组元素的值。该函数由 no 除以 8，获得存储状态的字符位置，由 no%8 获得在指定字符中的位置。

（6）函数 SetState 的功能为：以整个二进制状态数组的角度使用整个状态表，给定位编号 no，获取相应位的状态。

（7）main 函数为测试函数，基本思路为：首先对字符数组进行初始化，然后，从 100 号位置开始，写入状态数组 setstateset 设置的 40 个状态。接着，从 100 号位置开始，读出 40 个状态并保存在另一个状态数组 getstateset 中。最后，对于两个写入数组和读出数组的内容进行比较，确定整个程序是否正确。

12.5　位段

有时，存储 1 个信息不必占用 1 个字节，只需二进制的 1 个（或多个）位就够用。如果仍然使用结构类型，则造成内存空间的浪费。为此，C 语言引入了位段类型。

1. 位段的概念与定义

所谓位段类型，是一种特殊的结构类型，其所有成员均以二进制位为单位定义长度，并称成员为位段。

例如，CPU 的状态寄存器，按位段类型定义如下：

```
struct status
{ unsigned sign:        1;     /*符号标志*/
  unsigned zero:        1;     /*零标志*/
  unsigned carry:       1;     /*进位标志*/
  unsigned parity:      1;     /*奇偶/溢出标志*/
  unsigned half_carry:  1;     /*半进位标志*/
  unsigned negative:    1;     /*减标志*/
} flags;
```

显然，对 CPU 的状态寄存器而言，使用位段类型（仅需 1 个字节）比使用结构类型（需要 6 个字节）节省了 5 个字节。

2. 说明

（1）因为位段类型是一种结构类型，所以位段类型和位段变量的定义，以及对位段（即位段类型中的成员）的引用，均与结构类型和结构变量一样。

（2）对位段赋值时要注意取置范围。一般地说，长度为 n 的位段，其取值范围是：$0 \sim (2^n - 1)$。

（3）使用长度为 0 的无名位段，可使其后续位段从下 1 个字节开始存储。

例如，

```
struct status
  {  unsigned sign:        1;     /*符号标志*/
     unsigned zero:        1;     /*零标志*/
     unsigned carry:       1;     /*进位标志*/
     unsigned :            0;     /*长度为 0 的无名位段*/
```

```
        unsigned parity:        1;        /*奇偶/溢出标志*/
        unsigned half_carry:    1;        /*半进位标志*/
        unsigned negative:      1;        /*减标志*/
    } flags;
```

原本 6 个标志位是连续存储在 1 个字节中的。由于加入了 1 个长度为 0 的无名位段,所以其后的 3 个位段,从下 1 个字节开始存储,一共占用 2 个字节。

(4)1 个位段必须存储在 1 个存储单元(通常为 1 字节)中,不能跨 2 个。如果本单元不够容纳某位段,则从下 1 个单元开始存储该位段。

(5)可以用%d、%x、%u 和%o 等格式字符,以整数形式输出位段。

(6)在数值表达式中引用位段时,系统自动将位段转换为整型数。

等级考试实训

一、考试内容及所占比例

1. 位运算符的含义及使用。

2. 简单的位运算。

二、掌握了解程度

1. 理解什么是位运算;

2. 掌握位运算符和位运算符的运算规则;

3. 学会处理二进制位的问题。

三、主要知识点及考点

考点 1:常用位运算符

考点 2:移位运算

考点 3:按位逻辑运算

实战锦囊

1. 位运算与位运算符

(1)什么是位运算?位运算是指进行二进制位的运算;

(2)位运算符:

运算符	含义	运算符	含义
&	按位与	~	按位取反
|	按位或	<<	左移位
^	按位异或	>>	右移位

(3)注意:位运算符只对整型、字符型数据有效。

2. 按位与(&)

(1)运算规则:如果两个运算量相应二进制位都为 1,则该位结果为 1,否则为 0;

(2)用途:要想将一个数某一位清零,就与一个数进行 & 运算,此数在该位取 0;

要想将一个数某一位保留下来,就与一个数进行 & 运算,此数在该位取 1;

要想将一个数某些位保留下来,就与一个数进行 & 运算,此数在这些位全为 1,不想要的位全为 0,即可。

3. 按位或(|)

(1)运算规则:如果两个运算量相应二进制位有一个为 1,则该位结果为 1,否则为 0;

385

(2)用途:与 0 进行按位或运算,各位数不变与 1 进行按位或运算,均变为 1。

4. 按位异或(`^`)

(1)运算规则:如果两个运算量相应二进制位异(即一位为 1,一位为 0)为 1,同(即两位均为 1 或 0)为 0;

(2)用途:与 1 相异或,翻转;与 0 相异或,保留原值;交换两个值,不用临时变量。

5. 按位取反(~)

(1)运算规则:对一个二进制数按位取反,即将 0 变 1,1 变 0;

(2)用途:~1,高位全部为 1,只末位为 0,再与其他数字进行其他位运算;~ 0,所有位全部为 1,再与其他数字进行其他位运算。

6. 左移位(<<)

(1)运算规则:将一个数的各二进制位全部左移指定位,如 a=a<<2;高位左移后舍弃,低位补 0,所以,左移 1 位相当于该数乘以 2,左移 2 位相当于该数乘以 4,但此结论只适用于该数左移时被溢出舍弃的高位中不包含 1 的情况;

(2)用途:常用来控制使一个数字迅速以 2 的倍数扩大。

7. 右移位(>>)

(1)运算规则:将一个数的各二进制位全部右移指定位;如 a=a >> 2;低位右移后舍弃,高位补符号位;(即符号位 为 1,补 1,符号位为 0,补 0);所以,右移 1 位相当于该数除以 2,右移 2 位相当于该数除以 4;

(2)用途:常用来控制使一个数字迅速以 2 的倍数缩小。

习题

一、填空题

1. 位运算是对运算量的＿＿＿＿＿＿＿＿位进行运算。

2. C 语言中,位运算符有＿＿＿＿＿、＿＿＿＿＿、＿＿＿＿＿、＿＿＿＿＿,>> 、<< ,共六个。

3. 位运算符连线:

　　　　～　　　　　　　按位异或
　　　　<<　　　　　　　按位与
　　　　&　　　　　　　按位取反
　　　　^　　　　　　　左移位

4. 在六个位运算符中,只有＿＿＿＿＿＿＿＿是需要一个运算量的运算符。

5. 按位异或的运算规则是＿＿＿＿＿＿＿＿＿＿＿＿＿＿＿＿。

6. 位运算符只对＿＿＿＿＿＿＿＿和＿＿＿＿＿＿＿＿数据类型有效。

7. 有程序片段:

```
int   a=1,b=2;
if(a&b)  printf("True! \n");
else  printf("False! \n");
```

运行结果是＿＿＿＿＿＿＿＿。

二、编程题

12.1　编程实现输入任意两个字符,不通过第 3 个变量,交换两个字符,然后输出。

12.2　取一个整数 a 从右端开始的 4~7 位。

12.3　输出一个整数中由 8~11 位构成的数。

12.4　从键盘上输入 1 个正整数给 int 变量 num,按二进制位输出该数。

12.5　编写程序读出字符指定位的(0 到 7)值(0 或 1)。

12.6　编写程序为字符指定位(0 到 7)设置值(0 或 1)。

三、选择题

1. 以下运算符中,优先级最高的是(　　)。

    A. ~ 　　　　　　B. | 　　　　　　C. && 　　　　　　D. *

2. 表达式 0x13&0x17 的值是(　　)。

    A. 0x17 　　　　B. 0x13 　　　　C. 0xf8 　　　　D. 0xec

3. 表达式 0x13 | 0x17 的值是(　　)。

    A. 0x17 　　　　B. 0x13 　　　　C. 0xf8 　　　　D. 0xec

4. 设 int a=04,b;则执行 b=a<<2;后,b 的结果是(　　)。

    A. 4 　　　　　　B. 8 　　　　　　C. 16 　　　　　　D. 32

5. 在位运算中,运算量每右移一位,其结果相当于(　　)。

    A. 运算量乘以 2　　B. 运算量除以 2　　C. 运算量除以 4　　D. 运算量乘以 4

6. 整型变量 x 和 y 的值相等,且为非 0 值,则以下选项中,结果为零的表达式是(　　)。

    A. x || y 　　　　B. x | y 　　　　C. x & y 　　　　D. x ^ y

7. 以下程序的输出结果是(　　)。

```
main()
{ char x=040;
  printf("%0\n",x<<1);
}
```

    A. 100 　　　　B. 80 　　　　C. 64 　　　　D. 32

8. 有以下程序

```
main()
{ unsigned char a,b,c;
a=0x3;  b=a|0x8;  c=b<<1;
printf("%d%d\n",b,c);
}
```

    程序运行后的输出结果是(　　)。

    A. -11　12 　　B. -6　-13 　　C. 12　24 　　D. 11　22

第13章 文　　件

前面我们已经讨论过,程序及数据(程序中操作的数据)全部在内存(缓冲区)中进行,一旦程序停止运行(包括意外出错引起的程序停止)所有数据将瞬间消失,且不留任何踪迹。为了保存程序运行中的数据,或者有效利用以前程序处理过的数据,在程序设计中,通常利用一种永久数据操作机制,即文件来实现。许多商品化的专业软件均具有强大的文件操作及处理功能,其操作文件一般均有一个或者多个固定的后缀名,比如,Office Word(办公字处理软件),Visual FoxPro(数据库管理系统)文件后缀名分别为 .doc 和 .dbf。一般而言,大多数专业软件均是由 C(或者 C++)语言研制而成的,都涉及文件操作。

借助于设备驱动程序,计算机的多种外部设备,如硬盘、U 盘、网卡、摄像头、扫描仪、游戏杆、打印机、绘图仪、影像输出系统、语音输出系统等,均可以作为一个文件看待(一种广义类文件),通过对于广义类文件的读写等操作,实施面向不同计算机外部设备的、基本相同的程序控制过程。在计算机硬件设备研发过程中,C 语言是研制设备驱动程序的首选平台。

文件建立、读写以及数据安全等诸方面功能的编程实现,是每个 C 语言程序员的必备的技能之一。

13.1　数据文件及设备接口

13.1.1　忠臣良将,永垂青史

通过前面几章的学习,我们体会到了 C 语言程序设计的强大功能。虽然,编辑、编译及调试了不少程序,从计算机屏幕多次看到过程序执行的结果,然而,程序结束了,屏幕看不见了,所有这一切,均未留下任何永久的数据记录。下面,我们利用本章讨论的文件机制,设计一个简单的忠臣良将名册管理程序。

【例 13.1】 以文件形式生成文件,写入结构数组的内容。关闭后,重新打开,并读出写入的结构数组的内容,显示读出的历代忠臣榜。

【程序实现】

```
# include "stdafx. h"
# include < stdio. h>
# include < string. h>
    // 定义一个存储人员名册的结构体
struct person
{
  char no[9];      // 编号
  char name[9];    // 名称
  char date[9];    // 出生年代
```

```
};
void main()
{
    int ino;
        // 定义写入的结构数组,并初始化
    struct person writetable[16]={
    {"1000001","伊　尹","商朝"},
    {"1000002","比　干","商朝"},
    {"1000003","周　公","西周"},
    {"1000004","屈　原","战国"},
    {"1000005","李　广","西汉"},
    {"1000006","卫　青","西汉"},
    {"1000007","晁　错","西汉"},
    {"1000008","魏　征","唐朝"},
    {"1000009","杨　业","宋朝"},
    {"1000010","寇　准","宋朝"},
    {"1000011","岳　飞","宋朝"},
    {"1000012","文天祥","宋朝"},
    {"1000013","海　瑞","明朝"},
    {"1000014","袁崇焕","明朝"},
    {"1000015","郑成功","明朝"},
    {"1000016","左宗棠","清朝"}};
        // 定义读出的结构数组和数组指针
    struct person readtable[16],*ptab;
        // 定义文件指针
    FILE * fp;
        // 以二进制写的方式创建一个临时文件:"c:\\tempfile.tmp
        // 返回空文件指针时,表示创建文件失败
    if ((fp=fopen("c:\\tempfile.tmp","wb"))==NULL)
        return;
        // 写入结构数组
    fwrite(writetable,sizeof(struct person),16,fp);
        // 关闭文件。关闭后,即释放了文件资源
    fclose(fp);
        // 以二进制读的方式打开一个临时文件:"c:\\tempfile.tmp
        // 返回空文件指针时,表示打开文件失败
    if ((fp=fopen("c:\\tempfile.tmp","rb"))==NULL)
        return;
        // 读出结构数组到 readtable 数组变量中
        // 注意:读出到另外一个结构数组之中
    fread(readtable,sizeof(struct person),16,fp);
        // 关闭文件
    fclose(fp);
        // 显示读出的结构数组的内容
```

```
printf("忠臣良将:\n");
for (ptab=readtable,ino=0;ino<16;ino++,ptab++)
{
if (ino>0)
{
  if (ino%2==0)
    printf("\n");
  else
    printf(" ; ");
}
  printf(" %s,%s,%s ",ptab->no,ptab->name,ptab->date);
}
getchar();
return;
}
```

【输出结果】

例 13.1 程序中给出了详尽的注释,这里不再赘述。以上程序运行后,我们生成了一个文件:c:\\tempfile.tmp。使用 VC++6.0 进行编辑,显示的是一个十六进制编辑窗口如图 13.1 所示。这是 VC++6.0 对于其他无法识别文件的统一处理方式,以十六进制的方式显

图 13.1　C 语言生成文件的十六进制显示

示文件的内容,供用户分析和编辑。例 13.1 给出了一种使用 C 语言生成的自定义结构的数据文件。只有例 13.1 程序能够直接、准确无误地读出该文件的内容,并显示或者使用。应该体会的一点是:C 语言对于文件的自组织方式的原则是:程序怎么写文件,程序就怎么读文件,文件读写过程、内容组织等均由程序设计者负责。例 13.1 创建、打开、写入、读出以及关闭等过程操作的文件,就是我们经常使用的一种普通文件。

13.1.2　普通文件和设备文件

文件是 C 语言程序设计中的一个重要概念。所谓"文件"是指一组相关数据的有序集合。这个数据集有一个名称,叫做文件名。从用户的角度看,文件可分为普通文件和设备文件两种。普通文件是指驻留在磁盘或其他外部介质上的一个有序数据集,在使用时才调入系统缓存区(内存)之中,使用结束后,如果被修改,可以重新保存在磁盘或其他外部介质上,然后,释放所使用的内存。普通文件可以是源文件、目标文件、可执行程序,也可以是一组需要输入处理的原始数据,或者是一组输出的结果。对于源文件、目标文件、可执行程序可以称为程序文件,对输入输出用的数据存储文件称为数据文件。操作系统是以文件为单位对数据进行管理的,也就是说,如果想找存在外部介质上的数据,必须先按文件名找到指定的文件,然后再从该文件中读取数据。要向外部介质上存储数据也必须先建立一个文件(以文件名标识),才能向它输出数据。

设备文件是指与主机相连的各种外部设备,如鼠标、键盘、扫描仪、显示器、打印机、硬盘、U 盘、软盘、光盘等。在操作系统中,把外部设备也看作一个文件来进行管理,计算机 I/O 系统为编程者提供了一个不依赖于任何实际设备的一致性接口,也就是说 C 语言的 I/O 系统在编程者和实际设备中间加了一层抽象,这种抽象称为"流",ANSI C 的文件系统设计成适用于多种设备工作的"流"。尽管各种设备差异很大,ANSI C 的文件系统把每一个设备转换成称为"流"的逻辑设备。所有"流"的功能均相似。由于"流"是完全不依赖于设备的,所以读写磁盘文件的函数也可以用于对于计算机外部设备的控制操作。通常把显示器定义为标准输出文件,一般情况下在屏幕上显示有关信息就是向标准输出文件输出。例如,前面经常使用的 printf、putchar 函数等。

13.1.3　ASCII 码文件和二进制码文件

从文件编码的方式来看,文件可分为 ASCII 码文件和二进制码文件两种。ASCII 文件也称为文本文件,这种文件在磁盘中存放时,每个字符对应一个字节,用于存放对应的 ASCII 码。例如,数 5678 的存储形式为 00110101 00110110 00110111 00111000(二进制),共占用 4 个字节。ASCII 码文件可在屏幕上按字符显示。例如,源程序文件就是 ASCII 文件,用 DOS 命令 TYPE 可显示文件的内容。由于是按字符显示,因此能读懂文件内容。

二进制文件是按二进制的编码方式来存放文件的。例如,数 5678 的存储形式为 0001011000101110(二进制),只占二个字节。二进制文件虽然也可在屏幕上显示,但其内容无法读懂。C 系统在处理这些文件时,并不区分类型,都看成是字符流,按字节进行处理。输入输出字符流的开始和结束只由程序控制而不受物理符号(如回车符)的控制。因此,也把这种文件称为"流式文件"。

在 C 语言中,文件是一个逻辑的概念,它可以用于从磁盘文件到终端的任何设备。程序是在内存中运行,当程序运行结束后,所涉及的数据和状态均不存在了,而文件数据可以独立于任何程序而独立存在,所以数据库系统(DBMS)、字处理系统均以文件为单元进行数据处理。文件操作是设计高水平程序的基本功之一。

13.2 文件指针

在 C 语言中,没有输入输出语句,对文件(也可以理解为其他计算机 I/O 设备,如网络通信接口)读写都是用库函数来实现的。在文件 I/O 中,要从一个文件读取数据,应用程序使用一个文件名,调用 Open 打开指定文件,该函数取回一个顺序号,即文件句柄(file handle,fd)。句柄由操作系统分配、使用和释放,基本概念如下:

(1)句柄是已打开文件的唯一的识别,操作系统将其与一个具体的 I/O 设备相关联,一般需要占据大量的系统资源(如数据缓冲区、网络信道等),在 DOS 操作系统中,打开文件数是受限制的,比如最多不能超过 5 个。因此,文件打开后,如果不再使用,应尽快关闭,以释放系统资源。

(2)使用 C 语言打开的第一个文件的句柄号往往是 05H,而不是 00H,之所以这样是因为句柄号 00H-04H 已经被占用了。而且更为特殊的是这五个句柄不是赋予五个文件的,而是赋予五种硬件设备。

00 标准输入设备 CON 键盘;

01 标准输出设备 CON 显示器;

02 标准错误设备 CON 显示器;

03 标准辅助设备 AUX 串行口;

04 标准列表设备 PRN 打印机。

(3)C 语言在 stdio. h 文件中,定义了一些常用的文件句柄,如:

STDIN:程序正常输入通道的句柄,如键盘;

STDOUT:程序正常输出通道的句柄,如屏幕;

STDERR:程序正常附加的输出通道。

(4)C 语言的文件句柄功能既可以操作文件,同样也可以操作一些硬件设备。而程序设计时,应区分所操作的对象(文件或者设备)能够支持的功能。比如,STDIN 只能输入不能输出。

(5)在 C 语言中用一个指针变量指向一个文件,这个指针称为文件指针,FILE * fp。通过文件指针就可对它所指的文件进行各种操作。FILE 实际上是由系统定义的一个结构,该结构中含有文件名、文件状态和文件当前位置等信息。其声明如下:

```
typedef struct     /* C 文件类型声明 */
{
short         level;      /*缓冲区满、空程序 */
Unsigned      flags;      /*文件状态标志  */
char          fd;         /*文件描述符,文件句柄 */
unsigned char hold;       /*若无缓冲区不读取字符 */
short         bsize;      /*缓冲区大小 */
unsigned char *buffer;    /*数据传送缓冲区位置 */
unsigned ar   *curp;      /*当前缓冲区位置 */
unsigned      istemp;     /*临时文件指示 */
short         token;      /*用作无效检测 */
} FILE;                   /*结构体类型名 FILE */
```

以自描述方式,利用文件机制保存一组相关数据的有序集合,这是多种语言程序设计通常采用的文件使用方法之一,称为自组织文件,如 Word 文件(*.doc 或者*.docx)、PowerPoint 文件(*.ppt)、目标文件(*.obj)、可执行文件(*.exe)、库文件(*.lib)等,通常必须使用专用软件或者专用函数(集合)进行操作,或者必须符合某种组织规范。而所有系统软件、应用软件等一般均采用文件机制保存系统配置、运行环境以及输出结果等。

操作系统支持用户以文件名操作文件,在 C 语言中,程序申请一个指针变量,使用一组库函数(创建或者打开函数)指向一个文件,这个指针称为文件指针。文件指针可以理解为硬盘上的一个有限区间(当磁盘数据文件体积太大时,可以因为"满"而无法再存储数据),程序可以通过该文件指针实施各种合法的操作。对于 Word、Excel、Access 及 PowerPoint 等生成的文件,用户必须使用相应的软件进行读、写及使用,是一种专用系统的文件。而 C 语言中的文件,仅仅是一个指针,写入什么、读出什么、如何组织等,均由程序设计者负责。概括而言,C 语言自组织文件,程序设计时应解决以下主要问题:

(1)文件名确定,包括磁盘、目录、文件名(特别是文件后缀名)等,保证使用方便以及便于区分文件类型。

(2)存储内容组织,包括存储内容、次序组织、是否加密(包括如何加密)等。

(3)自描述信息组织。保证写入与读出内容必须一致,内容修改、增加及删除等操作尽可能方便、数据移动体积尽可能小。

(4)文件修改后的重新存储机制。保证文件修改具有事务性,保证修改后数据的完整性。通常采用的策略是将修改后的文件保存为一个临时文件(*.tmp),将原文件更名为备份文件(*.bak),由临时文件更名为原修改的文件名。

(5)自组织文件的正确使用。建立数据定位表、索引表以及关联表等自描述集合,保证写入、修改以及读出的数据一致。

借助于操作系统的文件机制,C 语言可以建立应用系统的配置文件、环境记录文件以及自主版权的数据库文件等;研制不依赖任何商用 DBMS(数据库管理系统,如 SQL Server、Oracle 等)的小型管理系统;根据具体规范分析多种*.exe、*.dll 等文件,研制杀毒软件等。

13.3　文件操作

对于文件的操作,一直是 C 语言的重点。C 语言为文件操作提供了一套库函数;MFC 将整个文件封装为一个文件类 class CFile;在 VC++6.0 一直津津乐道的所谓文档/视图体系结构中,引入了以 CDocment(文档类)为核心的应用程序研发模式。下面将介绍 C 语言的主要文件操作函数。

13.3.1　文件打开的函数

fopen 函数用来打开一个文件,其调用的一般形式为:

FILE * fopen(文件名,使用文件方式);

文件名是被打开文件的文件名称。操作系统对文件实行按名存取的操作方式,为了区分不同的文件,必须给每个文件命名。文件名由文件主名和扩展名组成,二者均为字符串常量或字符串数组,主名和扩展名之间由一个小圆点隔开。扩展名用来表示文件类型,也可以使用多间隔符的扩展名。如 win ini.txt 是一个合法的文件名,但其文件类型由最后一个扩展名决定。文件名包含有效的磁盘名称、目录名、主文件名及扩展名四部分。如：

"C:\\Windows\\ bootstat. dat"

"C:\\Windows\\System32\\ MFC42UD. DLL"

文件使用方式。指定打开文件方式（以 ASCII 码方式或者二进制码方式），以及允许对于文件进行的操作（读、写、创建、追加等）。文件使用方式由一个字符串描述，主要参数及意义简述如表 13.1 所示。

表 13.1　文件使用方式

文件使用方式	意义
"rt"	只读打开一个文本文件，只允许读数据
"wt"	只写打开或建立一个文本文件，只允许写数据
"at"	追加打开一个文本文件，并在文件末尾写数据
"rb"	只读打开一个二进制文件，只允许读数据
"wb"	只写打开或建立一个二进制文件，只允许写数据
"ab"	追加打开一个二进制文件，并在文件末尾写数据
"rt+"	读写打开一个文本文件，允许读和写
"wt+"	读写打开或建立一个文本文件，允许读写
"at+"	读写打开一个文本文件，允许读，或在文件末追加数据
"wb+"	读写打开或建立一个二进制文件，允许读和写
"ab+"	读写打开一个二进制文件，允许读，或在文件末追加数据

返回值。若操作成功，则返回一个指向该文件的指针，若打开文件时出现错误，则返回空指针 NULL。

【例 13. 2】　文件的写入和读出操作。

【编程思想】

主要功能：①创建一个文件。②求出给定字符串的长度。③实施文件自组织功能，把字符串的长度写入文件。④把字符串写入文件，关闭文件。⑤打开创建的文件，根据写入过程进行读操作。⑥显示读出的字符串，并关闭文件。

【程序实现】

```
# include "stdafx. h"
# include <stdio. h>
# include <string. h>
void main()
{
    // 定义一个写字符串，并初始化
    char wstr[128]="    李商隐《无题》\n 相见时难别亦难, 东风无力百花残。\n 春蚕到死丝方尽,
蜡炬成灰泪始干。\n";
    // 定义一个读字符串
    char  rstr[128];
    FILE * fp;
    int ia;
    char filename[32]="c:\\Lishangyin. txt";
```

```
    // 以二进制写的方式创建一个临时文件
if ((fp=fopen(filename,"wb"))==NULL)
  return;
    // 测定字符串的长度
ia=strlen(wstr);
    // 下面为自组织文件方式写入文件
    // 写入字符串的长度,注意,该长度不包含字符的结尾符'\0'.
fwrite(&ia,sizeof(int),1,fp);
    // 写入字符串 wstr
fwrite(wstr,ia,1,fp);
    // 关闭文件
fclose(fp);
    // 以二进制读的方式打开一个临时文件
if ((fp=fopen(filename,"rb"))==NULL)
  return;
    // 读出写入操作时写入的字符串的长度
fread(&ia,sizeof(int),1,fp);
    // 读出字符串到 rstr
fread(rstr,ia,1,fp);
    // 关闭文件
fclose(fp);
    // 为读出字符串添加结尾符'\0'.
rstr[ia]='\0';
    // 显示读出的字符串
printf("%s",rstr);
getchar();
return;
}
```

【输出结果】

　　　李商隐《无题》

相见时难别亦难,东风无力百花残。

春蚕到死丝方尽,蜡炬成灰泪始干。

　　例 13.2 程序中有详尽的注释,这里不再赘述。本程序生成一个文本文件:c:\\
Lishangyin.txt,可以用写字板打开,其内容如图 13.2 所示。

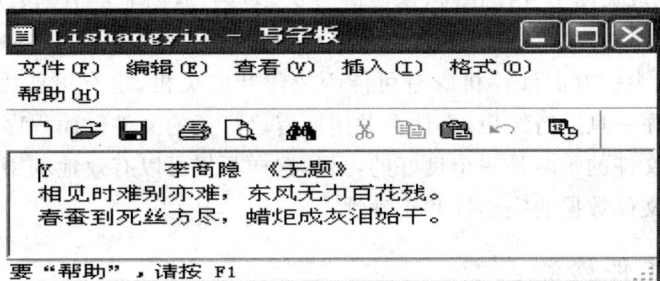

图 13.2　例 13.2 生成的文本文件

fopen 函数使用说明：

(1)fopen 函数操作函数实现的主要功能包括：申请一个文件指针变量，并对于指针变量进行初始化；打开或者创建文件名指定的文件，获得文件句柄(file handle)，保存到 FILE 成员变量 fd 中；申请操作系统资源，如文件独立使用封锁或者共享机制调用，并根据程序设定或者函数缺省值，设置文件用的数据缓冲区；把文件当前操作位置定于文件的起始位置。

(2)文件使用方式由 r,w,a,t,b,+六个字符拼成，各字符的含义是：r(read)，读；w(write)，写；a(append)，追加；t(text)，文本文件，可省略不写；b(binary)，二进制文件；+，读和写。

(3)凡用"r"打开一个文件时，该文件必须已经存在，且只能从该文件读出。

(4)用"w"打开的文件只能向该文件写入。若打开的文件不存在，则以指定的文件名建立该文件，若打开的文件已经存在，则将该文件删去，重建一个新文件。

(5)若要向一个已存在的文件追加新的信息，只能用"a"方式打开文件。但此时该文件必须是存在的，否则将会出错。

(6)直接为文件名赋值，目录使用"\\"而非"\"。主要原因在于考虑到"\"的转义符作用。

(7)对于已存在的文件，可以选择 ASCII 编码或者二进制码打开。由于 DOS 操作系统时代文件主要以文本方式保存(多媒体文件未普及)，以文本方式打开文件是常用的方式，选择 ASCII 编码打开文件时，编程者必须谙熟文本控制符在文件读写函数中的作用，否则，可能多次出错。在多媒体文件海量化的今天，C 语言编程中，应尽可能采用二进制方式打开文件，对于文件的读写以实际内容为操作依据，可保持文件内容不变，无需进行所谓 ASCII 编码转换操作。

13.3.2　文件关闭函数

打开一个文件(无论是普通文件还是设备文件)均需要占据大量的计算机资源(分配尽可能多的缓冲区、使用接口或者网络信道等)，计算机 CPU 将为其分配专门的分时操作时间段。因为打开文件过多，计算机运行缓慢或者操作系统报错等，每个计算机用户都会经常遇到。所以，在文件操作编程中，尽可能减少同时打开文件的个数，并及时关闭不再使用的文件，是编写文件程序者必须具备的素养。

函数调用格式：

int fclose(FILE ﹡fp)；

功能：把缓冲区中的已修改数据写入到文件之中，并释放系统所提供的文件资源，关闭文件。

FILE ﹡fp；　　/﹡由 C 语言其他库函数打开或者创建的文件指针 ﹡/

返回值：正常完成关闭文件操作时，返回值为 0。否则，返回非零值则表示有错误发生。

在实际编程中，应注意文件打开和文件关闭函数必须配对使用，无 fclose 函数时可能会导致部分数据丢失(因为一方面计算机既有可能因故障断电关机，也有可能因死机等非正常关机)！当然，应用程序一旦运行结束，必然会关闭所有已打开的文件。而程序研制中，采用谁打开文件谁负责关闭文件的策略是一个良好的习惯，这样不仅可以有效地利用计算机现有资源，而且可以保证写入文件数据的完整性和正确性。

13.3.3　文件检测函数

文件是 C 语言保证数据永久性存储以及正确读出并使用的一种有效的操作机制。具体而言,对于写入或者修改而言,应保证在文件的指定位置正确写入一组数据集合;对于读出数据(使用数据)而言,应保证在指定位置读出内容与写入(修改的)内容相一致;对于删除而言,应保证被删除的数据在文件指定位置不再存在,其他数据可以完整读出。检测文件操作函数调用是否成功,可有两种手段:由函数的返回值来确定或者使用文件状态检测函数 feof、ferror、fclearerr 等。C 语言提供了多个文件检测函数,常用的文件检测函数简介如下。

(1)文件结束检测函数。

函数调用格式:

int   feof(FILE＊fp);

功能:判断文件是否处于文件结束位置。

返回值:如文件结束,则返回值为 1,否则为 0。

常用的文件操作片段为:

```
while(! feof(fp))
{
……
}
```

(2)读写文件出错检测函数。

函数调用格式:

int   ferror(FILE   ＊fp);

功能:测试对 fp 所指向的文件的操作是否出错。

返回值:若出错,函数返回非零值,否则返回 0。

(3)清除文件出错标志和文件结束标志。

函数调用格式:

void clearerr(FILE   ＊fp);

功能:本函数用于清除出错标志和文件结束标志,使它们为 0 值。

返回值:无。

13.3.4 字符读写函数

对于文件进行内容分析或者创建操作时(如编译系统词法分析),需要以单个字符方式对于文件进行读写。

(1)由文件中读取一个字符。

函数调用格式:

int fgetc(FILE   ＊fp);

功能:从文件的当前位置读出一个字符,文件位置指向下一个字符。

返回值:返回读取到的字符,若遇到文件尾,返回 EOF。

(2)向文件写入一个字符。

函数调用格式:

int fputc(int ch,FILE   ＊fp);

功能:在文件的当前位置写入一个字符,文件位置指向下一个字符。

返回值:写入成功,返回写入的字符 ch,若失败,返回 EOF。

13.3.5　字符串读写函数

C 语言读出(生成)网页文件或者格式化文本文件时,为了提高效率,需要以字符串为单位对文件实施读写操作。

(1)从文件中读出一个字符串。

函数调用格式:

char * fgets(char * str,int size,FILE * fp);

char　* str;　/* 　读出字符存储的缓冲区 */

int　　size;　/* 　读出字符串的最大长度 */

功能:在文件的当前位置读出一个字符串。读出长度为:在 size 长度范围内,如果遇到换行符或者文件结束,则读出结束;否则,读出指定的长度 size;读出结束后,为存储字符串添加结束符 NULL。

返回值:若成功则返回存储读出字符串 str 指针;否则,返回 NULL。

(2)为文件写入一个指定的字符串。

函数调用格式:

int fputs(char * str,FILE * fp);

char * str;　　/* 　写入字符存储*/

功能:在文件的当前位置写入一个指定的字符串。

返回值:若成功则返回写入字符串的个数;否则,返回 EOF。

13.3.6　格式化读写函数

使用 printf 函数,可以把多个变量组合成一个格式化的字符串在屏幕上输出。如 char * filename,char * ext,int fillen,分别为文件名称、文件扩展名及文件长度,则函数:

printf("文件名:%s,扩展名:%s,文件长度为:%d\n",

filename,ext,fillen);

屏幕输出为:

文件名:TestUse,扩展名:TXT,文件长度:2034

C 语言库的函数中,与面向屏幕的格式化输出输入函数相对应,提供了一组面向文件的格式化读写函数。

(1)文件格式化写入。

函数调用格式:

int fprintf(FILE * fp,const char * format,…);

char * format;　　/* 　格式字符串,同 printf */

功能:根据指定的 format(格式)组合成一个格式化的字符串,写入指定文件的当前位置。

返回值:若成功则返回输出字符数,若输出出错则返回负值。

(2)文件格式化读出。

函数调用格式:

int fscanf(FILE * fp,char * format,[argument…]);

char * format;　　/* 　格式字符串,同 scanf */

功能:根据指定的 format(格式),从一个指定文件的当前位置读出一组格式化的变量。

fscanf 遇到空格和换行时结束,注意空格时也结束。这与 fgets 有区别,fgets 遇到空格不结束。

返回值:成功读入的参数的个数。

13.4　读写位置及定位

对于程序运行环境、用户设置参数以及计算获取的数据集合,采用合适方式将其组织成文件,实现永久(或者固定时间内)保存,这一过程称为 C 语言自组织文件。自组织文件编程中,读写过程精准控制是最基本的编程技术之一,其基本思想是写入或者修改时,精准记录或者计算数据写入的位置,读出时按照写入的规则精确定位读出位置,保证读写数据的一致性和完整性。

13.4.1　二进制码方式操作

随着计算机技术、网络技术以及通信技术等不断进步,程序处理数据海量化是一种必然趋势。考虑到大量数据基本以多媒体形式存储,以及文件操作中的精准定位问题,C 语言对于文件的操作时,对于所有文件(不再区分文件是否为 ASCII 码文件)一般均采用二进制码方式打开或者创建。而对于 ASCII 码文件,可以根据每个字节的数值实现文本类处理,其中,ASCII 码文件中常用的控制字符(特殊字符)一般值均小于 32,其数值、符号及含义见表 13.2。

表 13.2　ASCII 码特殊字符控制表

数值	符号	含义
0	nul	字符串结束符
1	soh	START OF HEADING 标题开始
2	stx	START OF TEXT 正文开始
3	etx	END OF TEXT 正文结束
4	eot	END OF TRANSMISSION 传送结束
5	enq	ENQUIRY 查询,请求
6	ack	ENQUIRY 查询,请求
7	bel	AUDIBLE SIGNAL 响铃
8	bs	BACKSPACE 退格
9	ht	HORIZONTAL TABULATION 横向制表
10	nl	LINE FEED 换行
11	vt	VERTICAL TABULATION 纵向制表
12	ff	FORM FEED 换格式,换页
13	er	CARRIER RETURN 回车
14	so	SHIFT OUT 移出
15	si	SHIFT IN 移入
16	dle	DATA LINK ESCAPE 转义
17	dc1	DEVICE CONTROL 1 设备控制 1
18	dc2	DEVICE CONTROL 2 设备控制 2

数值	符号	含义
19	dc3	DEVICE CONTROL 3 设备控制 3
20	dc4	DEVICE CONTROL 4 设备控制 4
21	nak	NEGATIVE ACKNOWLEGE 否认
22	syn	SYNCHRONOUSIDLE 同步空转(同步信号)
23	etb	END OF TRANSMISSION BLOCK 传输组结束
24	can	CANCEL 取消
25	em	END OF MEDIUM 载终,纸用完了
26	sub	SUBSTITUTION 替代
27	esc	ESCAPE 换码,转义,扩展,逃逸
28	fs	FILE SEPARATOR 文件分离符
29	gs	分组符
30	re	RECORD SEPARATOR 记录分隔符
31	us	UNIT SEPARATOR 记录元素分隔符
32	sp	'SPACE 空格

以二进制方式操作 ASCII 码文件可以根据表 13.2 很方便地实施相应的数据处理以及控制操作。

13.4.2 文件缺省定位机制

使用 C 语言库函数实施文件操作中,文件当前位置按照一套缺省机制实施改变,下面以二进制码操作文件(以 ASCII 码方式操作,其定位稍为复杂一些,本章不再另行讨论)为例,其要点概括如下:

(1)文件打开或者创建时,当前位置为文件的起始位置。

(2)文件读写操作、状态测试等操作均以当前位置为准。

(3)读写操作后,文件当前位置发生变化与读写内容在文件中所占的长度有关。读写后文件的当前位置=读写前文件的当前位置+读写文件的字节数。即读写后文件的当前位置为文件读出内容后的第一个未读写字符的位置。

(4)当文件的当前位置为文件结尾时,读出无效,而且读出操作不再影响文件的当前位置。

13.4.3 文件位置操作函数

(1)移动文件的读写位置的函数。

函数调用格式:

```
int fseek(FILE * fp,long offset,int whence);
FILE * fp;      /*  已打开的文件指针          */
long offset;    /*  移动读写位置的位移数      */
int whence;     /*  移动偏移数的相对位置
    =   SEEK_SET 从距文件开头位置。
    =   SEEK_CUR 以文件的目前位置
```

＝ SEEK_END 从文件的结尾后移量 */

功能:根据参数 offset 和 whence 的值,移动文件的位置指针到指定位置。

返回值:当调用成功时则返回 0,若有错误则返回-1。

典型应用:

①欲将读写位置移动到文件开头时,使用语句:

fseek(fp,0,SEEK_SET);

②欲将读写位置移动到文件尾时:使用语句:

fseek(fp,0,SEEK_END);

(2)取得文件流的读取位置。

函数调用格式:

long ftell(FILE * fp);

FILE * fp;   /* 已打开的文件指针*/

功能:获取文件当前的读写位置。

返回值:当调用成功时,返回以文件起始为基准的文件当前读写位置;否则,返回-1。

13.4.4 自组织文件的程序实现

基于 C 语言 IDE,建立应用系统或者开发工具包是程序设计的主要任务,C 语言编程具有其他语言(除汇编语言外)无可比拟的高效率、独特强大的功能(C 语言经常需要与其他高级语言混合编程,弥补不足)以及提供更为便捷友好的用户界面。借助于自组织文件机制,不依托任何商用数据库管理系统(DBMS,如 SQL Server、Oracle 等),建立自主版权的应用系统。如图书管理、通讯录管理、学生信息管理、小区居民管理、聊天平台以及多媒体数据库系统等,自组织文件是程序研制者实现永久性数据存储的主要机制。

C 语言自组织文件编程主要由写入、读出及修改(包括删除)等主要程序模块组成,核心模块为写入与读出两部分,基本原则是怎么写入就怎么读出。

下面设计一个简化的通讯录管理系统,主要功能为创建自描述类通讯录文件,可以添加记录,显示通讯录内容等。

【例 13.3】 设计一个简化的通讯录管理程序,提供必要的函数。

【程序实现】

```
# include "stdafx. h"
# include < stdio. h >
# include < string. h >
  // 文件标志
# define FILEFLAG  348732
  // 定义一个存储通讯录的结构体
struct student
{
  char name[9];    // 名称
  char telno[15];  // 手机号
};
  // 定义可以保存 128 个同学信息的结构数组
struct student g_table[128];
```

```
FILE    *g_fp=NULL;    // 文件指针
char    g_filename[]="c:\\telno.dat";   // 通讯录用的文件名称
char    g_openflag=0;    //  文件打开标志,=0 未打开;=1 打开读;=2 打开写
char    g_modiflag=0;    // 数据修改标志
    // 定义通讯录用的文件头信息
struct filehead
{
    int flag;          //=FILEFLAG 设置标志,检测是否为同学录文件
    int students;      // 同学录人员数
    int data_offset;   // 文件中,开始存储数据的位置
}  g_filehead;
    // 通讯录文件初始化
void FileInit()
{
    g_filehead.flag=FILEFLAG;
    g_filehead.students=0;
        // 数据由文件头信息以后开始保存,指定存储数据的位置
    g_filehead.data_offset=sizeof(struct filehead);
    g_fp=NULL;
    g_openflag=0;
    g_modiflag=0;
    return;
}
    // 创建一个通讯录文件
int CreateFile()
{
    // 初始化文件
    FileInit();
    if ((g_fp=fopen(g_filename,"wb"))==NULL)
    return 0;
        // 允许写
    g_openflag=2;
    return 1;
}
    // 关闭文件
void FileClose()
{
    if (!g_modiflag)// 如果没修改
     goto endloca;
        // 写入头信息,将写位置移动到文件开头
    fseek(g_fp,0,SEEK_SET);
        // 写入头信息
    fwrite(&g_filehead,sizeof(struct filehead),1,g_fp);
        // 定位到通讯记录数据的位置
```

```
    fseek(g_fp,g_filehead.data_offset,SEEK_SET);
        // 写入通讯录信息
    if (g_filehead.students<1)// 无记录
        goto endloca;
    fwrite(g_table,sizeof(struct student),g_filehead.students,g_fp);
endloca:
        // 关闭文件
    if (g_fp! =NULL)
        fclose(g_fp);
    FileInit();
    return;
}
    // 打开通讯录文件
int OpenFile()
{
    if (g_openflag)// 已打开
    return 1;
        // 初始化文件
    FileInit();
    if ((g_fp=fopen(g_filename,"rb")) ==NULL)
        return 0;
        // 读串头信息
    fread(&g_filehead,sizeof(struct filehead),1,g_fp);
        // 检测是否为通讯录文件
    if (g_filehead.flag! =FILEFLAG)
    {   // 不是通讯录文件或者文件被破坏
     fclose(g_fp);
     g_fp=NULL;
     return 1;
    }
        // 定位到通讯记录数据的位置
    fseek(g_fp,g_filehead.data_offset,SEEK_SET);
        // 读出通讯录信息
    if (g_filehead.students>0)// 有记录
        fread(g_table,sizeof(struct student),g_filehead.students,g_fp);
    g_openflag=1;
    return 1;
}
    // 通讯录添加
    // 给定姓名和电话,增加一个记录
int RecordAppend(char * name,char * telno)
{
    int ino;
    if (g_openflag<2)// 读方式,不允许添加
```

```c
        return 0;
    ino＝g_filehead. students++;
    strcpy(g_table[ino]. name,name);
    strcpy(g_table[ino]. telno,telno);
    g_modiflag＝1;
    return 1;
}
    // 显示所有记录
void RecordPrint()
{
    int ino;
    struct student * pstu;
    if (g_filehead. students<1)
        return;
    printf("通讯录共 %d 条记录,详细情况如下:\n",g_filehead. students);
    for (pstu＝g_table,ino＝0;ino<g_filehead. students;ino++,pstu++)
     printf("第 %d 个:%s  ,  %s \n",ino+1,pstu-> name,pstu-> telno);
        getchar();
    return;
}
void main()
{
    //创建通讯录文件
CreateFile();
    // 通讯录添加
RecordAppend("吴起","13695000001");
RecordAppend("孙武","13695000002");
RecordAppend("白起","13695000003");
RecordAppend("孙膑","13695000004");
RecordAppend("李牧","13695000005");
RecordAppend("乐毅","13695000006");
RecordAppend("先轸","13695000007");
RecordAppend("嬴疾","13695000008");
RecordAppend("赵奢","13695000009");
RecordAppend("王翦","13695000010");
RecordAppend("廉颇","13695000011");
RecordAppend("蒙恬","13695000012");
RecordAppend("田单","13695000013");
    // 关闭通讯录文件
FileClose();
    // 打开通讯录文件
OpenFile();
    // 显示
RecordPrint();
```

```
    // 关闭通讯录文件
FileClose();
return;
}
```

【输出结果】

通讯录共 13 条记录,详细情况如下:

1,吴起,13695000001;

2,孙武,13695000002;

3,白起,13695000003;

4,孙膑,13695000004;

5,李牧,13695000005;

6,乐毅,13695000006;

7,先轸,13695000007;

8,嬴疾,13695000008;

9,赵奢,13695000009;

10,王翦,13695000010;

11,廉颇,13695000011;

12,蒙恬,13695000012;

13,田单,13695000013;

【程序分析】

例 13.3 给出了一个自组织文件实现的基本思路和方法。利用全局变量定义共享数据集合和控制参数,然后,把多种功能分解成函数去承担。每个函数根据自己的操作,修改相关的全局数据和全局参数。

(1)定义了结构体 struct student,只简化为两个成员的姓名和电话号码。由结构体定义了 128 个数组元素,为了简化程序,整个程序并未考虑记录溢出(超过 128 个)的情况。

(2)定义了多个全局变量:

```
struct student g_table[128];
FILE    *g_fp=NULL;    // 文件指针
char    g_filename    // 通讯录用的文件名称
char    g_openflag    // 文件打开标志
char    g_modiflag    // 数据修改标志
struct filehead g_filehead; // 通讯录文件头信息
```

主要用于支持多个函数对状态的修改。

(3)定义通讯录用的文件头信息 struct filehead。

这是自组织文件常用的技术,通过文件起始位置的一组参数对整个文件的数据进行描述和组织。其中:

int flag;由创建程序设置标志,标志的值由程序设计者任意选择,只要保证读操作函数能识别和检测即可,主要防止打开非自描述文件或者文件被破坏了。

int students;记录通讯录人员数,控制对于通信记录的读和写。

int data_offset 记录通讯录数据在文件中存储的起始位置,本例中可以不需要,选择设置该参数,主要为了使用户对组织更为复杂的自描述方法有个基本概念。由文件的一部分数据指导程序去完成其他数据的读写。

（4）通讯录文件初始化函数 FileInit，对整个全局变量进行初始化，特别是对文件指针的初始化。在 C 语言中，文件指针的关闭是有规定的：未通过 fopen 打开的指针不能释放，释放会出错；文件指针不允许关闭第二次。否则，程序不能正常工作，但系统不检查，也不给出出错提示。FileInit 函数对于文件指针初始化后，只有 if（g_fp! ＝NULL）成立，方可以释放文件指针。

（5）创建一个通讯录文件函数 CreateFile，创建一个通讯录文件，允许添加和修改记录，创建成功后：

g_openflag＝2；

（6）关闭文件函数 FileClose，函数根据是否修改了记录的标志 g_modiflag 决定是否把通讯录信息写入（或者重新写回）通讯录文件，并支持写入操作。写过程与读出过程应一致，这是自组织文件的核心技术。

（7）打开通讯录文件函数 OpenFile，整个过程保证：不重复打开通讯录文件；检测通讯录文件的完整性；按照写入过程设计读出过程。本例中，打开文件后，不允许再修改记录和添加记录了：

g_openflag ＝1；

这完全是为了简化程序，突出重点。在程序研发中，这样设计肯定不合理。

（8）通讯录添加函数 RecordAppend，主要功能为：给定姓名和电话，增加一个记录。一般而言，至少应该提供删除、检索、查询等函数，本例都简化掉了。

其他打印通讯录、main 函数等设计，用意比较明确，这里不再赘述。

13.5　文件与缓冲区

文件读写操作涉及物理磁盘驱动器的启动，磁头搜索、定位、移动等多个物理过程，本文将该过程称为磁盘物理定位，而把磁盘物理定位及读写两种操作称为物理读写。毫无疑问，读写相同体积的数据块，物理读写所需时间远远大于内存（缓冲区）读写所需时间，一般认为，物理读写时间为内存读写时间的 100000 倍。对于文件操作而言，为了减少磁盘物理定位所需的时间，应尽可能为文件指针申请较大的读写内存，以保证物理读写数据体积（块）应尽可能大。因此，以尽可能大的数据块读写是 C 语言程序设计中最常用的文件数据读写方式。

（1）**数据块读出。**

函数调用格式：

int fread(void * buffer,int size,int count,FILE * fp)；

void * buffer：/**读入数据的缓冲区指针 */

int　size：　/*要读写的字节数 */

int count：　　/*要进行读写多少个 size 字节的数据项;*/

FILE * fp：　　/*读操作文件的指针 */

功能：在文件的当前位置读出指定长度的数据块。

返回值：若成功则返回读出字符串的长度。

（2）**数据块写入。**

函数调用格式：

int fwrite(void * buffer,int size,int count,FILE * fp)；

void * buffer：/*写入数据的缓冲区指针 */

其他,同 fread 函数。

功能:在文件的当前位置写入指定长度的数据块。

返回值:若成功则返回写入字符串的长度。

(3)设置文件缓冲区。

函数调用格式:

void setbuffer(FILE * fp,char * buf,int size);

FILE * fp;　　　 /*指定的文件指针 */

char　* buf; /*指向自定的缓冲区起始地址 */

int　size;　　 /*指定缓冲区的大小　*/

返回值:无。

功能:在打开文件流后,读取数据之前,调用该函数就可以用来设置文件读写的缓冲区。如果参数 buf 为 NULL 指针,则为无读写缓冲区。

【例 13.4】　数据拷贝,把文件(C:\testuse. txt)拷贝到文件(C:\Copyuse. Dat)之中。

【编程思想】

以读方式打开源文件(C:\testuse. txt),以写方式打开(创建)目标文件(C:\Copyuse. Dat),使用缓冲区读写文件。

【函数说明】

fwrite、fread 函数,以数据块方式读写文件,实现文件拷贝功能。

【程序实现】

```
# include "stdafx. h"
# include < stdio. h>
# include < string. h>
# define BUFFSIZE   32768
void main()
{
FILE  * sfp=NULL,* ofp=NULL;   /*定义两个指向 FILE 类型结构体的指针变量。*/
char  *sfilename= "C:\\testuse. txt";
char  *ofilename= "C:\\Copyuse. Dat";
int  opflag=0;
int  FileCopy(FILE * sfp,FILE * ofp);      /*对后面函数声明 */
/*以二进制码方式打开,用于读 */
if ((sfp=fopen(sfilename,"rb"))==NULL)
  goto endloca;
/*以二进制码方式打开,用于写 */
if ((ofp=fopen(ofilename,"wb"))==NULL)
  goto endloca;
opflag=FileCopy(sfp,ofp);    /*文件拷贝 */
endloca:
    if (sfp! =NULL)
      fclose(sfp);       /*关闭原文件 */
    if (ofp! =NULL)
      fclose(ofp);        /*关闭目标文件 */
```

```
                  /*显示拷贝结果 */
        if (opflag)
            printf("源文件:%s;目标文件:%s,拷贝成功!",sfilename,ofilename);
        else
            printf("源文件:%s;目标文件:%s,拷贝失败!",sfilename,ofilename);
        getchar();    /*  暂停  */
        return;
    }


    /*文件拷贝,成功时,返回 1;否则,返回 0*/
    int FileCopy(FILE * sfp,FILE * ofp)
    {
        char  buff[BUFFSIZE]; /*读写缓冲区 */
        int   filelen,readlen,havereadlen;
            /*获取文件的长度 */
        fseek(sfp,0,SEEK_END);     /*移动文件指针到尾部 */
        filelen=ftell(sfp);     /*获取文件长度 */
        fseek(sfp,0,SEEK_SET);     /*移动文件指针到头部 */
        havereadlen=0;             /*设置已经读出的长度为 0. */
        while (havereadlen<filelen)
        {
            /*确定读写数据的尺寸 */
            if (havereadlen+BUFFSIZE < filelen)
                readlen=BUFFSIZE;
            else
                readlen=filelen-havereadlen;
            fread(buff,readlen,1,sfp);
            fwrite(buff,readlen,1,ofp);
            havereadlen  +=readlen;
        }
        return 1;
    }
```

【输出结果】

源文件:C:\\testuse. txt 目标文件:C:\\Copyuse. Dat 拷贝成功!

FileCopy 函数中涉及尽可能用足缓冲区的概念。读写过程均利用了文件函数的缺省定位机制,没有涉及定位问题。

等级考试实训

一、考试内容

只要求缓冲文件系统(即高级磁盘 I/O 系统),对非标准缓冲文件系统(即低级磁盘 I/O 系统)不要求。

1. 文件类型指针(file 类型指针)。

2. 文件的打开与关闭(fopen,fclose)。

3. 文件的读写(fputc,fgetc,dputs,fgets,fread,fwrite,fprintf,fscanf 函数),文件的定位(rewind,fseek 函数)。

二、掌握了解程度

1. 理解文件的概念和 FILE 类型；

2. 重点掌握文件的打开、文件的打开方式、文件的关闭；

3. 了解文件的读和写函数的使用格式；

三、主要知识点及考点:掌握缓冲文件系统

知识点	分值	考核概率/%	专家点评
文件的概念和文件指针	0 − 2	90	简单,重点理解,重点掌握
fopen()函数和 fclose()函数	1 − 2	100	难度适中,重点掌握
fputc()函数和 fgetc()函数	0 − 1	80	简单,重点理解
fread()函数和 fwrite()函数	1 − 2	100	难度适中,重点理解,重点掌握
fscanf()函数和 fprintf()函数	0 − 3	90	重点理解,重点掌握
fgets()函数和 fputs()函数	1 − 3	100	简单,重点理解
rewind()函数	0 − 2	40	难度偏难,重点理解
fseek()函数	0 − 2	30	难度偏难,重点理解
ftell()函数	0 − 1	30	难度偏难,重点理解
传给 main()函数的参数	0 − 2	50	难度适中,重点掌握

实战锦囊

1. C 文件概述

(1)文件:是指存储在外部介质上数据的集合；

(2)根据数据的组织形式,C 中将文件分为 ASCII 文件和二进制文件；ASCII 文件又称文本文件,它的每一个字节放一个 ASCII 代码,代表一个字符；二进制文件是把内存中的数据按其在内存中的存储形式原样输出到磁盘上存放；所以,一个 C 文件是一个字节流或二进制流；

(3)什么叫"缓冲文件系统"? 缓冲文件系统是指系统自动的在内存区为每一个正在使用的文件名开辟一个缓冲区。从内存向磁盘输出数据必须先送到内存中的缓冲区,装满缓冲区后才一起送到磁盘去；如果从磁盘向内存读入数据,则一次从磁盘文件将一批数据输入到内存缓冲区,然后再从缓冲区逐个将数据送到程序数据区。

2. 文件的打开与关闭

(1)FILE 类型:FILE 是系统定义好的一个结构体类型名,该结构体类型的变量可以存放文件的有关信息,如文件名、文件状态、文件当前位置等；

(2)文件的打开:

先定义 FILE 类型的文件指针;再使用 fopen()函数打开文件。

FILE　＊fp;

fp＝fopen("文件名","打开文件的方式");

//将以某种方式打开的文件地址存入 fp 文件指针中;

　　如:FILE　＊fp;

　　fp＝fopen("file1"," r");

(3)文件的打开方式:

文件打开方式	适用文件类型
r（只读），w（只写），a（追加）	文本文件
rb（只读），wb（只写），ab（追加）	二进制文件
r+（读写），w+（读写），a+（读写）	文本文件
rb+（读写），wb+（读写），ab+（读写）	二进制文件

（4）文件的关闭：

文件使用完后，要求关闭，以防止再被误用；

文件关闭函数：fclose（文件指针）；

如　fclose（fp）；

3. 文件的读写函数

函数	函数格式	作用
fputc	fputc(ch,fp)；	把一个字符写到文件指针所指向的磁盘文件中去
fgetc	ch=fgetc(fp)；	从文件指针所指向的文件中读入一个字符，赋给字符变量 ch
fread	fread(buffer,size,count,fp)；	从 fp 指针所指向的文件中读入 size 字节，读 count 次，读入数据存入 buffer 的地址中
fwrite	fwrite(buffer,size,count,fp)；	将 buffer 地址存放的数据写入 fp 指针所指向的文件中，每次写 size 字节，写 count 次
fprintf	fprintf(fp,"%d,%f",t,k)；	将 t,k 变量中的值按指定格式，写入 fp 指针所指向的文件中
fscanf	fscanf(fp,"%d,%f",&t,&k)；	从 fp 所指向的文件中，按指定格式，读入数据，存入 t,k 变量中
fgets	fgets(str,n,fp)；	从文件指针所指向的文件中读入一个字符串
fputs	fputs(str,fp)；	把一个字符串写到文件指针所指向的磁盘文件中去

习题

一、填空题

1. 文件是指 _____。

2. 根据数据的组织形式，C 语言中将文件分为 _____ 和 _____ 两种类型。

3. 现要求以读写方式，打开一个文本文件 stu1，写出语句 _____。

4. 现要求将上题中打开的文件关闭掉，写出语句 _____。

5. 若要用 fopen 函数打开一个新的二进制文件，该文件要既能读也能写，则打开文件方式字符串应该是 _____。

6. 已知函数的调用形式：fread(buffer,size,count,fp)；其中 buffer 代表的是 _____。

7. fwrite 函数的一般调用形式是 _____。

8. C 语言流式文件的两种形式是 _____ 和 _____。

9. C 语言打开文件的函数是 _____，关闭文件的函数是 _____。

10. 按指定格式输出数据到文件中的函数是 _____，按指定格式从文件输入数据的函数是 _____，判断文件指针到文件末尾的函数是 _____。

11. 输出一个数据块到文件中的函数是 _____，从文件中输入一个数据块的函数是 _____；输出一个字符串到文件中的函数是 _____，从文件中输入一个字符串的函数是 _____。

12. feof(fp) 函数用来判断文件是否结束，如果遇到文件结束，函数值为 _____，否则为 _____。

13. 在 C 语言中,文件的存取是以_____为单位的,这种文件被称为_____文件。

二、编程题

13.1 编写一个程序,以只读方式打开一个文本文件 filea. txt,如果打开,将文件地址放在 fp 文件指针中,打不开,显示"Cann't open filea. txt file \n.",然后退出。

13.2 从键盘输入一个字符串,将其中的小写字母全部转换成大写字母,然后输出到一个磁盘文件"test"中保存,输入的字符串以!表示结束。

13.3 统计一个文本文件中数字、空格、字母出现的次数,以及文件的字节数,并将结果输出,文本文件名由命令行给出。

13.4 有 5 个学生,每个学生有 3 门课的成绩,从键盘输入以上数据(包括学生号、姓名、三门课成绩),计算出平均成绩,将所有数据和计算出的平均分数存放在磁盘文件"Stud"中。

13.5 编写一个程序并取名 test. c,统计该文件中出现"if","while","for"的次数。

13.6 有两个磁盘文件 A. txt 和 B. txt,各存放一行字母,要求把这两个文件中的信息合并(按字母顺序排列),输出到一个新文件 C. txt 中。

13.7 编一程序,将学生数据(姓名、学号、年龄、性别)以结构体方式输入(追加)、输出一文件,并能够根据指定条件(如学号)对文件进行查找、插入、删除和修改操作。

13.8 模拟 copy 的"连接几个文件"的功能。

    copy   <源文件 1>[+源 2+……]   [目的文件]

13.9 找到一个文本(大于 10KB)文件,以读的方式打开该文件,称为读出文件,测定读出文件的长度。然后,定位到读出文件长度中心(读出文件长度的一半处),创建一个新文本文件,称为写入文件,从读出文本的当前位置读出 1024 字节的内容,写入到写入文件中。关闭读出文件和写入文件。最后,用写字板打开两个文件,观察拷贝情况。

13.10 找到一个文本文件,以读的方式打开该文件,读出该文件的内容并显示到屏幕上。

三、选择题

1. 以下叙述中错误的是(   )。

  A. 在 C 语言中,对二进制文件的访问速度比文本文件快

  B. 在 C 语言中,随机文件以二进制代码形式存储数据

  C. 语句 FILE * fp;定义了一个名为 fp 的文件指针

  D. C 语言中的文本文件以 ASCII 码形式存储数据

2. 若执行 fopen 函数时发生错误,则函数的返回值是(   )。

  A. 地址值   B. 0   C. 1   D. EOF

3. 若 fp 是指向某文件的指针,且已读到此文件末尾,则库函数 feof(fp). ,的返回值是(   )。

  A. EOF   B. 0   C. 非零值   D. NULL

4. 若要用 fopen 函数打开一个新的二进制文件,该文件要既能读也能写,则文件,方式字符串应是(   )。

  A. "ab +"   B. "wb +"   C. "rb +"   D. "ab"

5. 在 C 程序中,可把整型数以二进制形式存放到文件中的函数是(   )。

  A. fprintf 函数   B. fread 函数   C. fwrite 函数   D. fputc 函数

6. 若要打开 A 盘上 user 子目录下名为 abc. txt 的文本文件进行读、写操作,下面符合此要求的函数调用是(   )。

  A. fopen("A:\user\abc. txt","r")   B. fopen("A:\\user\\abc. txt","r+")

  C. fopen("A:\user\abc. txt","rb")   D. fopen("A:\\user\\abc. txt","w")

7. 以下叙述中错误的是(   )。

  A. 二进制文件打开后可以先读文件的末尾,而顺序读文件不可以

  B. 在程序结束时,应当用 fclose 函数关闭已打开的文件

  C. 利用 fread 函数从二进制文件中读数据,可以用数组名给数组中所有元素读入数据

D. 不可以用 FILE 定义指向二进制文件的文件指针

8. C 语言中标准输入文件 STDIN 是指( )。
   A. 键盘   B. 显示器   C. 软盘   D. 硬盘

9. fgetc 函数的作用是从指定文件读入一个字符,该文件的打开方式必须是( )。
   A. 只写   B. 追加   C. 读或读写   D. 答案 b 和 c 都正确

10. 函数调用语句:fseek(fp,−20L,2);的含义是( )。
    A. 将文件位置指针移到距离文件头 20 个字节处
    B. 将文件位置指针从当前位置向后移动 20 个字节
    C. 将文件位置指针从文件末尾处后退 20 个字节
    D. 将文件位置指针移到离当前位置 20 个字节处

11. C 语言中对文件操作的一般步骤是( )。
    A. 打开文件−操作文件−关闭文件   B. 打开文件−关闭文件−操作文件
    C. 打开文件−读文件−写文件   D. 读文件−写文件−关闭文件

12. 利用 fseek 函数可实现的操作是( )。
    A. fseek(文件类型指针,位移量,起始点);   B. fseek(fp,位移量,起始点);
    C. fseek(位移量,起始点,fp);   D. fseek(起始点,位移量,文件类型指针);

13. 在执行 fopen 函数时,ferror 函数的初值是( )。
    A. TURE   B. −1   C. 1   D. 0

14. 若 fp 为文件指针,且文件已正确打开,以下语句的输出结果为( )。
    fseek(fp,0,SEEK_END); /* 从文件的最后位置定位 ✓
    i=ftell(fp); printf("i=%d",i);
    A. fp 所指文件的记录长度
    B. fp 所指文件的当前位置,以字节为单位
    C. fp 所指文件的内部编号
    D. fp 所指文件的长度,以字节为单位

15. 若以"a+"方式打开一个已存在的文件,则以下叙述正确的是( )。
    A. 文件打开时,原有文件内容不被删除,位置指针移到文件末尾,可作添加和读操作
    B. 文件打开时,原有文件内容不被删除,位置指针移到文件开头,可作添加和读操作
    C. 文件打开时,原有文件内容被删除,位置指针移到文件末尾,可作添加和读操作
    D. 文件打开时,原有文件内容被删除,位置指针移到文件开头,可作添加和读操作

16. 已知函数的调用形式:fread(buffer,size,count,fp);其中 buffer 代表的是( )。
    A. 一个整型变量,代表要读入的数据项总数   B. 一个文件指针,指向要读的文件
    C. 一个指针,指向要读入数据的存放地址   D. 一个存储区,存放要读的数据项

17. 以下 fread 函数的调用形式中,参数类型正确的是( )。
    A. fread (unsigned size,unsigned n,char * buffer,FILE * fp)
    B. fread (char * buffer,unsigned size,unsigned n,FILE * fp)
    C. fread (unsigned size,unsigned n,FILE * fp,char * buffer)
    D. fread (FILE * fp,unsigned size,unsigned n,char * buffer)

18. 函数 ftell 的作用是( )。
    A. 移动流式文件的位置指针   B. 初始化流式文件的位置指针
    C. 得到流式文件的位置指针   D. 以上答案均不正确

19. 函数调用语句:fseek(fp,10L,0);的含义是( )。
    A. 将文件位置指针移到距离文件头 10 个字节位置处
    B. 将文件位置指针从文件尾处向后退 10 个字节

C. 将文件位置指针从当前位置向后移 10 个字节

D. 将文件位置指针从当前位置向前移 10 个字节

20. 设有数组定义语句：int a[10];若要将这些元素值保存在磁盘中,以下正确的形式是（   ）。

A. fwrite(a,sizeof（int）,10,fp);

B. fwrite(a,2,10,fp);

C. fwrite(a,2 * 10,1,fp);

D. fwrite(a,sizeof（int）,1,fp);

参 考 文 献

陈朔鹰,陈英.1996.C语言趣味程序百例精解.北京:北京理工大学出版社.

姜仲秋.1998.语言程序设计.南京:南京大学出版社.

李继攀,黄国平等.2008.Visual C# 2008开发技术实例详解.北京:电子工业出版社.

裘宗燕.2005.从问题到程序.北京:机械工业出版社.

谭浩强.2009.C语言程序设计.北京:人民邮电出版社.

王卓,杜娜.2009.C语言程序设计(项目教学).北京:人民邮电出版社.

严迪新,班建民.2005.Visual C++程序设计.北京:科学出版社.

袁志祥,秦锋.2007数据结构(C语言版)例题详解与课程设计指导.2版.合肥:中国科学技术大学出版社.

Brian W.Kernighan,Dennis M.Ritchie.2009.C程序设计语言.北京:清华大学出版社.

习题答案

第0章

一、1.C 2.C 3.C 4.C 5.D 6.B 7.D 8.B 9.B 10.D 11.A 12.D 13.A 14.B 15.C 16.B
17.D 18.A 19.D 20.D 21.A 22.A 23.A 24.C 25.C 26.A 27.A 28.A 29.A 30.B 31.A
32.B 33.C 34.A 35.C 36.B 37.C 38.B 39.C 40.D

二、1.n-1 2.顺序 3.CBA321 4.ABC321 5.6 6.16 7.EBFCAD 8.线性结构 9.结构化 10.类
11.对象 12.结构化 13.无歧义性 14.白盒 15.黑盒 16.数据库管理系统 17.矩形 18.元组
19.身份证号 20.主键

第1章

一、1.函数 main函数 函数 2./* */ 3.声明部分 语句部分

二、1.√ 2.× 3.√ 4.√ 5.× 6.×

三、略

四、1.C 2.C 3.A 4.C 5.B 6.A 7.B 8.B 9.C 10.B

第2章

一、1.算法 2.空间 3.有效性 4.地址连续 5.O(n²) 6.算法 7.为解决一个问题而采取的方法和步
骤 8.确定性、输入、输出 9.顺序结构、选择结构循环结构,都具有唯一入口和唯一出口 10.N-S结构
化流程图

二、略

三、1.B 2.B 3.C 4.A 5.B 6.A 7.D 8.D 9.D 10.D

第3章

一、1.大小写字母和下划线 2.1 1.66667 3.' ' " " 4.优先级 结合性 5.32 6.2.5 7.3.5 8.294
9.double 10.12 11.26 12.a*100+b*10+c 13.1.650000 6.700000 14.0 4 -2 15.2 -2 16.2
17.补码 18.表示字符串结束的 19.整数 20.5 6

二、1.√ 2.√ 3.× 4.√ 5.√ 6.√ 7.× 8.× 9.× 10.√ 11.√ 12.√ 13.√ 14.√
15.×

三、略

四、1.B 2.B 3.A 4.A 5.B 6.C 7.B 8.B 9.A 10.C 11.D 12.B 13.A 14.A 15.C 16.C
17.C 18.D 19.B 20.D

第4章

一、1.输出 2.格式说明 普通字符 3.地址 4.字符 5.输入 6.scanf("%c%c",&c1,&c2)
7.scanf("%d,%d,%f",&i,&j,&x) 8.控制语句 表达式语句 复合语句 9.; 10.{ }
11.#include 12.#include 〈stdio.h〉 13.一

二、1.√ 2.√ 3.× 4.× 5.×

三、略

四、1.C 2.A 3.D 4.D 5.B 6.B 7.B 8.A 9.B 10.C 11.C 12.B 13.D 14.A 15.A

第5章

一、1.< <= > >= == !=

2.！（非）　&&（与）　‖（或）

3.(y％4＝＝0&&y％100！＝0)‖(y％400＝＝0)

4.(x＜0&&y＜0)‖(x＜0&&z＜0)‖(y＜0&&z＜0)

5.0　6.1　7.0　8.逻辑　1　0

9.！（非）　&&（与）　‖（或）　！（非）　‖（或）

10.1　0　11.y％2＝＝0　12.x＜z‖y＜z

13.(x＞2)&&(x＜3)‖(x＜−10)

14.ch＞＝'A'&&ch＜＝'Z'

15.0　16.if 语句嵌套　17.前面最近的 if ｛　｝

18.三　自右至左　19.字符或者整数　20.3

二、1.√　2.√　3.√　4.√　5.×　6.√　7.√　8.×　9.√　10.×　11.×　12.×　13.√　14.×　15.√

三、略

四、1.C　2.D　3.D　4.A　5.D　6.D　7.D　8.C　9.A　10.D　11.A　12.C　13.A　14.B　15.A　16.C
17.B　18.C　19.B　20.D

第 6 章

一、1.do while　while　for　2.do while　3.for 语句　4.18　5.0　6.5　7.(−1)*f　fun(10)　8.36
9.254　10.**

二、1.×　2.√　3.√　4.√　5.√　6.√　7.×　8.×　9.×　10.×

三、略

四、1.B　2.B　3.B　4.D　5.C　6.A　7.B　8.B　9.C　10.B　11.B　12.C　13.C　14.C　15.A　16.A
17.D　18.B　19.A　20.A

第 7 章

一、1.按行存放,即在内存中先顺序存放第一行的元素,再存放第二行的元素。

2.0　0　3.0　6　4.8　5."银川大学"　6.scanf("％s",s1)

7.strcpy(s2,s1)　8.0 类型　9.0

10.类型　正整数表达式　0　n−1　11.[常量表达式]

12.9　6　3　0　2　13.变量指针

14.for (j＝0;j＜10;j++)　printf("％d",T[j]);

15.字符　一

二、略

三、1.C　2.C　3.D　4.A　5.B　6.B　7.A　8.D　9.B　10.B
11.D　12.B　13.D　14.D　15.C　16.B　17.D　18.D　19.B　20.D

第 8 章

一、1.int　2.传值　传地址　3.函数调用　递归调用

4.局部变量　全局变量　动态存储　静态存储

5.void dothat(int n,double x);void dothat(int,double);

6.auto register static　extern　7.static

8.编译阶段　运行阶段　9.Main 函数

10.库函数　用户自定义函数　11.有参函数　无参函数

12.return　13.＃include　14.值传递

15.实参　形参　16.集合　首地址　地址　17.一维

18.static　19.extern double var　20.全局变量

二、略

三、1.A　2.D　3.C　4.D　5.B　6.A　7.A　8.C　9.A　10.D

11.A　12.D　13.C　14.A　15.C　16.B　17.C　18.A　19.B　20.B

第 9 章

一、1.宏定义、文件包含和条件编译　2.♯
3.♯include <文件名> ♯include "文件名"
4.define　5.不带参数带参数
6.；　7.String.h　math.h　8.c　9.7
二、略
三、1.A　2.D　3.C　4.C　5.B　6.D　7.B　8.B　9.C　10.A

第 10 章

一、1.*　&　2.10　10　3.f2＝f1　f2＝*pf1
4.4000　5　5.变量　类型　6.a[1]
7.下标法　指针法 a[3]　*(p＋3)　8.++－－加减一个整数
9.3　3　10.200　200　11.*p　a[0][0]　a[0][1]
12.abc\"de abcA＋101'de abc　13.15　5　3
14.整数指针变量　一个整数变量
15.直接访问　间接访问　char ** pchar　16.0
17.2002(每个整数占两个字节) 2004 字符(每个整数占四个字节)
18.p[1][2]　19.p 为一个整数指针变量,q 为长度为 10 的整数指针变量数组,为函数指针,s 为返回指针的函数
20.412　412
二、略
三、1.B　2.D　3.D　4.A　5.A　6.C　7.D　8.C　9.D　10.C
11.D　12.A　13.A　14.A　15.D　16.D　17.D　18.A　19.C　20.C

第 11 章

一、1.->　&　2.P->no＝1234　3.长度　为已有类型另外命名
4.enum　5.100　6.struct　7.所有成员空间之和
8.结构指针　9.指针->成员 *指针.成员
10.第一个链表指针　11.数据域 指针域
12.NULL　13.占用空间最大的成员所占用的空间
14.1　6　15.%d %f　num.n,num.x
二、1.×　2.√　3.×
三、略
四、1.A　2.B　3.B　4.A　5.B　6.D　7.B　8.D　9.C　10.B
11.A　12.D　13.A　14.A　15.C　16.D　17.C　18.B　19.C　20.B

第 12 章

一、1.二进制　2.&　|　~
3.~ 按位取反　^ 按位异或
<< 左移位　& 按位与
4.~按位取反
5.运算规则:如果两个运算量相应二进制位异(即一位为 1,一位为 0)为 1,同(即两位均为 1 或 0)为;
6.整型　字符型　7.False!
二、略
三、1.A　2.B　3.A　4.C　5.B　6.D　7.A　8.D

第 13 章

一、1.存储在外部介质上数据的集合　2.ASCII 文件　二进制文件

3.FILE ＊ fp＝fopen(stu1,"rt＋");

4.fclose(fp)　5."wb＋"　6.读出数据的缓冲区

7.fwrite(void ＊ buff,int size,int count,FILE ＊ fp);

8.字节流　二进制流　9.fopen()　fclose()

10.fprintf()　fscanf()　feof()

11.fwriet()　fread()　fputs()　fgets()

12.1　0　13.字节　ASCII

二、略

三、1.B　2.D　3.C　4.B　5.A　6.B　7.D　8.A　9.C　10.C

11.A　12.A　13.D　14.D　15.A　16.D　17.B　18.C　19.A　20.A